钢精炼和浇注过程
夹杂物行为及其控制

Behavior and Control of Inclusions
During Steel Refining and Casting Processes

朱苗勇　邓志银　娄文涛　著

北　京

冶 金 工 业 出 版 社

2022

内 容 提 要

本书介绍了钢中常见夹杂物的生成热力学，汇总了相关热力学数据；系统阐述了铝镇静钢和硅锰镇静钢在脱氧、精炼和浇注等过程中夹杂物的生成、演变和去除机理；归纳了连铸浸入式水口堵塞机理和防治措施，揭示了钙处理对钢液洁净度的影响规律；总结了钢中大型夹杂物的来源和控制措施；以轴承钢和帘线钢等钢种为例，介绍了特殊钢的夹杂物控制技术。

本书专为高品质洁净钢研发人员编写，可供高校师生、科研人员以及钢铁企业技术人员和管理人员阅读参考。

图书在版编目(CIP)数据

钢精炼和浇注过程夹杂物行为及其控制/朱苗勇，邓志银，娄文涛著 . —北京：冶金工业出版社，2022.12

ISBN 978-7-5024-9336-3

Ⅰ.①钢…　Ⅱ.①朱…　②邓…　③娄…　Ⅲ.①炼钢—除杂质—研究　Ⅳ.①TF704.7

中国版本图书馆 CIP 数据核字(2022)第 236620 号

钢精炼和浇注过程夹杂物行为及其控制

出版发行	冶金工业出版社	电　话	(010)64027926
地　　址	北京市东城区嵩祝院北巷 39 号	邮　编	100009
网　　址	www.mip1953.com	电子信箱	service@ mip1953.com

责任编辑　刘小峰　王恬君　美术编辑　彭子赫　版式设计　郑小利
责任校对　李　娜　责任印制　窦　唯
北京捷迅佳彩印刷有限公司印刷
2022 年 12 月第 1 版，2022 年 12 月第 1 次印刷
710mm×1000mm　1/16；23.25 印张；453 千字；356 页
定价 160.00 元

投稿电话　(010)64027932　投稿信箱　tougao@cnmip.com.cn
营销中心电话　(010)64044283
冶金工业出版社天猫旗舰店　yjgycbs.tmall.com
(本书如有印装质量问题，本社营销中心负责退换)

序

　　我国钢铁行业经过几十年的快速发展，正从高速度向高质量转变，我国也从钢铁大国向钢铁强国转变。国家战略、产业结构调整和国民经济发展均对钢铁材料性能提出了更高的要求。钢中非金属夹杂物是影响钢铁材料使用性能的关键因素，长期以来成为钢铁界关注的热点和焦点。影响钢中夹杂物的因素众多，其控制也成为了炼钢的一个难点问题。因此，冶金工作者迫切需要有关夹杂物方面的文献资料，以期能有助于他们解决生产难题。

　　早期的夹杂物研究多侧重于钢中夹杂物的物理去除行为。很多学者对精炼和浇铸过程的夹杂物传输现象开展了研究，并以物理模拟和数学模拟工作为主。东北大学朱苗勇教授就是其中的代表。他师从喷射冶金专家萧泽强教授，从攻读学位开始即从事钢的精炼过程模拟研究，理论功底深厚，并取得了突出成果，著有《钢的精炼过程数学物理模拟》等多部学术著作。后来，朱苗勇教授又在连铸领域颇具建树，成为我国钢铁冶金领域具有国际影响力的学者。

　　进入新世纪后，钢中夹杂物成为钢铁冶金的一个研究热点。朱苗勇教授团队也拓展了研究方向，开始关注夹杂物的化学反应行为。10余年间，该团队在理论研究和工业实践方面均取得了突出业绩，为钢中夹杂物研究注入了新的活力。尽管时常阅读该团队发表的学术论文，听闻该团队拟出版一部夹杂物专著，我仍然满怀期待。有幸作为书稿的第一批读者，通读全书后甚是欣喜。

　　首先，本书内容丰富，数据翔实。书中采用了大量科研实例，重点阐述钢精炼和浇铸过程夹杂物的生成、演变和去除行为，并对钢包挂渣、钙处理、水口堵塞以及大型夹杂物形成等进行了详细阐述分析，同时介绍了典型特殊钢种的生产工艺。此外，本书还列举了最新的夹杂物检测和评价方法，更新了常见夹杂物所涉及的热力学数据。这些章节内容非常贴心，给本书增添了一定的工具书属性，极大地方便了读者。

其次，本书内容与时俱进。本书重点介绍了朱苗勇教授团队近年来在夹杂物研究方面取得的成果，同时参考引用了国内外学者的最新研究成果。本书不仅尽可能呈现最新的夹杂物知识体系，还纠正了传统的模糊认识或认识局限性。比如，传统认为液态夹杂物比固态夹杂物更容易去除，而本书阐明了固态夹杂物比液态夹杂物更容易去除的机制。又如，传统认为钙处理对钢液洁净度是有利的，而本书认为钙处理通常是会污染钢液的，并建议特殊钢精炼尽可能避免钙处理。这些新认知已经得到工业实践的检验，具有重要的参考价值和指导意义。

此外，本书注重理论与实践相结合，不仅关注精炼和浇铸过程的夹杂物行为机制，还归纳总结了夹杂物控制的具体措施。书中的很多科学问题来自工业实践。例如，钢包挂渣对钢液洁净度的影响，这既是研究渣-耐火材料-钢液-夹杂物体系的科学问题，又是钢包周转的工业实践问题。朱苗勇教授团队通过实验、热力学分析、物理模拟以及数值模拟等多种手段深入研究这些科学问题，研究成果对工业生产过程具有很强的指导作用。比如，依据固/液态夹杂物的去除效率，可以指导精炼工艺的优化；通过夹杂物的生成与演变规律，可以推测浸入式水口堵塞物来源，等等。

本书是朱苗勇教授科研团队在夹杂物领域研究的又一力作，既有理论，又有实践，还有大量科学数据，并提供了详细参考文献。本书可以作为高等院校师生以及科研人员的参考书，也可供企业工程技术人员参考借鉴。

　　我相信本书能加速夹杂物新理论和新知识的传播，为冶金工作者控制夹杂物提供更多的思路和灵感。同时，我也十分期待我国钢铁冶金工艺理论与技术研究早日实现引领世界。

2022 年 8 月

前　　言

钢铁是社会发展的关键基础材料，钢铁工业是国民经济发展的支柱性产业。我国钢铁工业经过近三十年的快速发展，粗钢产量已经超过世界钢产量的一半，建成世界上最完整、基础最雄厚的现代化钢铁工业体系，坚持绿色发展理念、节能减排水平显著提高，结构调整初显成效，产业布局日趋完善。尽管如此，我国钢铁材料的品质与国外产品相比仍存在一定的差距，特别是一些关键的高端材料（如高铁和航空轴承、精密切割钢丝等）还需要从国外进口。因此，高端钢铁材料的研发仍是我国冶金行业发展的重要课题。

钢的洁净度（cleanliness）是钢铁材料的重要指标，对钢材的使用性能具有重要影响。因此，高端钢铁材料研发首先需要解决洁净度的问题。瑞典学者 Roland Kiessling 博士于 1962 年最早提出了"洁净钢"（clean steel）概念，这一概念后来被冶金界广泛采用。在国内，常将"洁净钢"和"纯净钢"（purity steel）混淆使用。实际上，洁净钢是一个相对概念，它要求钢中夹杂物对产品的性能没有影响即可，与纯净钢要求的绝对"纯净度"（purity）有所不同。另一方面，随着社会的发展，钢材服役条件越来越复杂，用户对钢材的使用性能要求越来越高，对钢洁净度的要求也越来越严格。钢中夹杂物控制已成为洁净钢生产的核心任务。

自 20 世纪 80 年代以来，国内外十分重视钢中的夹杂物行为及其控制研究，对夹杂物的物理去除行为给予高度关注，涉及了大量有关精炼和浇注过程的传输行为研究，但对夹杂物的反应和演变等行为规律尚未引起关注重视，认识也存在一定的局限性，例如很多文献中提到铝镇静钢夹杂物主要为固态氧化铝，液态夹杂物更容易上浮去除，且不易堵塞浸入式水口，可以用钙处理把氧化铝夹杂物变性为液态的铝酸钙夹杂物。这些曾在一段时间获得了广泛认同，并被写入教科书。

进入 21 世纪以来，国内外有研究者发现钢中夹杂物在精炼过程中会不断发生变化，夹杂物的演变行为开始被重点关注并成为研究热点。作者团队也在此时将钢精炼的研究内容进一步拓展，并在研究过程中被一些有趣的工业现象所吸引。比如，铝镇静钢液经过精炼后，钢中大多数夹杂物并非氧化铝，而是镁铝尖晶石和液态铝酸钙夹杂物，且镁铝尖晶石夹杂物总是先于液态铝酸钙夹杂物生成；钢液经过钙处理，堵塞浸入式水口的夹杂物有时为铝酸钙，但多数还是氧化铝；同时，作者还发现钙处理后，液态铝酸钙夹杂物反而更难去除。作者团队一方面希望揭示这些工业现象背后的机理，另一方面期待结合工业实践以解决夹杂物的控制问题。为此，我们近年来重点关注了钢精炼过程夹杂物生成、演变和去除行为，并对钢包挂渣（也称钢包釉）、钢液钙处理、水口堵塞以及大型夹杂物等进行了系统深入研究。

基于这些研究工作，得到了很多启发，也提出了一些学术观点，某些观点甚至与传统观点相冲突。比如，基于夹杂物演变和去除行为，在 2013 年全国炼钢学术会议上提出了夹杂物控制新思路，即将夹杂物控制为固态镁铝尖晶石更有利于提升钢液的洁净度。2018 年，日本山阳特殊钢的 SURP 精炼工艺（Sanyo Ultra Refining Process）采用了类似的观点，通过控制夹杂物成分（即镁铝尖晶石）来控制大尺寸夹杂物出现的频率。实践是检验真理的唯一标准，正是这些工业实践检验，给了我们巨大的鼓舞。我们十分期待把相关研究成果汇总于本书，呈现给我们的冶金同行们，接受大家的批评指导。

同时，我们在研究过程中还注意到，目前部分冶金热力学数据仍有较大的偏差，这给准确预测夹杂物成分带来了一定的阻碍。为了能更方便获取最新的热力学数据，我们在本书中作了相应汇总。尽管如此，数据偏差依然存在，应谨慎使用这些热力学数据。此外，书中提到的元素活度均是以质量1%作为标准态，氧化物活度均是以纯物质为标准态。请注意书中含量和活度的区别，比如氧活度1×10^{-4}与氧含量1×10^{-6}，二者均是习惯用语中的"1ppm"。

　　本书共7章，第1章介绍了夹杂物对钢材性能的影响，重点归纳了夹杂物最近的检测与评价方法。第2章（和附录）总结更新了常见夹杂物所涉及的热力学数据，并介绍了常见夹杂物的稳定优势区图绘制方法。第3章阐述了铝镇静钢和硅锰镇静钢在脱氧、精炼和浇注等过程中夹杂物的生成和演变行为，精炼渣和耐火材料以及钢包挂渣等对钢中夹杂物的影响机制。第4章阐述了钢中夹杂物的传输现象，并采用数值模拟和物理模拟方法描述了夹杂物在钢包内和钢-渣界面的去除行为，揭示了固态夹杂物比液态夹杂物更容易去除的机制。第5章归纳了浸入式水口堵塞机理，总结了典型水口黏附物和防治措施，揭示了钙处理对钢液洁净度的影响规律，提出了钙处理控制标准和控制策略。第6章介绍了大型夹杂物的评价方法，总结归纳了典型大型夹杂物的来源和控制措施。第7章以轴承钢和帘线钢为例，重点介绍了夹杂物控制技术以及先进特钢企业的生产工艺。

　　本书主要内容来自作者团队近年来的科学研究和工业实践成果，包含了邓志银和娄文涛等青年教师，周业连、迟云广、孔令种、刘宗辉和宋国栋等博士研究生，以及成刘和陈磊等硕士研究生在攻读学位期间的部分研究成果。全书内容框架由朱苗勇拟定，第1~3章、5~7章和附录由邓志银执笔撰写，第4章由邓志银和娄文涛执笔撰写。全书由朱苗勇统稿，并改写了部分章节内容。在本书撰写过程中，作者参考了国内外学者的研究成果，也得到国内众多钢铁企业的大力支持。在此，谨向参与研究的研究生和同事以及参考文献作者表示衷心的感谢！

　　特别感谢王新华教授为本书作序。王新华教授作为国际著名冶金学家，至今仍兢兢业业奋战在科研一线，乃吾辈学习之楷模。王新华教授的鞭策和鼓励是我们不断前行的动力。

　　由于作者水平所限，书中难免会有错误和不足之处，恳请读者批评指正。如果本书内容能给予读者点滴启发，作者便倍感欣慰。

作　者

2022 年 5 月于东北大学

目　　录

1 钢中夹杂物概述

1.1 洁净钢

随着科学技术的不断发展，用户对钢材的质量要求越来越高。钢中的杂质元素和非金属夹杂物等对钢的使用性能具有重大影响。1962 年，瑞典学者 Kiessling[1] 首次提出了"洁净钢"（clean steel）的概念，泛指杂质元素（如 O、S、P、H 和 N 以及 Pb、As、Cu 和 Zn 等）含量低的钢种。之后，此名词被广泛引用，甚至与"纯净钢"（purity steel）一词混淆使用。20 世纪 70 年代末 80 年代初，洁净钢从一个科研名词逐步转变为量化生产，一些欧美和日本钢铁企业开始建立了洁净钢生产平台。此后，洁净钢的生产延伸到各个钢种，如轴承钢、帘线钢、模具钢、重轨钢和 IF 钢等[2]。我国十分重视洁净钢生产平台的建设，特别是通过近 20 年的建设发展，已形成了工艺与装备完备的洁净钢生产流程。如今，洁净钢的生产水平已成为钢铁企业综合竞争能力的重要表现。

由于不同钢种的应用领域不同，用户对不同钢材的质量也提出了各种不同的要求，如表 1-1 和表 1-2 所示。从表中可以看出，实际上洁净度（cleanliness）是相对的，各钢种对其洁净度的要求也不尽相同。国际钢铁协会对洁净钢是这样定

表 1-1 典型洁净钢的洁净度要求[3]

产品	含量/×10⁻⁶	洁净度	要求及常见缺陷
汽车板	[C]<30 [N]<30	T.[O]<20×10⁻⁶, D<100μm	超深冲、非时效性 表面线缺陷
DI 罐		T.[O]<20×10⁻⁶, D<20μm	飞边裂纹
大规模集成电路用引线框	[N]<30	D<5μm	冲压成型裂纹
显像管荫罩用钢		D<5μm	防止图像侵蚀缺陷
轮胎子午线		非塑性夹杂物 D<20μm	冷拔断裂
滚珠轴承	[Ti]<15	T.[O]<10×10⁻⁶, D<15μm	疲劳寿命
管线钢	[S]<10	D<15μm, 氧化物形状控制	酸性介质输送抗氢致裂纹
钢轨		T.[O]<20×10⁻⁶, 单个 D<13μm 链状 D<15μm	断裂

义的："当钢中的非金属夹杂物直接或间接地影响产品的生产性能或者使用性能时，该钢就不是洁净钢；而如果非金属夹杂物的数量、尺寸或分布对产品的性能都没有影响，那么这种钢就可以被认为是洁净钢"[5]。洁净钢是用户对钢铁质量要求与钢铁企业生产之间权衡的结果[6]。

表 1-2 不同钢种对夹杂物的要求[4]

钢种	最大杂质含量/×10^{-6}	最大夹杂物/μm
IF 钢	[C]≤30, [N]≤40, T.[O]≤40 [C]≤10, [N]≤50	
汽车深冲板	[C]≤30, [N]≤30	100
DI 罐	[C]≤30, [N]≤30, T.[O]≤20	20
压力容器合金钢	[P]≤70	
合金棒材	[H]≤2, [N]≤10~20, T.[O]≤10	
抗 HIC 钢（酸性气体管）	[P]≤50, [S]≤10	
管线钢	[S]≤30, [N]≤35, T.[O]≤30 [N]≤50	100
连续退火板材	[N]≤20	
焊接板	[H]≤1.5	
滚珠轴承	T.[O]≤10	15
轮胎子午线	[H]≤2, [N]≤40, T.[O]≤15	10, 20
无取向硅钢板	[N]≤30	
宽厚板	[H]≤2, [N] 30~40, T.[O]≤20	13（单个） 200（簇状）
线材	[N]≤60, T.[O]≤30	20

1.2 夹杂物对钢性能的影响

1.2.1 强度

通常情况下，非金属夹杂物含量对钢的抗拉强度没有明显的影响。文献[7] 采用超声波方法测定了 Cr-Ni-Mo 超高强度钢中的夹杂物含量，如图 1-1 所示。结果表明夹杂物含量对抗拉强度几乎没有影响，但是随着夹杂物等级的增加，屈服强度略有提升。

非金属夹杂物的尺寸对钢的强度有重大影响。众所周知，当夹杂物的尺寸小到一定程度时，会起到弥散强化的作用，其对强度的影响就会显现。实验[8-9]在烧结铁中加入不同尺寸（0.01~35μm）、形状（球形和棱角）和比例（0~8%）的 Al_2O_3 颗粒，结果发现在室温下 Al_2O_3 尺寸超过 1μm 就可以降低钢的屈服强度。当夹杂物的含量特别低时，其对屈服强度的降低就非常敏感；反之，当夹杂物的尺寸小到一定程度时（<0.3μm），屈服强度和抗拉强度都会提高。

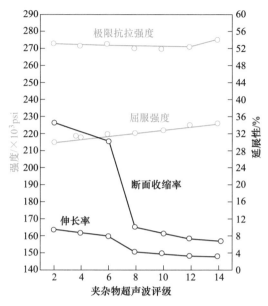

图 1-1　AISI4340 钢的横向抗拉性能与夹杂物级别（超声波评定）的关系[7]

（1psi=6.895kPa）

1.2.2　塑性

　　塑性一般用拉伸实验断裂时的伸长率和断面收缩率来表示。拉伸断裂的伸长率是颈缩前的均匀伸长率与颈缩处的局部伸长率之和，而夹杂物主要影响的是局部伸长率。由于均匀伸长率占断裂伸长率的比例很大，因此夹杂物对伸长率的影响不是很明显[9]。

　　通常情况下，夹杂物对钢的纵向塑性影响轻微，而显著影响钢的横向塑性。高强度钢中夹杂物总量与横向断面收缩率的关系如图 1-2 所示。从图中可以看出，随着夹杂物总量的增加，钢的横向断面收缩率不断降低。夹杂物的形状对横向塑性的影响更为明显，随着带状夹杂物（主要是硫化物）的增加，横向断面收缩率明显降低[9]，如图 1-3 所示。

1.2.3　韧性

　　夹杂物显著影响钢的断裂韧性。图 1-4 为单位面积上的夹杂物数量对断裂韧性 K_{IC} 的影响[10]，图 1-5 为单位面积上的硫化物长度和裂纹张开位移的关系[11]。从图 1-4 和图 1-5 可以看出，断裂韧性随着夹杂物的数量或长度的增加而下降。

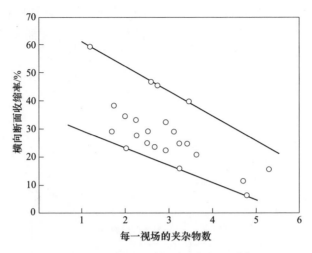

图 1-2 夹杂物对横向塑性的影响[9]

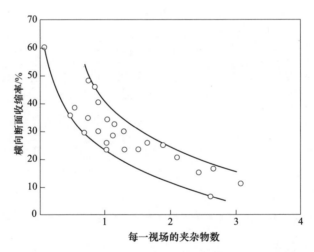

图 1-3 带状夹杂物（主要是硫化物）对横向塑性的影响[9]

　　为了使钢材具有更好的韧性和尽可能降低韧性各向异性，要求夹杂物满足[9]：（1）夹杂物和基体的体积比尽可能低；（2）夹杂物均匀分布；（3）铸态时的夹杂物要有紧凑的外形；（4）夹杂物的硬度最好为钢基体的两倍，以使夹杂物在热加工时变形最小。

1.2.4 切削性能

　　切削性能是指切削某种金属的难易程度。非金属夹杂物对钢切削性能的影响实质是切削面和流动区域在不同温度条件下对钢剪切过程的影响。其影响十分复

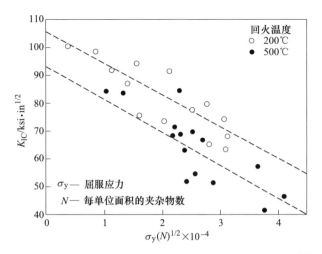

图 1-4 0.4C-Ni-Cr-Mo-V 马氏体钢中夹杂物对 K_{IC} 的影响[10]

（$1ksi \cdot in^{1/2} \approx 1.1MPa \cdot m^{1/2}$）

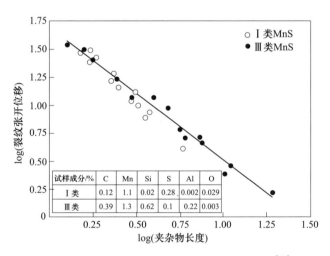

图 1-5 OCD 值与每单位面积夹杂长度的关系[11]

杂，取决于夹杂物种类、数量、尺寸、形状、分布以及夹杂物之间的距离等多个因素[12]。

增加钢中的含硫量有利于改善钢的切削性能，含硫量 0.2% 的钢可使切削效率提高到低硫钢的 2~3 倍。MnS 夹杂物对提高钢的切削性能十分有利。一般认为氧化物类夹杂物对钢的切削性能都是有害的，如 Al_2O_3、Cr_2O_3、$MnO \cdot Al_2O_3$ 和铝酸钙在低于钢熔点的任何温度下都不产生变形，不利于改善切削性能。应该说，可塑性变形的夹杂物对切削性能的影响是有利的，例如 MnO-SiO_2-Al_2O_3 系和 CaO-SiO$_2$-Al$_2$O$_3$ 系中某些成分范围的夹杂物[12]。

蔡淑卿等[13]研究则表明非金属夹杂物能提高钙系和钙硫系易切钢的切削性能。在中高速切削条件下，钢中的点状不变形夹杂物在刀具后面形成一层钙长石型薄膜，抑制了刀具中易氧化元素的扩散，从而提高刀具的寿命。

1.2.5 冷成形性能

冷镦性能是冷镦钢的重要性能之一，它通常表示圆柱体材料在高速应变条件下，成形为螺栓、螺丝或其他冷成形件的头部而不出现裂纹的能力[14]。由于冷成形过程中，冷镦钢的变形量很大，因此要求冷镦钢原材料塑性好，硬度低，冷镦开裂率应尽可能低。夹杂物则是导致冷镦开裂的主要原因之一。和前进等[15]分析了冷镦钢冷镦开裂的原因，在星形裂纹和与轧制方向平行的裂纹处均发现了大型非金属夹杂物。大佐々哲夫[16]研究了不同钢种的裂纹萌生界限与夹杂物的尺寸、夹杂物距表面深度的关系，如图1-6所示。由图可以看出，材料的塑性越低，夹杂物的位置越接近表层，夹杂物的有害尺寸就越小，SWRCH45K 钢最表层夹杂物的临界值在 $10\mu m$ 以下。

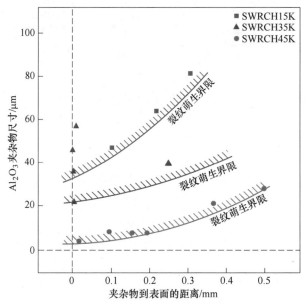

图 1-6 裂纹萌生界限与夹杂物尺寸、夹杂物距表面深度的关系[16]

1.2.6 疲劳性能

有研究[18-23]指出，在高周和超高周应力循环范围内，当疲劳寿命大于 10^6 后，疲劳断裂一般起源于钢中的非金属夹杂物，如图1-7所示。钢中的夹杂物特别是粗大的硬脆夹杂物破坏了钢基体的连续性，在内外应力的作用下易在夹杂物与基体的界面处产生应力集中，导致疲劳裂纹的早期萌生，显著降低钢种的抗疲劳性能。

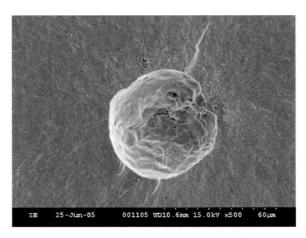

图 1-7 疲劳断口裂纹源夹杂物形貌[23]

图 1-8 给出了实验归纳出的夹杂物尺寸与疲劳强度降低的关系[17]。由图可以看出：（1）当夹杂物小于 3~5μm 后，其对疲劳强度影响很小，这即临界夹杂物尺寸；（2）夹杂物尺寸增大，疲劳强度显著降低；（3）CaO-Al₂O₃ 类、Al₂O₃ 类和（Ca，Mn）S 类夹杂物对疲劳强度有不同的影响，但主要是受其自身尺寸的影响；而 TiN 夹杂物则不同，尽管尺寸较小，但其对疲劳强度的影响比其他同尺寸的夹杂物更为恶劣。

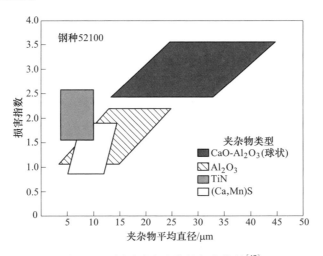

图 1-8 不同种类夹杂物的损害指数[17]

惠卫军等[23]研究了高周和超高周疲劳破坏行为，发现实验料的疲劳性能主要与钢中的夹杂物尺寸有关，即疲劳寿命和疲劳强度随着夹杂物尺寸的减小而不断提高。杨振国等[24]也指出减小夹杂物的尺寸，钢的疲劳寿命可以得到大幅度的提高：对一种 SCM435 钢，如果夹杂物的尺寸减小 1/4，疲劳寿命即可增至 10 倍；夹杂物的尺寸减小 2/5，疲劳寿命则可以提高到 100 倍。

1.2.7 延迟断裂性能

延迟断裂（delayed fracture，又称滞后断裂）是在静止应力作用下，材料经过一定时间后突然脆性破坏的一种现象，它是材料—环境—应力相互作用而发生的环境脆化，系氢致材质恶化（氢损伤或氢脆）的一种形态[25]。

在氢致裂纹理论中，钢中能捕获氢的晶体缺陷或第二相被称为氢陷阱[26]。夹杂物也可以是氢陷阱，可是关于夹杂物影响耐延迟断裂性能的研究并不多见。学者通常认为 TiC 和 VC 夹杂物等都是较强的氢陷阱，对提升钢的耐延迟断裂性能具有一定的作用。尽管如此，若这些夹杂物尺寸很大，不仅不利于钢的耐延迟断裂性能，反而会恶化钢的其他性能，如冷镦性能和抗疲劳性能。

门槛应力[27]是表征延迟断裂的参数之一，它定义为能发生氢致延迟断裂的最低外应力。门槛应力大小与夹杂物的形态相关，因此夹杂物的形态对氢致延迟断裂也有一定的影响。Sandoz[28-29]的研究发现，AISI 4340 钢的氢致应力场因子随着锰含量的增加而降低。惠卫军等[27]提出锰的这种影响与硫有关，锰与硫可以生成 MnS，氢诱发裂纹往往以 MnS 夹杂物为起点而发生延迟断裂。高井健一等[30]在钢中复合添加硅和钙来改善钢的延迟断裂敏感性，研究表明，适量添加硅和钙，CaS 夹杂物会取代晶界析出的 MnS，夹杂物形态转变为粒状并成为氢的强陷阱，从而减少断口中韧性断裂的比例。

1.2.8 抗腐蚀性能

钢材腐蚀的主要类型有大气腐蚀[31]、点蚀[32-33]、晶间腐蚀[34]以及应力腐蚀[35]等。非金属夹杂物在腐蚀介质中可与钢基体构成腐蚀微电偶对，从而影响钢基体的腐蚀速率。MnS 夹杂物是钢材点蚀的源头之一[32-33]。此外，一些复合氧化物夹杂物[34-35]对点蚀同样有重要的影响。Jeon 等[36]研究表明，$(Cr, Mn, Al)_2O_3$ 复合夹杂物使其周围的 Mo 和 W 元素以 χ 相富集，从而降低了钢材抗晶间腐蚀能力，如图 1-9 所示。Liu 等[37]指出，应力腐蚀裂纹的形成取决于夹杂物的成分和形貌，脆性不连续、富含 Al 的夹杂物易造成裂纹的产生，而富含 Si 的夹杂物不易产生裂纹。

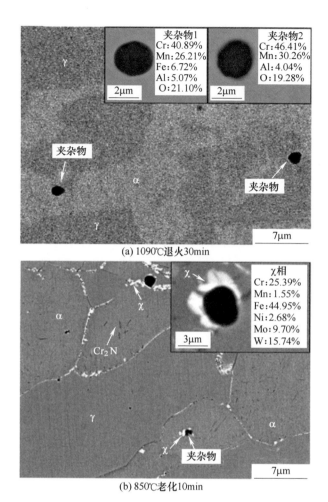

(a) 1090℃退火30min

(b) 850℃老化10min

图 1-9 HDSS 合金 SEM 照片[36]

1.3 夹杂物来源和种类

1.3.1 夹杂物来源

非金属夹杂物的来源主要有两个方面，即内生和外来。内生夹杂物包括在熔化和凝固时钢液中各种元素由于温度、化学条件、物理条件的变化而发生的化学反应所形成的夹杂物；外生夹杂物包括炉渣、耐火材料或其他材料与钢液的机械混合所形成的夹杂物。概括地讲，钢中非金属夹杂物的来源主要有[38-40]：

（1）原料带入的杂物。炼钢原料（如钢铁材料和铁合金）中的杂质、铁矿石中的脉石以及固体材料的泥沙等被带入钢液中从而形成夹杂物。

（2）冶炼和浇注过程中的反应产物。脱氧和脱硫的产物没有及时排出，残留在钢中形成夹杂物；在钢包镇静及浇注过程中，随着钢液温度的降低，杂质元素的溶解度相应下降，并在钢中沉淀形成夹杂物。这是钢中夹杂物的主要来源。

（3）耐火材料的侵蚀物。在生产过程中，钢液与耐火材料直接接触，部分耐火材料被侵蚀而进入钢液中形成夹杂物。一般来说，这是 MgO 夹杂物的主要来源。

（4）乳化渣滴夹杂物。出钢过程中通常有渣钢混冲，如果钢包的镇静时间不够长，渣滴来不及上浮并残留在钢液中，成为乳化渣滴夹杂物。

（5）钢液被氧化而形成氧化物。在冶炼或浇注过程，钢液若与空气接触而被氧化，或者钢液与覆盖剂、保护渣等中的不稳定性氧化物反应生成新的氧化产物等，这些都可能在钢液中生成夹杂物。

（6）熔渣卷入形成大颗粒夹杂物。浇注过程中引流砂、钢包渣、中间包覆盖剂、结晶器保护渣等卷入钢中成为大颗粒夹杂物。

1.3.2 夹杂物分类

目前，常见的夹杂物分类方法有多种，可以按其来源、成分、加工性能、形态分布和尺寸等分类。

1.3.2.1 按来源分类

按夹杂物的来源分，可以将夹杂物分为内生夹杂物和外来夹杂物[12,39-46]。

内生夹杂物包括脱氧产物和在钢液冷却和凝固过程中产生的沉淀析出夹杂物。根据形成时间的不同，可分为四种[39-40]：

（1）一次夹杂物：冶炼过程中生成并滞留在钢中的脱氧产物、硫化物和氮化物，也称原生夹杂物。

（2）二次夹杂物：出钢和浇注过程中，因钢液温度降低，导致化学平衡移动而生成的夹杂物。

（3）三次夹杂物：在钢液凝固过程中，由于元素的溶解度下降，导致平衡移动而生成的夹杂物。

（4）四次夹杂物：固态钢在发生相变时因溶解度发生变化而生成的夹杂物。

外来夹杂物主要是钢液和外界之间偶然的化学和机械作用产物。外来夹杂物是由于耐火材料和熔渣等在冶炼、出钢和浇注过程中进入钢中并滞留在钢中而造成的。它们的出现有极大的偶然性，其来源主要是二次氧化、卷渣、包衬侵蚀和化学反应等。

相对外来夹杂物，内生夹杂物的尺寸更细小，分布也比较均匀，且形成时间越迟，颗粒越细小。

1.3.2.2 按化学成分分类

根据化学成分的不同，夹杂物可以分为[12,41,43-46]：

（1）氧化物系夹杂物，包括简单氧化物、复杂氧化物、硅酸盐和固溶体。

简单氧化物：常见的有 FeO、MnO、SiO_2、Al_2O_3、MgO 和 Cr_2O_3 等。

复杂氧化物：包括尖晶石类夹杂物和铝酸钙两种。尖晶石类夹杂物具有 $MgO \cdot Al_2O_3$ 的八面晶体结构，常见的有 MgO-Al_2O_3 和 FeO-Al_2O_3 等。铝酸钙是碱性炼钢中十分常见的夹杂物，是铝与钢液中碱性炉渣反应的产物，或是用含钙合金和铝共同脱氧的产物。

硅酸盐：如 FeO-SiO_2、MnO-SiO_2 和 CaO-SiO_2 等，硅酸盐夹杂物一般颗粒较大。

固溶体：氧化物之间还可以形成固溶体，常见的是 FeO-MnO，以 $(Fe, Mn)O$ 表示。

（2）硫化物系夹杂物，如 FeS、MnS 和 CaS 等。

（3）氮化物系夹杂物，如 AlN、TiN、ZrN、VN 和 BN 等。

1.3.2.3 按加工性能分类

按加工性能可以将夹杂物分为三类，即塑性夹杂物、脆性夹杂物和点状不变形夹杂物[44]：

（1）塑性夹杂物：在热加工时沿加工方向延伸或呈条带状的夹杂物，包括 FeS、MnS 及含 SiO_2 较少的低熔点硅酸盐等。

（2）脆性夹杂物：完全不具有塑性，热加工时变形能力差的夹杂物，如尖晶石夹杂物和熔点高的氮化物。

（3）点状不变形夹杂物：在热加工中，钢基体围绕夹杂物流动，而夹杂物保持原有球形（或点状）不变。这类夹杂物称为球形（或点状）不变形夹杂物，如钙的铝硅酸盐、SiO_2 含量超过 70% 的硅酸盐和 CaS 等。

1.3.2.4 按形态和分布分类

国家标准 GB/T 10561—2005（ISO 4967：1998）根据夹杂物的形态和分布将夹杂物分为五类，即 A（硫化物类）、B 类（氧化铝类）、C（硅酸盐类）、D（球状氧化物类）和 DS（单颗粒球类）[42]。

（1）A 类（硫化物类）：单个灰色颗粒，具有高的延展性，压缩比（长度/宽度）较大，尾端一般呈钝角，如图 1-10 所示。

（2）B 类（氧化铝类）：黑色或黑蓝的颗粒，沿轧制方向排成一行（至少 3 个颗粒），大多数没有变形、有角，压缩比小（一般小于 3）。B 类夹杂物一般为链状的 Al_2O_3 夹杂物，如图 1-11 所示。尽管如此，其他呈链状分布的夹杂物也可能被评为 B 类，如铝酸钙夹杂物（见图 1-12）。

（3）C 类（硅酸盐类）：单个黑色或深灰色颗粒，具有高的延展性，压缩比较大（一般不小于 3），尾端一般呈尖角，如图 1-13 所示。

（4）D 类（球状氧化物类）：黑色或蓝黑色的颗粒，任意分布，不变形，角

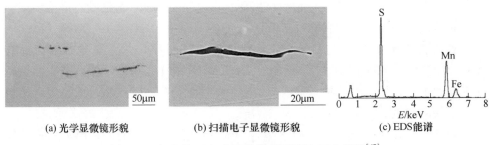

(a) 光学显微镜形貌   (b) 扫描电子显微镜形貌   (c) EDS能谱

图 1-10   细条状 MnS 夹杂物微观形貌及 EDS 能谱[47]

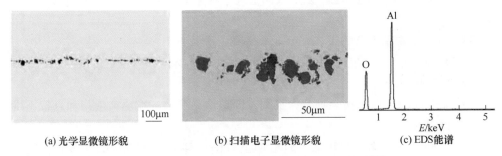

(a) 光学显微镜形貌   (b) 扫描电子显微镜形貌   (c) EDS能谱

图 1-11   链状 Al_2O_3 夹杂物微观形貌及 EDS 能谱[47]

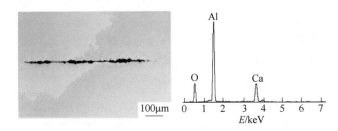

图 1-12   链状铝酸钙夹杂物微观形貌及 EDS 能谱[47]

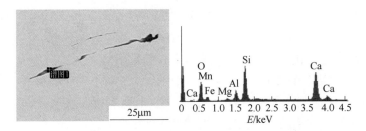

图 1-13   C 类夹杂物扫描电子显微镜形貌及 EDS 能谱

状或圆形，压缩比小（一般小于 3）。球状的氧化铝、二氧化硅和铝酸钙等夹杂

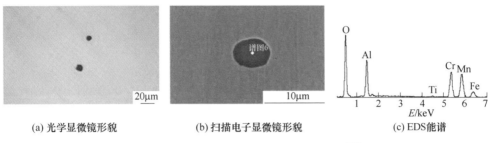

物都有可能被评为 D 类，如图 1-14 所示。

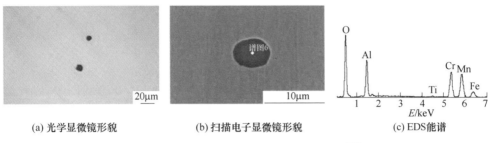

(a) 光学显微镜形貌　　(b) 扫描电子显微镜形貌　　(c) EDS能谱

图 1-14　D 类夹杂物微观形貌及 EDS 能谱[47]

（5）DS 类（单颗粒球类）：单颗粒，呈圆形（或近似圆形），直径不小于 13μm，如图 1-15 所示。

(a) 光学显微镜形貌　　(b) 扫描电子显微镜形貌　　(c) EDS能谱

图 1-15　DS 类夹杂物微观形貌及 EDS 能谱[47]

1.3.2.5　按尺寸分类

按尺寸的大小，钢中的夹杂物可以分为三类，即宏观夹杂物、微观夹杂物和超细微夹杂物[12,39-46]。

（1）宏观夹杂物：尺寸大于 100μm 的夹杂物，可以用肉眼或放大镜观察到，主要是外来夹杂物；钢液的二次氧化也是主要来源。这类夹杂物的数量一般较少，但对钢的质量有着重大影响。

（2）微观夹杂物：尺寸在 1~100μm 的夹杂物，只能用显微镜才可以观测到，也称显微夹杂物。通常显微夹杂物的数量与钢中的溶解氧含量有很好的对应关系，因此一般认为其是二次和三次夹杂物。

（3）超细微夹杂物：尺寸小于 1μm 的夹杂物，主要是三次和四次夹杂物。该类夹杂物虽然数量很多，但一般认为其对钢的性能影响不大。当钢中夹杂物的尺寸小于 1μm 时，有人也称其为零夹杂。

1.4　夹杂物检测与评价方法

钢中夹杂物的检测和评价是实现夹杂物稳定控制的前提。在生产实践和科学研究过程中，为了获得夹杂物的数量、尺寸、形状、分布和化学成分等重要信息，冶金工作者应用了多种方法，包括直接检测和间接评价。一些学者[4,39,48]对这些方法进行了总结和分类，为选择适宜的夹杂物检测与评价方法提供了重要参考。

近年来，我国又颁布了一些新的国家标准，规定了夹杂物检测的新方法，如钢坯全截面法。为此，本书作者在前人总结分类的基础上，结合我国实际情况，进一步归纳了夹杂物检测与评价方法，并将这些方法主要分为7大类，即金相观察法、化学分析法、无损检验法、浓缩检测法、电解法、疲劳实验法和统计方法等。

需要指出的是，部分相关的材料表征技术并没有在本节介绍。尽管如此，上述夹杂物检测和评价方法也可应用到这些表征技术，如 X 射线能谱仪（EDS：Energy Dispersive X-ray Spectroscopy）、电子探针（EPMA：Electron Probe Micro Analysis）、X 射线光电子能谱仪（XPS：X-ray Photoelectron Spectroscopy）、俄歇电子能谱仪（AES：Auger Electron Spectroscopy）、激光微探针质谱仪（LMMS：Laser Microprobe Mass Spectrometry）和阴极发光仪（CLM：Cathodoluminescence Microscopy）等，读者可以通过文献了解这些表征技术。

1.4.1　金相观察法

1.4.1.1　标准图谱法

金相法是判定钢中夹杂物含量的传统方法，最常见的是标准图谱法，即国家标准《钢中非金属夹杂物含量的测定　标准评级图显微检验法》（GB/T 10561—2005/ISO 4967：1998）[42]。该标准用标准图谱评定压缩比大于或等于3的轧制或锻制钢材中的非金属夹杂物。将所观测的视场与标准图谱进行对比，依据夹杂物的形态和分布，分别对每类夹杂物进行评级。标准图谱分为 A、B、C、D 和 DS 五类（详见 1.3.2.4 节），依据夹杂物的宽度不同，可以将每类夹杂物分为两个系列（细系和粗系），每个系列又分为六级（0 级、0.5 级到 3 级）。

在很大程度上，夹杂物的形态取决于钢材的压缩变形程度。因此，只有在经过相似变形程度的截面上，才可能进行测量结果的比较。标准规定了两种检验方法，即 A 法和 B 法。A 法和 B 法均需要检验整个抛光面。对于每一类夹杂物，A 法按细系和粗系记下所检面最恶劣的级别数，B 法则是记下在检验视场的级别数。

标准图谱法简单方便，应用广泛，是标准的检测方法，对生产质量控制发挥着重要的作用。可是，这种方法给出的夹杂物尺寸和形貌信息很少，分析比较费时，而且实验人员和试样制备对分析结果影响较大[49-50]，即使采用大量的试样也很难再现原有试验结果。另外，对于夹杂物含量较少的钢种，这种方法往往需要测量很大的视场面积，而对洁净钢和超洁净钢，这种方法就更不适合[51]。因此，采用该方法时应十分慎重。

1.4.1.2 图像分析法

目前，随着科学技术的发展，计算机图像分析系统已经用于定量分析非金属夹杂物的特征，既可以统计夹杂物的尺寸和数量，又可以确定其分布和聚集情况。高分辨率图像分析处理可以获得很高的分析精度。

国家标准《应用自动图像分析测定钢和其他金属中金相组织、夹杂物含量和级别的标准试验方法》（GB/T 18876）对采用图像分析方法检测钢中夹杂物进行了一些规定。该标准共 3 部分。

第 1 部分为《钢和其他金属中夹杂物或第二相组织含量的图像分析与体视学测定》（GB/T 18876.1—2002），规定了应用自动图像分析对钢和其他金属中内生非金属夹杂物（氧化物和硫化物）的基本形貌特征进行体视学测定的方法，着重解决被测量的组织特征在难以获得可靠的统计学数据时，如何获得体视学数据的问题。由于外来夹杂物具有偶然性和不可预测的分布性，该部分不适用于外来夹杂物的评定。

第 2 部分为《钢中夹杂物级别的图像分析与体视学测定》（GB/T 18876.2—2006）。该部分规定了依据国家标准 GB/T 10561—2005 和 GB/T 18254—2002 以及美国材料与试验协会标准 ASTM E45—1997（2002）应用自动图像分析对非金属夹杂物的级别进行自动评定，同时也适用于按瑞典 JK 图评级的夹杂物自动评定。该部分对夹杂物的分类主要是以光反射性、表面几何形状、厚度、长度和数量为基础，并不涉及夹杂物的成分。

第 3 部分为《钢中碳化物级别的图像分析与体视学测定》（GB/T 18876.3—2008）。该部分描述了钢中碳化物级别的自动图像定量测量方法，适用于按国家标准 GB/T 18254—2002 进行高碳铬轴承钢碳化物液析和带状级别的自动评定，也适用于 ISO 5949：1983 对工具钢和轴承钢碳化物带状级别以及按 SEP 1520—1998 对特殊钢碳化物带状级别的自动评定，但是该方法不涉及珠光体和碳化物网状的测定，也不涉及碳化物的成分。

由于国家标准 GB/T 18876 并不涉及夹杂物的成分，需要借助其他方法来获得夹杂物的成分。扫描电子显微镜可以清晰地显示夹杂物的形貌，借助能谱仪或电子探针还可以获得夹杂物的成分。扫描电子显微镜具有高分辨率和大景深的特点，在钢铁行业的科学研究、产品开发、质量检验和缺陷分析等方面发挥了重要作用。国家标准《钢中非金属夹杂物的评定和统计 扫描电镜法》（GB/T 30834—2014）介绍了利用扫描电子显微镜（SEM）对钢中夹杂物进行尺寸分布统计、化学分类和评级的程序，并推荐了三种检验方法，具体如下：

（1）形态分类法。采用 GB/T 10561—2005 标准相同的夹杂物分类和形态定义，用特征能谱来确认夹杂物成分，并依据形态对夹杂物进行分类。首先依据长宽比将夹杂物分类两大类（长宽比不小于 3 的夹杂物和长宽比小于 3 的夹杂物），然后依据夹杂物的化学成分将进一步将长宽比不小于 3 的夹杂物细分为 A 类和 C 类，将长宽比小于 3 的夹杂物按是否呈串（条）分布再细分为 B 类、D 类和 DS 类。

　　（2）化学分类法。根据化学成分将夹杂物分成 A、B 和 C 三类，A 类是硫化物，B 类是铝酸盐，C 类是硅酸盐。也可以从这三类中依据形态（长宽比）分离出 D 类球状氧化物（长宽比小于 3，孤立存在）和 D 类球状硫化物（长宽比小于 3，孤立存在）以及 DS 类（直径不小于 13μm）。

　　（3）自定义分析法。前两种方法不适用时推荐采用自定义法，其允许夹杂物按材料和应用需要进行个性化分析，允许自定义化学分类、尺寸范围和形态分类。可以给出每个视场内夹杂物的体积和数量分数，每个夹杂物的最大费雷特直径等参数。

　　前两种方法提供了一种按每类夹杂物及每个宽度系列（细系、粗系和超尺寸）夹杂物级别（0~5 级）以半级递增的定量评定方法，测试面积至少需要 160mm²，适用于压缩比不小于 3 的轧制或锻制钢材中不小于 2μm 的夹杂物；后一种方法按尺寸分布和化学分类分析和统计夹杂物，用于铸坯或钢材中所有尺寸夹杂物的统计分类，不用于评级。该标准只是一种推荐的夹杂物检验方法，并不对验收合格级别进行规定。

　　近年来，全自动夹杂物分析系统在钢铁行业得到了应用，且有较多的文献报道。这些系统一般是通过电子光学系统自动识别夹杂物并采集图像，通过能谱仪自动分析夹杂物的化学成分，并与数据库比对判断夹杂物种类，最后统计分析并生成测试报告。

　　Aspex 系列是文献中报道较多的全自动夹杂物分析系统，其诞生于 1992 年，后更名为 Explorer4，2019 年又升级为 Phenom ParticleX，主打夹杂物快速自动分析。对于一个尺寸 100mm² 含有 5000 个夹杂物的钢样，Aspex 系列只需约 1h 即可完成所有夹杂物的分析，并自动存储所有夹杂物的照片、位置、尺寸和等成分等信息。

　　此外，欧波同 OTS 全自动夹杂物分析系统在国内也有推广，其是一套集扫描电子显微镜、能谱仪、夹杂物自动分析软件以及样品洁净度评价为一体的综合性分析系统。该系统可以根据夹杂物的成分、数量、尺寸及分布给出样品的洁净度评价，并依据钢种类别和取样工位给出较合理的生产建议。

　　国内多家钢铁企业及科研单位（如宝武、鞍钢、首钢、钢铁研究总院、北京科技大学和中科院金属研究所等）引进了 Aspex 系列夹杂物分析系统，燕山大学等单位则引进了 OTS 分析系统。

1.4.1.3 钢坯全截面法

在洁净钢和超洁净钢的生产中，客户对夹杂物的控制要求越来越严格，允许超尺寸的夹杂物数量也越来越少。冶金工作者倾向于在铸坯上完成夹杂物含量检测，一方面可以提高检测面积减少结果的随机性，最大限度检出大型夹杂物，另一方面也可以依据结果快速评估冶炼工艺，提前预设铸坯的使用范围和轧制工艺。为此，国家标准《钢中非金属夹杂物含量的测定　钢坯全截面法》（GB/T 40304—2021）规定了铸态下钢中非金属夹杂物含量的检测方法，主要适用于铸坯中不小于 $30\mu m$ 的夹杂物含量检测。

该方法的原理如图 1-16 所示。当一束光线与镜面试样表面成一定夹角照射镜面时，入射光会发生镜面反射，镜面试样上的疑似缺陷特征点会产生漫反射，当数码成像系统在镜面上做线扫描时，可以采集到所有疑似缺陷特征点，形成采集像。计算机记录每个疑似特征点的坐标和尺寸，通过显微分析确认夹杂物，从而得到夹杂物在钢坯全截面上的数量、尺寸、位置及分布等特征。在检测过程中，铸坯试样需要经过铣、磨、超精磨或抛光等若干工序，最终制成镜面试样，且需要防止检测面变暗、污染和生锈。该方法受铸坯气泡、缩孔和裂纹等物理缺陷的影响，需要检测人员正确识别和区分物理缺陷和夹杂物。

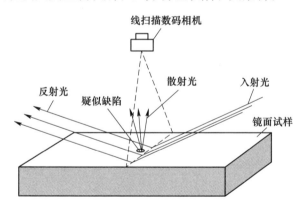

图 1-16　钢坯全截面法原理示意图

1.4.1.4 发蓝断口法

国家标准《钢中非金属夹杂物的检验　发蓝断口法》（GB/T 37598—2019）规定了用发蓝断口法检验钢中长度不小于 1mm、宽度不小于 0.1mm 的宏观夹杂物等内容。该方法将试样加热到蓝脆温度（300~350℃），利用断口机或压力实验机将断口一次折断，再将折断的试样加热到蓝脆温度使断口发蓝。在蓝脆温度下，断口的金属基体生成蓝色的氧化膜，而夹杂物并不发生氧化而保持原色，通常呈灰白、浅黄或黄绿等非结晶的条带状。因此，可以采用目视或借助不大于 10 倍的放大装置观测纵向断口上可见的条带状夹杂物尺寸、数量和分布情况。

1.4.1.5 塔形发纹酸浸法

钢中夹杂物在加工变形过程中沿锻轧方向延伸形成条纹，称之为发纹。国家标准《钢中非金属夹杂物的检验 塔形发纹酸浸法》（GB/T 15711—2018）规定了直径、边长或厚度为 16~150mm 塔形钢材试样通过酸浸法检验钢材中发纹的数量、长度和分布等内容。该方法要求试样在钢材或钢坯上冷态截取，并加工成塔形试样。塔形阶梯尺寸分别为直径、边长或厚度的 0.90 倍、0.75 倍和 0.60 倍，每个阶梯的长度均为 50mm。加工过程防止产生过热现象，试样表面粗糙度 $R_a \leqslant$ 1.6μm。酸蚀后，采用肉眼观察并检验每个阶梯表面上发纹的数量、长度和分布，必要时可用不大于 10 倍的放大镜检验。

1.4.2 化学分析法

1.4.2.1 氧分析法

由于氧在金属基体中的溶解度十分低，因此可以通过全氧含量来表征钢中夹杂物含量。全氧含量也是钢液洁净度水平的一个重要指标。国家标准《钢铁 氧含量的测定 脉冲加热惰气熔融-红外线吸收法》（GB/T 11261—2006）对钢铁全氧含量的测量进行了规定，该标准适用于 $(5 \sim 200) \times 10^{-6}$ 全氧含量的测定。全氧含量并不包含夹杂物的尺寸、形貌和分布等信息，同样全氧含量的钢材可能有不同的夹杂物分布。

在实际测量过程中，试样对结果的影响比较大。国家标准 GB/T 11261—2006 对取制样进行了详细规定，要求试样车削成直径为 4~5mm、长度大于30mm 的圆棒，表面粗糙度 $R_a \leqslant 3.2$μm，然后用碳化硅砂布和鹿皮在 800r/min 的转速下依次进行抛光至 $R_a \leqslant 1.6$μm。剪切的试样（0.5~1g）还需要用四氯化碳（或乙醚）和丙酮依次清洗 3~7min。操作过程应避免污染和氧化。尽管如此，目前仍存在制备试样不满足国家标准要求的情况（特别是粗糙度要求），往往造成检测结果偏差较大。

此外，分步热分解（FTD：Fractional Thermal Decomposition）也用来检测夹杂物的种类和总量[52-53]。其原理是在不同的温度下将试样中的氧化物选择性地还原，测量不同氧化物所固定氧的数量，从而获得氧化物的种类和数量等信息。每一步测量的氧含量总和对应于全氧含量。

1.4.2.2 硫印法

硫印是一种应用比较普遍的检验方法，是一种定性实验。在室温下将相纸浸入到酸液中，取出相纸去除多余的酸溶液后，把相纸的感光面贴到受检面上。钢中的硫以硫化物的形式存在，硫化物与酸溶液接触后，便会产生硫化氢气体。由于硫化氢可以使相纸感光乳剂的卤化银转变为硫化银而变黑，显示出硫富集区域，从而确定钢中硫化物夹杂物的分布位置。通过硫印可以对被检部位钢的洁净度做出估计，其可以显示出化学成分的不均匀性（如易切削钢偏析）以及某些形体上的缺陷，如裂纹和孔隙等。

国家标准《钢的硫印检验方法》（GB/T 4236—2016）对硫印的检验做了规定，适用于硫含量大于0.005%的钢和铸铁。硫印试样的制备对硫印效果影响很大，要求检验面粗糙度要小（$R_a \leqslant 3.2\mu m$）。在实验前，检验面也应使用丙酮和乙醚等试剂清洗并干燥。

有研究[5]表明，氧化铝簇群也能在硫印中显示出来。硫印检到夹杂物的最小尺寸是50μm，要求检测面的光洁度要好于0.6μm，使用的相纸不规则性和纹理特征也必须比被检测的夹杂物尺寸更小。

1.4.2.3 脉冲分布分析发射光谱法（OES-PDA）[5,48]

脉冲分布分析发射光谱法（OES-PDA：Optical Emission Sepctroscopy-Pulse Discrimination Anlysis）是用直读光谱仪分析钢中的元素，元素信号存储在数据库中，并对火花脉冲进行统计处理从而获得夹杂物信息。低强度脉冲对应钢中溶解元素，高强度脉冲对应钢中夹杂物。高强度脉冲的多个元素则可以测量不同氧化物的比例。夹杂物的直径分布也可以通过火花脉冲测量，可分析出直径不小于1.5μm的夹杂物。该方法只需要粗糙的表面研磨，就可以快速定性和定量评估钢中夹杂物，使炼钢过程在线检测夹杂物变成可能。

1.4.2.4 原位分析法（OPA）

原位统计分布分析技术（OPA：Original Position Statistic Distribution Analysis）是对被分析对象的原始状态的化学成分和结构进行分析的一项技术[54-55]，由我国钢研纳克公司研发。国家标准《金属原位统计分布分析方法通则》（GB/T 24213—2009）规定了金属原位统计分布分析方法的相关内容。该技术采用高稳定性连续激发火花光源激发大面积金属材料，通过对无预燃、连续扫描激发所产生的单次放电光谱信号进行直接放大和高速数据采集并解析，进而实现试样的成分和状态定量分析。

与固溶区的放电信号相比，火花光谱在夹杂物位置的单次放电信号异常增大，且异常值的出现频度与夹杂物的含量相关。因此，根据异常信号与总信号的频次比值以及对应元素的总含量可以计算出夹杂物的含量。由于采用大面积扫描，其结果更具有代表性，可以得到在材料中不同位置夹杂物统计定量分布的信息。夹杂物单次放电的异常值大小与夹杂物的粒度相关，因此还可以获得夹杂物的粒度统计分布信息。此外，采用多通道同时采集，每个单次放电所获得的信号时间同步。通过多通道不同元素异常值的合成，可以进一步判定不同位置夹杂物的组成。

原位分析法的优点是试样检测面积大，检测速度快，但其只能检测出较大尺寸的夹杂物，对细小夹杂物的检测精度较低。

1.4.2.5　激光诱导击穿光谱法（LIBS）[56-57]

激光诱导击穿光谱法（LIBS：Laser-Induced Breakdown Spectroscopy）将脉冲高能激光聚焦于试样表面形成高温等离子体，利用光谱仪对等离子体发射光谱进行分析，从而识别试样的元素成分并对材料进行表征。当高能激光作用于钢中夹杂物区域时，由于夹杂物区域产生元素富集，这些元素所产生的光谱信号远高于钢中固溶元素所产生的光谱信号，即可形成夹杂物的光谱信号特征。扫描获取材料检测平面的光谱信息，依据夹杂物的光谱信号特征，采用统计原理解析识别目标光谱信号，即可同时表征不同类型夹杂物的分布、粒度和含量。德国弗朗和夫激光技术研究所和中国钢研科技集团在激光诱导击穿光谱法表征夹杂物方面开展了大量研究工作。这些研究工作主要集中在氧化物夹杂物表征，在硫化物和复合夹杂物等表征方面也有文献报道。钢研纳克公司将激光诱导击穿光谱分析技术（LIBS）与原位统计分布分析技术（OPA）结合，还研发了新型激光光谱原位分析仪（LIBSOPA）。

相比火花光谱法，激光诱导击穿光谱法检测分辨率和检测定位精度更高，与金相法的一致性较好，还具有非接触分析、微区分析、制样简单、分析速度快和分析领域广等优点，但其对于小粒径夹杂物的表征效果欠佳。

1.4.3　无损检验法

目前常用的无损检验法主要有四种，即超声波检验法、磁性检验法、X射线检测法和涡流检测法等。

1.4.3.1　超声波检测法[5,39,58-63]

超声波检测法是根据基体和缺陷的声学性能不同而得到的[58-62]。传统超声波检测系统探头频率一般小于10MHz，因此很难检测到小于$100\mu m$的缺陷和夹杂物。高频超声波探头（30~100MHz）的应用，使该方法可以检测到$100\mu m$以下的夹杂物。尽管如此，随着超声波频率的增加，超声波穿透的深度变浅，所检测的厚度也变薄。超声波检测法的主要优点是可以进行大体积检测，对样件没有损伤，并可以实现在线检测。缺点是检测的结果受构件的表面质量和均匀性影响很大，同时检测要求越精确，能检测到的范围就越有限。

曼内斯曼分析法（MIDAS：Mannesmann Inclusion Detection by Analysis of Surfboards）是使用较好的超声波检测法，由德国曼内斯曼（Mannesmann）公司研发，其主要应用于热轧带钢和厚钢板检测。MIDAS方法需要轧制试样，以消除气孔的影响。

Hansén等[63]提出了液态取样热轧法（LSHR：Liquid Sampling and Hot Rolling）。该方法直接从钢包、中间包和结晶器中取样，要求试样不含气孔和夹渣，且尺寸够大，能够进行热轧和热处理等后处理。LSHR试样经过后处理再进行超声波检测，从而得到大尺寸夹杂物的尺寸分布。这可以对比区分炼钢各工位与轧材中的夹杂物。

1.4.3.2 磁性检测法[39,48,64]

磁性检测法主要用于盘卷、薄板或热轧板卷等的内部探伤。其基本原理是，当在铁磁体材料近表面处出现不连续（有夹杂物或缺陷），就会产生一个漏磁通，传感器依据磁场的变化即得到缺陷信息，如图 1-17 所示。磁性检测法只对长条形的夹杂物敏感。夹杂物太短，不易从噪声中区分；夹杂物过长过细，其对磁场的影响又很小。此外，此方法也不宜用于检测太小的夹杂物。

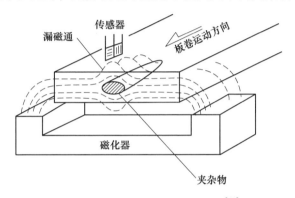

图 1-17 漏磁通方法原理示意图[48]

1.4.3.3 X 射线检测法[39,48,65-66]

X 射线检测法采用显微计算机断层扫描技术（Micro Computed Tomography，Micro-CT，即显微 CT，又称微型 CT），从多个角度拍摄一系列 X 射线透射图像来重建试样内部的三维结构。与医用计算机断层扫描（CT）相比，大多数显微 CT 的 X 射线光源和探测器位置固定，试样则可以旋转，并且显微 CT 具有更高的空间分辨率，可达微米级。显微 CT 使用微焦距 X 射线管可以获得放大 5~10 倍的图像，采用图像增强透视还可以给出实时图像。图 1-18 给出了显微 CT 获得的球形夹杂物三维形貌示例。

X 射线检测法难以区分夹杂物和孔洞，因此要求试样在检验前进行轧制，使孔洞闭合。此外，该方法检测的工作量大，检测费用高。

1.4.3.4 涡流检测法[5,48,67]

涡流检测方法的工作原理类似于变压器。检测时，激励线圈连接到交流电源，金属试样作为磁芯，线圈产生的交变磁场可以在金属试样内部感应出涡电流。该涡电流会产生一个削弱激励磁场变化的再生磁场，进而在接受线圈中感生电势。如果金属试样存在缺陷（夹杂物和孔洞等），涡流的大小和分布会发生变化，接受线圈的感生电势或阻抗也因此发生变化，从而反映缺陷的尺寸和形状等

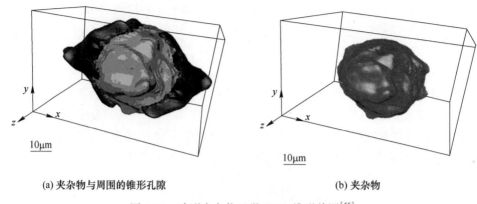

(a) 夹杂物与周围的锥形孔隙　　　　　　　　　(b) 夹杂物

图 1-18　球形夹杂物显微 CT 三维形貌图[66]

信息。这种方法对表面很敏感，因此试样的表面质量可能会影响深层夹杂物的检测。由于夹杂物和孔洞对涡流的影响基本相同，因此试样也必须经过轧制。

1.4.4　夹杂物浓缩法

夹杂物浓缩检测方法是将小块样品中的夹杂物集中在一个小面积里，使夹杂物更容易检测和观察。夹杂物浓缩检测方法包括电子束熔化法、冷坩埚重熔法和酸溶解法等。

1.4.4.1　电子束熔化法[5,39,48,68-70]

电子束熔化法（EBBM：Electron Beam Button Melting）是在超真空的条件下，通过电子束的轰击使试样重新熔化，试样中的夹杂物就上浮并聚集在一起，通过收集熔体表面的夹杂物来评价夹杂物的一种方法，如图 1-19 所示。收集到的夹杂物"漂浮物"与夹杂物的总量相关。

该方法具有以下优点：夹杂物上浮效率高，通常 60% ~ 80% 的夹杂物会上浮到试样表面；检测试样大，检测面积大，大型夹杂

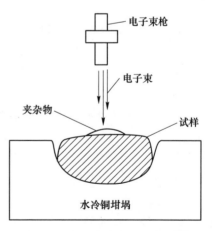

图 1-19　电子束熔化法示意图[47]

物被检测到的几率明显增加，且可以获得夹杂物的尺寸分布信息；夹杂物的检测准确性高，检测结果与金相检测吻合；检测效率高，是金相检测效率的 5 倍；污染小，由于采用水冷铜坩埚，可以避免耐火材料和空气的污染，也可以保持夹杂物的真实状态。电子束熔化法能应用于多个试样或者大质量试样的评定，被认为是一种快速、便利评定洁净度的方法[68]。

该方法的不足主要有：碳钢检测过程易导致碳沸腾问题，夹杂物被还原；低

熔点夹杂物易于烧结在一起，给夹杂物尺寸分析增加困难；检测设备相对昂贵。

1.4.4.2 冷坩埚重熔法[39,48,71-72]

冷坩埚重熔法（CCR：Cold Crucible Remelting）是采用多段水冷纯铜坩埚对试样进行重新熔化，夹杂物上浮并聚集，通过收集试样表面的夹杂物来评价夹杂物的一种方法。由于坩埚为水冷结构，在使用过程中坩埚温度很低，所以坩埚本身对试样几乎没有污染。如图 1-20 所示，当高频电流通过坩埚周围的感应线圈时，坩埚内的狭缝保证试样内产生的涡流与坩埚内产生的涡流方向一致，从而产生一个斥力使试样悬浮在坩埚内，试样与坩埚并不接触。试样内的夹杂物浮到试样表面并不像电子束熔化法的夹杂物聚集在一个区域，而是聚集在与坩埚狭缝相对的纹路和纹路之间的表面区域。这些夹杂物聚集区的尺寸和数量因钢种不同而有所区别。上浮到试样表面的夹杂物绝大多数为氧化物，细小和大尺寸的夹杂物均可以收集到。由于许多夹杂物的尺寸小于 3μm，光学显微镜观测比较困难，因此可以通过扫描电子显微镜等测量夹杂物尺寸，获得尺寸分布信息。

冷坩埚重熔法的优点主要有：熔化过程迅速，可以采用约 100g 的试样，洁净度

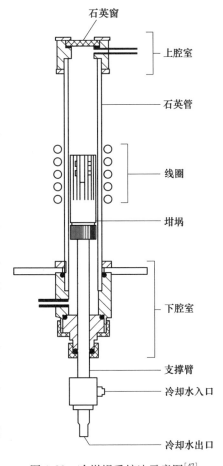

图 1-20 冷坩埚重熔法示意图[47]

的分析结果具有统计意义；可以在氩气或氩气和氢气混合物气氛下进行，从而避免碳沸腾；其效率与电子束熔化法接近，而成本更低，因此可作为超洁净材料的潜在测试方法。

1.4.4.3 酸溶解法[39,73-74]

酸溶解方法是用酸溶液将钢试样基体完全溶解，再利用滤膜（如聚碳酸酯或硝酸纤维素等）过滤，经过淘洗后获得夹杂物。采用扫描电子显微镜等手段可以进一步获得钢中夹杂物的形貌、成分和尺寸分布等信息。常用的酸溶液有盐酸[73]和硝酸[74]等。该方法在溶解过程中会将钢中的硫化物等夹杂物溶解，而 Al_2O_3、SiO_2、TiO_x、尖晶石夹杂物和碳氮化物以及硅酸盐等夹杂物均不溶于盐酸。

1.4.5 电解法

电解法是从钢中分离夹杂物的一种重要方法，分为大样电解法和小样电解法。大样电解法适用于分析钢中大型夹杂物，而小样电解法主要用来分析细小夹杂物。

1.4.5.1 大样电解法[75-78]

阳极泥法（Slime）最初由 Hoff 等[75]用于钢中大型非金属夹杂物的提取分离，其后森永孝三等[76]也进行了大致相同的工作，吉田良雄等[77]以夹杂物的提取分离及粒度分级为目的进行研究，确立了能够再现夹杂物收得量的可操作的方法。这一方法引入我国，称为大样电解法，主要用于分析钢中大于 $50\mu m$ 的大型夹杂物。

国内大样电解法常在弱酸性水溶液中电解钢试样，分离收取阳极泥，从中淘洗出夹杂物颗粒来观察其形貌、测定组分、进行尺寸分级，以其总量的多少评价钢的洁净度[78]。大样电解的特点主要有：

（1）试样的尺寸大，电解时间长。为了捕获更多的大型夹杂物，大样电解的样重一般为 3~5kg，电解时间约 20 天。

（2）大样电解法用物理方法（淘洗）将大型夹杂物分离出来。

（3）可对夹杂物尺寸进行分级，结合扫描电子显微镜可以分析夹杂物的成分。

（4）把示踪剂和大样电解结合可以追踪大型夹杂物的来源。

（5）不足之处是不能完全保留簇群状的夹杂物。电解过程中基体被溶蚀，簇群状的夹杂物会变成小颗粒的夹杂物，在淘洗过程中也会流失一部分。

1.4.5.2 小样电解法[79-81]

为了克服大样电解法的不足，学者又开发了非水溶液电解方法来分离钢中的夹杂物，称之为非水溶液电解法。该法以试样为阳极，不锈钢或铜片为阴极。电解液主要由电解质、络合剂、缓冲剂、还原剂以及溶剂中的一种或几种组成，溶剂多为无水甲醇或乙醇。为防止电极温度过高，电解一般在低温下（−5~5℃）进行，且阳极电流密度不超过 $100mA/cm^2$。受溶剂性质的影响，电解的速率很慢，电解的试样较小（小于 50g），因此该方法又称为小样电解法。此外，在电解时还需要向电解槽中通入氩气或氮气，一方面可以均匀成分和温度，另一方面可以防止空气中的氧对电解的影响。

小样电解法对夹杂物的溶解损失进一步减小，能够提取到在酸性水溶液中不稳定的夹杂物（如硫化物等），细小夹杂物也能得到很好地保留，更适合内生夹杂物的分析。

1.4.6 疲劳实验法

在一定的应力条件下，材料的疲劳开裂往往起源于钢中最大尺寸的夹杂物。因此，疲劳实验是检测钢中夹杂物尺寸很准确的一种方法[39]。通过测量断口表面的夹杂物尺寸，就可以了解到钢中非金属夹杂物的情况。与金相法相比，疲劳实验法能表征更大体积里的最有害夹杂物的大小、类型和分布，其缺点是需要进行大量的疲劳实验，需耗费大量的时间和经费。由于超洁净钢的疲劳破坏通常不是从夹杂物处发生开裂，因此疲劳实验法不能对超洁净钢夹杂物进行分析。

1.4.7 统计方法

统计方法是依据统计学原理得来的，其本质是外推法。用来估算钢中最大非金属夹杂物尺寸的统计方法主要有统计极值法（SEV：Statiscs of Extreme Value）和广义帕雷托分布法（GPD：Generalized Pareto Distribution）。

1.4.7.1 统计极值法（SEV）[39,48,82-83]

统计极值法（SEV）只需在随机选择的必要面积（或体积）里测量小试样中最大夹杂物的尺寸，然后根据这些尺寸数据来预测大体积钢中最大夹杂物的尺寸。统计极值法的基本思想是，当预先给定数量的数据服从某一分布时，则每组数据中的最大值也应服从该分布。这种分布一般满足耿贝尔（Gumbel）分布，即：

$$G(z) = e^{-e^{-(z-\lambda)/\alpha}} \tag{1-1}$$

式中，$G(z)$ 为最大夹杂物尺寸不大于 z 的概率；α 和 λ 分别为尺度和位置参数。假设：

$$y = (z - \lambda)/\alpha \tag{1-2}$$

则式（1-1）可以写成：

$$H(y) = e^{-e^{-y}} \tag{1-3}$$

在标准检测面积 S_0 里找到最大的夹杂物，利用图像分析法测出其面积 A_{max}，然后计算出其平方根值 $z=\sqrt{A_{max}}$。测量过程重复 N 次，每次都随机选取不重叠的标准检测面积 S_0。把 z 值按从小到大的顺序依次排列，即 $z_1 \leq z_2 \leq \cdots \leq z_i \leq \cdots \leq z_N$。

第 i 个夹杂物尺寸不大于 z_i 的累积概率可以由式（1-4）计算得到：

$$H(y_i) = i/(N + 1) \tag{1-4}$$

由式（1-3）和式（1-4）可得：

$$y_i = -\ln\{-\ln[i/(N + 1)]\} \tag{1-5}$$

由式（1-2）可得：

$$z = \alpha y + \lambda \tag{1-6}$$

以第 i 个夹杂物尺寸 z_i 以及由式（1-5）确定的 y_i 来作 z_i-y_i 图，即可近似得

一个斜率为 α、纵截距为 λ 的直线。

对于大体积的材料，若检测体积为 V，则其返回周期 T 定义为：

$$T = V/V_0 \tag{1-7}$$

式中，V_0 为标准检测体积，其值由式（1-8）定义：

$$V_0 = S_0 h \tag{1-8}$$

式中，S_0 为标准检测面积；h 为最大夹杂物直径的平均值，由式（1-9）定义：

$$h = \frac{\sum\limits_{i=1}^{N} z_i}{N} \tag{1-9}$$

在检测体积 V 中，若某夹杂物尺寸只被超过一次，则定义该尺寸为最大夹杂物的特征尺寸 z_V。换言之，体积 V 中只有一个最大尺寸夹杂物。实际上，返回周期 T 相当于测量标准检测体积 V_0 的次数。因此，依据 z_V 定义，可以写出式（1-10）。等式左边说明在 T 次测量中只有 1 次夹杂物尺寸超过 z_V；等式右边表示夹杂物尺寸大于 z_V 的概率。

$$1/T = 1 - G(z_V) \tag{1-10}$$

将式（1-10）转换为：

$$G(z_V) = 1 - 1/T \tag{1-11}$$

因此，由式（1-1）、式（1-2）和式（1-11）可得：

$$y = -\ln[-\ln(1 - 1/T)] \tag{1-12}$$

由式（1-6）可得：

$$z_V = \alpha y + \lambda \tag{1-13}$$

根据式（1-13）就可以估算出不同体积钢中的最大夹杂物特征尺寸 z_V。

参数 α 和 λ 可以由作图法、最小二乘法、矩量法和最大似然估计法等方法确定。其中，最大似然估计法的计算误差最小，因而认为其是最有效的。最大似然函数方程是由式（1-1）对应的概率密度函数得到，如式（1-14）所示。当 L 取最大值时对应的 α 和 λ 值即为所求的参数值。最大似然法充分利用了所观测的数据，因此比线性拟合更精确。

$$L = \prod_{i=1}^{N} \frac{1}{\alpha} \exp\left\{ -\left[\frac{z_i - \lambda}{\alpha} + \exp\left(\frac{-(z_i - \lambda)}{\alpha} \right) \right] \right\} \tag{1-14}$$

把计算得到的 T 值以及 α 和 λ 值代入式（1-13），就可以预测体积 V 钢中最大夹杂物的特征尺寸 z_V。

在实践中，参数 α 和 λ 是由有限的数据确定的，因此具有不确定性，而且外推程度越大，不确定性也越大。最大夹杂物尺寸 z_V 的置信区间可由似然函数取对数作图得到，如图 1-21 所示。图中峰值对应的 z_V 即为预测钢中最大夹杂物的特征尺寸值，从峰值处向两边各降低 1.92，即对应置信度为 95% 的置信区间。

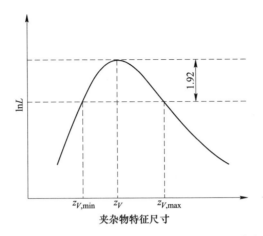

图 1-21　用似然函数对数法求估计的置信区间[84]

1.4.7.2　广义帕雷托分布法（GPD）[39,48,84-86]

广义帕雷托分布法（GPD）以超过某一门槛值的多个数据作为基础进行外推估算。对于一系列数据，夹杂物数量 n 和夹杂物尺寸 x_i 都是随机变量。假定 u 为门槛值，x 为大于门槛值 u 的夹杂物尺寸，则超过门槛值 u 的夹杂物数量和尺寸 x 较好地服从一定的分布。夹杂物尺寸大于门槛值 u 而不大于 x 的概率函数 $F(x)$ 由广义帕雷托分布函数给出：

$$F(x) = 1 - [1 + \xi(x - u)/\sigma'] - 1/\xi \qquad (1-15)$$

式中，$\sigma' > 0$ 为尺度参数，$\xi(-\infty < \xi < +\infty)$ 为形状参数；$(x-u)$ 的取值范围为：

$$\left. \begin{array}{ll} 0 < (x - u) < \infty & (\xi \geqslant 0) \\ 0 < (x - u) < -\sigma'/\xi & (\xi < 0) \end{array} \right\} \qquad (1-16)$$

当 $\xi \rightarrow 0$ 时，$F(x)$ 达到极限形式，即：

$$F(x) = 1 - e^{-(x-u)/\sigma'} \qquad (1-17)$$

在体积 V 中尺寸超过 x 的夹杂物个数期望值，等于尺寸超过 u 的夹杂物个数期望值与夹杂物尺寸同时超过 u 和 x 的概率的乘积。若单位体积内尺寸超过 u 的夹杂物个数期望值用 $N_V(u)$ 表示，体积 V 中最大夹杂物的尺寸用 x_V 表示，则式（1-16）表示体积 V 中尺寸超过 x_V 的夹杂物只有 1 个：

$$N_V(u)V(1 - F(x_V)) = 1 \qquad (1-18)$$

联立式（1-15）和式（1-18），得到最大夹杂物的尺寸为：

$$x_V = u - \frac{\sigma'}{\xi}[1 - (N_V(u)V)^\xi] \qquad (1-19)$$

$N_V(u)$ 可以根据横截面夹杂物的数量由式（1-20）计算。

$$N_V(u) = N_A(u) \times \overline{D}_i \qquad (1-20)$$

式中，$N_A(u)$ 为单位面积上超过 u 的夹杂物个数期望；$\overline{D}_i$ 为夹杂物的平均尺寸。

　　GPD 方法所需数据是大于门槛值 u 的夹杂物数量和大小，在分析过程中可以忽略小于门槛值 u 的夹杂物。若 u 选取过大，剩下的夹杂物数量很少，容易导致分析误差过大。因此，在节省工作量和保证数据足够的前提下，u 的选取应尽可能大。研究[84-85]表明，最大夹杂物的特征尺寸预测值对 u 并不十分敏感，因此 u 可以用超额均值图法（mean excess plot）获得，即以夹杂物尺寸对 u 的超额均值（mean excess）作图。当曲线超过某值即为线性分布时，该值即临界门槛值 u，如图 1-22 所示。对线性曲线进行拟合，直线的斜率为 $\xi/(1-\xi)$，截距为 $\sigma'/(1-\xi)$，从而可以估算参数 σ' 和 ξ。

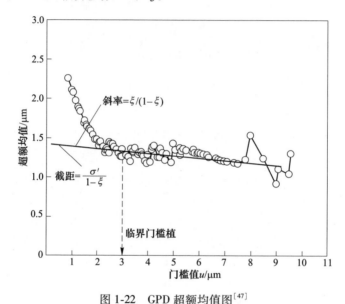

图 1-22　GPD 超额均值图[47]

　　与 SEV 方法类似，GPD 方法同样可以采用最大似然估计法来估算参数 σ' 和 ξ。最大似然函数方程由式（1-15）对应的概率密度函数给出，如式（1-21）所示。当 L 取最大值时，即可获得参数 σ' 和 ξ 的估计值。该方法参数估计具有不确定性，最大夹杂物的特征尺寸置信区间也可由似然函数的对数值作图获得，参见图 1-21。

$$L = \prod_{i=1}^{k} \left[1 + \frac{\xi(x_i - u)}{\sigma'} \right]^{-(1/\xi)-1} \qquad (1-21)$$

另外，当 $\xi<0$，且 V 非常大时，$(N_V(u)V)^{\xi}\ll1$，式（1-19）可简化为：

$$x_V = u - \sigma'/\xi \qquad (1-22)$$

通常 $x_V \leqslant u-\sigma'/\xi$，因此 $u-\sigma'/\xi$ 为最大夹杂物尺寸的上限。

　　用统计方法来估算钢中夹杂物尺寸具有以下优点[39]：

（1）节省工作量。在抛光表面随机选取一定大小的测量面积后，只需测量大于某一临界值的夹杂物或最大尺寸的夹杂物即可，而且还可以利用计算机图像分析系统对夹杂物进行统计分析。

（2）准确性高。洁净钢中的夹杂物的尺寸非常小，其最大直径很难暴露到表面上，因此用金相法检测的误差会比较大。统计方法则充分地考虑了这一点，它可以根据测量的结果外推出夹杂物的最大直径。

（3）可以估算不同体积中的最大夹杂物尺寸。这是统计方法的最大特点，其他检测方法很难做到这一点。

1.5　本章小结

随着科学技术的不断发展，用户对钢材的质量和洁净度要求越来越高。尽管如此，钢的洁净度是相对的，不同钢材的质量要求对其洁净度的要求也是不同的。钢中非金属夹杂物的成分、形状、尺寸和分布等特征对钢的强度、塑性、切削性能、冷成形性能、疲劳性能、耐延迟断裂性能以及抗腐蚀性能等使用性能具有重大影响。内生和外来是非金属夹杂物的主要来源。夹杂物的分类方法有多种，可以按夹杂物来源、成分、加工性能、形态分布和尺寸等对其进行分类。夹杂物的分析检测方法也有很多种，本章在前人总结分类的基础上，将这些方法分为金相观察法、化学分析法、无损检验法、浓缩检测法、电解法、疲劳实验法和统计方法等几大类。不同分析方法具有不同的特点，在实际分析时可以结合多种方法来检测和评价夹杂物。

参 考 文 献

［1］Kiessling R. Clean steel［J］. Journal of The Iron and Steel Institute，1963，201（10）：876.

［2］徐匡迪. 关于洁净钢的若干基本问题［J］. 金属学报，2009，45（3）：257-269.

［3］刘中柱，蔡开科. 纯净钢生产技术［J］. 钢铁，2000，35（2）：64-69.

［4］Zhang L，Thomas B G. State of the art in evaluation and control of steel cleanliness［J］. ISIJ International，2003，43（3）：271-291.

［5］国际钢铁协会. 洁净钢——洁净钢生产工艺技术［M］. 中国金属学会，译. 北京：冶金工业出版社，2006.

［6］Birat J P. Impact of steelmaking and casting technologies on processing and properties of steel［J］. Ironmaking and Steelmaking，2001，28（2）：152-158.

［7］Thornton P A. The influence of nonmetallic inclusions on the mechanical properties of steel：A review［J］. Journal of Materials Science，1971，6（4）：347-356.

［8］Pomey G，Trentini B. Quelques considérations sur la propreté des aciers［J］. Revue de Métallurgie，1971，68（10）：603-623.

［9］李代锺. 钢中的非金属夹杂物［M］. 北京：科学出版社，1983.

［10］Priest A H. Iron and Steel Institute conference on "Effect of second-phase particles on the mechanical properties of steel" [C]. London: The Iron and Steel Institute, 1971: 134.

[11] Baker T J, Charles J A. Influence of deformed inclusions on the short transverse ductility of hot-rolled steel [A]. Iron and Steel Institute conference on "Effect of second-phase particles on the mechanical properties of steel" [C]. London: The Iron and Steel Institute, 1971: 79-87.

[12] 李为镠. 钢中非金属夹杂物 [M]. 北京: 冶金工业出版社, 1988.

[13] 蔡淑卿, 滕梅, 李吉夫, 等. 非金属夹杂物对钙系与钙硫系易切削钢切削性能的影响 [J]. 钢铁研究学报, 2000, 12 (2): 54-59.

[14] Muzak N, NaiduK, Osborne C. New methods for cold heading quality [J]. Wire Journal International, 1996, 29 (10): 66-72.

[15] 和前进, 潘金焕, 姜钧普, 等. 影响湘钢冷镦钢质量的主要因素 [J]. 钢铁, 2004, 39 (2): 21-31.

[16] 大佐々哲夫. 検査技術の動向-素材 [J]. 特殊鋼, 1991, 40 (2): 25-27.

[17] Monnot J, Heritier B, Cogne J Y. Relationship of melting practice, inclusion type, and size with fatigue resistance of bearing steels [A]. Effect of Steel Manufacturing Processes on the Quality of Bearing Steels [M]. Philadephia: ASTM STP 987, 1988: 149-165.

[18] Kuroshima Y, Shimizu M, Kawasaki K. Fracture mode transition in high cycle fatigue of high strength steel [J]. Transactions of JSME A, 1993, 59 (60): 1001-1006.

[19] 阿部孝行, 金澤健二. 工具鋼の高サイクル疲労強度に及ぼす介在物, 炭化物の影響 [J]. 材料, 1996, 45 (1): 9-15.

[20] 金澤健二, 西島敏. 低合金鋼の高温における超高サイクル域の疲労破壊 [J]. 材料, 1997, 46 (12): 1396-1401.

[21] Nakamura T, Kaneko M, Noguchi T, et al. Relation between high cycle fatigue characteristics and fracture origins in low-temperature-tempered Cr-Mo steel [J]. Transactions of JSME A, 1998, 64 (623): 1820-1825.

[22] Murakami Y, Takada M, Toriyama T. Super-long life tension-compression fatigue properties of quenched and tempered 0.46% carbon steel [J]. International Journal of Fatigue, 1998, 20 (9): 661-667.

[23] 惠卫军, 赵海民, 聂义宏, 等. 洁净度对高强度钢高周和超高周疲劳破坏行为的影响 [A]. 2007 中国钢铁年会论文集 [C]. 成都: 中国金属学会, 2007: 343-351.

[24] 杨振国, 李守新, 李永德, 等. 超高强度钢超高周疲劳寿命与夹杂物尺寸及钢中氢浓度的关系 [A]. 2007 中国钢铁年会论文集 [C]. 成都: 中国金属学会, 2007: 3-4.

[25] 中里福和. ボルトの遅れ破壊 [J]. 鉄と鋼, 2002, 88 (10): 606-611.

[26] 李秀艳, 李依依. 奥氏体合金的氢损伤 [M]. 北京: 科学出版社, 2003.

[27] 惠卫军, 翁宇庆, 董瀚. 高强度紧固件用钢 [M]. 北京: 冶金工业出版社, 2009.

[28] Sandoz G. The effects of alloying elements on the susceptibility to stress-corrosion cracking of martensitic steels in salt water [J]. Metallurgical Transactions A, 1971, 2 (4): 1055-1063.

[29] Sandoz G. A unified theory for some effects of hydrogen source, alloying elements, and potential on crack growth in martensitic AISI 4340 steel [J]. Metallurgical Transactions A, 1972, 13A (5): 1169-1176.

［30］ 高井健一，関純一，崎田栄一，等．高強度鋼の遅れ破壊特性に及ぼすSi，Caの複合添加の影響 ［J］．鉄と鋼，1993，79（6）：685-691.

［31］ 李伟，吴健鹏，徐静波，等．非金属夹杂物对耐候钢耐大气腐蚀性能的影响 ［J］．稀土，2016，37（1）：91-97.

［32］ Krawiec H, Vignal V, Oltra R. Use of the electrochemical microcell technique and the SVET for monitoring pitting corrosion at MnS inclusions ［J］. Electrochemistry Communications, 2004, 6（7）：655-660.

［33］ Chiba A, Muto I, Sugawara Y, et al. Effect of atmospheric aging on dissolution of MnS inclusions and pitting initiation process in type 304 stainless steel ［J］. Corrosion Science, 2016, 106：25-34.

［34］ Zheng S, Li C, Qi Y, et al. Mechanism of（Mg, Al, Ca）-oxide inclusion-induced pitting corrosion in 316L stainless steel exposed to sulphur environments containing chloride ion ［J］. Corrosion Science, 2013, 67：20-31.

［35］ 马国艳，陈海涛，郎宇平，等．非金属夹杂物对439M耐点蚀性能的影响 ［J］．钢铁研究学报，2015，27（3）：40-44.

［36］ Jeon S H, Kim H J, Park Y S. Effects of inclusions on the precipitation of chi phases and intergranular corrosion resistance of hyper duplex stainless steel ［J］. Corrosion Science, 2014, 87：1-5.

［37］ Liu Z, Li X, Du C, et al. Effect of inclusions on initiation of stress corrosion cracks in X70 pipeline steel in an acidic soil environment ［J］. Corrosion Science, 2009, 51（4）：895-900.

［38］ Bommaraju R, Jackson T, Lucas J, et al. Design, development and application of mold powder to reduce slivers ［J］. Iron and Steelmaker, 1992, 19（4）：21-27.

［39］ 李守新，翁宇庆，惠卫军，等．高强度钢超高周疲劳性能——非金属夹杂物的影响 ［M］．北京：冶金工业出版社，2010：7-14.

［40］ 包燕平，冯捷．钢铁冶金学教程 ［M］．北京：冶金工业出版社，2008.

［41］ 张立峰，王新华．连铸钢中的夹杂物 ［J］．山东冶金，2004，26（6）：1-5.

［42］ 中华人民共和国国家质量监督检验检疫总局，中国国家标准化管理委员会．GB/T 10561—2005 钢中非金属夹杂物含量的测定——标准评级图显微检验法 ［S］．北京：中国标准出版社，2005.

［43］ 董履仁，刘新华．钢中大型非金属夹杂物 ［M］．北京：冶金工业出版社，1991.

［44］ 刘根来．炼钢原理与工艺 ［M］．北京：冶金工业出版社，2004.

［45］ 朱苗勇．现代冶金学（钢铁冶金卷） ［M］．北京：冶金工业出版社，2005.

［46］ 尹安远，吴素君．钢中非金属夹杂物的鉴定 ［J］．理化检验-物理分册，2007，43：395-398.

［47］ 张国滨，宁玫，周欣欣．钢中非金属夹杂物分析 ［J］．理化检验-物理分册，2021，57（12）：1-17.

［48］ Atkinson H V, Shi G. Characterization of inclusions in clean steels：A review including the statistics of extremes methods ［J］. Progress in Materials Science, 2003, 48（5）：457-520.

［49］ Johansson S. Inclusion assessment in steel using the new jernkontoret inclusion chart Ⅱ for quantitative measurements［A］. Effect of manufacturing processes on the quality of bearing steels［M］. Philadephia：ASTM STP987, 1988：250-259.

［50］ Cabalin L M, Metro M P, Laserna J J. Large area mapping of non-metallic inclusions in stainless steel by an automated system based on laser ablation［J］. Spectrochimica Acta Part B：Atomic Spectroscopy, 2004, 59：567-575.

［51］ 惠卫军, 董瀚, 曾新光, 等. 超纯洁弹簧钢［J］. 钢铁, 1999, 34（9）：68-72.

［52］ Burty M, Louis C, Dunand P, et al. Methodology of steel cleanliness assessment［J］. Revue de Métallurgie, 2000, 97（6）：775-782.

［53］ Hocquaux H, Meilland R. Analyse des oxydes et des nitrures par décomposition thermique fractionnée［J］. Revue de Métallurgie, 1992, 89（2）：193-199.

［54］ 王海舟, 杨志军, 陈吉文, 等. 金属原位分析系统［J］. 中国冶金, 2002（6）：20-22.

［55］ 王海舟. 原位统计分布分析——冶金工艺及材料性能的判据新技术［J］. 中国有色金属学报, 2004, 14（s1）：98-105.

［56］ 刘佳, 郭飞飞, 徐鹏, 等. 激光诱导击穿光谱技术对钢中夹杂物表征的研究进展［J］. 冶金分析, 2020, 40（12）：1-6.

［57］ 杨春, 贾云海, 陈吉文, 等. 激光诱导击穿光谱法对钢中夹杂物类型的表征［J］. 分析化学, 2014, 42（11）：1623-1628.

［58］ Norwood J I, Cummings R. Ultrasonic detection locates non-metallic inclusions［J］. Iron and Steel Engineer, 1965, 42：21-24.

［59］ Cornish R. Assessment of inclusions distribution in steels using a microprocessor controlled ultrasonic scanning systems［J］. Australian Chemical Engineering, 1983, 24（7）：27-31.

［60］ Culverwell I D, Ogilvy J A. Scattering of ultrasound form clusters of inclusions［J］. Ultrasonics, 1992, 30（1）：8-14.

［61］ Ogilvy J A. A model for the effects of inclusions on ultrasonic inspection［J］. Ultrasonics, 1993, 31（4）：219-222.

［62］ Darmon M, Calmon P, Bele B. An integrated model to simulate the scattering of ulstrasounds by inclusions in steels［J］. Ultrasonics, 2004, 42（1-9）：237-241.

［63］ Hansén T, Jönsson P, Lundberg S E, et al. The concept of the liquid sampling and hot rolling method for determination of macro inclusion characteristics in steel［J］. Steel Research International, 2006, 77（3）：177-185.

［64］ Neu P, Piggi P, Sarter B. Measurements of non-metallic inclusion in clean steels［A］. Proceeding of the 3rd international conference of "clean steels"［C］. London：The Institute of Metals, 1987：99-102.

［65］ Dierick M, Cnudde V, Masschaele B, et al. Micro-CT of fossils preserved in amber［J］. Nuclear Instruments and Methods in Physics Research Section A：Accelerators, Spectrometers, Detectors and Associated Equipment, 2007, 580（1）：641-643.

［66］ Stienon A, Fazekas A, Buffière J Y, et al. A new methodology based on X-ray micro-tomography toestimate stress concentrations around inclusions in high strength steels［J］. Materials Science and Engineering：A, 2009, 513：376-383.

［67］ 王勃，胡冲，王杰，等．一种新型涡流检测法及其检测效果［J］．中国冶金，2021，31（2）：50-54.

［68］ Ellis J D, Grieveson P, West D R F. Inclusion/metal interfacial effects in electron beam button melting of superalloys［J］. Materials Science Forum, 1995, 189-190：423-428.

［69］ Quested P N, Hayes D M, Mills K C. Factors affecting raft formation in electron beam buttons ［J］. Materials Science and Engineering：A, 1993, 173（1-2）：369-375.

［70］ Takayuki N, Yukio I, Yusuke N. 电子束熔炼法评定洁净钢中夹杂物［A］. 2003 中国钢铁年会论文集［C］. 北京：中国金属学会，2003：609-612.

［71］ 骆合力，李凤忠．冷坩埚悬浮熔炼［J］．真空，1993（2）：24-28.

［72］ 陈瑞润，郭景杰，丁宏升，等．冷坩埚熔铸技术的研究及开发现状［J］．铸造，2007，57（5）：443-449.

［73］ Fernandes M, Cheung N, Garcia A. Investigation of nonmetallic inclusions in continuously cast carbon steel by dissolution of the ferritic matrix［J］. Materials Characterization, 2002, 48（4）：255-261.

［74］ 塩飽潔．超清浄弁ばね用鋼［J］. R&D 神戸製鋼技報，1985，35（4）：79-82.

［75］ Hoff H. Untersuchung über die art und verteilung von nichtmetallischen einschlüssen in rohblocken aus unberuhigtem, weichem Siemens-Martin-Stahl［J］. Stahl und Eisen, 1956, 76（22）：1422-1452.

［76］ 森永孝三，大庭淳，伊藤幸良．スライム法による極軟リムド鋼塊中の非金属介在物とその分布について：極軟リムド鋼の非金属介在物の研究Ⅱ［J］．鉄と鋼，1963，49（11）：1663-1668.

［77］ 吉田良雄，船橋佳子．スライム法による鋼中大型非金属介在物の抽出ならびに分粒について［J］．鉄と鋼，1975，61（10）：2489-2500.

［78］ 李宏，李景捷，宁林新，等．阳极泥法分离提取钢中夹杂物方法的评价［J］．物理测试，2005，23（2）：32-36.

［79］ Fang K M, Ni R M. Research on determination of the rare-earth content in metal phases of steel ［J］. Metallurgical Transactions A, 1986, 17（2）：315-323.

［80］ Wang G, Li S, Ai X, et al. Characterization and thermodynamics of Al_2O_3-MnO-SiO_2（-MnS） inclusion formation in carbon steel billet［J］. Journal of Iron and Steel Research International, 2015, 22（7）：566-572.

［81］ 杨旭．非水溶液电解法提取钢中夹杂物的溶解性和电解效率的研究［D］．重庆：重庆大学，2017.

［82］ Murakami Y. Inclusion rating by statistics of extreme values and its application to fatigue strength prediction and quality control of materials［J］. Journal of Research of National Instiute of Standard and Technology, 1994, 99（4）：345-351.

［83］ Beretta S, Murakami Y. Statistical analysis of defects for fatigue strength prediction and quality control of materials［J］. Fatigue and Frature of Engineering Materials and Structure, 1998, 21（9）：1049-1065.

［84］ Shi G, Athkinson H V, Sellars C M, et al. Application of generalized Pareto distribution to the estimation of the size of the maximum inclusion in clean steels [J]. Acta Materialia, 1999, 47 (5): 1455-1468.

[85] Shi G, Athkinson H V, Sellars C M, et al. Computer simulation of the estimation of the maximum inclusion size in clean steels by the generalized Pareto distribution method [J]. Acta Materialia, 2001, 49 (10): 1813-1820.

[86] Atkinson C W, Shi G, Atkinson H V, et al. Interrelationship between statistical methods for estimating the size of maximum inclusion in clean steels [J]. Acta Materialia, 2003, 51 (8): 2331-2343.

2 钢中夹杂物生成热力学

在钢液脱氧过程中，加入脱氧剂会生成夹杂物。这些脱氧产物有可能是简单氧化物，如铝脱氧生成 Al_2O_3 夹杂物；也有可能受钢中已有元素的影响，脱氧生成复合夹杂物，如锰脱氧生成 FeO-MnO 夹杂物。在经过精炼后，钢液中的夹杂物也可能会发生演变，从而生成新的夹杂物类型，如 $CaO\text{-}Al_2O_3$ 系夹杂物。当钢液满足某类夹杂物生成的热力学条件时，该类夹杂物即可生成。因此，获得夹杂物生成的热力学条件，是理解夹杂物的生成和演变行为的前提。

要获得准确的热力学条件，热力学数据选择至关重要。20 世纪 80 年代，日本学术振兴会（The Japan Society for the Promotion of Science，JSPS）总结了炼钢用热力学数据，并推荐了常用数据[1]。2010 年，Hino 和 Ito[2] 在此基础上又更新了炼钢热力学数据。不得不指出，至今仍有部分热力学数据偏差较大，这给准确预测夹杂物生成带来了一定的障碍。本章总结更新了常见夹杂物所涉及的热力学数据，并介绍了这些夹杂物的稳定优势区图绘制方法。同时，本书附录还收录了铁液中元素的相互作用系数以及 JSPS 等评估的可靠性。可以依据实际情况选择合适的热力学数据，以获取夹杂物生成的热力学条件。

2.1 脱氧反应

炼钢常用的脱氧元素有 Al、Si 和 Mn 等。此外，在精炼过程中还可能会加入其他一些元素（如 Ti、Ca 和 Mg 等）对钢液进行处理。炼钢脱氧过程向钢液加入脱氧剂（用 Me 表示），钢液中的溶解元素 Me 与脱氧产物（用 Me_mO_n 表示）存在如式（2-1）的化学平衡。

$$Me_mO_n \Longrightarrow m[Me] + n[O] \tag{2-1}$$

$$K_{2\text{-}1} = \frac{a_{[Me]}^m \cdot a_{[O]}^n}{a_{Me_mO_n}} = \frac{(f_{[Me]} \cdot w[Me]_\%)^m \cdot (f_{[O]} \cdot w[O]_\%)^n}{a_{Me_mO_n}} \tag{2-2}$$

式中，K 为化学平衡常数；$a_{Me_mO_n}$ 为脱氧产物 Me_mO_n 的活度；$a_{[Me]}$ 和 $a_{[O]}$ 分别为溶解元素 Me 和溶解氧的活度（以质量 1% 作为标准态）；$f_{[Me]}$ 和 $f_{[O]}$ 分别为溶解元素 Me 和溶解氧的活度系数，可以由式（2-3）和式（2-4）计算获得；$w[Me]_\%$ 和 $w[O]_\%$ 分别为溶解元素 Me 和溶解氧的含量（质量百分数）。

$$\log f_{[Me]} = e_{Me}^{Me} w[Me]_\% + e_{Me}^O w[O]_\% + \gamma_{Me}^{Me} w[Me]_\%^2 +$$

$$\gamma_{Me}^{O}w\,[\,O\,]_{\%}^{2} + \gamma_{Me}^{Me,O}w\,[\,Me\,]_{\%}w\,[\,O\,]_{\%} \tag{2-3}$$

$$\log f_{[\,O\,]} = e_{O}^{Me}w\,[\,Me\,]_{\%} + e_{O}^{O}w\,[\,O\,]_{\%} + \gamma_{O}^{Me}w\,[\,Me\,]_{\%}^{2} +$$
$$\gamma_{O}^{O}w\,[\,O\,]_{\%}^{2} + \gamma_{O}^{Me,O}w\,[\,Me\,]_{\%}w\,[\,O\,]_{\%} \tag{2-4}$$

计算溶解元素的活度系数时，当溶解元素含量较低时，一般只考虑一阶活度相互作用系数 e_i^j。若溶解元素含量较高，还需要考虑二阶活度相互作用系数 γ_i^j 和 $\gamma_i^{j,k}$。

2.1.1 [Al]-[O]平衡

金属铝价格便宜，脱氧能力强，是炼钢过程常用的脱氧剂。因铝的广泛使用，钢中通常发现氧化铝夹杂物。钢液中的溶解铝([Al])与溶解氧([O])有式(2-5)的平衡关系。

$$Al_2O_3(s) \Longrightarrow 2[\,Al\,] + 3[\,O\,] \tag{2-5}$$

$$K_{2-5} = \frac{a_{[\,Al\,]}^{2} \cdot a_{[\,O\,]}^{3}}{a_{Al_2O_3}} \tag{2-6}$$

许多学者对[Al]-[O]平衡进行了研究，得到了不同的热力学数据。部分热力学数据如表 2-1 所示。从表 2-1 可以看出，虽然不同学者获得的[Al]-[O]平衡热力学数据有一定的偏差，但这些数据多数是比较接近的。JSPS 推荐的氧化铝夹杂物生成热力学数据如式(2-7)~式(2-11)所示。尽管近年来仍有学者在测量[Al]-[O]平衡热力学数据，JSPS 推荐值应用最为广泛，与工业实践也最吻合。

$$\log K_{2\text{-}5} = -64000/T + 20.57 \tag{2-7}$$

$$\Delta G_{2\text{-}5}^{\ominus} = 1225000 - 393.8T(\text{J/mol}) \tag{2-8}$$

$$e_{Al}^{Al} = 80.5/T \tag{2-9}$$

$$e_{Al}^{O} = -1750/T + 0.76 \tag{2-10}$$

$$e_{O}^{Al} = -1.17 \tag{2-11}$$

表 2-1　[Al]-[O]平衡的化学平衡常数[1-3]

学者	年份	$\log K\text{-}T$	$\log K_{1600℃}$	备注
Kubaschewski	1950	$-49900/T+12.24$	-14.40	
Richardson	1950	$-69880/T+24.26$	-13.05	
Chipman	1951	$-64000/T+20.48$	-13.69	
Goken 等	1953	$-64000/T+20.48$	-13.69	
Sawamura 等	1957	$-65200/T+21.33$	-13.48	
Chipman 等	1958	$-63500/T+20.48$	-13.42	
Kuznetsov 等	1961		-11.54	

学者	年份	$\log K\text{-}T$	$\log K_{1600℃}$	备注
Niwa 等	1962	$-68610/T+22.85$	-13.78	
		$-63460/T+20.44$	-13.44	
d' Entremont 等	1963		-11.20（1740℃）	
Shenck	1963		-14.70	
Chipman 等	1963	$-64900/T+20.63$	-14.02	
McLean 等	1965		-11.55（1723℃）	
McLean 等	1966	$-64090/T+20.41$	-13.81	
Kobayashi 等	1967		-11.96（1700℃）	
Bůžek 等	1969	$-64290/T+20.56$	-13.76	
Fruehan	1970	$-62780/T+20.17$	-13.35	
Schenck 等	1970	$-63020/T+20.41$	-13.24	
Rohde 等	1971	$-64000/T+20.57$	-13.60	JSPS 推荐值
Bůžek	1973		-13.50	
Jacquemot 等	1973		-12.92	
Janke 等	1976		-13.62	
Kulikov	1977	$-63342/T+20.51$	-13.31	
		$-63790/T+20.586$	-13.47	
Gustafsson 等	1980		-13.22	
Holcomb 等	1992		-14.30	
Cho 等	1994		-13.30	
Dimitrov 等	1995		-14.01	
Itoh 等	1997	$-45300/T+11.62$	-12.57	
Seo 等	1998	$-47400/T+12.32$	-12.99	
Fujiwara 等	1999		-12.5	
Kang 等	2009		-11.52	

2.1.2 ［Si］-［O］平衡

当采用硅作为脱氧剂时，钢液中的硅与氧存在式（2-12）的化学平衡。

$$\text{SiO}_2(\text{s}) \Longrightarrow [\text{Si}] + 2[\text{O}] \tag{2-12}$$

$$K_{2\text{-}12} = \frac{a_{[\text{Si}]} \cdot a_{[\text{O}]}^2}{a_{\text{SiO}_2}} \tag{2-13}$$

表 2-2 列出了硅脱氧反应的平衡常数。从表 2-2 可以看出，式（2-12）的平衡

常数文献数据非常接近。JSPS 推荐的 SiO_2 夹杂物生成热力学数据如式（2-14）~式（2-19）所示。

$$\log K_{2\text{-}12} = -30110/T + 11.40 \tag{2-14}$$

$$\Delta G_{2\text{-}12}^{\ominus} = 576440 - 218.2T \ (J/mol) \tag{2-15}$$

$$e_{Si}^{Si} = 0.103 \tag{2-16}$$

$$e_{Si}^{O} = -0.119 \tag{2-17}$$

$$e_{O}^{Si} = -0.066 \tag{2-18}$$

$$e_{O}^{O} = -1750/T + 0.76 \tag{2-19}$$

表 2-2 ［Si]-[O]平衡的化学平衡常数[1]

学者	年份	$\log K$-T	$\log K_{1600℃}$	备注
Goken 等	1953	$-29150/T+11.01$	-4.55	
Adachi 等	1957	$-29020/T+10.94$	-4.55	
Sawamura 等	1957	$-28430/T+10.63$	-4.55	
Matoba 等	1959	$-30720/T+11.76$	-4.64	旧推荐值
Adachi 等	1961	$-29130/T+11.00$	-4.55	
Adachi 等	1961	$-29720/T+11.30$	-4.57	
Chipman 等	1961	$-29700/T+11.24$	-4.62	
Syui Tszen-Tszi 等	1961		-4.7	
Elliott 等	1963	$-31100/T+12.0$	-4.60	
Kojima 等	1964	$-33210/T+13.01$	-4.72	
Segawa 等	1965	$-31720/T+12.28$	-4.66	
Natita 等	1969	$-24940/T+8.69$	-4.63	
Suzuki 等	1970	$-24600/T+8.40$	-4.73	
Fujita 等	1970		$-5.11(1560℃)$	
Bǔžek	1973		-4.43	
Vladimirov 等	1973	$-32104/T+12.65$	-4.49	
Shevtsov 等	1977	$-35433/T+14.13$	-4.79	
Averbukh 等	1981	$-24180/T+8.734$	-4.18	
Sakao 等	1983	$-30110/T+11.40$	-4.68	JSPS 推荐值

2.1.3 ［Mn]-[O]平衡

当采用锰作为脱氧剂时，钢液中的锰与氧存在式（2-20）的化学平衡。

$$MnO = [Mn] + [O] \tag{2-20}$$

$$K_{2\text{-}20} = \frac{a_{[Mn]} \cdot a_{[O]}}{a_{MnO}} \tag{2-21}$$

表 2-3 为锰脱氧反应的平衡常数。JSPS 推荐的热力学数据如式（2-22）~

式（2-28）所示。

当以固态纯 MnO 为标准态时：

$$\log K_{2\text{-}20} = -14880/T + 6.67 \tag{2-22}$$

$$\Delta G_{2\text{-}20}^{\ominus} = 284900 - 127.64T(\text{J/mol}) \tag{2-23}$$

当以液态纯 MnO 为标准态时：

$$\log K_{2\text{-}20} = -12590/T + 5.53 \tag{2-24}$$

$$\Delta G_{2\text{-}20}^{\ominus} = 241000 - 105.93T(\text{J/mol}) \tag{2-25}$$

相互作用系数为：

$$e_{\text{Mn}}^{\text{Mn}} = 0.00 \tag{2-26}$$

$$e_{\text{Mn}}^{\text{O}} = -0.083 \tag{2-27}$$

$$e_{\text{O}}^{\text{Mn}} = 0.021 \tag{2-28}$$

表 2-3　[Mn]-[O]平衡的化学平衡常数[1-2,4]

学者	年份	MnO（s）为标准态		MnO（1）为标准态		备注
		$\log K\text{-}T$	$\log K_{1600℃}$	$\log K\text{-}T$	$\log K_{1600℃}$	
Adachi 等	1957			$-13470/T + 6.045$	-1.15	
Healy	1963	$-15210/T + 6.78$	-1.34			
Adachi 等	1968	$-15050/T + 6.77$	-1.27	$-12760/T + 5.64$	-1.17	旧推荐值
Mathew 等	1972		-1.27			
Jacquemo 等	1975	$-15050/T + 6.70$	-1.34	$-12760/T + 5.57$	-1.24	
Uno 等	1981			$-13600/T + 5.99$	-1.27	
Sakao	1982	$-14880/T + 6.67$	-1.27	$-12590/T + 5.53$	-1.19	JSPS 推荐值
Sobandi 等	1997	$-14685/T + 6.65$	-1.19			
Takahashi 等[4]	2000	$-11900/T + 5.10$	-1.25	$-9610/T + 3.97$	-1.16	

2.1.4　[Ca]-[O]平衡

CaO 是精炼渣的重要组元，且钢铁中也经常发现含 CaO 夹杂物，因此[Ca]-[O]平衡也是夹杂物需要考虑的重要化学反应，如式（2-29）所示。

$$\text{CaO(s)} = [\text{Ca}] + [\text{O}] \tag{2-29}$$

$$K_{2\text{-}29} = \frac{a_{[\text{Ca}]} \cdot a_{[\text{O}]}}{a_{\text{CaO}}} \tag{2-30}$$

表 2-4 列出了[Ca]-[O]平衡的热力学数据。从表 2-4 中可以看出，尽管有较多的学者研究了[Ca]-[O]平衡的热力学数据，但是这些数据之间的偏差仍然较大。学者应该谨慎使用这些热力学数据，以避免出现重大偏差。JSPS 推荐的1600℃[Ca]-[O]平衡热力学数据如式（2-31）~式（2-33）所示。

$$\log K_{2\text{-}29} = -9.08 \tag{2-31}$$

$$\Delta G^{\ominus}_{2\text{-}29} = 326000 (\text{J/mol}) \tag{2-32}$$

$$e^{\text{Ca}}_{\text{O}} = -515 \tag{2-33}$$

表 2-4   [Ca]-[O] 平衡的热力学数据[1-3]

学者	年份	logK-T	logK$_{1600℃}$	e^{Ca}_{O}	e^{O}_{Ca}	$\gamma^{\text{Ca}}_{\text{O}}$	$\gamma^{\text{O}}_{\text{Ca}}$	$\gamma^{\text{Ca,O}}_{\text{O}}$	$\gamma^{\text{Ca,O}}_{\text{Ca}}$
						/×10^3			
Kobayshi 等	1970		−9.82①	−535	−1330				
Sigworth 等	1974	−33700/T+7.76	−10.23						
音谷登平等[11]	1975		−8.23						
Gustafsson 等	1980		−5.80	−62					
Mihaiilov	1981		−4.77						
Kulikov	1985	−34100/T+8.17	−10.04			9.63			
Fujisawa 等	1985	−33800/T+7.64	−10.41						
Nadif 等	1986	−25688/T+7.65	−6.05						
Han 等	1988		−8.26	−475					
Wang 等	1988		−7.37	−178					
Wakasugi 等	1989		−9.40	−1400	−3500	8.5	53	43	43
Turkdogan	1991		−10.34						
Kimura 等	1994		−10.30②	−5000					
			−7.60③	−600					
			−5.80④	−60					
Cho 等	1994		−10.22⑤	−3600	−9000	570	3600	2900	2900
			−10.22⑥	−990	−2500	42	260	210	210
Fujiwara 等[12]	1995		−7.50⑦	−300					
			−8.20⑧	−588					
伊東裕恭等[5]	1997	−7220/T−3.29	−7.15	−310	−780	−18	650	520	−90
Seki 等	2011		−4.38	31.8	12.7				
JSPS			−9.08	−515	−1293	0.357	2.240	1.788	1.801

①1550℃；②A<8；③8≤A≤30；④A>30；⑤A<50；⑥A≥50；⑦A<100；⑧A<50。其中：$A = (w[\text{Ca}] + 2.51 \times w[\text{O}])/10^{-6}$。

表 2-5 列出了钙在纯铁液中的溶解度。从表 2-5 中可知，钙在纯铁液中的溶解度为 0.01%~0.05%。尽管如此，实际钢液中的钙含量远低于表 2-5 中的数据。需要特别说明的是，当没有向钢液中额外添加钙时，钢液中的溶解钙含量主要由式（2-29）控制。当 CaO 的活度为 1 时，则可以计算钢液中的溶解钙含量。不同的热力学数据计算得到的值偏差较大。比如，伊東裕恭等[5] 测量的钙含量为 (0.5~71.2)×10^{-6}，而 Berg 等[6] 估算铝镇静钢液中溶解钙含量的数量级仅为

10^{-8}。这表明，[Ca]-[O]平衡的热力学数据仍然需要进一步研究，而精确的化学分析技术对这些热力学数据的测量至关重要。

表 2-5 钙在纯铁液中的溶解度

学者	年份	溶解度/%	温度/℃	文献
Berg 等	2017	0.0463	1550~1600	[6]
Sponseller 等	1964	0.032	1607	[7]
Schürmann 等	1975	0.0174	1600	[1]、[8]
草川隆次等	1972	0.0178	1600	[9]
宫下芳雄等	1971	0.0103	1600	[10]
音谷登平等	1975	0.024	1600	[11]
Fujiwara 等	1995	0.0332	1550	[12]
Köhler 等	1985	0.037	1600	[13]

2.1.5 [Mg]-[O]平衡

MgO 是炼钢过程常用的耐火材料，也是精炼渣的重要组元，并且 $MgO \cdot Al_2O_3$ 夹杂物也是钢中夹杂物的主要类型之一。因此，[Mg]-[O]平衡也是夹杂物生成的重要化学反应，如式（2-29）所示。

$$MgO(s) \Longrightarrow [Mg] + [O] \tag{2-34}$$

$$K_{2\text{-}34} = \frac{a_{[Ca]} \cdot a_{[O]}}{a_{MgO}} \tag{2-35}$$

表 2-6 列出了[Mg]-[O]平衡的热力学数据。从表 2-6 中可以看出，与[Ca]-[O]平衡类似，尽管有较多的学者研究[Mg]-[O]平衡热力学数据，但是这些数据之间的偏差也较大。同样，也应该谨慎使用这些热力学数据。JSPS 并没有推荐[Mg]-[O]平衡的化学平衡常数和标准生成吉布斯自由能，推荐的活度相互作用系数也并没有被学者们广泛使用。目前，伊东裕恭等[14]测量的数据被应用相对较多。

表 2-6 [Mg]-[O]平衡的热力学数据[2-3]

学者	年份	$\log K\text{-}T$	$\log K_{1600℃}$	e_O^{Mg}	e_{Mg}^O	γ_O^{Mg}	γ_{Mg}^O	$\gamma_O^{Mg,O}$	$\gamma_{Ca}^{Mg,O}$
						/×10³			
Sigworth 等	1974	$-38060/T+12.45$	-7.87						
Yavoiskii 等	1974	$-34475/T+12.90$	-5.50						
Teplitskii 等	1977		-5.12						
Gorobetz	1980	$-25240/T+4.24$	-9.24	-250	-380				
Kulikov	1985	$-31375/T+8.208$	-8.54	-160	-243				
Nadif 等	1986	$-26110/T+8.241$	-5.70						

学者	年份	log$K$-T	log$K_{1600℃}$	e_O^{Mg}	e_{Mg}^O	γ_O^{Mg}	γ_{Mg}^O	$\gamma_O^{Mg,O}$	$\gamma_{Ca}^{Mg,O}$
						/×10³			
Turkdogen	1991		−7.74						
Inoue 等	1994		−7.80	−190	−290				
Han 等	1997	−13670/T+1.27	−6.03	−106	−161				
伊東裕恭等[14]	1997	−4700/T−4.28	−6.80	−280	−430	−20	350	462	−61
Ohta 等	1997	−38059/T+12.45	−7.86	−300	−460	16	37	48	48
Seo 等	2000		−7.21	−370	−560	5.9	145	191.4	17.94
Seo 等	2003		−7.24	−266	−404	−40	527	696	−122
Gran 等[15]	2011		−8.07①						
JSPS				−1.98	−3				

① 1550℃。

　　当没有额外添加镁时，钢液中的溶解镁含量主要由式（2-34）控制。使用 MgO 耐火材料时 MgO 的活度为 1。依据不同的热力学数据，即可计算钢液中的溶解镁含量。表 2-7 列出钢液氧活度为 $1×10^{-4}$（质量 1% 为标准态）时，达到平衡时的溶解镁含量。从表 2-7 可以看出，因表 2-6 中热力学数据偏差较大，依据不同数据计算得到的溶解镁含量偏差也较大。由于工业实测钢液中的全镁含量的数量级仅为 10^{-6}，因此 Gran 等[15] 认为 Nadif 等和 Han 等的平衡常数是不合适的。尽管如此，不得不指出，精确测量钢液中的微量镁（特别溶解镁）是获得准确热力学数据的关键，[Mg]-[O] 平衡的热力学数据也有待进一步研究。

表 2-7　[Mg]-[O] 平衡时钢液中镁含量（氧活度 $1×10^{-4}$）[15]　　（10^{-6}）

学者	Gorobetz	Kulikov	Nadif 等	Han 等	伊東裕恭等	Gran 等
镁含量	0.03	0.1	83	59	14	0.9

2.1.6　[Ti]-[O] 平衡

　　钛是炼钢过程常用脱氧剂，也是重要的合金化元素。含钛钢中的夹杂物往往也含有 TiO_x。依据生成氧化物的不同，钢液中的 [Ti]-[O] 平衡通常考虑式（2-36）或式（2-39）。

$$Ti_3O_5(s) \Longrightarrow 3[Ti] + 5[O] \tag{2-36}$$

$$K_{2\text{-}36} = \frac{a_{[Ti]}^3 \cdot a_{[O]}^5}{a_{Ti_3O_5}} \tag{2-37}$$

$$K'_{2\text{-}36} = w[Ti]_\%^3 \cdot w[O]_\%^5 \tag{2-38}$$

$$Ti_2O_3(s) \Longrightarrow 2[Ti] + 3[O] \tag{2-39}$$

$$K_{2\text{-}39} = \frac{a_{[\text{Ti}]}^2 \cdot a_{[\text{O}]}^3}{a_{\text{Ti}_2\text{O}_3}} \quad\quad (2\text{-}40)$$

表 2-8 列出了[Ti]-[O]脱氧平衡的平衡常数。从表 2-8 中可以看出，[Ti]-[O]反应的热力学数据也有一定的偏差，同样也需要研究更加准确的热力学数据。

表 2-8　[Ti]-[O]平衡的平衡常数[1-2,16]

学者	年份	$\log K\text{-}T$	$\log K_{1600℃}$	产物	备注
Chino 等	1966		−18.74	Ti_3O_5	
Kojima 等	1969		−17.4	Ti_3O_5	
Bůžek	1971		−17.56	Ti_3O_5	
			−10.39	Ti_2O_3	
Yavoiskii 等	1971		−16.05	Ti_3O_5	EMF
			−16.81	Ti_3O_5	间接测量
			−9.06	Ti_2O_3	EMF
			−9.96	Ti_2O_3	间接测量
Smellie 等	1972		−18.50	Ti_3O_5	
Yavoiskii 等	1974		−15.46	Ti_3O_5	
			−8.04	Ti_2O_3	
Suzuki 等	1975		−16.10	Ti_3O_5	JSPS 推荐值
Janke 等	1976		−17.13	Ti_3O_5	
			−10.43	Ti_2O_3	
Ghosh 等	1986	$-91034/T+29.34$	−19.26	Ti_3O_5	$w[\text{Ti}]_\% < 0.4$
		$-55751/T+18.08$	−11.69	Ti_2O_3	$0.4 < w[\text{Ti}]_\% < 0.8$
Morioka 等	1995	$-30349/T+10.39$	−5.81	Ti_3O_5	
Ohta 等	2003		−6.06	Ti_2O_3	
Cha 等	2006		−16.86	Ti_3O_5	$0.0004 < w[\text{Ti}]_\% < 0.36$
			−10.17	Ti_2O_3	$0.5 < w[\text{Ti}]_\% < 6.2$
Cha 等[16]	2008	$-68280/T+19.95$	−16.52	Ti_3O_5	$0.006 < w[\text{Ti}]_\% < 0.40$
		$-42940/T+12.94$	−9.99	Ti_2O_3	$0.40 < w[\text{Ti}]_\% < 6.22$

JSPS 推荐了脱氧产物为 Ti_3O_5 的部分热力学数据，如式（2-41）和式（2-45）。

$$\log K'_{2\text{-}36} = -16.1(1873\text{K}) \quad\quad (2\text{-}41)$$

$$\log(w[\text{O}]_\%) = 0.60\log(w[\text{Ti}]_\%) - 3.22(1873\text{K}) \quad\quad (2\text{-}42)$$

$$e_\text{O}^{\text{Ti}} = -1.12 \quad\quad (2\text{-}43)$$

$$e_{Ti}^{O} = -3.36 \tag{2-44}$$

$$e_{Ti}^{Ti} = -0.041 \tag{2-45}$$

2.2　常见夹杂物生成热力学

2.2.1　MnO-FeO 系

MnO 和 FeO 会形成(Mn,Fe)O 固溶体,因此采用锰脱氧生成的夹杂物并不是纯 MnO,而是(Mn,Fe)O 夹杂物。依据不同的标准态,式(2-46)和式(2-47)可以用来描述夹杂物中 MnO 和 FeO 与钢液的平衡。

$$FeO(s) + [Mn] \rule[0.5ex]{1.5em}{0.4pt} MnO(s) + [Fe] \tag{2-46}$$

$$FeO(l) + [Mn] \rule[0.5ex]{1.5em}{0.4pt} MnO(l) + [Fe] \tag{2-47}$$

$$K_{2-46/2-47} = \frac{a_{MnO} \cdot a_{[Fe]}}{a_{FeO} \cdot a_{[Mn]}} \tag{2-48}$$

表 2-9 列出了式(2-46)和式(2-47)的平衡常数。以纯固态氧化物为标准态时,JSPS 推荐式(2-46)的热力学数据为:

$$\log K_{2-46} = 6990/T - 3.01 \tag{2-49}$$

$$\Delta G_{2-46}^{\ominus} = -133700 + 57.6T (J/mol) \tag{2-50}$$

表 2-9　式(2-46)和式(2-47)的化学平衡常数[1-2]

学者	年份	纯固态氧化物为标准态		纯液态氧化物为标准态		备注
		$\log K-T$	$\log K_{1600℃}$	$\log K-T$	$\log K_{1600℃}$	
Gero 等	1950	$6990/T-3.03$	0.70	$6440/T-2.95$	0.49	旧推荐值
Hillty 等	1950			$9762/T-4.86$	0.35	
Turkgogan 等	1953			$7406/T-3.436$	0.52	
Oelsen 等	1955			$6140/T-2.59$	0.69	
Adachi 等	1957			$6090/T-2.54$	0.71	
Bell	1963				0.54（1550℃）	
Healy	1963	$8890/T-4.05$	0.70			
Schürmann 等	1964	$9000/T-3.67$	1.14			
Caryll 等	1967			$6086/T-2.76$	0.53	
Uno 等	1981			$6150/T-2.66$	0.62	
Sakao	1982	$6990/T-3.01$	0.72	$6440/T-2.93$	0.51	JSPS 推荐值

以纯液态氧化物为标准态时,JSPS 推荐式(2-47)的热力学数据为:

$$\log K_{2-47} = 6440/T - 2.93 \tag{2-51}$$

$$\Delta G_{2-47}^{\ominus} = -123300 + 56.1T (J/mol) \tag{2-52}$$

本章 2.1.3 节中已经列出了 [Mn]-[O] 平衡的热力学数据，依据 [Fe]-[O] 平衡的热力学数据也可以计算式（2-46）和式（2-47）的热力学数据。JSPS 推荐的 [Fe]-[O] 平衡热力学数据如下：

$$FeO(l) \rightleftharpoons [Fe] + [O] \tag{2-53}$$

$$K_{2\text{-}53} = \frac{a_{[Mn]} \cdot a_{[O]}}{a_{MnO}} \tag{2-54}$$

$$\log K_{2\text{-}53} = -6150/T + 2.604 \tag{2-55}$$

$$\Delta G_{2\text{-}53}^{\ominus} = 117700 - 49.83T(J/mol) \tag{2-56}$$

MnO-FeO 系渣或固溶体行为接近理想溶液，即可以假定式（2-57）成立。因此，式（2-46）和式（2-47）的平衡常数可以由式（2-58）来表示。

$$x_{MnO} + x_{FeO} = 1 \tag{2-57}$$

$$K_{2\text{-}46/2\text{-}47} = \frac{x_{MnO} \cdot a_{[Fe]}}{(1 - x_{MnO}) \cdot a_{[Mn]}} \tag{2-58}$$

钢液中的 $a_{[Fe]}$ 活度通常取 1，依据式（2-58）则可以计算夹杂物中 MnO 的活度，如式（2-59）所示。然后，依据本章 2.1.3 节中的 [Mn]-[O] 平衡的热力学数据可以进一步计算钢液中的平衡氧活度或氧含量。

$$a_{MnO} = x_{MnO} = 1 - \frac{1}{1 + K_{2\text{-}46/2\text{-}47} \cdot f_{[Mn]} \cdot w[Mn]_\%} \tag{2-59}$$

图 2-1 为钢液与固态或液态 MnO-FeO 平衡时的 [Mn]-[O] 关系曲线。从图中可以看出，在炼钢温度下，当锰含量为 0.2%~0.7% 附近时，平衡物相由液态逐渐转变为固态。为了对比，将文献中报道的实验数据也标注在图 2-1 中。当考虑 MnO 活度变化时，除了少数情况，绝大多数实验数据与计算值比较吻合。

2.2.2　MnO-SiO₂ 系

MnO-SiO₂ 系是硅镇静钢中常见的夹杂物体系。硅脱氧过程中，MnO 的存在会使脱氧产物中 SiO₂ 的活度降低，从而更有利于脱氧。此外，这类夹杂物在钢液中通常为液态，具有较好的塑性，是帘线钢等钢种要求的目标夹杂物体系。因此，十分有必要了解 MnO-SiO₂ 系夹杂物的稳定优势区图。

MnO-SiO₂ 系中的 SiO₂ 和 MnO 组元存在 [Si]-[O] 和 [Mn]-[O] 脱氧反应平衡，即式（2-60）和式（2-61），这已在本章 2.1.2 节和 2.1.3 节列出。相互作用系数参见式（2-16）~式（2-19）、式（2-26）~式（2-28）以及式（2-62）和式（2-63）。反应式中的 SiO₂ 和 MnO 活度可以通过热力学软件计算，或在文献中找到。图 2-2 给出了部分文献中 SiO₂ 和 MnO 活度的数据。

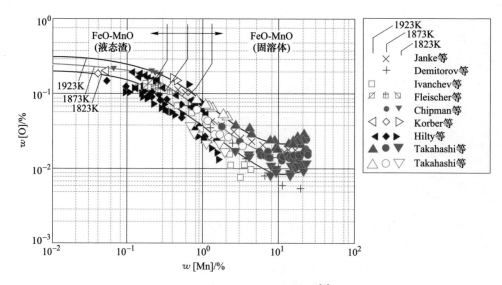

图 2-1 [Mn]-[O]关系曲线[2]

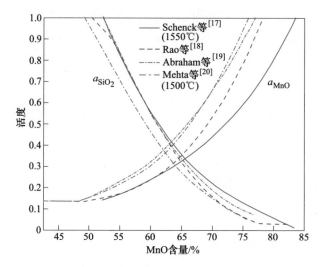

图 2-2 MnO-SiO₂ 系中组元的活度[17-20]

$$SiO_2(s) \Longrightarrow [Si] + 2[O] \qquad (2\text{-}60)$$

$$MnO(s) \Longrightarrow [Mn] + [O] \qquad (2\text{-}61)$$

$$e_{Mn}^{Si} = -0.0327 \qquad (2\text{-}62)$$

$$e_{Si}^{Mn} = -0.0146 \qquad (2\text{-}63)$$

假设钢液与 MnO-SiO₂ 系渣或夹杂物达到平衡，则可以通过数值求解方法获得平衡时的钢液成分，使其同时满足硅脱氧和锰脱氧反应，即式（2-60）和式（2-61）。具体的计算方法为：

（1）依据图 2-2 确定 MnO-SiO$_2$ 系渣或夹杂物成分对应的 SiO$_2$ 和 MnO 活度；

（2）选定一个氧含量，并依据式（2-60）计算其对应的硅含量；

（3）依据式（2-61）计算选定氧含量对应的锰含量；

（4）如果满足式（2-60），则可获得该氧含量条件下硅含量和锰含量的关系；如果不能满足，再重复进行上述步骤（2）~（4），直到式（2-60）和式（2-61）同时满足。

按照上述方法则可以计算获得 MnO-SiO$_2$ 系夹杂物的稳定优势区图，如图 2-3 所示。

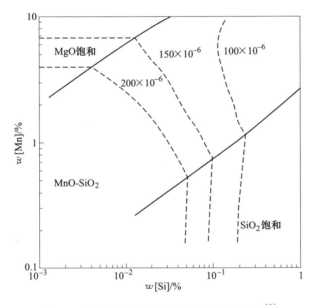

图 2-3　MnO-SiO$_2$ 系夹杂物的稳定优势区图[2]

2.2.3　MgO-Al$_2$O$_3$ 系

MgO-Al$_2$O$_3$ 系尖晶石夹杂物是铝镇静钢中常见的夹杂物类型之一，其具有多棱角，熔点高，在钢加工过程中变形性差。因此，控制该类型夹杂物对高品质钢生产具有重要的作用。近年来，学者们对 MgO-Al$_2$O$_3$ 系尖晶石夹杂物的生成进行了较多的研究，对其生成机理具有了较为深刻的认识。尖晶石夹杂物的生成稳定优势区图可以基于铝脱氧和镁脱氧平衡以及 MgO-Al$_2$O$_3$ 系氧化物反应进行绘制。这些反应如式（2-64）~式（2-66）所示。

$$Al_2O_3(s) \Longrightarrow 2[Al] + 3[O] \qquad (2\text{-}64)$$

$$MgO(s) \Longrightarrow [Mg] + [O] \qquad (2\text{-}65)$$

$$MgO(s) + Al_2O_3(s) \Longrightarrow MgO \cdot Al_2O_3(s) \tag{2-66}$$

本章 2.1.1 节和 2.1.5 节中已经给出了式（2-64）和式（2-65）的相关热力学数据。式（2-66）的热力学数据如表 2-10 所示。

表 2-10　式（2-66）的热力学数据[3]

学者	年份	$\Delta G^{\ominus}/J \cdot mol^{-1}$	$\log K - T$	$\log K_{1600℃}$
Rein 等	1965	$-6.28T - 18830$	$0.32 + 980/T$	0.84
Kubaschewski	1972	$-2.09T - 35600$	$0.11 + 1860/T$	1.10
Knacke 等	1991	$-11.57T - 20740$	$0.60 + 1080/T$	1.18
Jacob 等	1998	$-5.91T - 23600$	$0.31 + 1233/T$	0.97
Fujii 等	2000	$-15.7T - 20790$	$0.82 + 1086/T$	1.40

Fujii 等[21]测定了 MgO-Al$_2$O$_3$ 系氧化物中 Al$_2$O$_3$、MgO 和 MgO·Al$_2$O$_3$ 的活度，其结果如图 2-4 所示。在计算稳定优势区图时，式（2-64）~式（2-66）中氧化物的活度可以参考图 2-4。当 MgO 饱和时，MgO 和 MgO·Al$_2$O$_3$ 的活度分别为 0.99 和 0.8；当 Al$_2$O$_3$ 饱和时，Al$_2$O$_3$ 和 MgO·Al$_2$O$_3$ 的活度为 1 和 0.47。

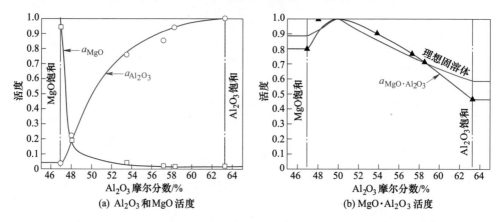

图 2-4　MgO-Al$_2$O$_3$ 系中 Al$_2$O$_3$、MgO 和 MgO·Al$_2$O$_3$ 的活度（1600℃）[21]

张立峰等[22]总结了计算 Al$_2$O$_3$/MgO/MgO·Al$_2$O$_3$ 稳定优势区图的方法：一种是边界线计算方法；另一种是等氧线计算方法。

边界线法采用式（2-67）和式（2-68）来分别计算 MgO/MgO·Al$_2$O$_3$ 和 Al$_2$O$_3$/MgO·Al$_2$O$_3$ 边界。式（2-67）和式（2-68）的热力学数据可以由式（2-64）~式（2-66）计算获得。在这些边界上，当钢中溶解铝或溶解镁含量固定，平衡的溶解氧含量则可以由式（2-64）或式（2-65）计算获得。

$$4MgO(s) + 2[Al] \Longrightarrow MgO \cdot Al_2O_3(s) + 3[Mg] \tag{2-67}$$

$$4Al_2O_3(s) + 3[Mg] \Longrightarrow 3(MgO \cdot Al_2O_3)(s) + 2[Al] \tag{2-68}$$

等氧线法则首先采用式（2-64）、式（2-65）以及式（2-69）来计算等氧线，然后将等氧线连接起来从而获得 MgO/MgO·Al$_2$O$_3$ 和 Al$_2$O$_3$/MgO·Al$_2$O$_3$ 边界。同样，式（2-69）的热力学数据可以由式（2-64）~式（2-66）计算获得。

$$2[Al] + [Mg] + 4[O] \rightleftharpoons MgO \cdot Al_2O_3(s) \tag{2-69}$$

图 2-5 给出了 Al$_2$O$_3$/MgO/MgO·Al$_2$O$_3$ 稳定优势区图。张立峰等[22]认为等氧线法考虑了不同氧含量对平衡的影响，因此推荐采用等氧线法来计算稳定优势区图。同时，为了更精确计算，需要考虑一阶和二阶相互作用系数，特别是对 Mg 元素和 O 元素。这些考虑是合理的。另外，从表 2-6 和表 2-10 可知，现有的热力学数据仍然有较大的偏差。这些偏差同样会影响热力学计算的准确性。通常情况下，钢液的镁含量仅为 10^{-6} 数量级，而铝镇静钢中的铝含量通常为 0.02% ~ 0.04%，钢液中的溶解氧含量很低。依据图 2-5，钢中很容易生成 MgO·Al$_2$O$_3$ 夹杂物。因此，一般情况下，采用边界线法结合一阶相互作用系数即可以比较容易地预测尖晶石夹杂物的生成。

学者	坩埚	脱氧剂	生成产物		
			MgO·Al$_2$O$_3$	MgO	Al$_2$O$_3$
Itoh等	MgO	Al	●	○	◐
	MgO·Al$_2$O$_3$	Al	▲	△	◢
	Al$_2$O$_3$	Mg	◆	◇	
Matsuno等	MgO Al$_2$O$_3$	Al	▨		

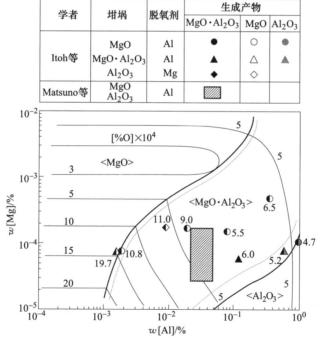

图 2-5　Al$_2$O$_3$/MgO/MgO·Al$_2$O$_3$ 稳定优势区图[23]

2.2.4　MnO-Al$_2$O$_3$ 系

MnO-Al$_2$O$_3$ 系尖晶石夹杂物是中高锰钢中典型的夹杂物类型。这类夹杂物的熔点高，难以变形，一般认为对钢的使用性能是有害的。因此，研究其生成也非常有意义。

MnO-Al₂O₃ 尖晶石夹杂物的生成稳定优势区图可以基于铝脱氧和锰脱氧平衡以及 MnO-Al₂O₃ 系氧化物反应进行绘制。铝脱氧和锰脱氧平衡反应如式（2-70）和式（2-71）所示，本章 2.1.1 节和 2.1.3 节中已经给出了相关热力学数据。

$$Al_2O_3(s) \Longrightarrow 2[Al] + 3[O] \tag{2-70}$$

$$MnO(s) \Longrightarrow [Mn] + [O] \tag{2-71}$$

Jacob 等[24]测定了 MnO-Al₂O₃ 系氧化物中 Al₂O₃ 和 MnO 的活度，如图 2-6 所示。在计算稳定优势区图时，式（2-70）和式（2-71）中氧化物的活度可以参考图 2-6。基于这些活度值则可以绘制 MnO-Al₂O₃ 系夹杂物优势区图。假设钢液与 MnO-Al₂O₃ 系夹杂物达到平衡，则可以通过数值求解方法获得平衡时的钢液成分，使其同时满足铝脱氧和锰脱氧反应，即式（2-70）和式（2-71）。具体方法为：

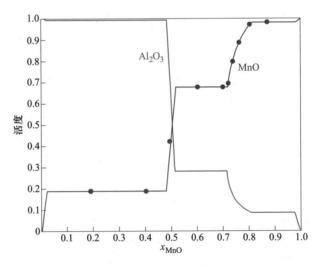

图 2-6 1600℃时 MnO-Al₂O₃ 系中 Al₂O₃ 和 MnO 的活度[24]

（1）依据图 2-6 确定 MnO-Al₂O₃ 系夹杂物成分对应的 SiO₂ 和 MnO 活度；

（2）选定一个氧含量，并依据式（2-70）计算该氧含量对应的铝含量；

（3）依据式（2-71）计算选定氧含量对应的锰含量；

（4）如果满足式（2-70），则可获得该氧含量条件下铝含量和锰含量的关系；如果不能满足，再重复进行上述步骤（2）~（4），直到式（2-70）和式（2-71）同时满足。

按照上述方法则可以计算获得 MnO-Al₂O₃ 系夹杂物的稳定优势区图。

此外，还可以参照 $MgO \cdot Al_2O_3$ 稳定优势区图的边界线绘制方法来绘制 MnO-Al_2O_3 系夹杂物的稳定优势区图。采用式（2-72）和式（2-73）来分别计算 $MnO/MnO \cdot Al_2O_3$ 和 $Al_2O_3/MnO \cdot Al_2O_3$ 边界。式（2-72）和式（2-73）的热力学数据可以由式（2-70）、式（2-71）和式（2-74）计算获得。在这些边界上，当钢中溶解铝或溶解锰含量固定，平衡的溶解氧含量则可以由式（2-70）或式（2-71）计算获得。

$$4MnO(s) + 2[Al] \Longrightarrow MnO \cdot Al_2O_3(s) + 3[Mn] \tag{2-72}$$

$$4Al_2O_3(s) + 3[Mn] \Longrightarrow 3(MnO \cdot Al_2O_3)(s) + 2[Al] \tag{2-73}$$

$$MnO(s) + Al_2O_3(s) \Longrightarrow MnO \cdot Al_2O_3(s) \tag{2-74}$$

式（2-74）的热力学数据如表 2-11 所示。从表 2-11 可以看出，Kim、Brain、Belic 和 Ogasawara 等学者的热力学数据偏差较大，在计算时应该谨慎选择。

表 2-11 式（2-74）的热力学数据[25-26]

学者	年份	$\Delta G^{\ominus}/J \cdot mol^{-1}$	$logK$-T	$logK_{1600℃}$
Kim 等	1979	$-5030+0.09T$	$263/T-0.005$	0.14
Turkdogan	1980	$-45370+10.40T$	$2370/T-0.543$	0.72
Pandit 等	1988	$-45116+11.81T$	$2357/T-0.617$	0.64
Barin 等	1989	$-43776-18.8T$	$2287/T+0.982$	2.20
Knacke 等	1991	$-48667-7.59T$	$2542/T-0.396$	0.96
Timucin 等	1992	$-15.87T$	0.829	0.83
Zhao 等	1995	$-56000+14.98T$	$2925/T-0.783$	0.78
Belic 等	1995	$-2105558-105.49T$	$109987/T+5.510$	64.23
Ogasawara 等	2012	-130000		3.63
Nishigaki 等[26]	2020			0.55

图 2-7 给出了 $Al_2O_3/MnO/MnO \cdot Al_2O_3$ 稳定优势区图。文献中的部分实验数据也标注在图 2-7 中。从图 2-7 可以看出，钢液成分主要分布在 Al_2O_3 稳定区。这表明在高锰高铝钢脱氧时，脱氧的产物主要为 Al_2O_3 夹杂物。仅当锰含量特别高时，脱氧才有可能出现 $MnO \cdot Al_2O_3$ 尖晶石夹杂物。

2.2.5 Al_2O_3-TiO_x 系

在含钛钢中，加入钛元素之前，为了提高合金收得率，一般都需要用铝先脱氧。因此，在采用铝和钛脱氧时，钢中有时会发现 Al_2O_3-TiO_x 系夹杂物。Al_2O_3-TiO_x 系夹杂物的稳定优势区图可以采用式（2-75）~式（2-77）绘制。

$$Al_2O_3 \cdot TiO_2(s) + 2[Ti] \Longrightarrow Ti_2O_5(s) + 2[Al] \tag{2-75}$$

$$3Ti_3O_5(s) + [Ti] \Longrightarrow 5Ti_2O_3(s) \tag{2-76}$$

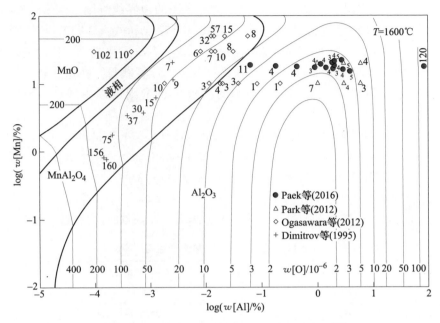

图 2-7 $Al_2O_3/MnO/MnO \cdot Al_2O_3$ 稳定优势区图[27]

$$5Al_2O_3(s) + 3[Ti] === 3(Al_2O_3 \cdot TiO_2)(s) + 4[Al] \qquad (2\text{-}77)$$

式（2-75）~式（2-77）的热力学数据可以由表 2-1、表 2-8 以及式（2-78）和式（2-79）计算获得。

$$Al_2O_3 \cdot TiO_2(s) === 2[Al] + [Ti] + 5[O] \qquad (2\text{-}78)$$

$$\Delta G_{2\text{-}78}^{\ominus} = 1435000 - 400.5T(J/mol)^{[28]} \qquad (2\text{-}79)$$

$Al_2O_3/TiO_x/Al_2O_3\text{-}TiO_x$ 夹杂物稳定优势区图如图 2-8 所示。文献中的部分实验数据也标注在图 2-8 中。从图 2-8 可以看出，当钢液中铝含量在 0.02% ~ 0.04% 范围内且钛含量较低时，Al_2O_3 是钢中夹杂物的稳定物相。仅当钛含量较高且铝含量较低时，脱氧才有可能出现 TiO_x 夹杂物。

2.2.6 CaO-Al₂O₃(-MgO) 系

为了改善钢液的可浇性，钙处理技术通常在铝镇静钢精炼过程中使用。钢中微量钙即可以使夹杂物生成低熔点铝酸钙夹杂物。因此，掌握铝酸钙夹杂物的生成热力学有助于控制该类夹杂物。铝酸钙夹杂物的生成稳定优势区图可以基于铝脱氧和钙脱氧平衡以及 CaO-Al₂O₃ 系氧化物反应进行绘制。铝脱氧和钙脱氧平衡反应如式（2-80）和式（2-81）所示，本章 2.1.1 节和 2.1.4 节中已经给出了相关热力学数据。

$$Al_2O_3(s) === 2[Al] + 3[O] \qquad (2\text{-}80)$$

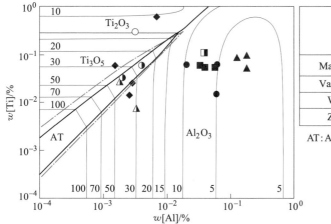

表格：

学者	生成产物	
	Al_2O_3	TiO_x
Matsuura等	■	□
Van Ende等	▲	△
Wang等	●	○
Zhang等	◆	

AT: Al_2TiO_5

图 2-8 $Al_2O_3/TiO_x/Al_2O_3-TiO_x$ 夹杂物稳定优势区图[29]

$$CaO(s) \Longrightarrow [Ca] + [O] \qquad (2-81)$$

$CaO-Al_2O_3$ 系氧化物有 $CaO·6Al_2O_3$、$CaO·2Al_2O_3$、$CaO·Al_2O_3$、$12CaO·7Al_2O_3$ 和 $3CaO·Al_2O_3$ 等，各氧化物的熔点如表 2-12 所示。$CaO-Al_2O_3$ 系中 CaO 活度和 Al_2O_3 活度可以参见图 2-9。基于这些活度值则可以绘制 $CaO-Al_2O_3$ 系夹杂物优势区图。具体方法为：

（1）从图 2-9 中获得目标夹杂物成分所对应的 Al_2O_3 活度，然后假定一个溶解氧含量，并依据式（2-79）计算获得钢液中的铝和钙含量；

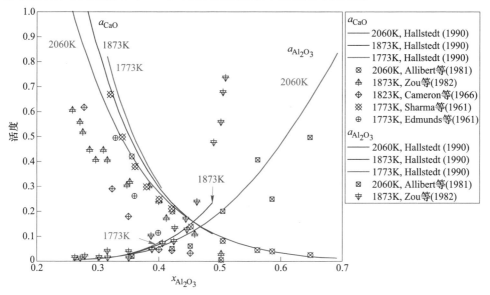

图 2-9 $CaO-Al_2O_3$ 系中 CaO 和 Al_2O_3 活度[30]

（2）与步骤（1）类似，从图 2-9 中获得目标夹杂物成分所对应的 CaO 活度，然后依据式（2-80）计算选定溶解氧含量对应的铝和钙含量；

（3）从步骤（1）和（2）即可以获得溶解铝和溶解钙含量的关系。各曲线的交点即给出了与铝酸钙夹杂物平衡的铝含量、钙含量和氧含量。

（4）重复步骤（1）~（3），计算不同氧含量条件下（10^{-7} ~ 10^{-4}）的平衡关系，即可获得 CaO-Al$_2$O$_3$ 系夹杂物优势区图，如图 2-10 所示。

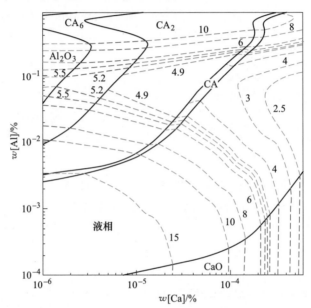

图 2-10　CaO-Al$_2$O$_3$ 系夹杂物优势区图[2]

A—Al$_2$O$_3$；C—CaO

研究表明，即使没有钙处理，在铝镇静钢中也会发现 CaO-Al$_2$O$_3$ 系夹杂物。在精炼渣和耐火材料的作用下，钢液中的 MgO-Al$_2$O$_3$ 系尖晶石夹杂物很容易演变为 CaO-Al$_2$O$_3$ 系夹杂物。因此，除了考虑铝脱氧和钙脱氧平衡，也需要考虑 MgO-Al$_2$O$_3$ 系尖晶石夹杂物的演变问题。Itoh 等[23]认为 MgO·Al$_2$O$_3$ 尖晶石夹杂物与 MgO 和 CaO·2Al$_2$O$_3$ 平衡。因此，式（2-82）用来描述 MgO·Al$_2$O$_3$ 与 CaO·2Al$_2$O$_3$ 边界。式（2-82）的热力学数据可以依据表 2-4、表 2-6、表 2-10 和表 2-12 计算获得。

$$MgO·Al_2O_3(s) + [Ca] \Longrightarrow [Mg] + [O] + CaO·2Al_2O_3(s) \qquad (2-82)$$

在 MgO-Al$_2$O$_3$ 系夹杂物稳定优势区图的基础上，可以进一步计算获得 MgO/MgO·Al$_2$O$_3$/CaO·2Al$_2$O$_3$ 的稳定优势区图，如图 2-11 所示。

许多研究表明，MgO·Al$_2$O$_3$ 会演变为液态的铝酸钙夹杂物。从表 2-12 中夹杂物的熔点可知，在 1600℃ 时，只有 12CaO·7Al$_2$O$_3$ 和 3CaO·Al$_2$O$_3$ 呈现液态。

学者	坩埚	脱氧剂	生成产物			
			$MgO \cdot Al_2O_3$	MgO	CaO	$CaO \cdot 2Al_2O_3$
Itoh等	白云石	Al	■	□	⊠	
Kimura	CaO	Al+Mg		▷	▶	
	MgO	Al+Mg	◀	◁		
	Al_2O_3	Al+Mg	▼			▽

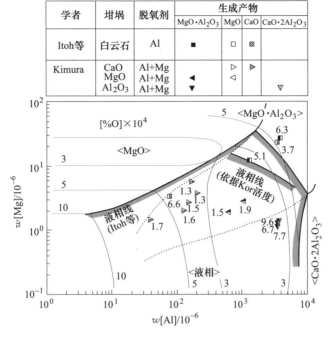

图 2-11　$Al_2O_3/MgO/MgO \cdot Al_2O_3$ 夹杂物稳定优势区图（1600℃，$w[Ca] = 10^{-6}$）[23]

注意到 $CaO \cdot Al_2O_3$ 的熔点为 1605℃，其非常接近炼钢温度。因此，本书作者[25,34]用 $CaO \cdot Al_2O_3$ 来代表液态铝酸钙夹杂物，即采用式（2-83）来考虑 $MgO \cdot Al_2O_3$ 夹杂物的演变。式（2-83）的热力学数据也可以依据表 2-4、表 2-6、表 2-10 和表 2-12 计算获得。

$$MgO \cdot Al_2O_3(s) + [Ca] \Longrightarrow CaO \cdot Al_2O_3(s) + [Mg] \qquad (2-83)$$

表 2-12　$CaO\text{-}Al_2O_3$ 系夹杂物的熔点和标准生成吉布斯自由能

氧化物	$\Delta G_f^{\ominus}/J \cdot mol^{-1}$ [31]	熔点/℃ [32]
$CaO \cdot 6Al_2O_3$	$-16380 - 37.58T$	1850
$CaO \cdot 2Al_2O_3$	$-15650 - 25.82T$	1750
$CaO \cdot Al_2O_3$	$-17910 - 17.38T$	1605
$12CaO \cdot 7Al_2O_3$	$617977 - 612T$ [33]	1455
$3CaO \cdot Al_2O_3$	$-11790 - 28.27T$	1535

在 $MgO\text{-}Al_2O_3$ 系夹杂物稳定优势区图的基础上，可以进一步计算获得 $Al_2O_3/MgO \cdot Al_2O_3/CaO \cdot Al_2O_3$ 的稳定优势区图，如图 2-12 所示。

从图 2-11 和图 2-12 可以看出，当钢中仅有 10^{-6} 的溶解钙时，尖晶石夹杂物并不稳定，铝酸钙夹杂物才是钢中最稳定的物相。需要特别指出的是，从表 2-4、

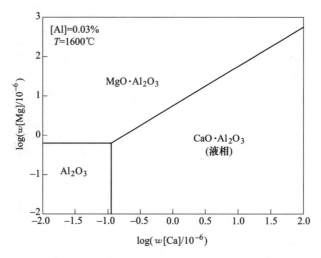

图 2-12　$Al_2O_3/MgO \cdot Al_2O_3/CaO \cdot Al_2O_3$ 夹杂物稳定优势区图[34]

表 2-6 和表 2-10 可知，现有的热力学数据仍然存在较大的偏差。由于原始数据的偏差，热力学计算的结果也可能存在较大的误差。在选择热力学数据时，应尽可能选择常用的热力学数据。

2.3　本章小结

夹杂物生成稳定优势区图是帮助理解夹杂物生成和演变行为的有效工具。为获得夹杂物生成的热力学条件，绘制夹杂物生成稳定优势区图有多种方法。此外，部分现有热力学数据偏差较大（如[Ca]-[O]平衡和[Mg]-[O]平衡等），这给精准预测夹杂物生成带来了一定的困难。应谨慎使用这些热力学数据，在绘制夹杂物生成稳定优势区图时，应尽可能选择常用的方法和热力学数据。同时，目前仍然有必要进一步研究相关热力学数据，而精确的化学分析技术是获得准确热力学数据的关键。

参 考 文 献

[1] The Japan Society for the Promotion of Science, The 19th Committee on Steelmaking. Steelmaking Data Sourcebook [M]. New York: Gordon and Breach Science Publishers, 1988.

[2] Hino M, Ito K. Thermodynamic Data for Steelmaking [M]. Sendai: Tohoku University Press, 2010.

[3] Deng Z Y, Liu Z H, Zhu M Y, et al. Formation, evolution and removal of $MgO \cdot Al_2O_3$ spinel inclusions in steel [J]. ISIJ International, 2021, 61 (1): 1-15.

[4] Takahashi K, Hino M. Equilibrium between dissolved Mn and O in molten high-manganesesteel [J]. High Temperature Materials and Processes, 2000, 19 (1): 1-10.

[5] 伊東裕恭, 日野光兀, 萬谷志郎. 溶鉄のCa脱酸平衡 [J]. 鉄と鋼, 1997, 83 (11):

695-700.

［6］ Berg M, Lee J, Sichen D. Study on the equilibrium between liquid iron and calcium vapor ［J］. Metallurgical and Materials Transactions B, 2017, 48 (3): 1715-1720.

［7］ Sponseller D L, Flinn R A. The solubility of calcium in liquid iron and third-element interaction effects ［J］. Transactions of The Metallurgical Society of AIME, 1964, 230: 876-888.

［8］ Schürmann E, Schmid R. Dampfdruckgleichungen und thermodynamische daten des reinen flüssigen und festen (β) -calciums ［J］. Archiv für das Eisenhüttenwesen, 1975, 46 (12): 772-775.

［9］ 草川隆次, 田川寿俊, 神尾寛. 溶鉄および鉄系合金中へのCaの溶解度 ［J］. 鉄と鋼, 1972, 58 (11): S378.

［10］ 宮下芳雄, 西川勝彦. 溶鉄のCa脱酸について ［J］. 鉄と鋼, 1971, 57 (13): 1969-1975.

［11］ 音谷登平, 形浦安治, 出川通. CaO坩堝による溶鉄と溶融鉄合金のカルシウム脱酸およびアルミニウム脱硫 ［J］. 鉄と鋼, 1975, 61 (9): 2167-2181.

［12］ Fujiwara H, Tano M, Yamamoto K, et al. Solubility with lime and activity of calcium in molten iron in and thermodynamics of calcium containing equilibrium iron melts ［J］. ISIJ International, 1995, 35 (9): 1063-1071.

［13］ Köhler M, Engell H J, Janke D. Solubility of calcium in Fe-Ca-X_i melts ［J］. Steel Research, 1985, 56 (8): 419-423.

［14］ 伊東裕恭, 日野光兀, 萬谷志郎. 溶鉄のMg酸平衡 ［J］. 鉄と鋼, 1997, 83 (10): 623-628.

［15］ Gran J, Sichen D. Experimental determination of Mg activities in Fe-Mg solutions ［J］. Metallurgical and Materials Transactions B, 2011, 42 (5): 921.

［16］ Cha W, Miki T, Sasaki Y, et al. Temperature dependence of Ti deoxidation equilibria of liquid iron in coexistence with 'Ti$_3$O$_5$' and Ti$_2$O$_3$ ［J］. ISIJ International, 2008, 48 (6): 729-738.

［17］ Schenck H, Frohberg M G, Gammal T E. Viskositt reinen flüssigen eisenoxyduls im temperaturbereich zwischen 1380 und 1490℃ ［J］. Archiv für das Eisenhüttenwesen, 1961, 32 (8): 509-511.

［18］ Rao B K D P, Gaskell D R. The thermodynamic properties of melts in the system MnO-SiO$_2$ ［J］. Metallurgical and Materials Transactions B, 1981, 12 (2): 311-317.

［19］ Abraham K P, Davies M W, Richardson F D. Activities of manganese oxide in silicate melts ［J］. Journal of Iron and Steel Institute, 1960, 196: 82-89.

［20］ Mehta S R, Richardson F D. Activities of manganese oxide and mixing relationships in silicate and aluminate melts ［J］. Journal of Iron and Steel Institute, 1965, 203: 524-528.

［21］ Fujii K, Nagasaka T, Hino M. Activities of the constituents in spinel solid solution and free energies of formation of MgO, MgO·Al$_2$O$_3$ ［J］. ISIJ International, 2000, 40 (11): 1059-1066.

［22］ Zhang L, Ren Y, Duan H, et al. Stability diagram of Mg-Al-O system inclusions in molten steel [J]. Metallurgical and Materials Transactions B, 2015, 46 (4): 1809-1825.

[23] Itoh H, Hino M, Ban-ya S. Thermodynamics on the formation of spinel nonmetallic inclusion in liquid steel [J]. Metallurgical and Materials Transactions B, 1997, 28 (5): 953-956.

[24] Jacob K T. Revision of thermodynamic data on MnO-Al$_2$O$_3$ melts [J]. Canadian Metallurgical Quarterly, 1981, 20 (1): 89-92.

[25] Kong L Z, Deng Z Y, Zhu M Y. Formation and evolution of non-metallic inclusions in medium Mn steel during secondary refining process [J]. ISIJ International, 2017, 57 (9): 1537-1545.

[26] Nishigaki R, Matsuura H. Deoxidation equilibria of Fe-Mn-Al melt with Al$_2$O$_3$ or MnAl$_2$O$_4$ at 1873 and 1773 K [J]. ISIJ International, 2020, 60 (12): 2787-2793.

[27] Paek M K, Do K H, Kang Y B, et al. Aluminum deoxidation equilibria in liquid iron: Part Ⅲ—experiments and thermodynamic modeling of the Fe-Mn-Al-O system [J]. Metallurgical and Materials Transactions B, 2016, 47 (5): 2837-2847.

[28] Matsuura H, Wang C, Wen G, et al. The transient stages of inclusion evolution during Al and/or Ti additions to molten iron [J]. ISIJ International, 2007, 47 (9): 1265-1274.

[29] Zhang T, Liu C, Jiang M. Effect of Mg on behavior and particle size of inclusions in Al-Ti deoxidized molten steels [J]. Metallurgical and Materials Transactions B, 2016, 47 (4): 2253-2262.

[30] Hallstedl B. Assessment of the CaO-Al$_2$O$_3$ system [J]. Journal of the American Ceramic Society, 1990, 73 (1): 15-23.

[31] 永田和宏, 田辺潤, 後藤和弘. ガルバニ電池を利用したCaO-Al$_2$O$_3$系中間化合物の標準生成自由エネルギーの測定 [J]. 鉄と鋼, 1989, 75 (11): 2023-2030.

[32] Turkdogan E T. Fundamentals of Steelmaking [M]. London: Institute of Materials, 1996.

[33] Rein R H, Chipman J. Activities in the liquid solution SiO$_2$-CaO-MgO-Al$_2$O$_3$ at 1600 ℃ [J]. Transactions of The Metallurgical Society of AIME, 1965, 233 (2): 415-425.

[34] Deng Z Y, Zhu M Y. Evolution mechanism of non-metallic inclusions in Al-killed alloyed steel during secondary refiningprocess [J]. ISIJ International, 2013, 53 (3): 450-458.

3 钢中夹杂物生成与演变行为

钢中夹杂物控制已成为洁净钢生产的重中之重，为此，国内外学者倾注了大量的精力研究钢中的夹杂物行为，钢中夹杂物的生成与演变机理基本得到了揭示和掌握，为控制钢中夹杂物指明了方向。

在铝镇静钢中通常会出现尖晶石夹杂物（$MgO-Al_2O_3$ 系）和铝酸钙夹杂物（$CaO-Al_2O_3$ 系）。学者们通常认为钢液中的溶解 Ca 和 Mg 来源于精炼渣和耐火材料，氧化铝夹杂物通过与钢液中的溶解 Mg 发生反应从而生成 $MgO-Al_2O_3$ 系尖晶石夹杂物。此外，当钢中有微量的溶解 Ca 时，$MgO-Al_2O_3$ 系夹杂物并不稳定，会转变生成 $CaO-MgO-Al_2O_3$ 系夹杂物。

$MnO-SiO_2-Al_2O_3$ 系夹杂物和 $CaO-SiO_2-Al_2O_3$ 系夹杂物为硅锰镇静钢中常见的夹杂物类型。通常认为钢中的 $MnO-SiO_2-Al_2O_3$ 系夹杂物是 Si-Mn 脱氧的产物（$MnO-SiO_2$）与钢液中溶解 Al 反应生成的结果。对于钢中 $CaO-SiO_2-Al_2O_3$ 系夹杂物，对其生成机理目前仍有争论。部分学者认为，精炼渣影响了钢液中溶解元素的平衡而导致此类夹杂物生成，但较多学者则认为其来自精炼渣卷渣，或是卷渣后与钢液反应生成的。

部分学者还关注了钢中夹杂物在凝固、轧制和热处理等过程中的演变行为。由于钢种成分、温度以及时间等实验条件的差异，夹杂物的演变行为也有一定的区别。

本章以作者实验室研究和工业实践为基础，结合国内外研究成果，从钢液脱氧入手，明确铝镇静钢和硅锰镇静钢脱氧的关键因素，同时总结介绍了这些钢种在脱氧、精炼和凝固成形等过程中的夹杂物行为。此外，还结合工业实际分析了精炼渣和耐火材料以及钢包挂渣等对钢中夹杂物的影响机制，以全面认识钢中夹杂物的生成与演变行为。

3.1 钢液脱氧机理

3.1.1 铝镇静钢脱氧

大多数学者认为，精炼过程精炼渣与钢液之间会达到平衡，并且精炼渣成分会影响脱氧产物的活度。因此，通过调整渣的成分来降低脱氧产物的活度可以改善脱氧效果。依据这个原则，许多学者研究精炼渣组成以获得较低的脱氧产物活度。尽管如此，Suito[1]在研究中指出，当采用精炼渣中的 Al_2O_3 活度进行计算 [Al]-[O] 平衡时，计算得到的钢液熔池氧活度要低于测量值。Ekengård[2]、Björklund 等[3]和 Riyahimalayeri 等[4]也指出，计算得到的氧活度值比测量值低。实际上，许多学者研究铝脱氧是在实验室条件下进行的，与实际工业生产存在较大的差异。根据铝脱氧反应，本节对比精炼过程氧活度工业实测值与热力学计算值，并结合钢-渣界面 Fe-[O] 平衡热力学分析，讨论铝镇静钢在工业生产过程中的脱氧机理。

3.1.1.1 精炼过程氧活度

对于铝镇静钢，钢液中的溶解氧由式（3-1）控制。由式（3-1）可知，降低 Al_2O_3 的活度，可以促进脱氧反应向右进行。

$$2[Al] + 3[O] \Longrightarrow (Al_2O_3) \tag{3-1}$$

$$K_{3-1} = \frac{a_{Al_2O_3}}{a_{[Al]}^2 \cdot a_{[O]}^3} \tag{3-2}$$

不同的学者对 [Al]-[O] 平衡进行了研究，得到了不同的研究结果（详见第 2 章）。本节选用部分热力学数据如式（3-3）~式（3-6）所示。

$$\log K_{3-1} = \frac{64000}{T} - 20.57 \tag{3-3}$$

$$\log K_{3-1} = \frac{45300}{T} - 11.62 \tag{3-4}$$

$$\log K_{3-1} = \frac{47400}{T} - 12.32 \tag{3-5}$$

$$\log K_{3-1} = \frac{62780}{T} - 20.17 \tag{3-6}$$

本节将对比钢液中氧活度的脱氧热力学计算值与实际生产测量值。采用定氧探头测量精炼结束时钢液中的氧活度，同时计算 Al 脱氧的 [Al]-[O] 热力学平衡关系，计算中采用的钢种成分如表 3-1 所示。为了更好地说明，还引用了管线钢成分及测量数据[5]。这样就覆盖了低碳钢、中碳钢和高碳钢三种类型。

表 3-1 计算采用的钢种及成分 （%）

钢种	C	Si	Mn	Cr	Mo	Al
SCM435	0.35	0.19	0.74	1.01	0.19	0.032
GCr15	1.00	0.25	0.30	1.47	—	0.011
55SiCrA	0.56	1.42	0.67	0.67	—	0.006
管线钢[5]	0.04	0.14	1.83	—	—	0.037

为了进一步对比不同热力学数据的影响，分别采用式（3-3）~式（3-6）计

算平衡常数。Al 的活度通过式（3-7）计算获得，其中元素 Al 的相互作用系数列于表 3-2。

$$\log a_{Al} = \sum e_{Al}^{j} w[j]_{\%} + \log w[Al]_{\%} \qquad (3-7)$$

表 3-2 计算采用的相互作用系数

j	C	Si	Mn	Cr	Mo	Al	O
Al	0.091	0.056	0.035	0.0096	—	0.045	−1.98

图 3-1（a）为部分国内外钢铁企业铝镇静钢精炼渣的实测成分数据。图 3-1 中已剔除了 MgO 含量，重新按比例折算成 $CaO-Al_2O_3-SiO_2$ 三元系。图 3-1（b）为 $CaO-Al_2O_3-SiO_2$-5%MgO 渣系 Al_2O_3 等活度曲线。结合图 3-1（a）（b）可知，铝镇静钢实际精炼渣组分对应的最大 Al_2O_3 活度为 0.05 左右。因此，本书在计算时选取了两个 Al_2O_3 活度，一个假设为 1，另一个为实际活度最大值 0.05。

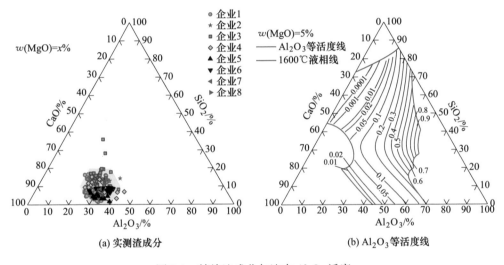

(a) 实测渣成分　　　　　　(b) Al_2O_3 等活度线

图 3-1　精炼渣成分与渣中 Al_2O_3 活度

实验共计测量了近 400 组数据，并将这些数据分别作图，如图 3-2 和图 3-3 所示。从图 3-2 可以看出，不同热力学数据计算所得的氧活度仍然有一定的差异，不同钢种的实测数据与不同热力学计算值的差异也不同。实际上，考虑到热力学数据的差异，这种计算结果偏差仍是可以接受的，并可以视为非常接近。更重要的是，尽管渣中 Al_2O_3 活度取最大值，氧活度实测值仍比计算值大。在图 3-2（b）中，部分实测值似乎与计算值接近，但实际上绝大多数实测值仍比计算值大；况且，渣中实际 Al_2O_3 活度也会比这里计算取值（0.05）更小。因此，实测值应该比计算值大。这就说明，钢渣界面反应并没有达到平衡。

Suito 等[1]认为铝镇静钢液的氧活度仍由钢-渣平衡关系即式（3-1）决定。

因此，在计算时 Al_2O_3 活度取渣中 Al_2O_3 活度，计算所得的氧活度十分低，比如超低碳钢的氧活度甚至不到 1×10^{-4}，而且计算值明显低于工业实测值。Ekengård[2]、Björklund 等[3] 和 Riyahimalayeri 等[4] 同样研究了钢-渣平衡计算氧活度值与实际生产测量氧活度值之间的差异，在铝镇静钢精炼时计算得到的氧活度值一直比实测值小。这表明，这种实测值与计算值有差异的现象并不是偶然出现的。

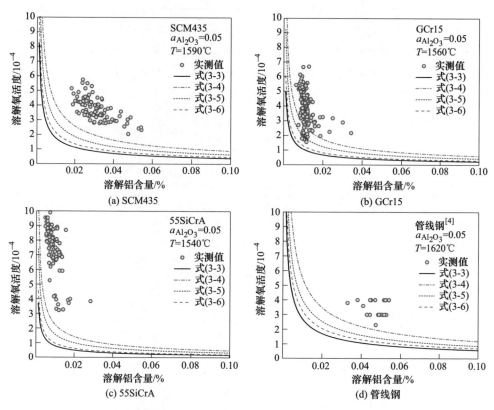

图 3-2　不同钢种实测溶解氧活度与计算值对比（$a_{Al_2O_3} = 0.05$）

从图 3-3 中还可以发现，虽然热力学数据不同导致计算曲线有一定偏差，但不同钢种的实测数据与 Al_2O_3 活度为 1 时的热力学平衡计算值均十分接近。这表明，钢液中与溶解氧平衡的 Al_2O_3 活度十分接近 1，并且渣中 Al_2O_3 活度并不能明显改变钢液熔池中的 [Al]-[O] 平衡。

从氧活度计算值与实测值对比可以看出，钢-渣反应并没有达到平衡。因此，传统的热力学平衡理论并不能直接用来指导铝镇静钢的脱氧平衡。

3.1.1.2　钢-渣界面 Fe-[O] 平衡

精炼渣中含有一定量的 FeO。一般认为，渣中 FeO 与钢液存在如式（3-8）

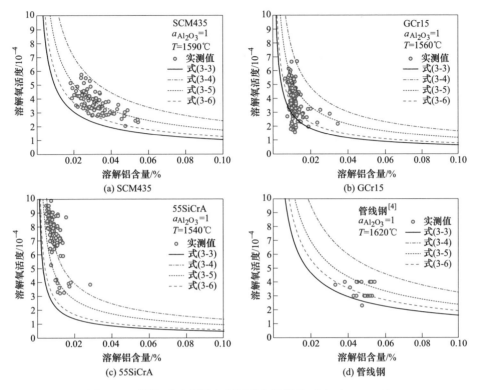

图 3-3　不同钢种实测溶解氧活度与计算值对比（$a_{Al_2O_3}=1$）

所示的平衡关系。Fe 的活度可以视为 1，那么 Fe-[O] 平衡主要受渣中的 FeO 活度控制。在精炼造渣时，向钢包中加入一定量的还原剂（如铝粒等），来进一步降低 FeO 含量，以抑制渣中 FeO 向钢液中传氧。基于式（3-10）的热力学数据，可以得到 FeO 活度和与之平衡的氧活度关系，如图 3-4 所示。从图中可以看出，氧活度随着 FeO 活度的增大呈线性增加。

$$[O] + Fe \Longrightarrow (FeO) \tag{3-8}$$

$$K_{3-8} = \frac{a_{FeO}}{a_{[O]} \cdot a_{Fe}} \tag{3-9}$$

$$\log K_{3-8} = 2.06 - 6150/T \tag{3-10}$$

Taniguchi 等[6]认为 FeO 活度服从亨利定律。如图 3-5 所示，在低 FeO 浓度情况下，FeO 活度与 FeO 摩尔分数成正比，并且相比理想溶液呈现正偏差。这说明 FeO 的活度系数 γ_{FeO} 应该大于 1。从图 3-1（a）所示的渣成分可知，每 100g 渣中总的摩尔数约为 1.6±0.05[7]，那么 FeO 的摩尔分数则可以表示为：

$$x_{FeO} = \frac{[w(FeO)/\%]}{72 \times 1.6} = 0.0087 \times [w(FeO)/\%] \tag{3-11}$$

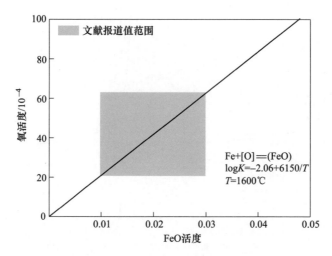

图 3-4 FeO 活度与溶解氧活度的关系

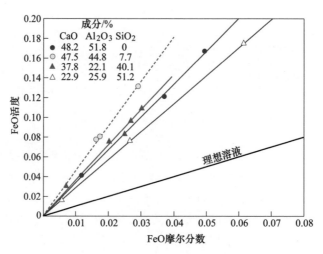

图 3-5 FeO 活度与 FeO 摩尔分数的关系[5]

本节中渣中 FeO 质量分数为 0.4%~1.0%。实际上，这个含量在精炼渣中是十分普遍的。基于式（3-11）可以得到 FeO 的摩尔分数为 0.0035~0.0087。由图 3-5 可知，其对应的 FeO 活度范围为 0.01~0.03。很多学者[5,8-11]也开展了精炼渣中 FeO 活度研究，大多数 FeO 活度为 0.01~0.03 范围。

在图 3-4 中将 FeO 活度 0.01~0.03 所对应的区域标示了出来，即阴影区域，则与之平衡的溶解氧活度为（21~63）×10^{-4}。从前文实测值可知，钢液熔池中溶解氧活度是小于 10×10^{-4} 的，甚至是小于 5×10^{-4} 的。因此，钢渣界面 Fe-[O]平衡控制的氧活度明显要大于钢液熔池中的氧活度，那么钢-渣界面的氧就会向钢液熔池中传递。尽管渣中的 FeO 含量小于 1%，但 FeO 仍是一个向钢液供氧的供氧源。

3.1.1.3 铝镇静钢脱氧机理

精炼过程中，钢包系统其实是一个复杂的系统，包括精炼渣、钢液、夹杂物和耐火材料。此外，钢包还与大气接触。因此，在整个系统中，发生许多复杂反应。基于这些复杂反应，很可能会导致实验室研究与生产实践之间存在差异。

在钢液熔池中，其[Al]-[O]平衡关系与 Al_2O_3 活度为 1 时的平衡十分接近。由此可以推断，钢液中的溶解氧与铝平衡时的 Al_2O_3 活度接近于 1。由前文计算可知，精炼渣的 Al_2O_3 活度远小于 1，且夹杂物经过精炼也会发生演变（详见本书 3.3 节），并非为纯 Al_2O_3 夹杂物（最终是稳定的铝酸钙）。因此，夹杂物中的 Al_2O_3 活度也必然会小于 1。这似乎与 Al_2O_3 活度接近 1 相互冲突。渣中和夹杂物中的 Al_2O_3 活度说明熔池中钢液的溶解氧活度并不显著受到渣和夹杂物的控制。

Ekengård[2] 认为测试技术是导致这种现象的主要原因。他认为，当定氧探头插入钢液中时会带入一定的氧，这部分氧会导致钢液在探头位置的局部氧化，从而生成氧化铝固体夹杂物，这就可以解释 Al_2O_3 活度接近于 1。实际上，经过精炼后，钢液中会有溶解 Al、Ca 和 Mg 共存（详见本书 3.3 节）。因此，定氧探头插入时带入的氧会与溶解 Al、Ca 和 Mg 共同发生反应，而 Al_2O_3 在那时并不稳定，那么脱氧产物的活度也可能小于 1。更重要的是，定氧探头插入钢液需要一定的深度才能测量，由于带入的氧本来就很少，在探头到达需要深度前，这些氧很容易被烧损完。因此，带入的氧对测量精度的影响很可能并不显著。Riyahimalayeri 等[4] 认为热力学计算值与实测值的差异主要源自热力学数据的偏差。在采用瓦格纳式（Wagner's equation）计算时，Al_2O_3 的活度取 1，热力学计算值才接近测量值。

在钢-渣平衡考虑中，大多数学者忽略了耐火材料的影响。实际上，耐火材料与钢液的接触面积十分大，且显著大于其与夹杂物和与渣的接触面积。因此，耐火材料对钢液中的平衡影响不可忽视。高铝质和镁碳质耐火材料广泛应用于钢包精炼。对于高铝质的耐火材料，因其主体是 Al_2O_3，可以轻易理解 Al_2O_3 的活度为 1。尽管如此，这种考虑仅适合新钢包，因为钢包冶炼后包壁一般会有挂渣。因此，更多地需考虑挂渣耐火材料对熔池钢液溶解氧的影响。

Son 等[12-13] 研究了挂渣的耐火材料与铝镇静钢和钙处理铝镇静钢之间的反应，并发现 Al_2O_3 相和镁铝尖晶石相仍然呈现在耐火材料和挂渣中，如图 3-6 所示。从图中可以看出，铝镇静钢无论有无钙处理，其挂渣耐火材料呈现的物相仍然相似。与整体耐火材料相比，这些 Al_2O_3 相显得相对较少，但相对渣和耐火材料来说，本书作者认为基于其与钢液较大的接触面积，这些物相足以影响钢液熔池的平衡。此外，从图3-6也可以算出，尖晶石中 Al_2O_3 的摩尔百分比约为55%。依据学者测量的尖晶石中 Al_2O_3 活度（如图2-4（a）所示），此时尖晶石中 Al_2O_3 活度大于0.8，这其实十分接近于1。Beskow 等[14]也研究了镁碳质的挂渣耐火材料，同样也发现了尖晶石物相在耐火材料中。可见，耐火材料中氧化铝物相和含氧化铝较高的尖晶石物相便能很好地解释钢液中[Al]-[O]平衡的 Al_2O_3 活度接近于1。

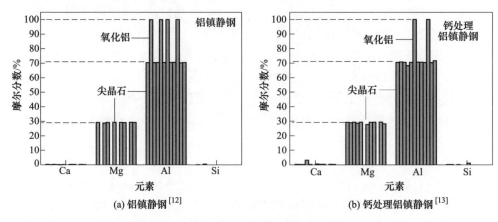

图 3-6 高 Al_2O_3-MgO 耐火材料和挂渣中的氧化铝和尖晶石相

基于前文分析，可见耐火材料对[Al]-[O]平衡有重要影响，钢液中的溶解氧主要受铝含量的控制。本研究中，常规精炼渣主要成分（CaO-Al_2O_3-SiO_2-MgO）对钢液中溶解氧含量影响并不明显。虽然 Riyahimalayeri 等[4]指出热力学数据的偏差可能是导致理论计算值偏离测量值的原因，但他们同时也指出 Al_2O_3 活度取1时的计算值更接近测量值。这就表明，要控制钢液熔池中的溶解氧含量，只需钢液保持一定的铝含量即可。

尽管如此，渣成分同样会影响钢中的氧含量，这已被众多研究所证明。如前文所述，渣中的 FeO 会成为一个主要的供氧源，且氧会从渣中传递到钢液中。

Yang 等[5]认为钢-渣界面存在一个由 Fe-[O]平衡所对应的高氧边界层。本书作者依据实践分析结果也证明了钢-渣界面存在高氧现象。更重要的是，本书作者认为在钢-渣界面还存在氧传递的现象。依据双膜理论，这个边界层中的氧活度并不是一致的，而是存在浓度梯度，更清楚描述如图3-7所示。在钢液熔池中，氧活度主要受[Al]-[O]平衡控制，而在钢-渣界面，氧活度主要受 Fe-[O]平衡控制。钢-渣界面的氧活度通过一个高氧边界层与钢液熔池中的氧活度联结在一起。钢-渣界面的氧活度明显高于熔池钢液中的氧活度，且在高氧边界层内的浓度梯度会十分大，因此这个高氧边界层会十分薄，在实际测量氧活度时很难被发现。

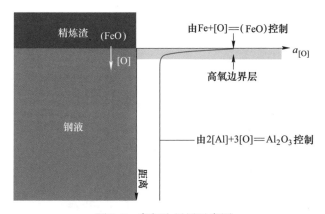

图 3-7 高氧边界层示意图

在实际冶炼过程中，钢渣还与大气接触。空气中的氧气是不可避免的氧化源。众所周知，Fe_2O_3 比 FeO 更稳定，在高温条件下，渣中的 FeO 极易被空气氧化成 Fe_2O_3，如式（3-12）所示。

$$4(FeO) + O_2 = 2(Fe_2O_3) \qquad (3-12)$$

Fe_2O_3 与钢液接触时又被进一步演变成 FeO，其反应如式（3-13）所示。

$$(Fe_2O_3) + Fe = 3(FeO) \qquad (3-13)$$

空气中的氧通过式（3-12）、式（3-13）和式（3-8）传给精炼渣并最终传递到钢液中。这种氧的传递过程是一个持续的过程。由于氧从渣中传递到钢液中，钢液中的氧活度不断增加。这样，原有[Al]-[O]平衡将被打破，溶解铝将会被消耗，新的平衡又将建立。换言之，因为氧传递而导致的铝消耗，最终会引起钢液中的溶解氧上升。这实际上与前文的观点（钢液熔池中的溶解氧活度受铝含量控制）一致。

综上所述，铝镇静钢精炼过程的脱氧实质上可以分解为两个部分：一个是钢液熔池的脱氧；另一个则是渣面的脱氧。为了更进一步描述精炼过程的脱氧机理，基于前文的分析可以得到图 3-8。如图 3-8 所示，在渣脱氧时，向渣面抛撒脱氧剂（如铝粒）造渣，进一步降低 FeO 的含量；而在钢液熔池里，必须保证一定的溶解 Al 含量，从而保证低的溶解氧活度。在实际生产过程中，保证一定的 Al 含量相对容易，因此，造渣对脱氧就显得非常重要。

3.1.2 硅锰镇静钢脱氧

对于硅镇静钢，钢液中的溶解氧由式（3-14）控制。由式（3-14）可知，降低 SiO_2 的活度，可以促进脱氧反应向右进行。

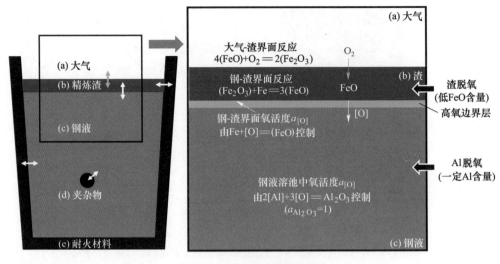

图 3-8 铝镇静钢脱氧示意图

$$[Si] + 2[O] \rightleftharpoons (SiO_2) \tag{3-14}$$

$$K_{3\text{-}14} = \frac{a_{SiO_2}}{a_{[Si]} \cdot a_{[O]}^2} \tag{3-15}$$

　　$MnO\text{-}SiO_2$ 系是硅镇静钢中常见的夹杂物体系。很多学者考虑利用硅锰复合脱氧来提升脱氧效果。从本书 2.2 节可知，如果硅锰脱氧过程 MnO 使脱氧产物中 SiO_2 的活度降低，那么就有利于脱氧。由 $MnO\text{-}SiO_2$ 系夹杂物的稳定优势区图（参见图 2-3）可知，脱氧夹杂物中 SiO_2 活度主要受到钢液中 Si 和 Mn 含量影响。

　　本书作者团队采用工业实验和实验室实验研究了帘线钢的 Si-Mn 脱氧[15]。热力学计算表明，实验条件下帘线钢的成分对应 SiO_2 饱和区，如图 3-9 所示。从图中可知，在常规硅镇静钢种成分条件下，脱氧夹杂物主要处于 SiO_2 饱和区内。本书作者和其他学者的实验室实验和工业实践也证明了这种趋势（详见本书 3.3.4 节）。硅锰复合脱氧后，在 $MnO\text{-}SiO_2$ 系夹杂物中可以找到 SiO_2 析出相，这表明夹杂物中的 SiO_2 是接近饱和的。因此，脱氧产物中 SiO_2 活度接近 1，那么在出钢脱氧时，硅锰复合脱氧通常并不能获得理想的效果。

　　与铝镇静钢明显不同，硅镇静钢的精炼渣对钢液中的氧活度影响非常显著。张晓兵等[16-17]建立了钢–渣平衡热力学模型来预测钢液中的氧活度，其结果如图 3-10 所示。他们同时对比了实测值和计算值，指出实测值与模型计算值能较好地吻合，如图 3-11 所示。从图 3-11 可知，精炼渣成分对硅镇静钢中的氧含量具有显著影响，渣的碱度越高，越有利于降低钢液中的氧含量。本书作者的工业实践也证明了这一变化趋势，详见本书 3.3.5.2 节。

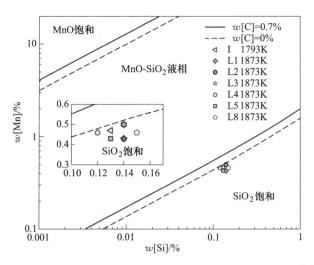

图 3-9 帘线钢 MnO-SiO₂ 系夹杂物稳定优势区图（1550℃）[15]

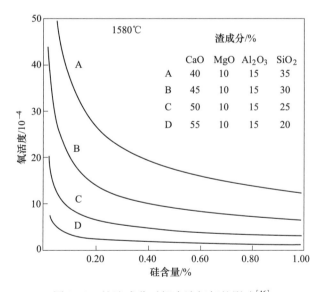

图 3-10 炉渣成分对钢中溶解氧的影响[16]

相比硅锰复合脱氧，精炼渣对脱氧的影响更重要。精炼渣成分在硅镇静钢脱氧过程中显著影响了[Si]-[O]平衡。精炼渣的碱度越高，渣中的 SiO₂ 活度越低，因而导致钢液中的溶解氧活度越低。因此，适宜的精炼渣组分是硅镇静钢脱氧的关键[17]。

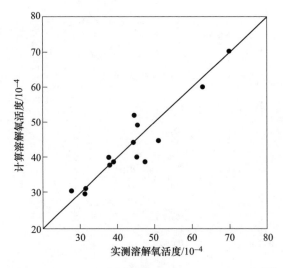

图 3-11　硅脱氧钢中溶解氧实测值与计算值对比[16]

3.2　脱氧过程夹杂物生成行为

3.2.1　粗炼钢液中夹杂物

大部分学者[18]仅关注了粗炼钢液中含有较高的溶解氧，认为脱氧元素与溶解氧反应的产物是脱氧的唯一产物。只有少数学者[19]认为脱氧前钢液中的夹杂物可能来源于粗炼钢液。目前对转炉和电炉粗炼钢液中夹杂物的研究报道较少，因此需要对这些夹杂物进行分析研究。

本书作者团队[20-21]在某钢厂转炉冶炼终点时（终点氧含量 0.03% ~ 0.05%）使用提桶式取样器对钢液进行取样，采用扫描电子显微镜（SEM）及附带能谱仪（EDS）分析钢液试样中夹杂物的形貌和成分。分析发现，转炉粗钢中主要有三类夹杂物，即 $CaO-SiO_2-FeO$ 系夹杂物、$CaO-SiO_2-FeO+(Mg,Fe,Mn)O$ 系双相夹杂物以及大量 $(Fe,Mn)O$ 系夹杂物。夹杂物的形貌及元素分布如图 3-12 ~ 图 3-14 所示，其成分范围如表 3-3 所示。

表 3-3　转炉粗炼钢液中夹杂物的化学成分　　　　　　　　（%）

夹杂物类型		CaO	MgO	SiO_2	Al_2O_3	MnO	FeO
$CaO-SiO_2-FeO$ 系		40 ~ 58	3 ~ 10	12 ~ 18	2 ~ 4	2 ~ 4	15 ~ 25
$CaO-SiO_2-FeO+(Mg,Fe,Mn)O$ 系	相 I	—	65 ~ 80	—	—	5 ~ 10	10 ~ 20
	相 II	40 ~ 55	3 ~ 8	10 ~ 18	2 ~ 3	2 ~ 4	15 ~ 30
$(Fe,Mn)O$		—	—	—	—	20 ~ 25	65 ~ 80

图 3-12 是典型的 CaO-SiO$_2$-FeO 系夹杂物的元素分布图，图中省略了 O 和 Al 元素的分布。从图 3-12 中可以看出，这类夹杂物近似球形。夹杂物的尺寸范围较大，为 1~50μm。由图 3-12 和表 3-3 可知，该类夹杂物近似为硅酸钙夹杂物，同时含有较高的 FeO 和较低的 MnO、MgO 和 Al$_2$O$_3$。

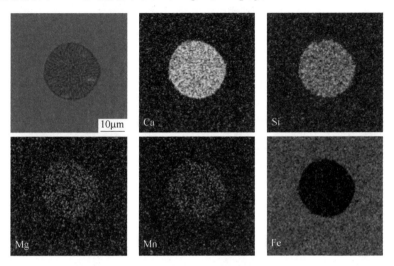

图 3-12　典型 CaO-SiO$_2$-FeO 系夹杂物面扫图

典型的 CaO-SiO$_2$-FeO+(Mg,Fe,Mn)O 系双相夹杂物元素分布如图 3-13 所示。从图 3-13 中可以看到，这类夹杂物的尺寸范围也比较大（1~50μm），夹杂物中含有两种物相，分别为物相 I 和物相 II。由图 3-13 和表 3-3 可知，物相 I 主要是 MgO 固体颗粒，同时含有少量的 MnO 和 FeO。物相 II 主要为 CaO-SiO$_2$-FeO 系，同时含有较低的 MnO、MgO 和 Al$_2$O$_3$。这类夹杂物与 CaO-SiO$_2$-FeO 系夹杂物均呈球形或近球形，且物相 II 与 CaO-SiO$_2$-FeO 系夹杂物的化学成分一致。这说明这类夹杂物是液态 CaO-SiO$_2$-FeO 系夹杂物和一些(Mg,Fe,Mn)O 系固体颗粒的组合。

图 3-14 给出了典型(Fe,Mn)O 系夹杂物的元素分布。该类夹杂物主要出现在转炉钢液试样中，夹杂物尺寸一般为 1~12μm，且数量非常多，是转炉钢液中的主要夹杂物类型。该类夹杂物形貌近似球形，这说明在冶炼温度下，该类型夹杂物也呈液态。

图 3-15 是转炉渣的形貌和元素分布。从图中可以看出，炉渣中主要有两种物相：物相 1 主要含有 MgO、FeO 和 MnO，其中 MgO 含量较高，FeO 和 MnO 含量较低；物相 2 主要是 CaO-SiO$_2$-FeO 系，同时还含有少量 MgO、MnO 和 Al$_2$O$_3$。需要注意的是，图 3-15 中还有一些灰色物相，经过 EDS 分析确认，这些灰色物相也是 CaO-SiO$_2$-FeO 系。由此可知，这些灰色物相是炉渣在冷却过程中析出的。炉渣中物相 1 和物相 2 的化学成分范围列于表 3-4。从表 3-4 中可以看到，物相 1 中 MgO 的含量最高可达 80%，物相 2 中 FeO 的含量为 15%~25%。

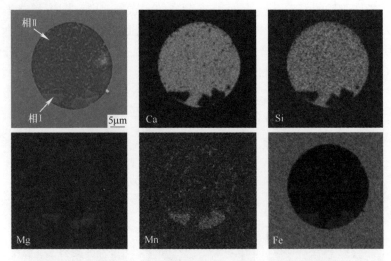

图 3-13   典型 CaO-SiO_2-FeO+$(Mg, Fe, Mn)O$ 系夹杂物面扫图

图 3-14   典型$(Fe, Mn)O$ 系夹杂物面扫图

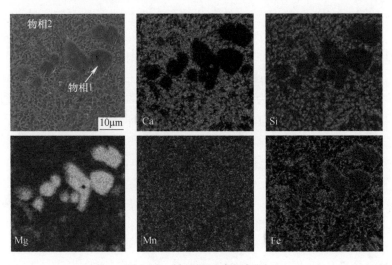

图 3-15   转炉渣元素面扫图

表3-4 转炉终点炉渣化学成分范围 （%）

物相	CaO	MgO	SiO$_2$	Al$_2$O$_3$	MnO	FeO
物相1	—	60~80	—	—	5~10	10~15
物相2	45~55	3~5	12~20	2~3	2~5	15~25

对比转炉炉渣中物相和化学成分，发现转炉粗钢中 CaO-SiO$_2$-FeO 系夹杂物以及 CaO-SiO$_2$-FeO+(Mg,Fe,Mn)O 系双相夹杂物与之非常相似。因此，可以推测这些夹杂物源自转炉渣。

众所周知，在转炉冶炼过程中，氧气射流速度非常大，可将炉渣冲击成小渣滴。由于转炉采用顶底复吹模式，钢液受到强烈的搅拌，被氧气射流冲击成的小渣滴很容易被卷入钢液中。如果这些小渣滴未能及时上浮，最终停留在钢液中便形成夹杂物。表3-4 显示转炉渣中主要为 CaO-SiO$_2$-FeO 系，因此被卷入钢液的小渣滴可以形成 CaO-SiO$_2$-FeO 系夹杂物。在转炉冶炼过程中需要添加一些辅料，例如轻烧白云石等，若这些辅料在某些区域没有完全熔化，则会在炉渣中以固体颗粒的形式存在，图3-15 所示的固体颗粒即证明了这一点。在吹炼过程中，这些固体颗粒很可能随着渣滴一起被卷入钢液中。由图3-13、图3-15 以及表3-4 可知，CaO-SiO$_2$-FeO+(Mg,Fe,Mn)O 系双相夹杂物中的固体颗粒与转炉渣中的固体颗粒是一致的。这些夹杂物的尺寸范围较大，为 1~50μm，如果这些大尺寸夹杂物没有被去除，那么会给钢质量带来致命影响。

转炉钢液中还存在大量(Fe,Mn)O 类型夹杂物。转炉吹炼开始后，铁水中的 Fe 和 Mn 被氧气迅速氧化生成(Fe,Mn)O 类型夹杂物，反应如式（3-16）和式（3-17）所示。

$$[Fe] + [O] = (FeO) \tag{3-16}$$

$$[Mn] + [O] = (MnO) \tag{3-17}$$

许多学者在研究脱氧时仅考虑了粗炼钢液中较高的溶解氧。实际上，钢液中不仅含有较高的溶解氧活度，而且存在大量的夹杂物。Beskow 等[19]也指出，在脱氧前电炉粗钢中也存在 Al$_2$O$_3$-CaO-FeO-MgO-SiO$_2$ 系夹杂物、MgO·Al$_2$O$_3$ 尖晶石和 Al$_2$O$_3$-MgO-FeO 系等夹杂物。在出钢过程中，这些夹杂物会随钢液一起进入钢包，这表明粗炼钢液是夹杂物的一个重要来源。因此，在研究脱氧过程时，不能仅考虑脱氧元素与溶解氧之间的化学反应，还需考虑粗炼钢液中的夹杂物与元素的反应。

3.2.2 氧化铝夹杂物的生成

Wakoh 等[22]研究了不同铝含量和氧含量条件下的铝脱氧反应。图3-16 为铝脱氧 1s 后夹杂物平均尺寸与初始氧含量的关系。从图中可以看出，夹杂物的尺寸随着氧含量的增加而不断增加。图 3-17 为铝脱氧 1s 后的夹杂物尺寸分布。从图中可以看出，初始氧含量越高，形成的夹杂物尺寸也越大。

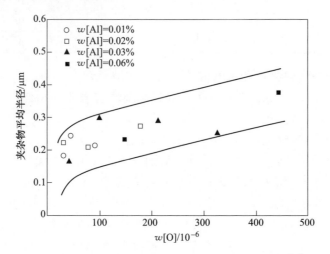

图 3-16　夹杂物平均尺寸与氧含量和铝含量的关系[22]

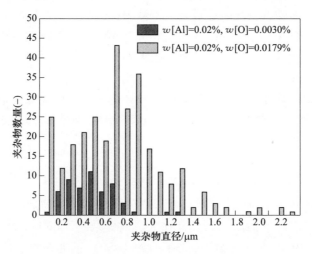

图 3-17　脱氧 1s 后夹杂物尺寸分布[22]

　　Van Ende 等[23-24]研究铝脱氧时发现，当氧含量较低时（0.045%），生成的夹杂物主要为单颗粒的棱角状夹杂物（图 3-18（a））和少量聚团的棱角状夹杂物（图 3-18（b）），很难发现球形夹杂物。当氧含量增加到一定程度时（0.078%），生成的夹杂物主要为细小的球形 Al_2O_3 夹杂物（图 3-18（c）），还有微量较大尺寸的 Al-Fe-O 夹杂物（图 3-18（d））。当初始氧含量为 0.18% 时，夹杂物的形状有单颗粒球状（图 3-19（g））、棱角状夹杂物（图 3-19（c）、（f）和（i））以及介于球状和棱角之间的形状（图 3-19（a）和（b））。棱角状夹杂物尺寸较大、结构紧凑，与其他夹杂物相比，它们有明显且光滑的平面，并且随着时间的延长结构变得更加紧凑（图 3-19（i））。

图 3-18 Al₂O₃ 形貌的演变[6]

（a）（b）棱角状，$w[O] = 0.045\%$；（c）球状，$w[O] = 0.078\%$；（d）树枝状，$w[O] = 0.078\%$

(g)   (h)   (i)

图 3-19 Al_2O_3 夹杂物形貌 （$w[O]=0.18\%$）[6]

(a) ～ (c) 1s; (d) ～ (f) 5s; (g) ～ (i) 60s

Dekkers 等[25]在工业试样中发现，Al_2O_3 夹杂物可以有树枝状、球状、八面体、板状和簇群状等多个形状。同时，他们通过工业取样脱氧实验[26]，发现铝脱氧后的夹杂物有聚集的不规则小颗粒（小于 0.2μm）、球形、八面体以及薄膜状等多种形貌，如图 3-20 所示。聚集的小颗粒（如图 3-20 (a) 所示）通常在不完全脱氧的试样中发现，而在完全脱氧的试样中并没有出现。球状的夹杂物在所有试样中均可找到，只是在不完全脱氧钢中数量较少。八面体夹杂物常与铬元素有关，如图 3-20 (c) 所示。图 3-20 (d) 中薄膜状夹杂物只是偶然找到。单颗粒的夹杂物通常在低铝含量试样中找到，簇群状的夹杂物在铝含量较高的试样中

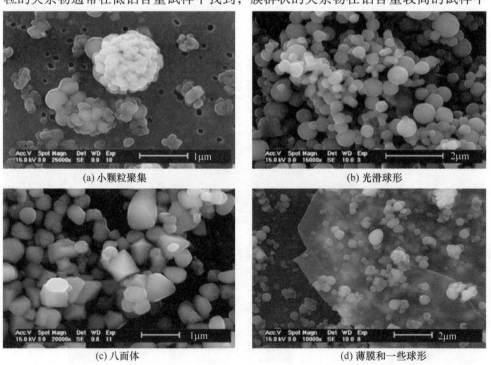

(a) 小颗粒聚集   (b) 光滑球形

(c) 八面体   (d) 薄膜和一些球形

图 3-20   工业脱氧后 Al_2O_3 夹杂物形貌[26]

出现。杨文等[27]在实验室脱氧实验中同样发现了球状、树枝状、花瓣状、板状以及多面体和簇群等形状的氧化铝夹杂物。此外，Beskow 等[28]通过实验室研究表明加入铝 5s 后，氧化铝均质形核发生，迅速生成大量细小的氧化铝夹杂物，氧化铝簇群在加铝后 15s 即可发现。

需要说明的是，这些研究主要考虑了钢中的溶解氧，并没有关注粗钢中的夹杂物。由前文可知，无论是电炉钢还是转炉钢，夹杂物在脱氧前就已经存在。依据本书作者团队的研究[21]，转炉钢中的 $CaO\text{-}SiO_2\text{-}FeO$ 系夹杂物经铝脱氧后会演变成 $CaO\text{-}Al_2O_3(\text{-}MgO)$ 系夹杂物，而 $(Fe,Mn)O$ 夹杂物则会反应生成 Al_2O_3 夹杂物。

粗炼钢液中大量的 $(Fe,Mn)O$ 夹杂物为 Al_2O_3 夹杂物非均质形核提供了形核核心。从图 3-21 可以看到，铝脱氧 10s 时，在 $(Fe,Mn)O$ 类型夹杂物表面发现了 Al_2O_3 相，这也证明了非均质形核的发生。当钢液中存在溶解 Al 时，FeO 和 MnO 是不稳定的，这些氧化物易与 Al 发生还原反应，反应如式（3-18）和式（3-19）所示。这说明在发生非均质形核的同时，作为核心的 $(Fe,Mn)O$ 夹杂物会持续与钢液中溶解 Al 发生反应，直到 $(Fe,Mn)O$ 被完全还原。因此，$(Fe,Mn)O$ 类型夹杂物在 Al 的作用下生成 Al_2O_3 夹杂物。Dekkers 等[25]也用类似的还原反应解释球形 Al_2O_3 夹杂物的生成。

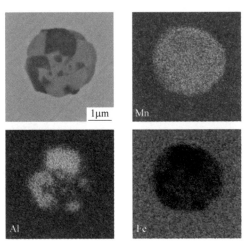

图 3-21 典型 $Al_2O_3\text{-}(Fe,Mn)O$ 夹杂物面扫图[21]

$$3FeO + 2[Al] = 3[Fe] + Al_2O_3 \qquad (3\text{-}18)$$

$$3MnO + 2[Al] = 3[Mn] + Al_2O_3 \qquad (3\text{-}19)$$

由表 3-3 可知，$CaO\text{-}SiO_2\text{-}FeO$ 系夹杂物和 $CaO\text{-}SiO_2\text{-}FeO+(Mg,Fe,Mn)O$ 系双相夹杂物中 SiO_2 和 FeO 的含量较高，Al_2O_3 的含量很低。在脱氧过程中，夹杂物中的 SiO_2 和 FeO 将被钢液中的 Al 还原生成 Al_2O_3，如反应式（3-18）和式

（3-20）所示。

$$3SiO_2 + 4[Al] \rightleftharpoons 3[Si] + 2Al_2O_3 \qquad (3\text{-}20)$$

热力学计算[21]表明，这些反应在铝脱氧过程中是可以发生的。因此添加铝以后，钢液中的这些夹杂物与溶解 Al 发生化学反应，最终演变成为铝酸钙类型夹杂物。

另外，$CaO\text{-}SiO_2\text{-}FeO+(Mg,Fe,Mn)O$ 系双相夹杂物还存在一些固体$(Mg,Fe,Mn)O$颗粒。除了上述反应式（3-18）和式（3-20）的反应，夹杂物中的 MgO 与 Al_2O_3会发生化学反应，如式（3-21）所示，最终生成尖晶石相，形成被铝酸钙包裹的夹杂物。因此，粗钢也是钢中铝酸钙类型夹杂物的来源。

$$MgO + Al_2O_3 \rightleftharpoons MgO \cdot Al_2O_3 \qquad (3\text{-}21)$$

3.2.3　硅锰复合夹杂物的形成

一般认为，硅锰复合脱氧的夹杂物是 $MnO\text{-}SiO_2$ 系夹杂物。图 3-22 为典型 Si-Mn 脱氧夹杂物形貌。从本书 2.2.2 节热力学分析可知，钢液中 Si 和 Mn 含量决定了 $MnO\text{-}SiO_2$ 系夹杂物的成分。一般情况下，钢中的 $MnO\text{-}SiO_2$ 系夹杂物有两种，一种是相对均匀分布的 $MnO\text{-}SiO_2$ 系夹杂物（图 3-22（a）），另一种则是包裹 SiO_2 颗粒的 $MnO\text{-}SiO_2$ 系夹杂物（图 3-22（b））。Gamutan 等[29]也发现了与图 3-22 类似的夹杂物，他们认为脱氧后的夹杂物基本是均匀分布的，在固液平衡温度条件下富 SiO_2 的夹杂物会二次生成。

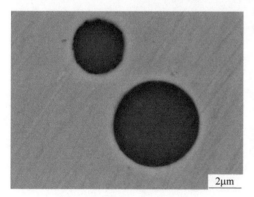
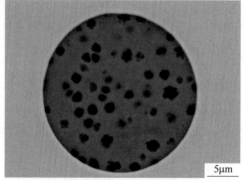

(a) $MnO\text{-}SiO_2$　　　　　　　　　　(b) $MnO\text{-}SiO_2+SiO_2$（中间黑点）

图 3-22　Si-Mn 脱氧后夹杂物形貌

本书作者团队[15]研究发现，图 3-22 所示的两种夹杂物在帘线钢脱氧后均可以找到。热力学计算也表明，实验条件下的钢液成分对应 SiO_2 饱和区，如图 3-9 所示。这表明，钢中夹杂物的 SiO_2 是趋于饱和的。因此部分夹杂物中会有 SiO_2 析出，从而形成包裹 SiO_2 颗粒的 $MnO\text{-}SiO_2$ 系夹杂物。同时，即使夹杂物中没有

SiO₂ 析出，MnO-SiO₂ 系夹杂物中的 SiO₂ 也是接近饱和的。

此外，在 Si-Mn 脱氧前，粗钢中存在夹杂物也得到进一步确认。脱氧时，（Fe，Mn）O 夹杂物中的 FeO 会被脱氧剂 Si 和 Mn 还原，从而生成 MnO-SiO₂ 系夹杂物，如式（3-22）和式（3-23）所示。当 Si 含量较高时，夹杂物中的 MnO 还可能被 Si 还原，如式（3-24）所示。钢中 CaO-SiO₂-FeO 夹杂物会进一步演变为 CaO-SiO₂-MnO-MgO 系夹杂物，如图 3-23 所示。

$$2FeO + [Si] \rightleftharpoons 2[Fe] + SiO_2 \tag{3-22}$$

$$FeO + [Mn] \rightleftharpoons [Fe] + MnO \tag{3-23}$$

$$2MnO + [Si] \rightleftharpoons 2[Mn] + SiO_2 \tag{3-24}$$

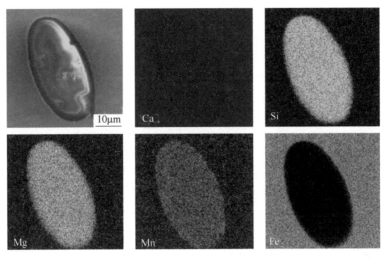

图 3-23　CaO-SiO₂-MnO-MgO 系夹杂物面扫图[15]

3.3　精炼过程夹杂物演变行为

3.3.1　常规铝镇静钢中夹杂物演变行为

本节以某钢铁企业生产的 SCM435 钢种为例，来说明常规铝镇静钢中夹杂物的演变行为。实验钢种冶炼工艺为"铁水预脱硫→80t 顶底复吹转炉→80t LF 精炼→80t RH 精炼→大方坯连铸"。冶炼时，顶底复吹转炉终点碳含量为 0.07% ~ 0.12%，出钢氧含量为（250~400）×10⁻⁶。出钢过程中，加入铝块、绝大多数合金和精炼渣料以脱氧、调整成分和预造渣。在 LF 精炼过程中，加入部分渣料和铝粒以造白渣，使炉渣保持较高碱度和低氧化性，终渣成分如表 3-5 所示。LF 精炼时间约为 40min。RH 精炼过程不再加入渣料、合金和脱氧剂，并控制真空度小于 133Pa，RH 处理时间约为 25min。精炼过程钢液中氧含量约为 3×10⁻⁶。采用提桶式取样器分别在转炉出钢后（转炉炉后，试样 3-1-1），LF 处理前（试样 3-1-2），LF 处理中间（试样 3-1-3），LF 处理结束（试样 3-1-4）和 RH 处理结束（试样 3-1-5）取样。

表 3-5　精炼终渣成分　　　　　　　　　　　　　　　　　（%）

CaO	SiO$_2$	Al$_2$O$_3$	MgO	FeO	R
45~55	5~15	20~30	5~8	<1	3~5

3.3.1.1　试样化学成分

表 3-6 给出了各试样的化学成分。由于精炼过程的成分微调，C、Si 和 Mn 的含量不断增加。随着钢-渣（或耐火材料）界面反应的进行，钢中溶解 Mg 和 Ca 含量不断增加，且溶解 Mg 含量一直比 Ca 含量高。这里有一个非常有趣的现象，即出钢后钢中的溶解 Mg 含量已经在 4×10^{-6} 附近（试样 3-1-1），而在 LF 处理前（试样 3-1-1 和 3-1-2）钢液中的钙含量非常低，而且十分接近于零。这就表明，钢液中溶解 Mg 生成十分迅速，而溶解 Ca 在 LF 处理前几乎没有生成。

表 3-6　试样的化学成分　　　　　　　　　　　　　　　　（%）

试样号	C	Si	Mn	Cr	Mo	Al	Ca[①]	Mg[①]
3-1-1	0.28	0.13	0.67	0.94	0.19	0.032	0.1	3.5
3-1-2	0.28	0.13	0.68	0.95	0.19	0.027	0.2	4.0
3-1-3	0.33	0.16	0.72	0.98	0.19	0.035	0.6	4.2
3-1-4	0.35	0.19	0.74	1.01	0.19	0.040	2.2	5.3
3-1-5	0.35	0.19	0.74	1.01	0.19	0.032	3.1	6.2

① $\times 10^{-6}$。

3.3.1.2　夹杂物形貌和成分

采用扫描电子显微镜（SEM）及附带能谱仪（EDS）分析夹杂物形貌、尺寸和成分。图 3-24~图 3-26 为冶炼过程中典型夹杂物的形貌和 EDS 能谱图。在冶炼过程中，有三种典型的夹杂物：第一种是 Al$_2$O$_3$ 夹杂物，如图 3-24 所示；第二种是 MgO-Al$_2$O$_3$ 系夹杂物，如图 3-25 所示；第三种是 CaO-MgO-Al$_2$O$_3$ 系夹杂物，如图 3-26 所示。

典型 Al$_2$O$_3$ 夹杂物主要出现在出钢后和 LF 处理前，其呈现两种形态，一种是尺寸较大的簇群状 Al$_2$O$_3$ 夹杂物，如图 3-24（a）所示；另一种是含有少量 MgO 的单颗粒 Al$_2$O$_3$ 夹杂物，如图 3-24（b）所示。Al$_2$O$_3$ 夹杂物已经开始与溶解 Mg 发生反应。

典型的 MgO-Al$_2$O$_3$ 系夹杂物如图 3-25 所示。这类夹杂物呈尖棱状或矩形状，主要在 LF 精炼中期观察到。此外，仍可在 LF 精炼结束后发现少量这类夹杂物。

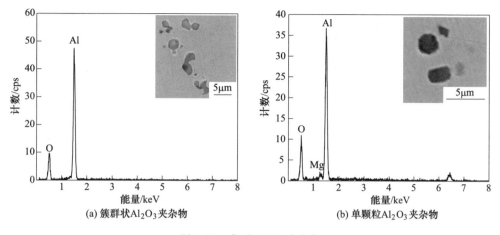

图 3-24　典型 Al₂O₃ 夹杂物

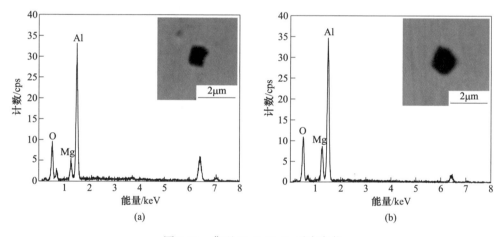

图 3-25　典型 MgO-Al₂O₃ 系夹杂物

　　典型的 CaO-MgO-Al₂O₃ 系夹杂物呈球状，如图 3-26 所示，这类夹杂物主要在 LF 精炼结束和 RH 精炼结束出现。由于硫会在钢液凝固过程中析出，因此夹杂物表面会有少量的 CaS 析出，夹杂物含有少量硫，如图 3-26（a）和（c）。此外，部分夹杂物能谱中 MgO 的峰值极低，且含有少量的 SiO₂，如图 3-26（c）所示。这些均表明，钙有助于将 MgO-Al₂O₃ 系夹杂物变成球状。

　　利用热力学计算软件 FactSage 7.3 计算了 CaO-MgO-Al₂O₃ 三元系的 1600℃ 液相线，如图 3-27 所示。同时，将夹杂物成分标注在图 3-27 中。从图中可以看出，转炉出钢后，主要夹杂物为含有微量 MgO 的 Al₂O₃ 夹杂物。随着钢-渣（或耐火材料）界面反应的进行，夹杂物中 MgO 含量不断增加，MgO-Al₂O₃ 系夹杂物在 LF 精炼过程不断形成，如图 3-27（b）和（c）所示。在 LF 精炼末期，大多数

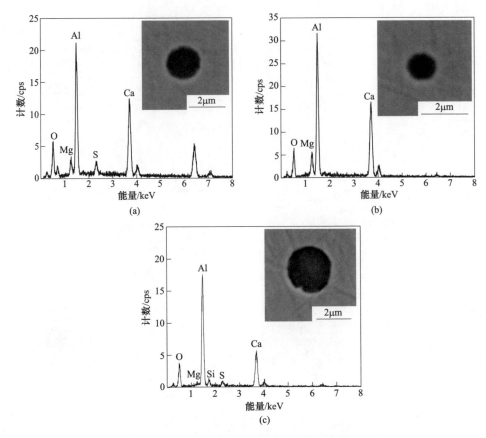

图 3-26　典型 CaO-MgO-Al$_2$O$_3$ 系夹杂物

MgO-Al$_2$O$_3$ 系夹杂物演变成 CaO-MgO-Al$_2$O$_3$ 系夹杂物，部分夹杂物已经进入液相区，如图 3-27（d）所示。经过 RH 精炼后，绝大多数夹杂物已进入液相区，且夹杂物中 MgO 含量极低，如图 3-27（e）所示。图 3-27（f）给出了精炼过程的夹杂物平均成分。从图 3-27（f）可以看出，夹杂物中 Al$_2$O$_3$ 含量从接近 100% 降低到了约 60%；MgO 含量先不断增加随后又不断下降，其最大值约为 20%；而 CaO 含量最初几乎为零，在 MgO 开始下降时才不断增加。最终，夹杂物的成分十分接近低熔点的铝酸钙。

　　图 3-28 给出了典型 CaO-MgO-Al$_2$O$_3$ 系夹杂物的面扫描结果。从图 3-28 可以看出，Ca 元素主要分布在夹杂物的边缘，整个夹杂物的 Ca 元素和 Mg 元素呈现互补性，夹杂物的中心主要是 MgO-Al$_2$O$_3$ 系，且 MgO-Al$_2$O$_3$ 系被外部的 CaO-Al$_2$O$_3$ 层所包围。类似的实验结果王新华团队等也有研究报道[30-32]。因此，基于图 3-27 和图 3-28，可以认为 CaO-MgO-Al$_2$O$_3$ 夹杂物是 Ca 元素置换 MgO-Al$_2$O$_3$ 系夹杂物中的 Mg 元素而形成的。

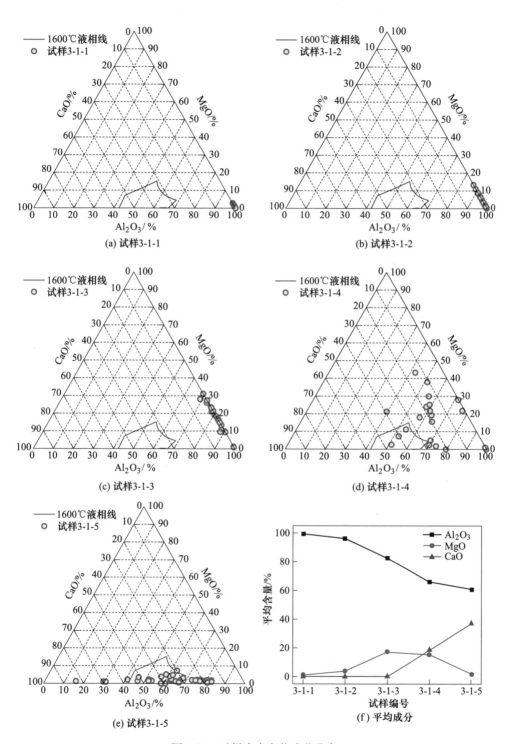

图 3-27 试样中夹杂物成分分布

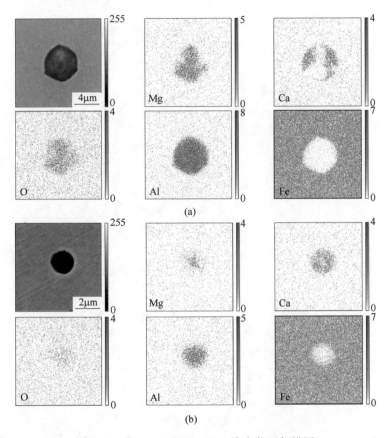

图 3-28　典型 CaO-MgO-Al$_2$O$_3$ 夹杂物面扫描图

　　图 3-29 为典型 CaO-MgO-Al$_2$O$_3$ 系夹杂物的线扫描结果。从图 3-29 可以看出，Ca 元素和 Mg 元素仍然呈现互补性，这与图 3-28 的结果一致。此外，在夹杂物边缘的 CaO-Al$_2$O$_3$ 层，Al 元素含量沿着从外向内的方向不断增加。因此，Ca 元素置换 Al 元素的反应仍然发生在 CaO-MgO-Al$_2$O$_3$ 夹杂物中。这种置换反应主要发生在几乎不含 MgO 的 CaO-Al$_2$O$_3$ 层，与 Ye 等[33] 提出的 Al$_2$O$_3$ 夹杂物向铝酸钙演变的机理十分相似。

　　综上，在夹杂物演变过程中，Ca 元素不仅会置换夹杂物中的 Mg 元素，还会置换夹杂物中的 Al 元素。

3.3.1.3　夹杂物演变机理

　　如第 2 章所述，通过式（3-25）~ 式（3-28）可以计算 MgO/MgO·Al$_2$O$_3$/Al$_2$O$_3$ 的稳定优势区图。计算过程中，MgO·Al$_2$O$_3$ 在 MgO 和 Al$_2$O$_3$ 饱和时的活度分别取 0.8 和 0.47，MgO 和 Al$_2$O$_3$ 在饱和时的活度分取 0.99 和 1[34]。

$$4Al_2O_3(s) + 3[Mg] \Longrightarrow 3MgO \cdot Al_2O_3(s) + 2[Al] \quad (3-25)$$

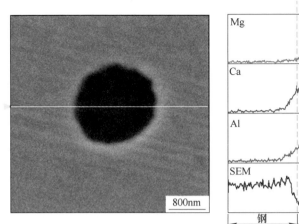 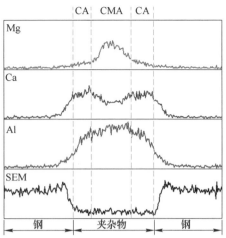

图 3-29 典型 CaO-MgO-Al$_2$O$_3$ 夹杂物线扫图

$$\log K_{3\text{-}25} = 34.37 - \frac{46950}{T} \tag{3-26}$$

$$MgO \cdot Al_2O_3(s) + 3[Mg] \Longrightarrow 4MgO(s) + 2[Al] \tag{3-27}$$

$$\log K_{3\text{-}27} = 33.09 - \frac{50880}{T} \tag{3-28}$$

图 3-30 即为计算所得的 MgO/MgO·Al$_2$O$_3$/Al$_2$O$_3$ 稳定优势区图。由于在 LF 精炼前（试样 3-1-1 和 3-1-2）和精炼中期（试样 3-1-3）钢液中的钙含量极少，因此在这几个阶段，考虑生成 MgO·Al$_2$O$_3$ 时主要考虑钢液中的 Al 含量和 Mg 含量。将测量值标注在图 3-30 中，从图可知，钢液的 Al 含量和 Mg 含量即在 MgO·

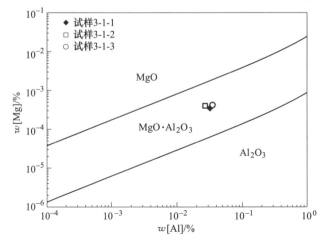

图 3-30 MgO/MgO·Al$_2$O$_3$/Al$_2$O$_3$ 稳定优势区图

Al_2O_3 生成范围内，这与图 3-24（b）、图 3-25 和图 3-27（a）~（c）中观察到的 $MgO·Al_2O_3$ 夹杂物相印证。

从图 3-27 可知，如果钢液中含有少量溶解 Ca，$MgO-Al_2O_3$ 系夹杂物并不稳定，且会演变为 $CaO-MgO-Al_2O_3$ 系夹杂物，最终趋于铝酸钙夹杂物。如第 2 章所述，将 $CaO·Al_2O_3$ 选为计算 $MgO·Al_2O_3$ 和液态稳定区域图的液态相。$MgO·Al_2O_3$ 和液态相的边界可以通过式（3-29）来计算获得。计算过程中 $MgO·Al_2O_3$ 和 $CaO·Al_2O_3$ 的活度均视为 1，其他的热力学数据可以见参见文献 [35]。

$$[Ca] + MgO·Al_2O_3(s) \rightleftharpoons CaO·Al_2O_3(s) + [Mg] \tag{3-29}$$

$$\log K_{3\text{-}29} = -0.40 + \frac{2476}{T} \tag{3-30}$$

图 3-31 为计算所得 $MgO·Al_2O_3$ 和液相的稳定优势区图。将实验数据标注在图 3-31 中，即可从图中看出，在 LF 精炼前和 LF 精炼中期（试样 3-1-1~3-1-3），$MgO·Al_2O_3$ 夹杂物更加稳定；而在 LF 精炼结束（试样 3-1-4）和 RH 精炼结束（试样 3-1-5），液态夹杂物更加稳定。因此，尽管钢液中的 Ca 含量仅有 $2×10^{-6}$，液态铝酸钙夹杂物才是最终的稳定相。此外，图 3-30 标注的实验数据仅考虑了试样 3-1-1~3-1-3，而图 3-31 可以证明这种考虑是合理的。

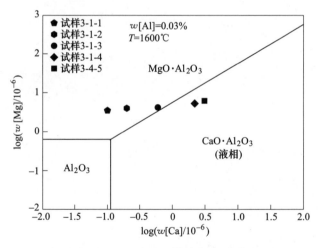

图 3-31　$MgO·Al_2O_3/CaO·Al_2O_3$ 稳定优势区图

由 $CaO-MgO-Al_2O_3$ 三元相图可知，微量的 MgO 可以扩大液相区。因此，在完全演变成铝酸钙前，$CaO-MgO-Al_2O_3$ 就可以生成液相。基于这种情况，$MgO·Al_2O_3$ 会演变为液态 $CaO-MgO-Al_2O_3$ 系夹杂物，如图 3-27（d）~（e）所示，夹杂物的形状也开始变成球状。由于反应需要一定的时间才能生成稳定相，因此在初期夹杂物整体成分并不一定处于液相区。尽管如此，夹杂物的边缘已经变成液态，夹杂物也已经变成近球状或者球状，如图 3-26 和图 3-28 所示。

通过前文分析，精炼过程常规铝镇静钢中夹杂物演变的主要路径为："Al_2O_3 夹杂物→MgO-Al_2O_3 系夹杂物→CaO-MgO-Al_2O_3 系夹杂物"。这与文献报道结果十分相似。基于研究结果，可以将常规铝镇静钢夹杂物的演变机理描述如下：出钢过程加入铝脱氧时，大量簇群状的 Al_2O_3 夹杂物迅速生成，而且这些夹杂物大多数上浮至渣中并被渣吸收，仅有少量残留在钢液中。溶解 Mg 在钢液中迅速生成，Al_2O_3 夹杂物与溶解 Mg 按照式（3-31）反应生成 MgO-Al_2O_3 系夹杂物。当反应进行到一定程度时，溶解 Ca 在钢液中不断生成，此时溶解 Mg 和 Ca 在钢液中开始共存。当钢中有微量溶解 Ca 时，MgO-Al_2O_3 系夹杂物并不稳定，且会演变成 CaO-MgO-Al_2O_3 系夹杂物。夹杂物的熔点开始降低，在钢液温度条件下，夹杂物开始出现液相，并逐渐变为球状。随着反应的持续进行，夹杂物中 MgO 含量不断下降，直到夹杂物完全演变为铝酸钙夹杂物。

$$[Mg] + xAl_2O_3 \rightleftharpoons MgO \cdot \left(x - \frac{1}{3}\right)Al_2O_3 + \frac{2}{3}[Al] \tag{3-31}$$

在工业生产中，钢中的 $MgO \cdot Al_2O_3$ 尖晶石夹杂物通常具有均匀的成分分布，通过元素分布则很难推测其生成机理。本书作者团队[36]在实验室捕获了 Al_2O_3 夹杂物生成 $MgO \cdot Al_2O_3$ 尖晶石夹杂物的证据，如图 3-32 所示。另外，有研究[37]表明，$MgO \cdot Al_2O_3$ 尖晶石夹杂物的生成非常迅速，当钢中有溶解 Mg 时，直径 $5\mu m$ 的 Al_2O_3 夹杂物只需要 3s 即可转变成 $MgO \cdot Al_2O_3$ 尖晶石夹杂物。这也解释了工业中的尖晶石夹杂物通常具有较均匀的成分分布。

图 3-32　尖晶石在氧化铝夹杂物边缘生成的面扫图[36]

学者们早期认为 Ca 将 Al 从 $MgO \cdot Al_2O_3$ 尖晶石夹杂物中置换（即式（3-32））会比从 Al_2O_3 夹杂物中更困难，因而认为钢中 Ca 并不能有效变性 $MgO \cdot Al_2O_3$ 尖晶石夹杂物。2006 年，Kang 等[38]通过实验室实验直接证明了尖晶石在钢中 Ca 的作用下会演变为 CaO-MgO-Al_2O_3 系，如图 3-33 所示。实际上，近 20 年来已有大量研究证明了钢中溶解 Ca 可以使 $MgO \cdot Al_2O_3$ 尖晶石夹杂物变性，并生成液态 CaO-Al_2O_3(-MgO) 系夹杂物，其演变的机理是 Ca 将夹杂物中的 Mg 首先置换（即式（3-33）），而不是首先将 Al 置换。

$$[\mathrm{Ca}] + \left(x + \frac{1}{3}\right)(\mathrm{MgO} \cdot y\mathrm{Al}_2\mathrm{O}_3) = \mathrm{CaO} \cdot x\mathrm{Al}_2\mathrm{O}_3 \cdot y\left(x + \frac{1}{3}\right)\mathrm{MgO} + \frac{2}{3}[\mathrm{Al}]$$

$$(3\text{-}32)$$

$$x[\mathrm{Ca}] + y\mathrm{MgO} \cdot z\mathrm{Al}_2\mathrm{O}_3 = x\mathrm{CaO} \cdot (y - x)\mathrm{MgO} \cdot z\mathrm{Al}_2\mathrm{O}_3 + x[\mathrm{Mg}] \quad (3\text{-}33)$$

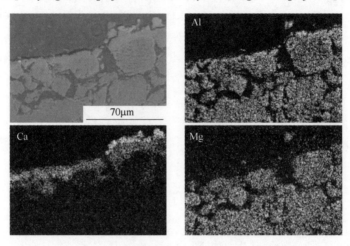

图 3-33　尖晶石与含钙钢液反应后的面扫图[38]

　　王新华等[30-31]曾对 MgO-Al$_2$O$_3$ 系夹杂物向 CaO-Al$_2$O$_3$ 系夹杂物的演变进行了详细描述。本书作者注意到夹杂物边缘的 CaO-Al$_2$O$_3$ 层演变，并基于实验结果，重新绘制了 MgO-Al$_2$O$_3$ 系夹杂物向 CaO-Al$_2$O$_3$ 系夹杂物演变的示意图，如图 3-34 所示。

　　依据图 3-34，可以将 MgO-Al$_2$O$_3$ 系夹杂物向 CaO-Al$_2$O$_3$ 系夹杂物演变的过程描述如下：

　　（1）MgO-Al$_2$O$_3$ 系夹杂物开始与溶解 Ca 发生反应，有一层 CaO-MgO-Al$_2$O$_3$ 系开始在 MgO-Al$_2$O$_3$ 系夹杂物表面形成，其反应方程式如式（3-33）所示。

　　（2）随着 Ca 元素的扩散，这层 CaO-MgO-Al$_2$O$_3$ 系变得越来越厚，且夹杂物的 CaO 含量不增加，MgO 含量不断降低，当夹杂物边缘 CaO-MgO-Al$_2$O$_3$ 系熔点低于钢液温度时，夹杂物边缘开始出现液相，且夹杂物开始变成球状。同时，CaO 和 MgO 浓度梯度在夹杂物边缘形成，MgO 不断从夹杂物内部向外部扩散，而 CaO 则不断向夹杂物内部扩散。CaO-MgO-Al$_2$O$_3$ 层内部的反应如式（3-34）所示，CaO-MgO-Al$_2$O$_3$ 层与 MgO-Al$_2$O$_3$ 系内核之间的反应如式（3-35）所示。

$$\mathrm{CaO} + x\mathrm{CaO} \cdot y\mathrm{Al}_2\mathrm{O}_3 \cdot z\mathrm{MgO} = (x + 1)\mathrm{CaO} \cdot y\mathrm{Al}_2\mathrm{O}_3 \cdot (z - 1)\mathrm{MgO} + \mathrm{MgO} \quad (3\text{-}34)$$

$$\mathrm{CaO} + x\mathrm{MgO} \cdot y\mathrm{Al}_2\mathrm{O}_3 = \mathrm{CaO} \cdot (x - 1)\mathrm{MgO} \cdot y\mathrm{Al}_2\mathrm{O}_3 + \mathrm{MgO} \quad (3\text{-}35)$$

　　（3）MgO 扩散至夹杂物表面被钢液中的溶解 Ca 还原，并在夹杂物表面生成

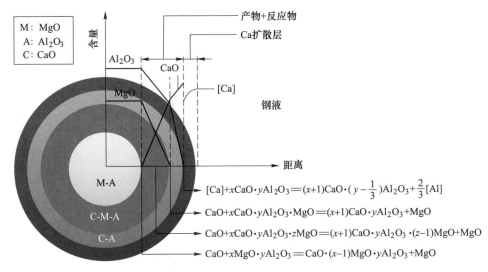

图 3-34 MgO-Al$_2$O$_3$ 系夹杂物向 CaO-Al$_2$O$_3$ 系夹杂物演变示意图

CaO-Al$_2$O$_3$ 系，其反应如式（3-36）所示。部分文献认为液相会在生成 CaO-Al$_2$O$_3$ 系时才出现。作者认为当夹杂物边缘 CaO-MgO-Al$_2$O$_3$ 系的熔点低于钢液温度时，液相即可以出现，并不需要完全演变成 CaO-Al$_2$O$_3$ 系。

$$[Ca] + xCaO \cdot yAl_2O_3 \cdot MgO = (x + 1)CaO \cdot yAl_2O_3 + [Mg] \quad (3-36)$$

（4）由于 MgO 和 CaO 在液相中的扩散系数远大于在固相中的扩散系数，因此 MgO 扩散到液相外和 CaO 向液相内扩散均十分迅速，因此在液相层会出现 MgO 缺乏而 CaO 充裕的现象，这就很容易形成一个 CaO-Al$_2$O$_3$ 层将 CaO-MgO-Al$_2$O$_3$ 层包围。依据 Ye 等[33]和伊藤阳一等[39]提出的 Al$_2$O$_3$ 向铝酸钙夹杂物演变机理，这层铝酸钙会继续演变成另一低熔点的物相，其反应如式（3-37）所示。CaO-Al$_2$O$_3$ 层与 CaO-MgO-Al$_2$O$_3$ 层之间的反应如式（3-38）所示。

$$[Ca] + xCaO \cdot yAl_2O_3 = (x + 1)CaO \cdot \left(y - \frac{1}{3}\right)Al_2O_3 + \frac{2}{3}[Al] \quad (3-37)$$

$$CaO + xCaO \cdot yAl_2O_3 \cdot MgO = (x + 1)CaO \cdot yAl_2O_3 + MgO \quad (3-38)$$

图 3-34 中包括 MgO-Al$_2$O$_3$ 系内核、CaO-MgO-Al$_2$O$_3$ 系中间层和 CaO-Al$_2$O$_3$ 系外层，这种描述也与众多实验现象一致。

（5）夹杂物 MgO 含量持续降低，MgO-Al$_2$O$_3$ 系内核变得越来越小。如果反应时间足够长，夹杂物最终会演变成 MgO 含量极低的 CaO-MgO-Al$_2$O$_3$ 系夹杂物，甚至完全的 CaO-Al$_2$O$_3$ 系夹杂物。

3.3.2 中锰铝镇静钢中夹杂物演变行为

本节以国内某钢铁企业生产的中锰钢为例来说明中高锰铝镇静钢中夹杂物的

演变行为。该中锰钢的生产流程为"铁水预处理→100t 顶底复吹转炉→100t LF 精炼→100t VD 真空精炼→板坯连铸"。转炉冶炼终点钢中碳含量小于 0.03%,溶解氧含量为 0.07%~0.10%。在出钢前预先向钢包加入约 3.8t 金属锰,在出钢过程中再向钢包加入 1.5t 金属锰、380kg FeMnAl 合金和其他合金以及 300~400kg 石灰。LF 精炼时,向钢包加入约 1t 合成渣和 110kg 铝,钢包底吹氩气流量为 350~500NL/min,整个 LF 精炼持续 50~60min,精炼渣的成分如表 3-7 所示。LF 精炼结束后,实测钢中溶解氧活度为 $(2~4)×10^{-4}$。VD 真空精炼压力小于 67Pa,真空时间约 20min。分别在 LF 精炼前(试样 3-2-1)、LF 精炼中期(试样 3-2-2)、LF 精炼结束后(试样 3-2-3)和 VD 真空精炼后(试样 3-2-4)取提桶样。

表 3-7　精炼渣成分　　　　　　　　　　　　　　　　　　　　(%)

CaO	SiO₂	Al₂O₃	MgO	FeO+MnO
45~52	8~10	25~30	6~8	≤2

3.3.2.1　试样化学成分

表 3-8 列出了试样的化学成分。从表 3-8 中可以明显地看出,随着精炼的进行,中锰钢中 Mg 和 Ca 含量不断增加。与钢液中 Mg 含量相比,钢液中 Ca 含量明显偏低。试样 3-2-1 中 Ca 含量特别低 $(0.1×10^{-6})$,这说明在 LF 精炼之前钢液中几乎不存在 Ca,而 Mg 含量为 $3.7×10^{-6}$。中锰钢中 Mg 和 Ca 含量的变化趋势,与常规铝镇静钢中变化类似。

表 3-8　钢化学成分　　　　　　　　　　　　　　　　　　　　(%)

试样编号	C	Si	Mn	Cr	Ni	Mo	Al	Mg[①]	Ca[①]
3-2-1	0.043	0.18	4.86	0.29	0.31	0.18	0.018	3.7	0.1
3-2-2	0.054	0.21	5.48	0.35	0.30	0.20	0.032	4.0	0.7
3-2-3	0.057	0.21	5.70	0.39	0.30	0.21	0.031	5.8	2.5
3-2-4	0.057	0.20	5.45	0.40	0.30	0.21	0.022	5.9	2.8

① $×10^{-4}$%。

3.3.2.2　夹杂物形貌和成分

在试样中共发现 7 种不同类型的夹杂物。表 3-9 列出了各类夹杂物特征及尺寸,图 3-35~图 3-39 则给出了部分类型夹杂物的形貌和元素分布。表 3-10 和图 3-40 给出了这些夹杂物的成分范围。类型 1 夹杂物为单颗粒 Al₂O₃ 夹杂物,尺寸通常小于 15μm;类型 2 夹杂物是群簇状 Al₂O₃ 夹杂物,尺寸大于 10μm。这两种夹杂物主要出现在 LF 精炼之前。

表 3-9 不同阶段夹杂物类型

类型	夹杂物特征	尺寸/μm	LF 前	LF 中	LF 后	VD 后
1	单个 Al_2O_3	5~15	××			
2	群簇状 Al_2O_3	10~30	××			
3	$MgO \cdot Al_2O_3$ 尖晶石	1~10		××		
4	$(Mn,Mg)O \cdot Al_2O_3$ 尖晶石	1~10		××	×	
5	$MgO \cdot Al_2O_3$ 尖晶石 + $(Mn,Mg)O \cdot Al_2O_3$ 尖晶石（外层）	1~10		××	×	
6	铝酸钙并含有少量的 MgO、MnO 和 SiO_2	1~10			××	××
7	$(Mn,Mg)O \cdot Al_2O_3$ 尖晶石 + 铝酸钙并含有少量的 MgO、MnO 和 SiO_2	1~10		×	××	×

注："××"表示该阶段主要夹杂物；"×"表示该阶段含有少量此夹杂物。

表 3-10 不同夹杂物成分范围　　　　　　　　　（%）

类型	夹杂物中物相	Al_2O_3	MgO	MnO	CaO	SiO_2
1	单个 Al_2O_3	99~100	0~1	—	—	—
2	群簇状 Al_2O_3	99~100	0~1	—	—	—
3	$MgO \cdot Al_2O_3$ 尖晶石	67~73	26~30	0~1	—	—
4	$(Mn,Mg)O \cdot Al_2O_3$ 尖晶石	66~72	2~8	23~28	—	—
5	$MgO \cdot Al_2O_3$ 尖晶石	62~77	22~35	0~5	—	—
	$(Mn,Mg)O \cdot Al_2O_3$ 尖晶石	58~69	6~17	10~23	—	—
6	铝酸钙	44~75	0~5	0~5	33~51	0~5
7	$(Mn,Mg)O \cdot Al_2O_3$ 尖晶石	57~69	9~17	11~22	—	—
	铝酸钙	53~72	0~5	0~5	38~56	0~5

　　图 3-35 为 $MgO \cdot Al_2O_3$ 尖晶石夹杂物（类型 3）的元素面扫描图谱。由图 3-35 可知，类型 3 夹杂物为 $MgO \cdot Al_2O_3$ 夹杂物，它的尺寸较小，一般小于 10μm。夹杂物中没有 Mn 元素分布，这也可以从表 3-10 中得到确认。

　　图 3-36 给出了 $(Mn,Mg)O \cdot Al_2O_3$ 尖晶石夹杂物（类型 4）的元素面扫描图谱。如图 3-36 和表 3-10 所示，该类夹杂物含有大量的 MnO 和少量的 MgO。与 $MgO \cdot Al_2O_3$ 尖晶石夹杂物类似，$(Mn,Mg)O \cdot Al_2O_3$ 尖晶石夹杂物的形状也是不规则的，其尺寸小于 10μm。在常规镇静钢中很难发现 $(Mn,Mg)O \cdot Al_2O_3$ 或 $MnO \cdot Al_2O_3$ 尖晶石夹杂物。

　　类型 5 夹杂物的元素面扫描图谱如图 3-37 所示。由图 3-37 可知，类型 5 夹

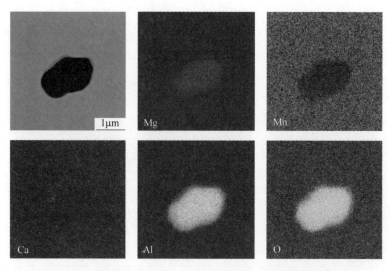

图 3-35   典型 $MgO \cdot Al_2O_3$ 尖晶石夹杂物（类型 3）面扫图

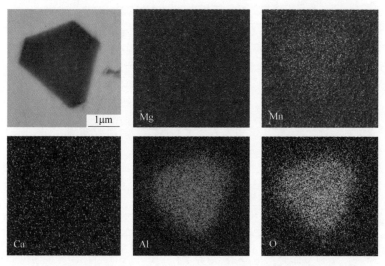

图 3-36   典型 $(Mn, Mg)O \cdot Al_2O_3$ 尖晶石夹杂物（类型 4）面扫图

杂物是类型 3 夹杂物和类型 4 夹杂物的结合体。该夹杂物的中心为 $MgO \cdot Al_2O_3$ 尖晶石，外部外为 $(Mn, Mg)O \cdot Al_2O_3$ 尖晶石，Mn 元素仅分布在夹杂物的外层。与 $MgO \cdot Al_2O_3$ 和 $(Mn, Mg)O \cdot Al_2O_3$ 类似，类型 5 夹杂物的形状也是不规则的，其尺寸也小于 $10\mu m$。如表 3-9 所示，类型 3~5 夹杂物可在 LF 精炼中期找到。此外，在 LF 精炼结束后（试样 3-2-3），也可发现少量类型 4 和类型 5 夹杂物。

类型 6 夹杂物为铝酸钙夹杂物，其中含有少量的 MgO、MnO 和 SiO_2。

图 3-38 给出这种夹杂物的元素面扫描图谱。如图 3-38 所示，铝酸钙夹杂物的尺寸也小于 10μm。根据 CaO-Al$_2$O$_3$ 相图和表 3-10 中所列成分，可知该类夹杂物在钢液温度下为液态，夹杂物形状为球形。

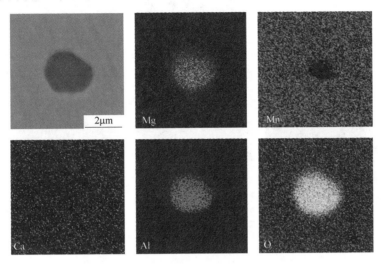

图 3-37　典型类型 5 夹杂物面扫图

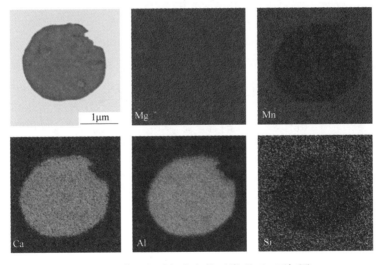

图 3-38　典型铝酸钙夹杂物（类型 6）面扫图

第 7 类夹杂物是类型 5 和类型 6 夹杂物的结合体。图 3-39 为该夹杂物的元素面扫描图谱。如图 3-39 所示，该夹杂物的外层为球形的铝酸钙，内部为形状不规则的 (Mn，Mg)O·Al$_2$O$_3$ 尖晶石。该夹杂物的尺寸与类型 6 夹杂物类似，其大小也小于 10μm。从表 3-10 中可以看出，该夹杂物内部的 (Mn，Mg)O·Al$_2$O$_3$ 中

MnO 的含量很高，而外层的铝酸钙中 MnO 的含量则很低，此外铝酸钙中还含有少量的 SiO$_2$ 和 MgO。

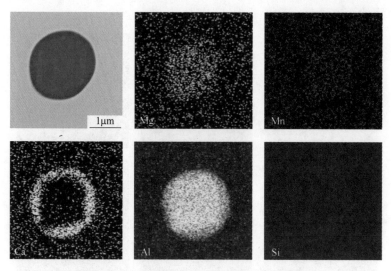

图 3-39 典型铝酸钙夹杂物（类型 7）面扫图

由表 3-9 可知，类型 6 夹杂物主要存在于 LF 精炼和 VD 真空精炼结束后，而类型 7 夹杂物则主要在 LF 精炼结束后出现。

图 3-40 给出了试样中夹杂物的成分分布。由图 3-40 可知，在 LF 精炼之前钢中夹杂物成分主要是 Al$_2$O$_3$。随着 LF 精炼的进行，夹杂物中的 MnO 和 MgO 含量开始增加，而 Al$_2$O$_3$ 的含量降低，夹杂物类型由 Al$_2$O$_3$ 转变为 MgO·Al$_2$O$_3$ 和 (Mn,Mg)O·Al$_2$O$_3$。到 LF 精炼结束（试样 3-2-3）和 VD 真空精炼结束（试样 3-2-4）时，夹杂物中 MnO 和 MgO 的含量显著降低，而 CaO 含量却明显增加，此时尖晶石夹杂物演变为 CaO-MnO-MgO-Al$_2$O$_3$ 系夹杂物。

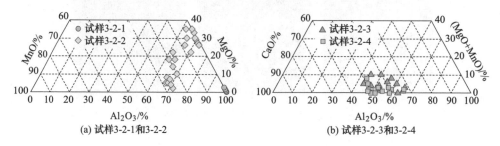

图 3-40 钢中夹杂物成分分布

3.3.2.3 中锰钢夹杂物演变

在出钢前，钢包中已有大量的金属锰。当钢液注入钢包时，钢液与锰之间就会发生如式（3-39）所示的化学反应，进而生成(Mn,Fe)O。由于 Mn 的脱氧能力比较弱，即使钢液中含有大量的锰，反应（3-39）达到平衡时钢液中依然有较高的溶解氧。当 FeMnAl 合金加入钢液中时，铝就会与钢液中溶解氧发生反应，如式（3-40）所示，进而生成大量 Al_2O_3 夹杂物，钢液溶解氧含量降至 10×10^{-6} 以下。同时，由于 Al 和 O 有着极强的结合力，钢中铝还能将前期生成的 (Mn,Fe)O 等脱氧产物还原成 Al_2O_3 夹杂物。因此，尽管钢液中 Mn 含量很高，在 LF 精炼前，试样 3-2-1 中只能够发现 Al_2O_3 夹杂物。

$$[Mn] + [O] \Longrightarrow MnO \tag{3-39}$$

$$2[Al] + 3[O] \Longrightarrow Al_2O_3(s) \tag{3-40}$$

如表 3-9 所示，在 LF 精炼中期，钢中主要夹杂物为 $MgO \cdot Al_2O_3$ 尖晶石夹杂物（类型 3）、$MnO \cdot Al_2O_3$ 尖晶石夹杂物（类型 4）和 (Mn,Mg)O $\cdot Al_2O_3$ 尖晶石夹杂物（类型 5）。从图 3-35 中可以看到，$MgO \cdot Al_2O_3$ 尖晶石（类型 3）夹杂物中并没有 Mn 元素分布。$MnO \cdot Al_2O_3$ 尖晶石（类型 4）夹杂物中 MnO 含量很高，还含有少量的 MgO。类型 5 夹杂物为类型 3 和类型 4 夹杂物的结合体，其外部被 (Mn,Mg)O $\cdot Al_2O_3$ 尖晶石包裹，而中心为 $MgO \cdot Al_2O_3$ 尖晶石。虽然在 LF 精炼前，钢中 Al_2O_3 夹杂物与钢中溶解 Mn 有充足的时间接触，但是在试样 3-2-1 中只观察到 Al_2O_3 夹杂物，并没有 $MnO \cdot Al_2O_3$ 夹杂物。在 LF 精炼初期，$MgO \cdot Al_2O_3$ 尖晶石夹杂物则能够形成。因此，虽然在 LF 精炼中期 $MgO \cdot Al_2O_3$ 尖晶石夹杂物（类型 3）、$MnO \cdot Al_2O_3$ 尖晶石夹杂物（类型 4）和 (Mn,Mg)O $\cdot Al_2O_3$ 尖晶石夹杂物（类型 5）被同时找到，但是 $MgO \cdot Al_2O_3$ 夹杂物（类型 3）的生成时间明显要早于 $MnO \cdot Al_2O_3$ 夹杂物（类型 4）和 (Mn,Mg)O $\cdot Al_2O_3$ 夹杂物（类型 4）。从这三种夹杂物的面扫描图（见图 3-35~图 3-37）易知，(Mn,Mg)O $\cdot Al_2O_3$ 夹杂物是 $MgO \cdot Al_2O_3$ 向 $MnO \cdot Al_2O_3$ 转变的中间产物。这表明在中锰钢精炼过程，$MgO \cdot Al_2O_3$ 尖晶石夹杂物会演变成 (Mn,Mg)O $\cdot Al_2O_3$ 夹杂物甚至 $MnO \cdot Al_2O_3$ 尖晶石夹杂物。

实际上，很多学者研究了铝镇静钢中 $MgO \cdot Al_2O_3$ 尖晶石夹杂物生成和演变行为机理。他们认为当钢液中 Mg 含量达到一定值后，就会与钢中 Al_2O_3 夹杂物反应生成 $MgO \cdot Al_2O_3$ 尖晶石夹杂物。在中锰钢 LF 精炼前和 LF 精炼中期，钢中均能检测到微量 Mg，如表 3-8 所示。这与常规铝镇静钢类似，精炼渣和耐火材料导致了钢液中溶解镁的生成，其机理可以参阅 3.3.1 节。

如图 3-37 所示，Mn 元素会进入 $MgO \cdot Al_2O_3$ 夹杂物中，并分布在夹杂物边缘，而夹杂物中心却没有 Mn 元素分布。这表明 $MgO \cdot Al_2O_3$ 夹杂物与 Mn 反应生成了 (Mn,Mg)O $\cdot Al_2O_3$ 和 $MnO \cdot Al_2O_3$ 夹杂物，即反应（3-41）。从 2.1.5 节和 2.2.4 节可知，[Mg]-[O] 平衡及 $MnO \cdot Al_2O_3$ 生成热力学数据目前仍存在一定的偏差。本章所用相关热力学数据如式（3-42）所示。

$$MgO \cdot Al_2O_3 + [Mn] \Longrightarrow MnO \cdot Al_2O_3 + [Mg] \qquad (3-41)$$

$$\Delta G^{\ominus}_{3-41} = -235312 + 231.58T(\text{J/mol}) \qquad (3-42)$$

根据 $MgO/MgO \cdot Al_2O_3/Al_2O_3$ 优势区图和式（3-41），可以进一步计算 $MgO/MgO \cdot Al_2O_3/(Mn,Mg)O \cdot Al_2O_3/Al_2O_3$ 优势区图。由于 $(Mn,Mg)O \cdot Al_2O_3$ 为固溶体，固溶体中 MnO 和 MgO 含量可以任意变化，因此精确计算 $MgO \cdot Al_2O_3/(Mn,Mg)O \cdot Al_2O_3$ 的边界线十分困难。本书依据表 3-10 中 $(Mn,Mg)O \cdot Al_2O_3$ 夹杂物的成分计算 $MgO \cdot Al_2O_3/(Mn,Mg)O \cdot Al_2O_3/MgO \cdot Al_2O_3$ 的边界线。计算过程首先需确定 $(Mn,Mg)O \cdot Al_2O_3$ 中 $MnO \cdot Al_2O_3$ 和 $MgO \cdot Al_2O_3$ 的活度。文献 [40] 对 $(Mn,Mg)O \cdot Al_2O_3$ 尖晶石中 $MnO \cdot Al_2O_3$ 和 $MgO \cdot Al_2O_3$ 的活度进行了测定，结果如图 3-41 所示。根据图 3-41，当测量 $MgO \cdot Al_2O_3$ 含量占优时，$MnO \cdot Al_2O_3$ 和 $MgO \cdot Al_2O_3$ 的活度分别为 0.05 和 0.85，而测量 $MnO \cdot Al_2O_3$ 含量占优时，$MnO \cdot Al_2O_3$ 和 $MgO \cdot Al_2O_3$ 的活度则分别为 0.90 和 0.05。

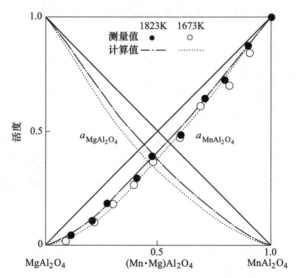

图 3-41 $(Mn,Mg)O \cdot Al_2O_3$ 中 $MnO \cdot Al_2O_3$ 和 $MgO \cdot Al_2O_3$ 的活度[40]

根据 $MnO \cdot Al_2O_3$ 和 $MgO \cdot Al_2O_3$ 活度，计算得到当钢液中 Mg 含量大于 4.2×10^{-6} 时，$MgO \cdot Al_2O_3$ 即可稳定存在，小于该含量时 $MgO \cdot Al_2O_3$ 就会转变成 $(Mn,Mg)O \cdot Al_2O_3$。这样就得到了 $MgO \cdot Al_2O_3$ 和 $(Mn,Mg)O \cdot Al_2O_3$ 的边界线，即图 3-42 中的虚线。计算过程中溶解氧活度设为 4×10^{-4}（1%为标准态）。计算使用的热力学数据可以参见文献 [41]。用同样方法，也可以得到 $(Mn,Mg)O \cdot Al_2O_3$ 和 $MnO \cdot Al_2O_3$ 的分界线，但是由于此时 Mg 含量极低，无法在图中显示。

从图 3-42 可以看出，试样 3-2-1 位于 $(Mn,Mg)O \cdot Al_2O_3$ 的优势稳定区。尽管如此，在试样 3-2-1 中却只检测到 Al_2O_3 夹杂物，而未发现 $(Mn,Mg)O \cdot Al_2O_3$ 夹

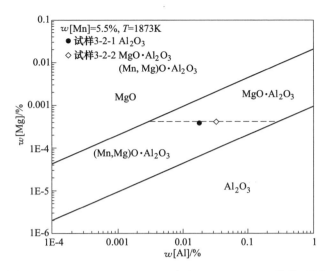

图 3-42　$MgO/MgO \cdot Al_2O_3/(Mn,Mg)O \cdot Al_2O_3/Al_2O_3$ 优势区图

杂物。热力学计算结果似乎与实验现象不符。实际上，热力学计算的是平衡态，而在 LF 精炼前钢中夹杂物与钢液之间并没有达到平衡，在钢中只检测到 Al_2O_3 夹杂物。此外，试样 3-2-2 正好位于 $MgO \cdot Al_2O_3$ 和 $(Mn,Mg)O \cdot Al_2O_3$ 的边界线上，这意味着 $MgO \cdot Al_2O_3$ 夹杂物和 $(Mn,Mg)O \cdot Al_2O_3$ 夹杂物可以共存。在试样 3-2-2 中也检测到 $MgO \cdot Al_2O_3$ 夹杂物和 $(Mn,Mg)O \cdot Al_2O_3$ 夹杂物，实验结果与热力学计算吻合。这表明中锰钢中 $MgO \cdot Al_2O_3$ 夹杂物是不稳定的，$MgO \cdot Al_2O_3$ 中的 Mg 元素会逐步被钢液中的 Mn 元素置换，导致 $MgO \cdot Al_2O_3$ 边缘生成 $(Mn,Mg)O \cdot Al_2O_3$ 层，并使 $MgO \cdot Al_2O_3$ 夹杂物就演变成类型 5 夹杂物（见图 3-37）。随着反应的进行，$(Mn,Mg)O \cdot Al_2O_3$ 层的厚度越来越厚，最终类型 5 夹杂物演变成 $(Mn,Mg)O \cdot Al_2O_3$ 夹杂物（见图 3-36）。

　　如表 3-8 所示，随着钢-渣反应的进行，钢液中 Ca 含量不断增加。在 LF 精炼和 VD 精炼结束后，在试样 3-2-3 和试样 3-2-4 中均检测到了铝酸钙夹杂物。如前文所述，当钢液中有微量 Ca 时，$MgO \cdot Al_2O_3$ 尖晶石夹杂物不再稳定。在中锰钢精炼过程中，$(Mn,Mg)O \cdot Al_2O_3$ 夹杂物在 $MgO \cdot Al_2O_3$ 尖晶石夹杂物之后出现。在试样 3-2-3 和试样 3-2-4 中，大部分 $(Mn,Mg)O \cdot Al_2O_3$ 夹杂物都演变成了铝酸钙夹杂物，尤其是在 VD 精炼结束后，试样 3-2-4 中的夹杂物主要是铝酸钙。可见，$(Mn,Mg)O \cdot Al_2O_3$ 夹杂物具有与 $MgO \cdot Al_2O_3$ 夹杂物相似的性质，即：当钢液中存在微量 Ca 时，$(Mn,Mg)O \cdot Al_2O_3$ 夹杂物也是不稳定的，会进一步演变为具有较低熔点的铝酸钙夹杂物。由图 3-37、图 3-38 和图 3-39 所示的元素分布可以推测 $(Mn,Mg)O \cdot Al_2O_3$ 夹杂物向铝酸钙夹杂物的转变路径为：$(Mn,Mg)O \cdot Al_2O_3$ 夹杂物中的 MnO 和 MgO 被 CaO 置换，并在 $(Mn,Mg)O \cdot Al_2O_3$

夹杂物边缘生成铝酸钙层，而夹杂物中心依然为（Mn，Mg）O·Al₂O₃，这时（Mn，Mg）O·Al₂O₃夹杂物演变为类型 7 夹杂物（见图 3-39）。随着反应的进行，钢液中 Ca 含量增加，铝酸钙层的厚度也随之增大，最后夹杂物完全演变为铝酸钙，即类型 6 夹杂物（图 3-38）。

在 MgO·Al₂O₃/CaO·Al₂O₃/Al₂O₃ 优势区图（参见 3.3.1.3 节）的基础上，可以进一步绘制中锰钢中（Mn，Mg）O·Al₂O₃/CaO·Al₂O₃/Al₂O₃ 的优势区图，如图 3-43 所示。（Mn，Mg）O·Al₂O₃ 和 MgO·Al₂O₃ 的边界仍由式（3-47）计算获得。

根据表 3-8，将试样成分标注在图 3-43 中。从图 3-43 可以看到，虽然钢中 Ca 含量仅有（2~3）×10⁻⁶，但是试样 3-2-3 和试样 3-2-4 均处于铝酸钙稳定区。这与图 3-38 和图 3-39 中的实验结果是十分吻合的。图 3-43 的计算结果表明，在试样的 7 类夹杂物中，铝酸钙夹杂物是最稳定的。当反应时间足够长，夹杂物最终会完全演变成铝酸钙。

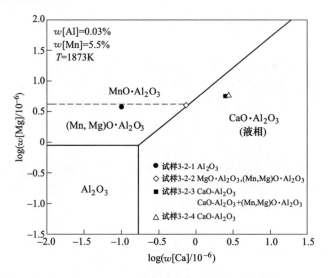

图 3-43　（Mn，Mg）O·Al₂O₃/CaO·Al₂O₃/Al₂O₃ 优势区图

3.3.2.4　（Mn，Mg）O·Al₂O₃ 夹杂物生成机理

为了进一步揭示中锰钢中（Mn，Mg）O·Al₂O₃ 夹杂物的生成机理，在实验室采用 Al₂O₃ 和 MgO·Al₂O₃ 小棍分别模拟钢中 Al₂O₃ 夹杂物和 MgO·Al₂O₃ 夹杂物。Al₂O₃ 和 MgO·Al₂O₃ 小棍均用高纯化学试剂制成，其尺寸约为 1mm×4mm×25mm。实验用钢使用工业实验生产的中锰钢连铸坯，并将其切割成 φ6mm×25mm 半圆柱体，去除表面的氧化层。实验前将 Al₂O₃ 或 MgO·Al₂O₃ 小棍置于两个半圆柱钢块之间，然后放入 Al₂O₃ 坩埚（φ8mm×30mm）中。在坩埚顶端放置 Al₂O₃ 片固定小棍，以防止钢液熔化后小棍上浮。将两个分别装有 Al₂O₃ 和 MgO·Al₂O₃ 小棍的

坩埚放入同一个石墨保护坩埚中，再放入氩气保护电阻炉中，在 1600℃ 下反应 100min 后，将坩埚迅速取出并淬火。

中锰钢与 Al_2O_3 和 $MgO \cdot Al_2O_3$ 小棍反应后的化学成分如表 3-11 所示。从表中可以看出，与试样 3-2-4 的成分相比（见表 3-8），钢液成分基本没有发生变化。钢中 Al 几乎没有被氧化，这说明实验炉内气氛控制合适，钢液中溶解氧保持在很低水平。尽管氧化物小棍的尺寸远远大于实际夹杂物的尺寸，氧化物小棍并不会改变氧化物与钢液的反应机理，实验结果仍然能够真实反映夹杂物与钢液之间反应行为。

表 3-11   反应后中锰钢化学成分   （%）

氧化物棍	C	Si	Mn	Cr	Ni	Mo	Al
Al_2O_3	0.058	0.21	5.44	0.40	0.30	0.21	0.021
$MgO \cdot Al_2O_3$	0.057	0.22	5.43	0.40	0.30	0.21	0.021

反应 100min 后，中锰钢与 Al_2O_3 和 $MgO \cdot Al_2O_3$ 小棍边界的元素面扫描图谱分别如图 3-44 和图 3-45 所示。从图 3-44 可以清晰地看到，Al_2O_3 小棍边缘并没有发生明显的变化，Mn 元素仅分布在钢中。与 Al_2O_3 小棍明显不同，$MgO \cdot Al_2O_3$ 小棍的边缘有大量 Mn 元素分布，如图 3-45 所示。由此可判定，反应后在 $MgO \cdot Al_2O_3$ 小棍的边缘生成了 $(Mn, Mg)O \cdot Al_2O_3$。

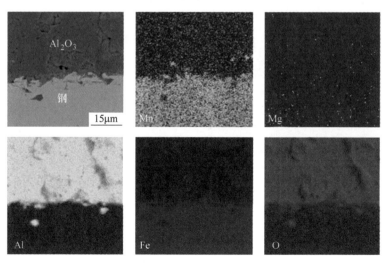

图 3-44   中锰钢与 Al_2O_3 小棍边界元素面扫图

图 3-46 为 $MgO \cdot Al_2O_3$ 小棍边缘附近的 Mn 元素线扫描图。从图 3-46 可以看到，中锰钢中 Mn 元素浓度明显高于 $MgO \cdot Al_2O_3$ 小棍边缘。这表明小棍边缘的 Mn 元素来源于中锰钢。从图 3-44 ~ 图 3-46 的实验结果可以看出，中锰钢中

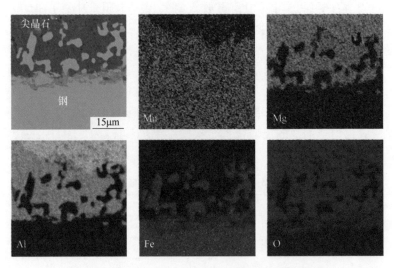

图 3-45 中锰钢与 $MgO \cdot Al_2O_3$ 小棍边界元素面扫图

$MgO \cdot Al_2O_3$ 尖晶石夹杂物可以与钢中 Mn 反应生成 $(Mn,Mg)O \cdot Al_2O_3$（甚至 $MnO \cdot Al_2O_3$）尖晶石夹杂物，而 Al_2O_3 夹杂物则很难与 Mn 反应生成 $MnO \cdot Al_2O_3$ 尖晶石夹杂物。

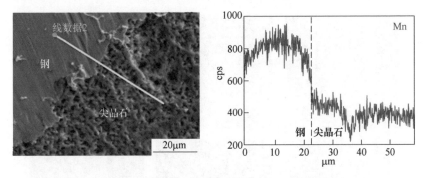

图 3-46 中锰钢与 $MgO \cdot Al_2O_3$ 小棍边界线扫图

如前所述，$(Mn,Mg)O \cdot Al_2O_3$ 尖晶石夹杂物是中锰钢精炼过程的一种特殊夹杂物。由于在 LF 精炼前，钢液中已经含有大量的 Mn，出钢脱氧过程钢液中生成了大量 Al_2O_3 夹杂物，此时似乎是生成 $(Mn,Mg)O \cdot Al_2O_3$ 尖晶石夹杂物的最佳时机。在此期间可能生成 $(Mn,Mg)O \cdot Al_2O_3$ 尖晶石的反应有式（3-43）、式（3-44）、式（3-46）、式（3-47）和式（3-49）。

$$Al_2O_3 + [Mn] + [O] \Longrightarrow MnO \cdot Al_2O_3(s) \tag{3-43}$$

$$4Al_2O_3 + 3[Mn] \Longrightarrow 3(MnO \cdot Al_2O_3)(s) + 2[Al] \tag{3-44}$$

$$\log K_{3\text{-}44} = -1.9 - \frac{10078}{T}^{[41]} \tag{3-45}$$

$$\mathrm{Al_2O_3(s)} + \mathrm{MnO(s)} === \mathrm{MnO \cdot Al_2O_3(s)} \tag{3-46}$$

$$4\mathrm{MnO(s)} + 2[\mathrm{Al}] === \mathrm{MnO \cdot Al_2O_3(s)} + 3[\mathrm{Mn}] \tag{3-47}$$

$$\log K_{3\text{-}47} = -1.26 + \frac{21778}{T}^{[41]} \tag{3-48}$$

$$2[\mathrm{Al}] + [\mathrm{Mn}] + 4[\mathrm{O}] === \mathrm{MnO \cdot Al_2O_3(s)} \tag{3-49}$$

如图 3-46 所示，反应 100min 后，$\mathrm{Al_2O_3}$ 小棍的边界几乎没有发生变化，这实际上排除了反应（3-43）和反应（3-44）的可能性。这说明在转炉出钢脱氧到 LF 精炼前，即使钢液中含有大量的 Mn 和较多 $\mathrm{Al_2O_3}$ 夹杂物，钢液中也不会生成 $\mathrm{MnO \cdot Al_2O_3}$ 夹杂物。此外，在 LF 精炼前钢液中并未发现 MnO 夹杂物。因此，反应（3-46）、反应（3-47）和反应（3-49）在钢液中也很难发生。

根据反应（3-44）和反应（3-47）计算得到了 $\mathrm{MnO/MnO \cdot Al_2O_3/Al_2O_3}$ 优势区图，如图 3-47 所示。在计算过程中，$\mathrm{Al_2O_3}$ 和 MnO 的活度都取为 1，$\mathrm{MnO \cdot Al_2O_3}$ 在 $\mathrm{Al_2O_3}$ 和 MnO 中的活度由 FactSage 进行计算，分别为 0.97 和 0.45。同时，工业实验中试样 3-2-1 的成分也标注在图 3-47 中。

从图 3-47 可以看出，试样 3-2-1 位于 $\mathrm{Al_2O_3}$ 的优势区，而不在 $\mathrm{MnO \cdot Al_2O_3}$ 的优势区。这表明中锰钢中 $\mathrm{Al_2O_3}$ 夹杂物并不能与 Mn 直接反应生成 $\mathrm{MnO \cdot Al_2O_3}$ 夹杂物。Paek 等[42]计算了 Fe-Mn-Al-O 的优势区图，本节的计算结果和实验结果与其计算结果一致，即中锰钢中 $\mathrm{Al_2O_3}$ 不能与 Mn 直接反应。

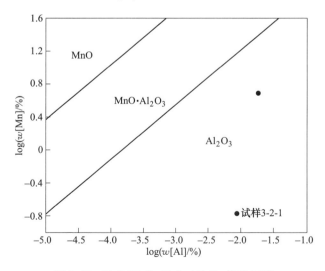

图 3-47　$\mathrm{MnO/MnO \cdot Al_2O_3/Al_2O_3}$ 优势区图

如图 3-45 所示，大量的 Mn 扩散到 $\mathrm{MgO \cdot Al_2O_3}$ 小棍边缘，这表明中锰钢中

MgO·Al$_2$O$_3$ 尖晶石夹杂物可以与 Mn 通过式（3-41）生成(Mn,Mg)O·Al$_2$O$_3$ 夹杂物。这很可能是因为 MgO·Al$_2$O$_3$ 夹杂物的尖晶石晶体结构有利于其向 (Mn,Mg)O·Al$_2$O$_3$ 演变。

综上所述，精炼过程中锰钢中非金属夹杂物的演变路径为：Al$_2$O$_3$ 夹杂物→MgO·Al$_2$O$_3$ 尖晶石夹杂物→(Mn,Mg)O·Al$_2$O$_3$ 尖晶石夹杂物→铝酸钙夹杂物。图 3-48 给出了夹杂物的演变路径和演变过程中相应的化学反应。相比于常规铝镇静钢，中锰钢中 Mn 含量很高，这种高 Mn 含量导致了钢液中夹杂物演变路径的变化。由于铝酸钙夹杂物中的 MnO 含量很低，因此中锰钢经过长时间精炼后，最终的夹杂物与常规铝镇静钢中夹杂物并没有明显区别。

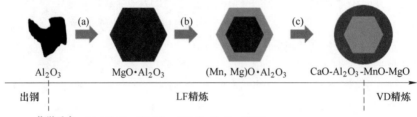

化学反应：(a) 4Al$_2$O$_3$+3[Mg]＝3MgO·Al$_2$O$_3$+2[Al]

(b) MgO·Al$_2$O$_3$+[Mn]＝MnO·Al$_2$O$_3$+[Mg]

(c) (Mn,Mg)O·Al$_2$O$_3$+[Ca]→CaO·Al$_2$O$_3$+[Mg]+[Mn]

图 3-48 中锰钢精炼过程夹杂物演变路径

3.3.3 含钛铝镇静钢中夹杂物演变行为

本节以国内某钢厂 20CrMnTi 齿轮钢为例，来说明含钛铝镇静钢精炼过程中夹杂物演变行为。生产工艺为 "120t BOF→120t LF 精炼→方坯连铸"。转炉出钢过程中，向钢包中加入脱氧剂、合金和造渣剂；LF 精炼中，将 Al 和 SiC 颗粒加入到顶渣进行造渣，精炼渣的成分如表 3-12 所示。当完成造渣，向钢包中加入钛铁合金（含 30% 的 Ti）。经过 3~5min 氩气搅拌后，向钢包喂入 200m 纯钙线进行钙处理，之后再软吹约 20min。LF 精炼时间约为 60min。用测氧探头测得的溶解氧活度约为 $3×10^{-4}$（1% 为标准态）。精炼过程用提桶取样器在不同时期取了 7 个试样，分别为：转炉出钢后（试样 3-3-1）、LF 到站（试样 3-3-2）、LF 中期（试样 3-3-3，精炼时间约 20min）、加钛铁前（试样 3-3-4）、加钛铁后（试样 3-3-5）、钙处理后（试样 3-3-6）和软吹结束后（试样 3-3-7）。

表 3-12 LF 终渣成分 （%）

CaO	SiO$_2$	Al$_2$O$_3$	MgO	FeO
57	7	30	5	<1

3.3.3.1　试样化学成分

表 3-13 给出了各试样的化学成分。如表 3-13 所示，加钛铁合金前，钢中 Ti 含量不高于 50×10^{-6}，然而加入钛铁合金后的试样 5 中 Ti 含量上升到了 760×10^{-6}。注意到，在转炉出钢后，钢液中的 Mg 含量已经是 2.8×10^{-6}，而 LF 精炼中期（试样 3-3-3）钢中 Ca 含量甚至低于 0.3×10^{-6}。这表明 Mg 的生成速率比 Ca 快，这与常规铝镇静钢和中锰铝镇静钢类似。

表 3-13　钢样成分　　　　　（%）

试样编号	C	Si	Mn	Cr	Al	Ti	Ca[①]	Mg[①]
3-3-1	0.16	0.16	0.86	1.08	0.040	0.003	<0.3	2.8
3-3-2	0.17	0.15	0.87	1.10	0.037	0.003	<0.3	1.9
3-3-3	0.18	0.15	0.87	1.09	0.034	0.004	<0.3	1.7
3-3-4	0.20	0.20	0.91	1.15	0.023	0.005	2.4	1.5
3-3-5	0.20	0.24	0.91	1.14	0.034	0.076	2.2	1.7
3-3-6	0.21	0.24	0.90	1.12	0.032	0.070	15.0	2.0
3-3-7	0.21	0.23	0.90	1.12	0.030	0.066	13.0	2.2

① $\times 10^{-6}$。

3.3.3.2　夹杂物形貌和成分

试样中共发现了 8 类夹杂物。表 3-14 列出了各试样中的夹杂物种类，图 3-49~图 3-55 给出了部分类型夹杂物对应的面扫描照片。类型（i）夹杂物主要是转炉出钢后生成的群簇状的 Al_2O_3 夹杂物。以外，在试样 3-3-2~3-3-6 中仍有少量细小单颗粒 Al_2O_3 夹杂物。

表 3-14　钢中夹杂物类型

类型	夹杂物	试样编号						
		3-3-1	3-3-2	3-3-3	3-3-4	3-3-5	3-3-6	3-3-7
i	Al_2O_3	××	×	×	×	×	×	
ii	$MgO\text{-}Al_2O_3$		××	××	×	×	×	
iii	$CaO\text{-}Al_2O_3 + MgO\text{-}Al_2O_3$		×	×	××	×		
iv	$CaO\text{-}Al_2O_3$		×	×		×		
v	$CaO\text{-}Al_2O_3\text{-}TiO_x + MgO\text{-}Al_2O_3$					××	××	××
vi	$CaO\text{-}Al_2O_3\text{-}TiO_x$					××	××	××
vii	$Al_2O_3\text{-}TiO_x$					×		
viii	$CaO\text{-}Al_2O_3 + Al_2O_3\text{-}TiO_x$					×		

注：" ×× "代表夹杂物数量较多；" × "代表夹杂物数量较少。

类型（ii）夹杂物是 $MgO\text{-}Al_2O_3$ 尖晶石夹杂物（MA）。如图 3-49 所示，这些夹杂物形状并不规则且非常小（<10μm），是 LF 精炼初期和中期的主要夹杂物类型。

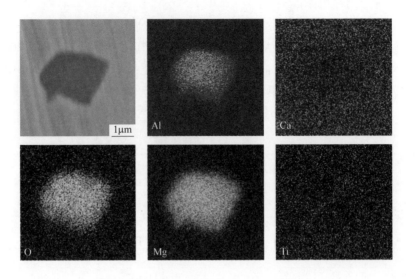

图 3-49 典型类型（ii）夹杂物面扫图

　　类型（iii）夹杂物是包裹 $MgO-Al_2O_3$ 尖晶石的 $CaO-Al_2O_3$ 铝酸钙夹杂物（CA+MA）。如图 3-50 所示，这种夹杂物通常呈球形，且尺寸小于 $10\mu m$，主要出现在 LF 精炼后期（加钛铁前，试样 3-3-4），在试样 3-3-2、试样 3-3-3 和试样 3-3-5 中也有少量这种类型的夹杂物。

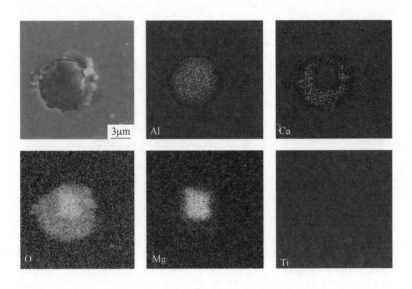

图 3-50 典型类型（iii）夹杂物面扫图

　　类型（iv）夹杂物 CaO-Al$_2$O$_3$ 是带有少量 SiO$_2$ 和 MgO 的铝酸钙夹杂物（CA）。这些夹杂物尺寸一般小于 10μm，与类型（iii）夹杂物的外层非常相似，在试样 3-3-2~3-3-5 中均有发现，但数量较少。如图 3-51 所示，其球状特性表明它们在炼钢温度下是液态的。

图 3-51　典型类型（iv）夹杂物面扫图

　　与类型（iii）夹杂物相似，类型（v）夹杂物（CAT+MA）也是以尖晶石为核心。区别是类型（v）夹杂物外层包含 TiO$_x$，即外层是被 CaO-Al$_2$O$_3$-TiO$_x$（CAT）夹杂物包裹（如图 3-52 所示）。这些夹杂物是加入钛铁合金以后的主要夹

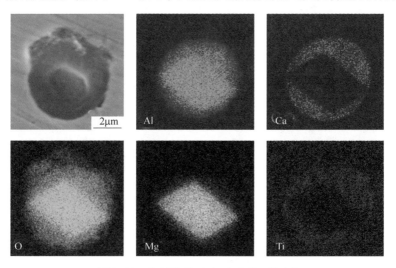

图 3-52　典型类型（v）夹杂物面扫图

杂物类型（试样 3-3-5~3-3-7）。此外，在试样 3-3-5~3-3-7 中也发现了一些 CaO-Al$_2$O$_3$-TiO$_x$ 夹杂物，它们被命名为类型（vi）夹杂物。TiO$_x$ 分布在这种夹杂物边缘（如图 3-53（a）所示）或整个夹杂物区域（如图 3-53（b）所示）。在试样 3-3-5 中，这些夹杂物尺寸很小，通常小于 10μm；然而钙处理后（试样 3-3-6 和试样 3-3-7），出现了一些尺寸超过 50μm 的夹杂物，如图 3-53（b）等。

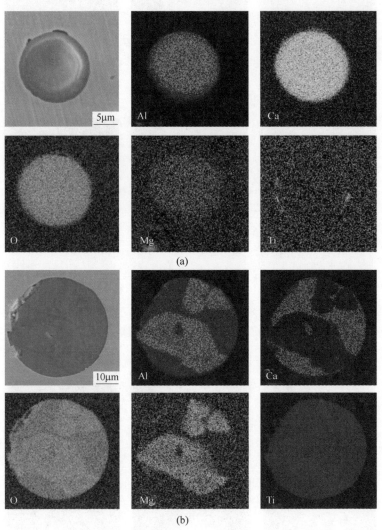

图 3-53　典型类型（vi）夹杂物面扫图
(a) 钙处理前小尺寸夹杂物；(b) 钙处理后大尺寸夹杂物

　　值得注意的是，在加入钛铁合金以后，一些 Al$_2$O$_3$-TiO$_x$ 系夹杂物（类型（vii），AT）和包裹 Al$_2$O$_3$-TiO$_x$ 的铝酸钙夹杂物（类型（viii），CA+AT）也出现在试样3-3-5中。如图3-54和图3-55所示，这些球状的夹杂物（尺寸在10~20μm）通常比其他类型的夹杂物大很多。

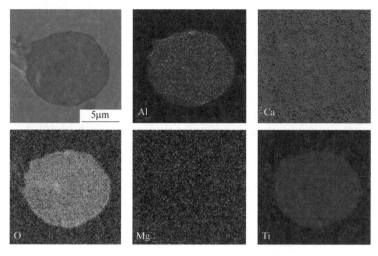

图3-54 典型类型（vii）夹杂物面扫图

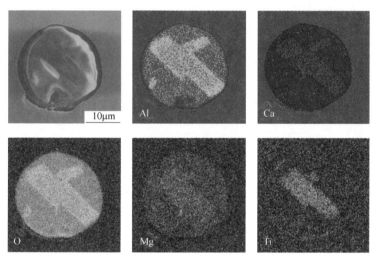

图3-55 典型类型（viii）夹杂物面扫图

图3-56显示了不同时期不同钢样中夹杂物成分变化情况。试样3-3-1~3-3-7的成分在CaO-MgO-Al$_2$O$_3$三元相图中的分布如图3-56（a）~（g）所示；试样3-3-4~3-3-7的成分在CaO-TiO$_x$-Al$_2$O$_3$三元相图中的分布如图3-56（h）~（k）所示。这些图中的蓝色线是1600℃时的液相线。根据文献［43-45］，在图3-56（h）~（k）中，Ti$_3$O$_5$是最稳定的产物。另外，每个试样的平均成分如图3-56（l）所示。

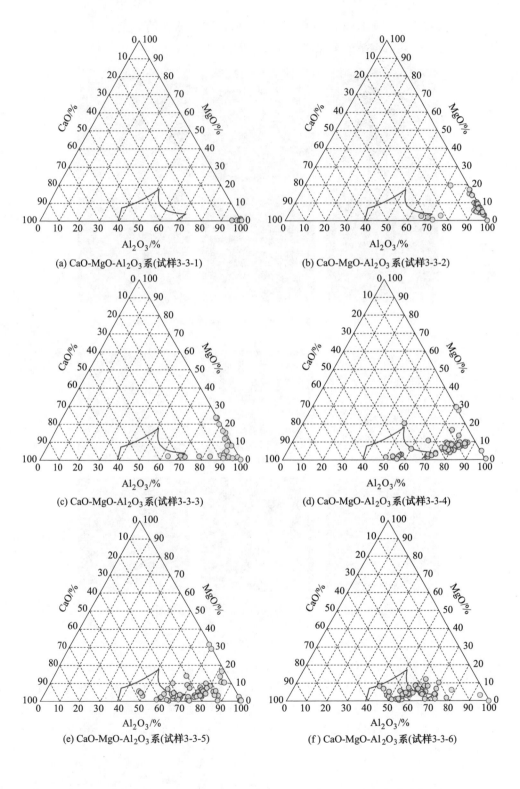

(a) CaO-MgO-Al$_2$O$_3$系(试样3-3-1)

(b) CaO-MgO-Al$_2$O$_3$系(试样3-3-2)

(c) CaO-MgO-Al$_2$O$_3$系(试样3-3-3)

(d) CaO-MgO-Al$_2$O$_3$系(试样3-3-4)

(e) CaO-MgO-Al$_2$O$_3$系(试样3-3-5)

(f) CaO-MgO-Al$_2$O$_3$系(试样3-3-6)

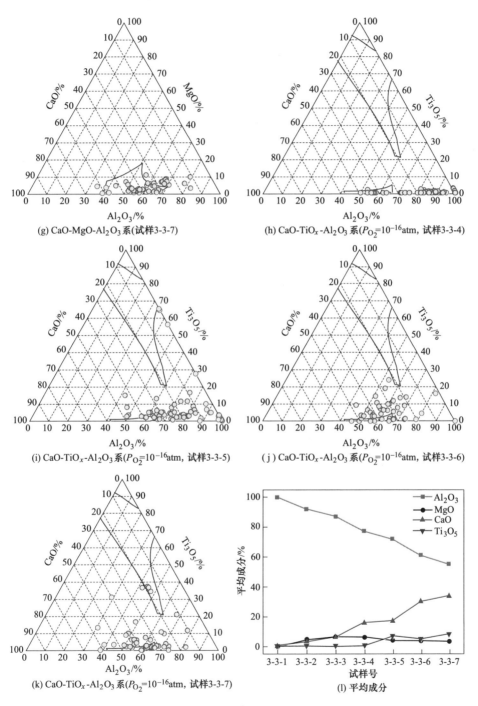

(g) CaO-MgO-Al$_2$O$_3$系(试样3-3-7)

(h) CaO-TiO$_x$-Al$_2$O$_3$系(P_{O_2}=10^{-16}atm, 试样3-3-4)

(i) CaO-TiO$_x$-Al$_2$O$_3$系(P_{O_2}=10^{-16}atm, 试样3-3-5)

(j) CaO-TiO$_x$-Al$_2$O$_3$系(P_{O_2}=10^{-16}atm, 试样3-3-6)

(k) CaO-TiO$_x$-Al$_2$O$_3$系(P_{O_2}=10^{-16}atm, 试样3-3-7)

(l) 平均成分

图 3-56 不同钢样中夹杂物的成分变化

（1atm=101325Pa）

从图 3-56（a）可以看出，出钢后钢中夹杂物主要是 Al_2O_3 夹杂物（类型（i））。如图 3-56（b）和（c）所示，试样 3-3-2 和 3-3-3 中夹杂物演变为尖晶石夹杂物（类型（ii））。同时，这些试样中几乎没有铝酸钙夹杂物出现。如图 3-56（d）和（h）所示，加钛前大多数夹杂物演变成铝酸钙，包括类型（iii）和类型（iv）夹杂物。如图 3-56（i）所示，加钛后 TiO_x 含量明显增加，试样 3-3-5 中夹杂物主要是类型（v）和类型（vi）夹杂物。试样中也发现了一些其他类型的夹杂物，例如图 3-56（e）和（i）中的类型（vii）和类型（viii）的夹杂物。如图 3-56（f）、（g）、（j）和（k）所示，钙处理后，几乎所有类型的夹杂物都转变成类型（v）和类型（vi）夹杂物。

图 3-56（l）为试样中各成分变化趋势图。从图中可以看出，夹杂物的 Al_2O_3 含量随时间变化逐渐降低，CaO 含量逐步升高，而 MgO 含量先增加然后再降低。此外，加钛后 TiO_x 含量呈上升趋势。如图 3-56 所示，精炼过程中钢中夹杂物一般从固相（如 Al_2O_3 和尖晶石夹杂物）转变成液相（如铝酸钙夹杂物）；同时，钛的加入影响了夹杂物的成分；钙处理后，由于钛的加入，一些夹杂物再次出现在液相线外。

3.3.3.3 钛合金化对夹杂物的影响

常规铝镇静钢类似，加钛前钢中夹杂物的演变路径为："$Al_2O_3 \rightarrow MgO\text{-}Al_2O_3$ 尖晶石 $\rightarrow CaO\text{-}Al_2O_3(\text{-}MgO)$ 系夹杂物"，如图 3-56（a）~（d）所示；而加钛后夹杂物中的 TiO_x 含量升高，如图 3-56（i）~（l）所示。为了研究含钛钢中夹杂物的形成机理，将 $MgO \cdot Al_2O_3$ 和 $CaO \cdot 2Al_2O_3(CA_2)$ 氧化物小棍置入钢液中来模拟钢中的 $MgO \cdot Al_2O_3$ 尖晶石和铝酸钙夹杂物。这些小棍都是由高纯化学试剂制得。实验用钢的化学成分除了 Ca 含量（$w[Ca] < 1 \times 10^{-6}$），其他均与工业实际成分相同。将钢块和氧化物小棍放入高纯 MgO 坩埚中，在氩气保护电阻炉中反应 60min，实验温度 1600℃。实验结束后，将坩埚快速取出并放入水中淬火。

图 3-57 给出了氧化物小棍与钢液边缘的元素面扫描图。从图中可以看出，尖晶石和铝酸钙棍边缘均有一层 TiO_x。这表明钢液中 Ti 和氧化物小棍发生了反应，在边界生成了 TiO_x。换言之，$MgO\text{-}Al_2O_3\text{-}TiO_x$ 系夹杂物和 $CaO\text{-}Al_2O_3\text{-}TiO_x$ 系夹杂物分别比 $MgO\text{-}Al_2O_3$ 和 $CaO\text{-}Al_2O_3$ 夹杂物更稳定，这与工业实验结果吻合。可见，钢液加入钛会影响钢中夹杂物的演变。

为了研究 Ti 对钢中夹杂物演变的影响，采用热力学计算来确定钢液中夹杂物的稳定优势区。尖晶石夹杂物可由反应式（3-50）和式（3-52）生成。当钢中的夹杂物是尖晶石夹杂物时，根据文献 [46-47]，Ti 的加入将导致 $MgO \cdot Ti_2O_3$ 夹杂物的生成，如式（3-54）所示。基于反应式（3-50）、式（3-52）、式（3-54），$MgO \cdot Al_2O_3/MgO \cdot Ti_2O_3/Al_2O_3$ 的稳定优势区图如图 3-58 所示。计算使用的热力学数据参阅文献 [48]。

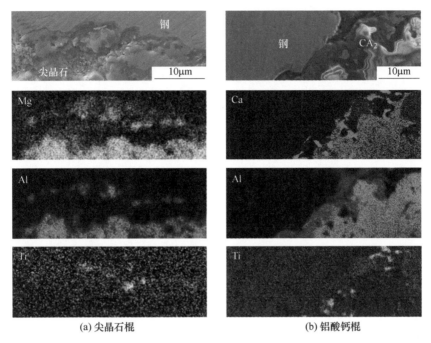

(a) 尖晶石棍　　　　　　　　　　(b) 铝酸钙棍

图 3-57　钢液和氧化物棍边界处的元素分布图

$$4MgO + 2[Al] \rule[0.5ex]{1em}{0.4pt} MgO \cdot Al_2O_3 + 3[Mg] \tag{3-50}$$

$$\Delta G_{3\text{-}50}^{\ominus} = 530936 - 487.4T(\text{J/mol})^{[48]} \tag{3-51}$$

$$3MgO \cdot Al_2O_3 + 2[Al] \rule[0.5ex]{1em}{0.4pt} 4Al_2O_3 + 3[Mg] \tag{3-52}$$

$$\Delta G_{3\text{-}52}^{\ominus} = 616248 - 462.2T(\text{J/mol})^{[48]} \tag{3-53}$$

$$MgO \cdot Al_2O_3 + 2[Ti] \rule[0.5ex]{1em}{0.4pt} MgO \cdot Ti_2O_3 + 2[Al] \tag{3-54}$$

$$\Delta G_{3\text{-}54}^{\ominus} = 11194(\text{J/mol})(1873K)^{[46]} \tag{3-55}$$

同时将试样 3-3-1~3-3-7 中的 Ti 含量标注在图 3-58 中。从图中可以看出，若钢液中没有 Ca，加钛前 $MgO \cdot Al_2O_3$ 尖晶石夹杂物是钢中稳定的夹杂物；而加钛后，$MgO \cdot Ti_2O_3$ 比 $MgO \cdot Al_2O_3$ 尖晶石更加稳定。这意味着向钢液中加入钛合金后，$MgO \cdot Al_2O_3$ 尖晶石会转变为 $MgO \cdot Ti_2O_3$ 夹杂物。图 3-57（a）中 $MgO \cdot Al_2O_3$ 尖晶石小棍边缘的 Ti 元素分布实际上证明了热力学计算结果。此外，该结果也与前人研究一致。

需要指出的是，在工业实验中几乎没有发现 $MgO \cdot Ti_2O_3$ 或 $MgO\text{-}Al_2O_3\text{-}TiO_x$ 夹杂物，这似乎与热力学计算矛盾。实际上，造成这种偏差的主要原因是钛加入前钢液中已经有溶解 Ca。据文献报道，当钢液中有少量溶解 Ca 时，$MgO \cdot Al_2O_3$ 尖晶石夹杂物是不稳定的。在这种情况下，钢中溶解的 Ca 将会使 $MgO \cdot Al_2O_3$ 尖晶石夹杂物转变成铝酸钙夹杂物。如表 3-14 所示，加钛前钢中已有一些铝酸钙夹

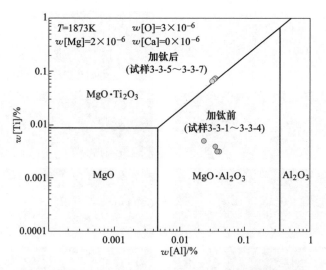

图 3-58 MgO·Al$_2$O$_3$/MgO·Ti$_2$O$_3$/Al$_2$O$_3$ 的稳定优势区图

杂物生成，在加钛后也发现了一些 CaO-Al$_2$O$_3$-TiO$_x$ 系夹杂物。因此，还需要考虑 Ca 对钢中夹杂物的影响。MgO·Ti$_2$O$_3$ 与铝酸钙夹杂物之间的稳定性可由反应式（3-56）得到。在反应式（3-56）中，由于 CaO·Al$_2$O$_3$ 的熔点（1605℃）接近实验温度（1600℃），故选用 CaO·Al$_2$O$_3$ 来代表液态铝酸钙。

$$MgO·Ti_2O_3 + [Ca] + 2[Al] = CaO·Al_2O_3 + [Mg] + 2[Ti] \quad (3-56)$$

$$\Delta G^{\ominus}_{3-56} = -309910 + 142.12T(J/mol) \quad (3-57)$$

$$3MgO·Ti_2O_3 + 4[Ca] = 4CaO·TiO_2 + 3[Mg] + 2[Ti] \quad (3-58)$$

$$\Delta G^{\ominus}_{3-58} = -1434350 + 697.4T(J/mol) \quad (3-59)$$

$$3CaO·Al_2O_3 + 4[Ti] + [Ca] = 4CaO·TiO_2 + 6[Al] \quad (3-60)$$

$$\Delta G^{\ominus}_{3-60} = -504610 + 271.04T(J/mol) \quad (3-61)$$

结合图 3-56 所示的夹杂物组成，由 CaO-Al$_2$O$_3$-TiO$_x$ 相图可以看出，加入钛后，试样 3-3-5~3-3-7 中的夹杂物主要为液相（L）、铝酸钙（CA$_2$）和钙钛矿相（CaO·TiO$_2$，P 或 CT）。因此，本研究选择钙钛矿（CaO·TiO$_2$）来考虑 CaO-TiO$_x$ 夹杂物的稳定性。

根据式（3-56）~式（3-61）可以计算得到 CaO·Al$_2$O$_3$/MgO·Ti$_2$O$_3$/CaO·TiO$_2$ 的稳定优势区图，如图 3-59 所示。同时，将测得的 Mg 和 Ca 含量标注在图 3-59 中供讨论。试样 3-3-1~3-3-4 中 Ti 含量均小于 $50×10^{-6}$，假如这些试样中含有 0.07% 的 Ti，那么当钢液中溶解 Ca 含量极低时，MgO·Ti$_2$O$_3$ 夹杂物应该是钢中的稳定夹杂物。这个假设与图 3-58 的结果非常吻合。当钢中同时含有 0.07%Ti 和大约 $2×10^{-6}$Ca 时（比如试样 3-3-5），液态铝酸钙是稳定相。结果表明，在含钛铝镇静钢中，当钢液中存在少量溶解 Ca 时，铝酸钙比 MgO·Ti$_2$O$_3$ 夹杂物更稳定。因此，由于溶解 Ca 的生成，很难在工业试样中找到 MgO·Ti$_2$O$_3$ 或 MgO-Al$_2$O$_3$-TiO$_x$ 夹杂物。由 CaO-Al$_2$O$_3$-TiO$_x$ 相图可知，少量的 TiO$_x$ 可以溶解在铝酸钙中，形成 CaO-Al$_2$O$_3$-TiO$_x$ 系夹杂物。如图 3-57（b）所示，分布在 CA$_2$ 氧化物小棍边缘的 TiO$_x$ 证明了这一推论。

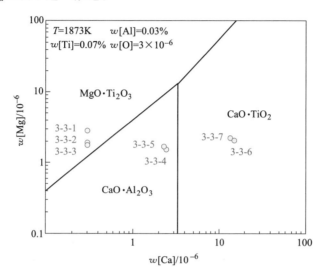

图 3-59　CaO·Al$_2$O$_3$/MgO·Ti$_2$O$_3$/CaO·TiO$_2$ 稳定优势区图

从图 3-59 可以看出，当钢中溶解 Ca 足够高时，CaO·TiO$_2$ 将会变成稳定相。试样 3-3-6 和试样 3-3-7 中最终稳定相应该是 CaO·TiO$_2$。图 3-56 中夹杂物中 TiO$_x$ 含量的增加，表明在这种情况下更有利于 CaO-Al$_2$O$_3$-TiO$_x$ 系夹杂物的形成。特别是图 3-56(j)~(k)所示的试样 3-3-6 和试样 3-3-7 中，许多夹杂物的成分位于 CaO-Al$_2$O$_3$-TiO$_x$ 相图的"L+P+CA$_2$"和"L+P"区域。这一结果实际上表明，钙处理后 CaO·TiO$_2$(P) 将变成一个稳定相，在文献［47，49-50］中也发现了类似的结果。

　　如上所述，钛的加入既会影响 MgO·Al$_2$O$_3$ 尖晶石夹杂物，也会影响铝酸钙夹杂物。当钢液中没有 Ca 时，钛的加入会导致 MgO·Al$_2$O$_3$ 尖晶石夹杂物转变为 MgO·Ti$_2$O$_3$ 夹杂物。当少量 Ca 生成时，铝酸钙夹杂物就会比 MgO·Ti$_2$O$_3$ 夹杂物更稳定。随着钢中溶解 Ca 的增加，会进一步生成 CaO-Al$_2$O$_3$-TiO$_x$ 夹杂物。钛的加入会导致 CaO-Al$_2$O$_3$-TiO$_x$ 系夹杂物中 TiO$_x$ 含量增加，如图 3-56(l)所示。根据图 3-56(h)~(k) 的结果，从 CaO-Al$_2$O$_3$-TiO$_x$ 相图可以看出，夹杂物中 TiO$_x$ 含量的增加会导致夹杂物熔点的升高，这可能会引起浸入式水口堵塞等问题。

3.3.3.4　含钛钢夹杂物演变路径

在常规铝镇静钢中，随着钢液中溶解的 Mg 和 Ca 的生成，钢液中的夹杂物沿着"Al$_2$O$_3$→MgO·Al$_2$O$_3$ 尖晶石→CaO-Al$_2$O$_3$(-MgO)铝酸钙夹杂物"路径演变，钛的加入将会影响上述夹杂物的生成和演变。为了清晰地描述含钛铝脱氧钢中夹杂物的演变过程，基于实验结果和热力学计算在图 3-60 中给出了夹杂物演变路径示意图。

如图 3-60（a）所示，由于渣和耐火材料的影响，当钢中有溶解 Mg 生成时，Al 脱氧产物（Al_2O_3）将会生成 $MgO \cdot Al_2O_3$ 尖晶石。对于常规不加钛铝镇静钢，$MgO \cdot Al_2O_3$ 尖晶石夹杂物将演变为铝酸钙夹杂物，如图 3-60(b)(c)所示。在钛加入前，如图 3-49 和图 3-50 中所示的类型（ii）、类型（iii）和类型（iv）夹杂物即可证明这种演变路径。在此基础上，进一步讨论以下两种加钛情况。

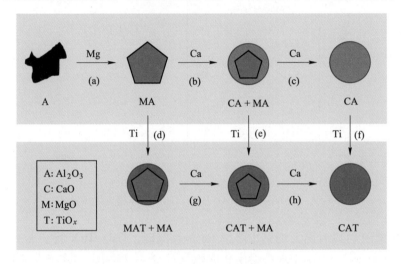

图 3-60　含钛钢中夹杂物的演变路径示意图

（1）在尖晶石夹杂物生成之后且在铝酸钙形成之前加钛（以实验室实验为例）。如图 3-60(d)所示，在钢液中生成足够的 Ca 之前，Ti 的加入会导致尖晶石夹杂物演变为 $MgO \cdot Ti_2O_3$(MT) 或 $MgO\text{-}Al_2O_3\text{-}TiO_x$(MAT) 夹杂物，这可由图 3-57（a）和图 3-58 得到证明。这些夹杂物应为液相，或者夹杂物外层应为液相。随着渣钢界面反应的进行，溶解 Ca 逐渐生成，从图 3-59 中可以看出，$MgO \cdot Ti_2O_3$(MT) 和 $MgO\text{-}Al_2O_3\text{-}TiO_x$(MAT) 夹杂物变得不稳定，演变成含有少量 TiO_x 的铝酸钙（CAT）夹杂物，如图 3-60（g）和（h）所示。

（2）在铝酸钙夹杂物形成后加入钛（以工业实验为例）。如表 3-14 所示，铝酸钙（类型（iii）和类型（iv），如图 3-50 和图 3-51 所示）是钢中的主要夹杂物。加钛后，含 TiO_x 类型夹杂物（类型（v）和类型（vi））变成钢中主要的夹杂物类型，该演变路径如图 3-60(e) 和图 3-60(f) 所示。钛的加入会导致 $CaO\text{-}Al_2O_3\text{-}TiO_x$ 系夹杂物中 TiO_x 含量增加。实际上，图 3-52 和图 3-53（a）中 TiO_x 的外层是支持这种演变路径的有力证据。

在上述两种情况下，当 Ca 含量足够高时，夹杂物中 TiO_x 含量增加，此时夹杂物趋向于 $CaO \cdot TiO_2(CT)$ 演变。此外，如图 3-54 和图 3-55 所示，仅在加入钛后的试样 3-3-5 中发现了较大的类型（vii）夹杂物（Al_2O_3-TiO_x）和类型（viii）夹杂物（CaO-Al_2O_3 + Al_2O_3-TiO_x）。这意味着类型（vii）夹杂物很可能来自钛铁合金。由图 3-60 可知，铝酸钙是此时的稳定物相，因此类型（vii）夹杂物（Al_2O_3-TiO_x）也会演变为铝酸钙。图 3-55 所示包裹 Al_2O_3-TiO_x 的铝酸钙夹杂物面扫描图很好地解释了这一点。

3.3.4 硅锰镇静钢中夹杂物演变行为

在某钢铁公司开展了工业实验，实验钢种为帘线钢 LX82A，其生产工艺为"120t 顶底复吹转炉→120t LF 精炼→软吹→小方坯连铸"。转炉出钢过程中，加入大部分合金和造渣剂到钢包中。在 LF 精炼过程中，采用高纯硅铁粉和碳粉以及电石造渣。LF 精炼时间为 60min，软吹时间为 50min 左右。精炼终渣成分和实验钢成分分别列于表 3-15 和表 3-16 中。如表 3-15 所示，精炼渣的碱度［$R = w(CaO)/w(SiO_2)$］为 0.9。实验过程在 LF 精炼开始（$t = 0min$，试样 3-4-1）、LF 精炼 45min 时（$t = 45min$，试样 3-4-2）、LF 精炼结束时（$t = 60min$，试样 3-4-3）和软吹后（$t = 110min$，试样 3-4-4）分别取提桶试样。

表 3-15　精炼终渣成分　　　　　（%）

CaO	SiO$_2$	MgO	Al$_2$O$_3$	FeO	MnO	R
39.3	43.8	6.1	1.1	1.1	5.3	0.9

表 3-16　试样化学成分　　　　　（%）

试样号	时间/min	C	Si	Mn	Cr	Al	Ca	Mg	$a_{[O]}$[①]
3-4-1	0	0.74	0.16	0.43	0.023	0.0009	0.0002	0.0001	0.0022
3-4-2	45	0.80	0.18	0.52	0.022	0.0009	0.0001	0.0001	0.0020
3-4-3	60	0.81	0.18	0.52	0.022	0.0009	0.0002	0.0001	0.0019
3-4-4	110	0.82	0.20	0.53	0.023	0.0009	0.0001	0.0001	0.0017

① 用定氧探头测量。

3.3.4.1　试样化学成分

表 3-16 列出了精炼过程中试样的化学成分。从表中可以看出，试样中的 Al、Ca 和 Mg 含量非常低，Al 含量为 9×10^{-6}，Ca 和 Mg 含量小于 2×10^{-6}。在精炼过程中钢液溶解氧的含量在 20×10^{-6} 左右。

3.3.4.2　夹杂物成分变化

在试样中主要发现 4 种类型夹杂物：MnO-SiO_2 系夹杂物（类型Ⅰ）；MnO-SiO_2 包裹 SiO_2 的双相夹杂物（类型Ⅱ）；CaO-SiO_2 系夹杂物（类型Ⅲ）和 CaO-MnO-SiO_2 系夹杂物（类型Ⅳ）。

图 3-61~图 3-64 分别为不同类型夹杂物的面扫描图谱。从图中可以看出，采用硅锰脱氧的帘线钢中夹杂物都呈球形。在炼钢温度下，这些夹杂物为液相，或者夹杂物的外层为液相。如图 3-61 和图 3-62 所示，类型 I 和 II 夹杂物均为 MnO-SiO$_2$ 系夹杂物，只是类型 II 夹杂物中含有 SiO$_2$ 颗粒。这两类夹杂物在各个试样中都能找到。在精炼开始时，这两类夹杂物中部分尺寸超过 100μm，但一般小于 15μm。类型 III 和 IV 夹杂物的尺寸变化范围较宽（1~50μm，如图 3-63 和图 3-64 所示），主要在精炼中期、软吹前和软吹后发现，而在 LF 进站时并未发现这两类夹杂物。此外，这两类夹杂物中还含有少量的 MgO 和 Al$_2$O$_3$。

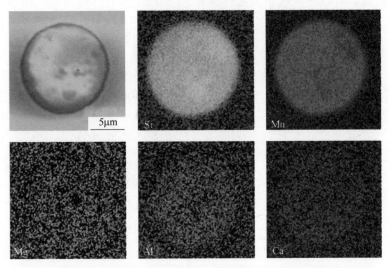

图 3-61　典型 MnO-SiO$_2$ 系夹杂物面扫图（类型 I）

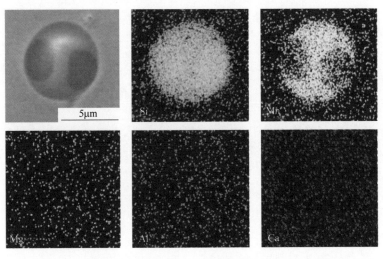

图 3-62　典型 MnO-SiO$_2$+SiO$_2$ 双相夹杂物面扫图（类型 II）

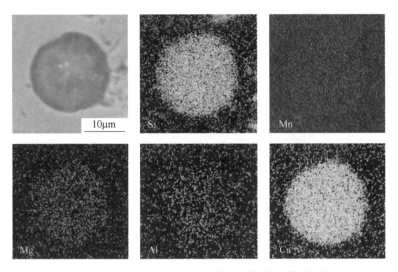

图 3-63 典型 CaO-SiO$_2$ 系夹杂物面扫图（类型Ⅲ）

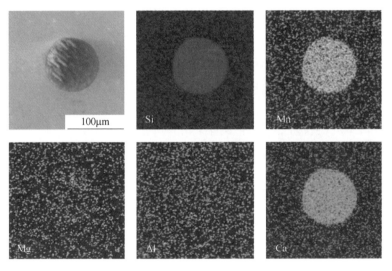

图 3-64 典型 CaO-MnO-SiO$_2$ 系夹杂物面扫图（类型Ⅳ）

试样中夹杂物成分范围和平均含量的变化如图 3-65 所示。在图 3-65（a）中，按照夹杂物中 CaO 含量从低到高依次排序，在图中绘出每一个夹杂物的成分。从图 3-65（a）可以看出，夹杂物中的 Al$_2$O$_3$ 和 MgO 含量都很低，绝大多数小于 10%。在 MnO-SiO$_2$ 系夹杂物中（类型Ⅰ和Ⅱ）SiO$_2$ 和 MnO 含量波动较大；在含 CaO 夹杂物中，随着 CaO 含量的增加，SiO$_2$ 和 MnO 含量不断降低。从夹杂物的平均成分（见图 3-65（b））可以看出，随着精炼时间延长，夹杂物中 CaO、

MgO 和 Al₂O₃ 含量不断增加，SiO₂ 含量不断降低。此外，夹杂物中 MgO 和 Al₂O₃ 平均成分均小于 4%。因此，可以用 $CaO-SiO_2-MnO$ 三元相图来分析夹杂物的成分分布。

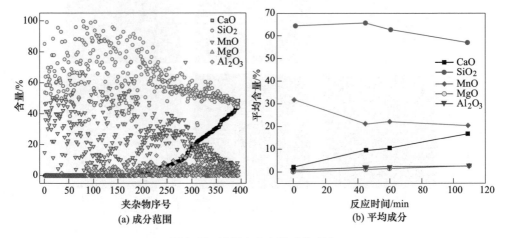

图 3-65 试样中夹杂物成分变化

将试样中夹杂物成分绘制在 $CaO-SiO_2-MnO$ 系三元相图中，如图 3-66 所示。基于夹杂物中 MgO 和 Al₂O₃ 平均成分，使用热力学计算软件 FactSage 计算 CaO-SiO₂-MnO 系三元相图不同温度的液相线，用以评估夹杂物的液相特性。从图 3-66（a）可以看出，在 LF 精炼开始时，大部分夹杂物是 MnO-SiO₂ 系夹杂物，且夹杂物中的 CaO 含量极低。由图中的液相线可知，大多数夹杂物没有在液相区域。随着精炼时间的延长，含 CaO 夹杂物的数量越来越多，而且位于液相区的夹杂物数量也越来越多，如图 3-66（b）~（d）所示。同时需要说明的是，图中每个小圆点代表的是某个夹杂物的平均成分，而不是夹杂物中某一物相的成分。因此，图 3-66 仅能说明夹杂物的成分变化趋势，并不能准确判定每个夹杂物的熔化特性。

3.3.4.3 CaO-MnO-SiO₂ 系夹杂物生成机理

一些学者指出，CaO-SiO₂ 系夹杂物主要由钢包渣乳化产生。乳化渣滴与 MnO-SiO₂ 夹杂物的结合形成了 CaO-MnO-SiO₂-（MgO）系夹杂物。从图 3-65 和图 3-66 可以清晰地看到，在 LF 精炼过程中，随着时间的推移，CaO-MnO-SiO₂ 系夹杂物逐渐形成。此外，CaO-MnO-SiO₂ 系夹杂物的尺寸在 1~50μm，大部分小于 15μm。一般情况下，乳化渣滴尺寸较大，与实验条件下的夹杂物有很大不同。因此，乳化渣滴与脱氧产物（MnO-SiO₂ 系夹杂物）之间的相互作用并不是本实验条件下 CaO-MnO-SiO₂ 系夹杂物形成的主要机理。另一方面，从图 3-65 和图 3-66 可以看出，夹杂物中 CaO 含量增加，而 MnO 和 SiO₂ 含量降低（尤其是

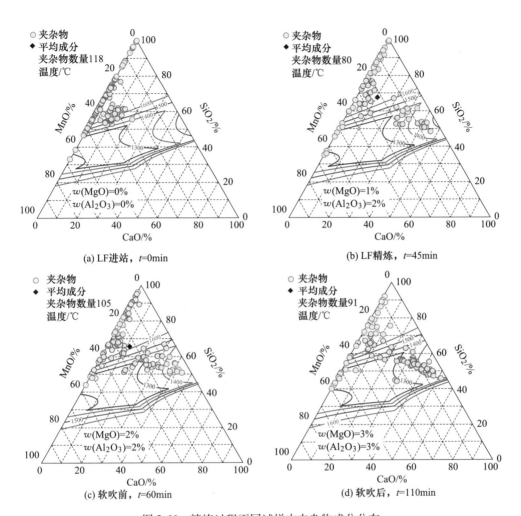

图 3-66 精炼过程不同试样中夹杂物成分分布

MnO）。这表明夹杂物中 CaO 可能主要来自以下反应。

$$[Ca] + MnO \Longrightarrow [Mn] + CaO \qquad (3-62)$$

$$\Delta G_{3-62}^{\ominus} = 146660 - 190.64T(\text{J/mol}) \qquad (3-63)$$

$$[Ca] + \frac{1}{2}SiO_2 \Longrightarrow \frac{1}{2}[Si] + CaO \qquad (3-64)$$

$$\Delta G_{3-64}^{\ominus} = 149980 - 172.1T(\text{J/mol}) \qquad (3-65)$$

如表 3-16 所示，钢液中 Ca 含量低于 2×10^{-6}。这个 Ca 含量有可能使反应（3-62）和反应（3-64）发生。这可以通过热力学计算来进一步证实。基于试样 3-4-1 中夹杂物的平均成分，可以用 FactSage 计算出 CaO、SiO$_2$ 和 MnO 的活度（见表 3-17）。结合钢液成分即可以计算得到式（3-63）和式（3-65）的吉布斯自由能（ΔG）分别是 $-120.3kJ/mol$ 和 $-113.6kJ/mol$。计算的热力学数据参见文献 [51]。这两个负值均表明，反应（3-62）和（3-64）在精炼过程中是可以发生的。此外，式（3-62）吉布斯自由能（ΔG）的变化值更小，这表明反应（3-62）比反应（3-64）更容易发生。从图 3-65 和图 3-66 可以看出，MnO 的下降幅度明显大于 SiO_2，热力学计算很好地解释了这一现象。

表 3-17 实验条件下夹杂物和精炼渣中组元活度

类别	CaO	SiO_2	MgO	Al_2O_3	MnO
夹杂物	$1.898×10^{-4}$	1	$7.350×10^{-4}$	$6.188×10^{-6}$	0.1096
精炼渣	0.0104	0.1817	0.0871	$2.062×10^{-5}$	0.0442

需要说明的是，精确测量痕量的溶解 Al、Ca 和 Mg 目前仍然比较困难，而且 Ca 和 Mg 的热力学数据也仍存在较大偏差（详见第 2 章）。尽管如此，图 3-65 和图 3-66 已清楚表明了 CaO-MnO-SiO_2 系夹杂物的形成过程。

另外，试样 3-4-1 中夹杂物 Al_2O_3 和 MgO 含量几乎为零。反应 110min 后，试样 3-4-1 中夹杂物 Al_2O_3 和 MgO 的平均含量增至 3%。同样，钢中溶解 Al 和 Mg 也会通过反应（3-66）~（3-69）使夹杂物中 Al_2O_3 和 MgO 含量增加。这一变化趋势已被许多学者报道。

$$[Mg] + MnO = [Mn] + MgO \tag{3-66}$$

$$[Mg] + \frac{1}{2}SiO_2 = \frac{1}{2}[Si] + MgO \tag{3-67}$$

$$\frac{2}{3}[Al] + MnO = [Mn] + \frac{1}{3}Al_2O_3 \tag{3-68}$$

$$\frac{2}{3}[Al] + \frac{1}{2}SiO_2 = \frac{1}{2}[Si] + \frac{1}{3}Al_2O_3 \tag{3-69}$$

为了进一步揭示 CaO-MnO-SiO_2 系夹杂物生成机理，采用 LF 精炼进站的工业试样（试样 3-4-1）进行实验室实验。实验采用了 BaO 作为示踪剂来考察精炼渣的作用。前期研究指出，用 BaO 代替渣中部分 CaO 是一种有效的示踪方法。将 CaO、SiO_2、MgO 和 BaO 等化学试剂配制精炼渣，其成分与工业精炼渣（表 3-15）类似，如表 3-18 所示。此外，为了揭示耐火材料的作用，还利用了工业钢包内衬（MgO 70%~75%，CaO 15%~20%，C 5%~8%）材料进行实验室实验。实验示意图如图 3-67 所示。实验前去除钢块表面上的氧化层，并将耐火材料切成小块在 1100℃ 条件下脱碳。将约 60g 钢块与 8.5g 精炼渣或脱碳耐火材料放入高纯氧化镁坩埚中，在 1600℃ 氩封条件下反应。反应结束后将试样淬火，并分析钢中夹杂物。

表 3-18　实验室精炼渣成分　　　　　　　　　　（%）

CaO	BaO	SiO$_2$	MgO	R
30	15	50	5	0.9

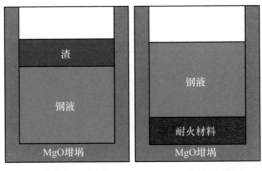

(a) 精炼渣(示踪剂)　　　　(b) 工业耐火材料

图 3-67　实验室实验示意图

采用含 BaO 精炼渣实验后，试样中典型的 MnO-SiO$_2$ 系夹杂物如图 3-68 所示。从图 3-68 可以看到，钢渣反应 2h 后，含有 SiO$_2$ 内核的 MnO-SiO$_2$ 系夹杂物仍然存在。尽管使用了含 BaO 精炼渣，但夹杂物中 BaO 和 CaO 含量仍然非常低。图 3-68 所示的夹杂物在钢液中大量存在，且与 LF 精炼进站时的夹杂物十分相似。

如上所述，钢液中 Ca 导致 CaO-MnO-SiO$_2$ 系夹杂物的形成。实验室示踪实验主要研究合金和精炼渣的影响。需要注意的是，实验室采用工业试样 3-4-1 作为实验用钢。如果合金中杂质 Ca 对夹杂物的演变有明显影响，则在反应 2h 后会发现大量含 CaO 的夹杂物。实际上，如图 3-68 所示，钢渣反应后的夹杂物仍然是 MnO-SiO$_2$ 系为主的夹杂物，这与工业试样 3-4-1 非常相似。这排除了合金杂质导致 MnO-SiO$_2$ 系夹杂物向 CaO-SiO$_2$ 系夹杂物演变的可能性。

此外，图 3-68 同样表明精炼渣并不是导致 MnO-SiO$_2$ 系夹杂物演变的主要原因。部分研究者也支持了这一观点。实际上，精炼渣中 CaO 的活度非常小，从表 3-17 可以看出，实验渣系中 CaO 活度仅为 0.0104。基于[Ca]-[O]平衡热力学数据（见第 2 章），当氧活度约 20×10^{-4} 时（见表 3-16），与精炼渣平衡的溶解 Ca 活度约为 2.3×10^{-7}。虽然[Ca]-[O]平衡热力学数据有偏差，但该活度仍然证实了精炼渣向钢液提供的钙含量极低。热力学预测结果与示踪实验的结果吻合。虽然部分学者指出精炼渣对帘线钢中夹杂物演变有重要影响，但作者认为精炼渣的直接作用会非常小。姜敏等[52]采用工业示踪实验同样证明了精炼渣的有限作用。

钢液与工业耐火材料反应后，钢中夹杂物的成分分布如图 3-69 所示。从图中可知，夹杂物中 Al$_2$O$_3$ 和 MgO 含量急剧增加。夹杂物中 Al$_2$O$_3$ 含量在 14% ~

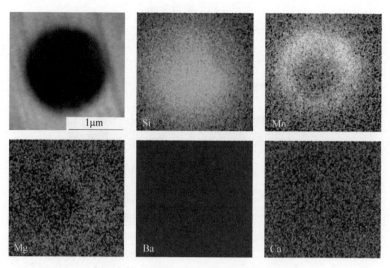

图 3-68　示踪剂实验钢夹杂物面扫图

50% 之间（平均 31%），MgO 含量为 11% ~ 45%（平均 27%）。需要说明的是，这些夹杂物很难来自耐火材料或坩埚剥落的小颗粒，因为源自耐火材料的夹杂物一般是 MgO 基夹杂物。此外，对比图 3-66（a）可以明显看出，在反应 60min 后，钢中夹杂物 CaO 含量明显上升。说明耐火材料的使用对 MnO-SiO$_2$ 系夹杂物向 CaO-SiO$_2$ 系夹杂物演变起着重要作用。

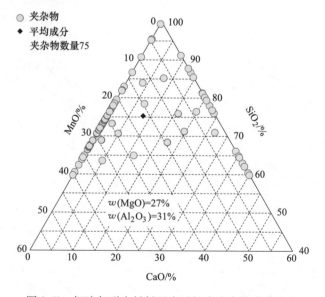

图 3-69　钢液与耐火材料反应后钢中夹杂物成分分布

图 3-70 给出了工业钢包耐火材料的元素面扫图。从图中可以看出，耐火材料中主要含有 MgO、CaO 和 C，且在耐火材料中存在纯 MgO 和 CaO 相。此外，还发现一些 SiO_2 和少量 Al_2O_3 杂质。

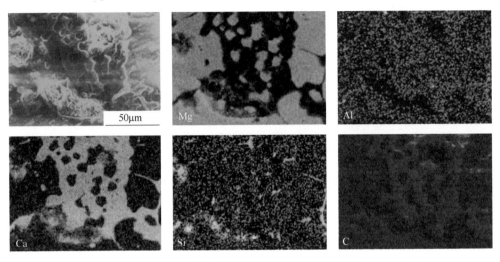

图 3-70　钢包含钙镁碳砖面扫描元素分布

如图 3-66 和图 3-69 所示，使用含 CaO 耐火材料明显导致了 $MnO-SiO_2$ 系夹杂物向 $CaO-SiO_2$ 系夹杂物的演变。当耐火材料与钢液接触时，也需要考虑 $[Ca]-[O]$ 平衡。由于存在纯 CaO，因此耐火材料中 CaO 活度可以认为是 1。当实测氧活度为 $20×10^{-4}$ 时，与钢包耐火材料平衡的溶解 Ca 活度为 $0.357×10^{-4}$。该活度是与精炼渣平衡的溶解 Ca 活度的 75 倍。如图 3-70 所示，耐火材料中也存在 C。在工业实验中，CaO 也很可能被 C 还原，从而生成 Ca 蒸气，反应如式（3-70）所示。钙蒸气在遇到钢液时即可溶解在钢液中。因此，相比精炼渣，耐火材料向钢液提供的钙更多。本实验条件下，使用含 CaO 耐火材料应该是导致 $MnO-SiO_2$ 系夹杂物演变为 $CaO-SiO_2$ 系夹杂物的主要原因。通常，工业最终产品中存在一些大尺寸的 $CaO-SiO_2$ 系夹杂物。为了控制这些大尺寸的 $CaO-SiO_2$ 系夹杂物，在帘线钢生产过程中，并不建议使用含 CaO 耐火材料。

$$CaO + C \Longrightarrow Ca(g) + CO(g) \tag{3-70}$$

3.3.5　精炼渣与耐火材料对夹杂物演变的作用

3.3.5.1　对铝镇静钢中夹杂物的影响

许多研究表明，钢液中的溶解 Mg 和 Ca 主要源自耐火材料和精炼渣中 MgO 和 CaO 的还原。此外，镁碳质耐火材料中的 C 也会将 MgO 还原生成 Mg 蒸气。也有学者指出，高碳钢中的碳也会将耐火材料和精炼渣中的 MgO 和 CaO 还原。

基于这些研究，反应(3-71)~(3-73)是铝镇静钢中生成 Mg 的主要化学反应，而反应(3-74)~(3-75)是铝镇静钢中生成 Ca 的主要化学反应。因此，溶解 Mg 的来源包括精炼渣和耐火材料，而溶解 Ca 则主要来源于精炼渣。

$$3MgO_{渣/耐火材料} + 2[Al] =\!\!= Al_2O_{3渣/耐火材料} + 3[Mg] \tag{3-71}$$

$$MgO_{耐火材料} + C_{耐火材料} =\!\!= CO(g) + Mg(g) \tag{3-72}$$

$$MgO_{渣/耐火材料} + [C] =\!\!= CO(g) + [Mg] \tag{3-73}$$

$$3CaO_{渣} + 2[Al] =\!\!= Al_2O_{3渣} + 3[Ca] \tag{3-74}$$

$$CaO_{渣} + [C] =\!\!= CO(g) + [Ca] \tag{3-75}$$

如前文所述，在铝镇静钢中 $MgO \cdot Al_2O_3$ 尖晶石夹杂物通常要先于铝酸钙夹杂物的生成。有学者指出，这种夹杂物演变规律主要是因为钢中溶解 Mg 的活度比溶解 Ca 的高。因金属钙比镁更加活泼，如果钢中溶解 Mg 和 Ca 含量一致，那 $MgO \cdot Al_2O_3$ 尖晶石夹杂物是不可能稳定存在的，铝酸钙夹杂物才是最稳定的物相。因此，可以认为这种夹杂物演变规律应与钢中溶解 Mg 和溶解 Ca 的生成有密切关联，工业实验和实验室实验也证实了这一点。依据前文实测 Mg 和 Ca 含量，图 3-71 绘出了其变化趋势。从图 3-71 可以清晰地看到，无论是工业实验还是实验室实验，钢中 Mg 的生成均比 Ca 的生成快很多。此外，如图 3-71 (a)~(c) 所示，在 LF 精炼前钢中 Ca 含量接近于零，而钢中 Mg 含量则十分明显。这意味着此时更有利于 $MgO \cdot Al_2O_3$ 尖晶石夹杂物的生成。随着反应的进行，当钢中溶解 Ca 足够高时，$MgO \cdot Al_2O_3$ 尖晶石夹杂物变得不稳定，铝酸钙夹杂物逐渐生成。一些研究者[53-55]建立了钢中 Mg 和 Ca 生成的动力学模型。这些模型计算结果均表明，钢中 Mg 的生成要明显快于 Ca。

在钢包精炼过程中，精炼渣与耐火材料均与钢液接触。相比精炼渣，耐火材料与钢液的接触面积要大得多。一般情况下，因耐火材料 MgO 的溶解，渣中的 MgO 是趋于饱和的。因此，渣中 MgO 的活度非常接近于 1。渣中 CaO 的活度则与渣的成分密切相关。为了对比渣中 MgO 和 CaO 的活度，采用 FactSage 软件计算 $CaO-Al_2O_3-SiO_2-MgO$ 系中 CaO 和 MgO 等活度曲线，其结果如图 3-72 所示。实际渣系中的 MgO 含量在 7% 左右，因此在计算过程中其含量取 7%。从图 3-72 可以看出，在液相区范围内，对同一渣成分的渣系，MgO 的活度明显大于 CaO 的活度。以 3.3.1 节中常规铝镇静钢渣系为例，将实验渣系成分标注在图 3-72 中。从图中也可以看出，尽管渣的 CaO 含量在 50% 附近，其含量比 MgO 含量大 6 倍左右，但是 CaO 的活度仍然小于 0.5，而 MgO 的活度却大于 0.8。

此外，式 (3-76) 可以反映 MgO 和 CaO 的稳定性。在炼钢温度下 (1500~1700℃)，式 (3-77) 的标准吉布斯自由能小于零。这表明，MgO 不如 CaO 稳定，更容易被铝还原。

$$MgO + [Ca] =\!\!= [Mg] + CaO \tag{3-76}$$

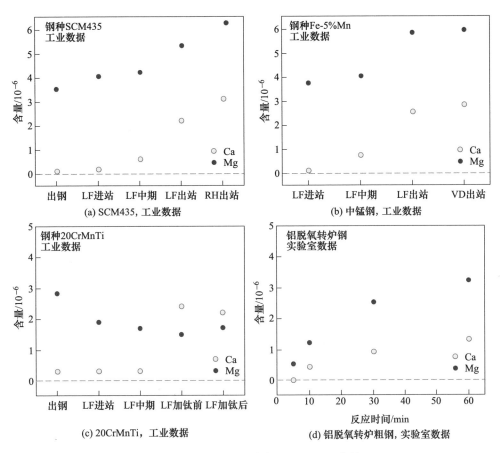

图 3-71　不同钢种钢中实测 Ca 和 Mg 含量

$$\Delta G_{3-76}^{\ominus} = -48242 + 18.914T(\,\mathrm{J/mol}) \qquad (3-77)$$

可见，相比 CaO，工业钢包中 MgO 的来源更多（精炼渣和耐火材料），与钢液接触面更大，且活度更大，稳定性却更弱。因此，基于反应（3-71）~（3-73），钢中 Mg 生成应比 Ca 的生成更快。转炉吹炼终点时，钢液中的氧活度十分高，因此钢液中的溶解 Mg 和 Ca 含量可以视为零。当出钢加入铝脱氧剂后，渣中或耐火材料中的 MgO 和 CaO 被还原生成溶解 Mg 和 Ca，溶解 Mg 迅速生成，Al$_2$O$_3$ 夹杂物会与其反应而形成 MgO·Al$_2$O$_3$ 夹杂物。

本书作者的研究表明，钢-耐火材料反应生成的 Mg 多于钢-渣反应，而有部分学者[56-57]认为钢-渣反应会导致更高的 Mg 含量。也有学者[58]认为虽然钢-渣反应生成 Mg 的速率比钢-耐火材料反应生成 Mg 更快，但因更大的接触面积，钢-耐火材料反应的作用更加明显。在出钢过程中，精炼渣中通常含有较高的 FeO 含量。当加入脱氧剂后，渣中 FeO 等不稳定性氧化物优先被铝等脱氧剂还原，而渣

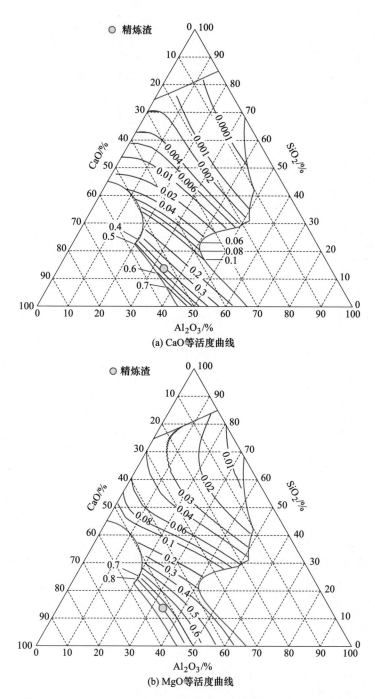

(a) CaO等活度曲线

(b) MgO等活度曲线

图 3-72 CaO-Al$_2$O$_3$-SiO$_2$-7%MgO 渣系组元的等活度曲线（1600℃）

中 MgO 和 CaO 的还原则相对较弱。同时，钢液与耐火材料反应生成溶解 Mg 是可以发生的，因而溶解 Mg 的生成相比溶解 Ca 要迅速得多。这表明耐火材料在夹杂物生成与演变过程中起着异常重要的作用。

可见，基于转炉出钢过程的溶解 Mg 和溶解 Ca 的生成过程，就可以很容易解释 MgO-Al$_2$O$_3$ 系夹杂物为何先于 CaO-Al$_2$O$_3$ 系夹杂物生成。考虑 MgO 和 CaO 被还原的差异，图 3-73 给出了夹杂物演变的示意图。由于钢液中溶解 Mg 迅速生成，脱氧产物 Al$_2$O$_3$ 夹杂物与溶解 Mg 反应生成 MgO-Al$_2$O$_3$ 系夹杂物；当反应进行到一定程度时，溶解 Ca 在钢液中不断生成，MgO-Al$_2$O$_3$ 系夹杂物变得不稳定，会进一步演变成 CaO-MgO-Al$_2$O$_3$ 系夹杂物。

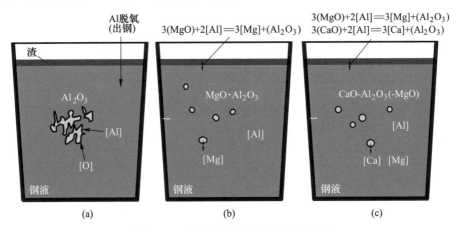

图 3-73　冶炼过程夹杂物演变示意图

3.3.5.2　对硅锰镇静钢中夹杂物的影响

本章 3.3.4 节的工业实验和实验室实验表明，帘线钢精炼渣对 MnO-SiO$_2$-Al$_2$O$_3$ 系夹杂物作用不大，而含 CaO 耐火材料对其演变起着重要作用。然而，许多研究指出，低碱度渣对于控制夹杂物塑性是非常必要的。

部分钢铁企业在精炼过程采用了变渣操作来生产帘线钢，即在精炼过程先使用碱度较高的精炼渣，然后通过添加石英或其他 SiO$_2$ 含量较高的氧化物将渣碱度降低到目标值。本书作者团队在 3.3.4 节所述企业进行了工业实验，对变渣操作的影响也进行了研究。实验钢种和流程完全相同，钢包使用的耐火材料也相同。主要区别为 LF 精炼过程采用了变渣操作，即精炼渣的初始碱度（$R = w(CaO)/w(SiO_2)$）为 1.1~1.2，精炼 45min 后加入石英使渣碱度调整至 0.8。精炼渣的成分如表 3-19 所示。在 LF 精炼开始（钢样 3-5-1 和渣样 3-5-1）、LF 精炼 45min（钢样 3-5-2 和渣样 3-5-2，即变渣前）和精炼结束（钢样 3-5-3 和渣样 3-5-3）以及软吹结束（钢样 3-5-4 和渣样 3-5-4）提取试样。同时，采用定氧探头测定溶解氧活度。

表 3-19　变渣精炼过程渣成分　（%）

试样号	时间/min	CaO	SiO$_2$	MgO	Al$_2$O$_3$	FeO	MnO	碱度 $R^{(-)}$
3-5-1	0	46.2	41.4	4.0	2.0	2.2	3.8	1.1
3-5-2	45	46.3	39.8	6.4	1.5	0.8	1.8	1.2
3-5-3	60	37.4	48.2	6.1	1.5	1.4	2.6	0.8
3-5-4	110	37.8	46.9	6.4	1.6	1.3	3.1	0.8

图 3-74 给出了实测铝含量和氧活度。从图 3-74（a）可以看出，LF 精炼开始时，铝含量已高于 7×10^{-6}。在渣碱度较高时，平均铝含量略有上升，而变渣操作后，铝含量略有下降。尽管如此，钢液中铝含量的变化仍然非常小。从图 3-74（b）可以看出，变渣前钢液中溶解氧活度略高于 10×10^{-4}，而变渣操作后，溶解氧活度增加到 20×10^{-4} 左右。将表 3-16 的溶解氧测量值也绘制在图 3-74（b）中。从图中可以看出，虽然渣碱度变化很小（从 0.8 到 1.2），但钢中溶解氧活度下降了近一半。

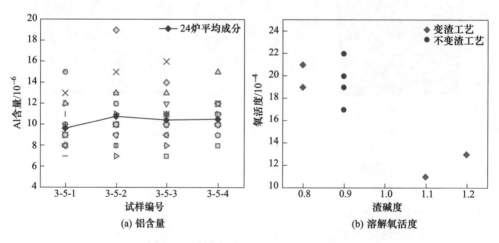

(a) 铝含量　　　　　　　　(b) 溶解氧活度

图 3-74　测定钢液铝含量和溶解氧活度

为了进一步证明这一现象，根据 [Si]-[O] 平衡的热力学数据计算出钢液中溶解氧的等活度线如图 3-75 所示。如图 3-75 所示，当渣碱度从 0.8 增加到 1.2 时，钢液中溶解氧明显下降。虽然具体数值与实测活度不同，但变化趋势却一致。结果表明，变渣操作明显影响了钢液中溶解氧。

试样中的夹杂物与 3.3.4.2 节所述的夹杂物类型相同。按照相同的处理方法，图 3-76 列出了夹杂物的成分范围和平均值。图 3-76（a）仍然按照夹杂物中 CaO 含量从低到高依次排序，在图中绘出每一个夹杂物的成分。如图 3-76（a）所示，夹杂物中 Al$_2$O$_3$ 和 MgO 的含量一般低于 10%，但在部分夹杂物中有的却

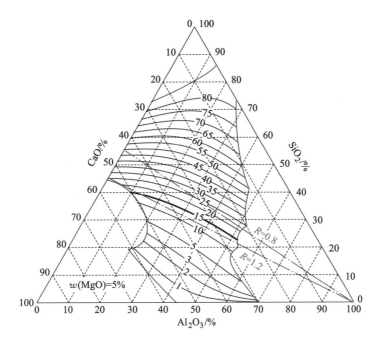

图 3-75　1600℃下 FactSage 计算 CaO-SiO₂-Al₂O₃-5%MgO 体系等氧活度线（10⁻⁴）

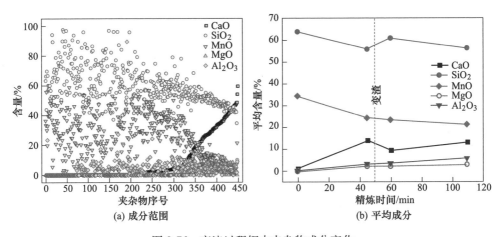

(a) 成分范围

(b) 平均成分

图 3-76　变渣过程钢中夹杂物成分变化

超过了 30%。MnO-SiO₂ 系夹杂物中 SiO₂ 和 MnO 的成分范围较宽，而含 CaO 夹杂物中的 CaO 含量随着 SiO₂ 和 MnO 含量的下降而不断增加。如图 3-76（b）所示，在精炼过程中，夹杂物中 SiO₂ 和 MnO 含量不断下降，而 CaO、MgO 和 Al₂O₃ 的含量呈现总体上升的趋势。需要注意的是，变渣操作后，夹杂物中 CaO 含量平均值先略有下降，然后再上升，而 SiO₂ 含量的变化则相反。由于 MgO 和

Al$_2$O$_3$ 含量较低，因此继续在 CaO-MnO-SiO$_2$ 系三元相图中绘制夹杂物成分分布图，如图 3-77 所示。图中每个小圆点代表某一夹杂物的平均成分，而不是夹杂物中某一物相的成分。由图 3-77（a）可以看出，LF 精炼初期夹杂物仍然以 MnO-SiO$_2$ 为主，部分夹杂物中也含有少量 CaO。变渣前，试样 3-5-2 中夹杂物 CaO 含量明显增加，出现了部分 CaO-SiO$_2$ 系夹杂物和 CaO-MnO-SiO$_2$ 系夹杂物，如图 3-77（b）所示。变渣后（试样 3-5-2），越来越多的夹杂物演变为 CaO-MnO-SiO$_2$ 系夹杂物，而 CaO-SiO$_2$ 系夹杂物中 CaO 含量下降，如图 3-77（c）所示。随后，随着反应时间延长，含 CaO 夹杂物数量增加，如图 3-77（d）所示，许多夹杂物进入了液相区。

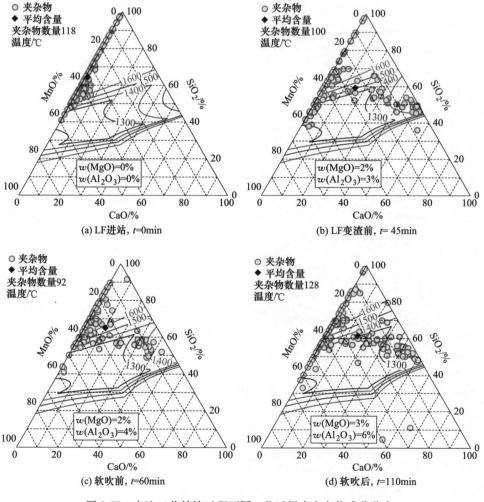

图 3-77　变渣工艺精炼过程不同工位试样中夹杂物成分分布

　　由图 3-65 可知，采用全程低碱度工艺时，夹杂物中 Al_2O_3 和 MgO 含量都低于 10%，CaO 含量随着夹杂物中 SiO_2 和 MnO 含量降低而不断增加。对比图 3-65 和图 3-76 发现，虽然变渣工艺中夹杂物 Al_2O_3 和 MgO 的平均成分相比全程低碱度工艺只是略高一些，但部分夹杂物中的 Al_2O_3 和 MgO 含量甚至超过 30%。这说明精炼变渣操作导致夹杂物中 Al_2O_3 和 MgO 的成分变化范围较大。众所周知，夹杂物中 Al_2O_3 含量过高会导致夹杂物变形性能差，这对帘线钢是极其有害的。此外，从图 3-76(b) 中可以看出，变渣后 CaO 的平均含量先略有下降后又有所增加，而在全程低碱度精炼过程中，CaO 的平均含量不断增加，如图 3-65(b) 所示。由此可见，变渣工艺对钢中夹杂物仍有明显的影响。

　　尽管精炼渣直接向钢液供应 Ca 的作用仍然非常有限，但精炼渣碱度的变化会引起钢液中溶解氧的变化，从而影响钢液中元素之间的平衡关系，钢液中溶解 Ca、Mg 和 Al 等元素也会发生相应的变化。由于变渣前精炼渣碱度较高，依据 [Ca]-[O] 平衡，耐火材料中 CaO 提供的钙要比全程低碱度时高得多。在这种情况下，变渣前的夹杂物（试样 3-5-2）CaO 含量高于全程低碱度工艺的夹杂物 CaO 含量（试样 3-4-2）。变渣操作后，精炼渣碱度下降，钢中溶解氧随着渣中 SiO_2 的活度降低而不断增加（见图 3-74(b)）。因此，钢液中溶解 Ca 含量降低，夹杂物中 CaO 减少。一些学者也得到类似的变化趋势。

　　图 3-78 为钢中溶解铝的等活度曲线图。由图 3-78 可知，随着精炼渣碱度的

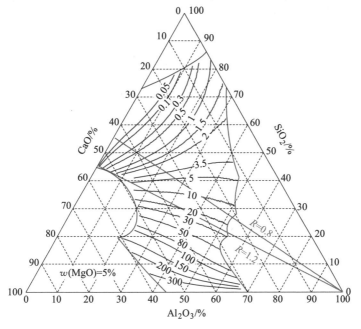

图 3-78　1600℃下 FactSage 计算 CaO-SiO_2-Al_2O_3-5%MgO 体系等铝活度线（10^{-4}）

增加，钢渣平衡时，钢液中的铝含量不断增加。实验精炼渣中 Al_2O_3 含量仅为 2%左右，当精炼渣碱度在 0.8~1.2 之间变化时，钢液中的铝含量应该很低（10^{-7}~10^{-6}）。这说明在变渣过程中，实验精炼渣对钢中溶解铝的影响较小，这与图 3-74（a）所示的结果一致。尽管如此，如果精炼渣中 Al_2O_3 含量高到一定程度，其碱度变化仍然会明显影响钢液中的铝含量。

本章 3.3.4.3 节已经证明含 CaO 耐火材料对夹杂物演变起着重要作用。虽然低碱度精炼渣难以使 MnO-SiO_2 系夹杂物演变成 CaO-SiO_2 系夹杂物，但是本小节的变渣实验证明了精炼渣仍然会影响钢中夹杂物成分。由此可见，精炼渣和耐火材料对硅锰镇静钢中夹杂物的影响仍然非常重要。

3.4 钢包挂渣对夹杂物的影响

在钢液浇注过程中，随着钢液面不断下降，精炼渣会不断黏附在钢包内壁，形成一个渣釉层。这个釉层即为钢包挂渣，又称为钢包釉。钢包挂渣形成示意图和照片如图 3-79 所示。

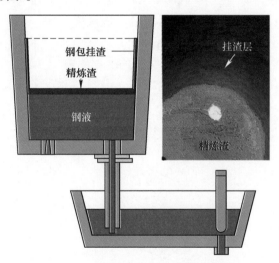

图 3-79　钢包挂渣照片及形成示意图

除了新砌钢包首次使用外，其余钢包均有挂渣层。在钢精炼过程中，钢液会与挂渣层和耐火材料接触。因此，钢包挂渣和耐火材料对钢中夹杂物的作用仍然不能忽略。Son 等[59-60]研究发现，钢包挂渣的剥落以及钢包挂渣与钢液之间的相互作用可以向钢液提供尖晶石夹杂物。Du 等[14,61]的研究表明钢包挂渣是钢液中夹杂物的一个重要来源，并指出脱氧前钢中的铝酸钙夹杂物主要来自钢包挂渣。另外，学者们[14,61-63]指出，渗入耐火材料内部的炉渣很难去除，随着包龄的增加，钢包挂渣对后续炉次的影响越来越严重。尽管如此，钢包挂渣对钢液中夹杂物的影响机理还不是很清晰。为此，本书作者团队采用实验室实验研究了钢包挂渣对钢中夹杂物的作用机制，讨论了钢包周转对钢液洁净度的影响。

实验使用的耐火材料为氧化镁和氧化铝棒，均是由分析纯化学试剂制作而成，直径 8.3mm，高度为 150mm。实验设计了四组精炼渣系（渣Ⅰ、Ⅱ、Ⅲ和Ⅳ），精炼渣的化学成分如表 3-20 所示。为了更好地追踪夹杂物的来源，实验在渣Ⅰ~Ⅲ中加入 BaO 作为示踪剂替代部分 CaO。已有文献报道[61]，用小于 20% 的 BaO 代替 CaO 对渣的性质和钢液质量影响很小。因此，实验中 BaO 的用量为 15%。实验前，将均匀混合的化学试剂放入石墨坩埚中，并在氩气保护气氛的电阻炉中（1600℃）预熔，淬火后研磨成细小颗粒装袋备用。需要指出的是，当渣Ⅰ中没有使用 BaO 代替 CaO 时，渣Ⅰ和Ⅳ的化学成分是一致的。制备挂渣耐火材料棒时，将 60g 预熔渣放入石墨坩埚并置于电阻炉中，在 1600℃的温度下保持 30min。之后，将氧化镁或氧化铝棒浸入渣中，2min 后取出耐火材料棒，放在空气中冷却至室温，形成钢包挂渣。

表 3-20　实验渣系成分　　　　　　　　（%）

精炼渣	CaO	BaO	SiO$_2$	MgO	Al$_2$O$_3$	R
Ⅰ	40	15	10	8	27	5.5
Ⅱ	30	15	20	8	27	2.25
Ⅲ	21	15	44	8	12	0.81
Ⅳ	55	—	10	8	27	5.5

实验用钢为 GCr15 轴承钢铸坯试样和脱氧转炉钢（$w[Al] \approx 0.05\%$）。GCr15 的化学成分如表 3-21 所示。实验开始前，打磨去除钢样表面氧化层。

表 3-21　GCr15 化学成分　　　　　　　（%）

C	Si	Mn	Cr	Al	T.[O]
1.0	0.25	0.35	1.5	0.015	0.00057

实验在氩气保护气氛的高温电阻炉中进行。在实验前，向炉内通氩气 5h，将炉内空气排出。将装有 150g 轴承钢试样或 100g 脱氧转炉钢的氧化镁坩埚放到电阻炉内，在 1600℃温度下熔化 10min 后，然后将耐火材料棒（包括挂渣/未挂渣）浸入钢液中，并在此时开始计时，即 $t = 0$min。实验过程中，为了确保耐火材料棒在钢液熔池中处于中间位置，使用带孔的氧化铝板将耐火材料棒固定。实验结束后，快速取出耐火材料棒和钢试样，耐火材料棒在空气中冷却，钢试样放入水中淬火。为了研究不同挂渣对连续炉次钢液洁净度的影响，进行了二次挂渣实验。实验 B4、C4 和 D4 结束后，将耐火材料棒取出后分别浸入熔渣Ⅳ中，浸入时间为 2min，形成二次挂渣。之后，再将二次挂渣的耐火材料棒浸入 GCr15

钢液中。实验方案如表 3-22 所示。

表 3-22　实验方案

实验	温度/℃	时间/min	实验钢	坩埚	耐火材料棒	挂渣
A1	1600	5	GCr15	氧化镁	氧化镁	—
A2	1600	10	GCr15	氧化镁	氧化镁	—
A3	1600	30	GCr15	氧化镁	氧化镁	—
A4	1600	60	GCr15	氧化镁	氧化镁	—
B1	1600	5	GCr15	氧化镁	氧化镁	Ⅰ
B2	1600	10	GCr15	氧化镁	氧化镁	Ⅰ
B3	1600	30	GCr15	氧化镁	氧化镁	Ⅰ
B4	1600	60	GCr15	氧化镁	氧化镁	Ⅰ
C1	1600	5	GCr15	氧化镁	氧化镁	Ⅱ
C2	1600	10	GCr15	氧化镁	氧化镁	Ⅱ
C3	1600	30	GCr15	氧化镁	氧化镁	Ⅱ
C4	1600	60	GCr15	氧化镁	氧化镁	Ⅱ
D1	1600	5	GCr15	氧化镁	氧化镁	Ⅲ
D2	1600	10	GCr15	氧化镁	氧化镁	Ⅲ
D3	1600	30	GCr15	氧化镁	氧化镁	Ⅲ
D4	1600	60	GCr15	氧化镁	氧化镁	Ⅲ
E	1600	60	GCr15	氧化镁	氧化镁	Ⅰ（实验 B4）+Ⅳ
F	1600	60	GCr15	氧化镁	氧化镁	Ⅱ（实验 C4）+Ⅳ
G	1600	60	GCr15	氧化镁	氧化镁	Ⅲ（实验 D4）+Ⅳ
H1	1600	5	转炉脱氧钢	氧化铝	氧化铝	Ⅳ
H2	1600	10	转炉脱氧钢	氧化铝	氧化铝	Ⅳ
H3	1600	30	转炉脱氧钢	氧化铝	氧化铝	Ⅳ
H4	1600	60	转炉脱氧钢	氧化铝	氧化铝	Ⅳ

实验结束后，将耐火材料棒在距离底部 5mm 处进行切割制样，将钢试样垂直切割并制样，利用扫描电子显微镜分析挂渣和夹杂物的变化。同时，测量钢铁试样的全氧含量和化学成分。

3.4.1　钢液作用下挂渣演变

浸入渣Ⅰ后，氧化镁耐火材料棒表面元素分布如图 3-80 所示。从图 3-80 中可以看到，耐火材料边缘形成了一层挂渣层。这可以由 Ca、Al、Si 和 Ba 元素的分布所证明，因为实验前耐火材料几乎不含这些元素。此外，从图中还可以看到，部分精炼渣已经渗透到耐火材料内部。需要说明的是，挂渣 Ⅰ、Ⅱ 和 Ⅲ 的厚度相差不大，其厚度约 350μm。图中也显示有一些镶嵌料，其含有一定的 Al_2O_3 和 SiO_2。这并不会影响实验分析结果，因为挂渣层中并不存在这些纯氧化物。

图 3-80　挂渣耐火材料面扫图（挂渣 Ⅰ）

当实验 B4、C4 和 D4 结束以后，将含有残余挂渣的耐火材料棒浸入渣Ⅳ形成二次挂渣。耐火材料棒表面二次挂渣的元素分布如图 3-81 所示。从图 3-81 可以看出，二次挂渣相对于初始挂渣的厚度有轻微的增加。此外，Ba 元素在整个钢包釉层上仍有分布，且 BaO 的含量从内向外不断降低。几个二次挂渣均表现出类似的现象。由于渣Ⅳ中并没有添加 BaO 示踪剂，因此残余挂渣是 Ba 元素的唯一来源。

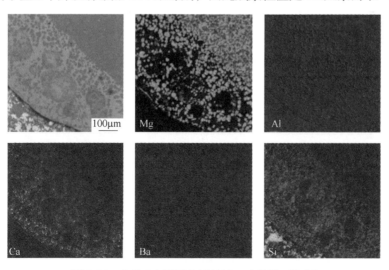

图 3-81　实验 B4 后耐火材料棒二次挂渣面扫图

图 3-82 给出了挂渣中 SiO_2 平均含量随反应时间的变化规律。从图 3-82 中可以清晰地看到，随反应时间的延长，挂渣中 SiO_2 含量逐渐降低。在每组实验中，SiO_2 含量的变化程度有一定的区别。其中，实验 B1~B4 中 SiO_2 含量降低的程度最弱，而实验 D1~D4 和实验 H1~H4 中 SiO_2 含量变化最剧烈。

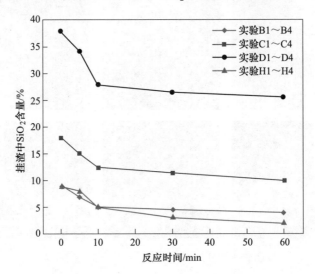

图 3-82 挂渣中 SiO_2 平均含量随时间的变化

图 3-83 为二次挂渣与钢液反应后挂渣中的 SiO_2 含量。由于初始二次挂渣中的 SiO_2 不均匀，因此没有给出其含量。需要说明的是，虽然渣Ⅳ中 SiO_2 含量是固定的，但是由于残余挂渣中的 SiO_2 含量不同（见图 3-82），三组实验的二次挂

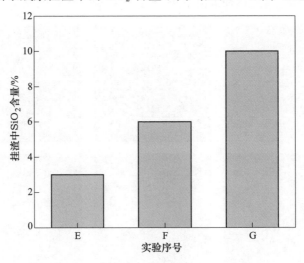

图 3-83 二次挂渣实验后挂渣中 SiO_2 含量

渣 SiO_2 含量也会有区别。因此，当二次挂渣再次与钢液反应时，其与钢液的反应程度也不一样。由图 3-83 可知，反应 60min 后，随着初始挂渣碱度不断降低，二次挂渣中 SiO_2 含量不断增加。

挂渣的平均厚度随时间的变化情况如图 3-84 所示。从图中可以看到，随着反应时间的增加，挂渣的平均厚度逐渐减小，而且各组实验中挂渣厚度变化规律基本一致。当挂渣的耐火材料棒浸入钢液后，挂渣厚度在前 10min 减小非常明显，之后的变化趋于平缓。这说明部分挂渣剥落进入了钢液中，从而形成了夹杂物。此外，从图 3-84 还可以看出，相比初次挂渣，二次挂渣的厚度有轻微的增加，这与图 3-81 相对应。与钢液反应 60min 后，仍有部分挂渣残留在耐火材料表面。

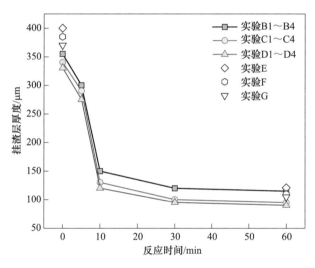

图 3-84　挂渣平均厚度随时间的变化

3.4.2　挂渣对夹杂物的作用机制

实验前钢液中的夹杂物类型列于表 3-23 中。可以看到，采用铝脱氧后的转炉钢液中的夹杂物主要是 Al_2O_3 夹杂物（类型 1），其尺寸一般小于 $10\mu m$。此外还有少量的铝酸钙夹杂物，具体参见本章 3.2.2 节。

GCr15 铸坯样中主要有三种类型夹杂物，三种类型夹杂物形貌如图 3-85 所示。从图 3-85（a）可以看到，类型 3 夹杂物为尖晶石夹杂物，其数量非常少。由图 3-85（b）可知，类型 4 夹杂物为铝酸钙类型夹杂物，是铸坯中主要夹杂物类型。类型 5 夹杂物是类型 3 和 4 夹杂物的组合，其中间为尖晶石，外部为铝酸钙相，如图 3-85（c）中所示。类型 5 夹杂物数量较少。三种类型夹杂物尺寸均在 $1\sim10\mu m$。

表 3-23　实验各阶段夹杂物类型

类型	夹杂物特征	铸坯	脱氧转炉钢	A1~A4	B1~D4				E~G	H1~H4			
				5~60	5	10	30	60	60	5	10	30	60
1	氧化铝		×							×	×	×	×
2	氧化铝+尖晶石									×			
3	尖晶石	×		×	×	×	×				×	×	×
4	铝酸钙（低 SiO_2 和 MgO）	×	×	×	×	×	×	×	×	×	×	×	×
5	尖晶石+铝酸钙（低 SiO_2 和 MgO）	×	×	×	×	×	×	×	×	×	×	×	×
6	铝酸钙（高 SiO_2 和 BaO，低 MgO）				×	×	×						
7	铝酸钙（高 BaO，低 SiO_2 和 MgO）					×	×	×					
8	铝酸钙（低 SiO_2、BaO 和 MgO，BaO 外层分布）						×	×	×				
9	铝酸钙（低 SiO_2、BaO 和 MgO，BaO 均匀分布）						×	×	×				
10	尖晶石+铝酸钙（低 SiO_2、BaO 和 MgO）						×	×	×				

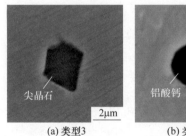
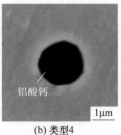
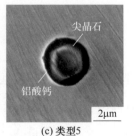

(a) 类型3　　　　　(b) 类型4　　　　　(c) 类型5

图 3-85　实验前 GCr15 钢液中夹杂物形貌

　　实验结束后，钢液中共发现 10 种类型夹杂物。每种类型夹杂物在实验各阶段出现的情况列于表 3-23。从表中可以看到，与实验前相比，实验 A1~A4 钢液中的夹杂物种类没有变化，钢中的主要夹杂物类型为铝酸钙（类型 4 和类型 5）。虽然尖晶石夹杂物（类型 3）数量比实验前有所增加，但是与铝酸钙夹杂物相比，其数量仍然较少。在其他组实验中，尖晶石夹杂物在实验 30min 之后已经消失，而铝酸钙夹杂物出现在实验的整个过程中。类型 6~10 夹杂物是含有示踪剂的夹杂物。图 3-86~图 3-90 给出了这五种夹杂物的元素分布图。需要说明的是，在表 3-23 中，当夹杂物 BaO 含量超过 10%时，其被认为是高 BaO 含量，反之则认为是低 BaO 含量。

当挂渣氧化铝棒浸入铝脱氧钢以后，实验 H1 钢中夹杂物以类型 1 和 2 夹杂物为主，实验 H2~H3 钢中夹杂物主要为尖晶石类型夹杂物。需要注意的是，挂渣氧化铝棒浸入钢液 60min 后（实验 H4），铝酸钙类型夹杂物数量明显增多，尖晶石夹杂物的数量相比实验 H3 中有明显减少。此时，尖晶石和铝酸钙夹杂物都是钢中的主要夹杂物类型。

从表 3-23 和图 3-86~图 3-90 可知，含有示踪剂的夹杂物均为铝酸钙夹杂物，并且这类夹杂物均近似球形。图 3-86 是典型的类型 6 夹杂物的面扫描图。从图 3-86 和表 3-23 可以看出，类型 6 夹杂物含有较高 SiO_2 和 BaO 以及较低的 MgO 含量。这类夹杂物尺寸范围较宽，在 $1~40\mu m$ 之间，其主要出现在实验 5~30min 之间。

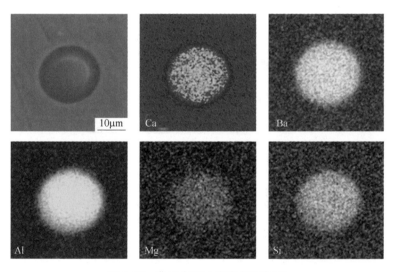

图 3-86　典型类型 6 夹杂物面扫图

典型的类型 7 夹杂物的面扫描图如图 3-87 所示。从图 3-87 和表 3-23 可以看出，类型 5 夹杂物含有较高 BaO，同时含有少量的 SiO_2 和 MgO。这类夹杂物尺寸一般小于 $10\mu m$，主要出现在实验 10~60min 之间。

图 3-88 给出了类型 8 夹杂物的面扫描图。从图 3-88 和表 3-23 可知，类型 8 夹杂物中的 MgO、SiO_2 和 BaO 含量均较低，且 BaO 主要分布在夹杂物边缘，夹杂物尺寸在 $1~10\mu m$ 之间。

类型 9 夹杂物的元素分布如图 3-89 所示。从图 3-89 和表 3-23 可知，类型 9

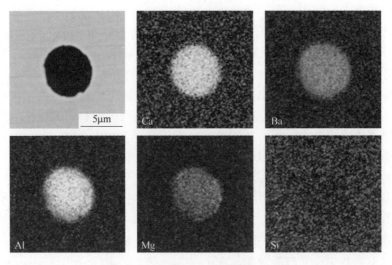

图 3-87   典型类型 7 夹杂物面扫图

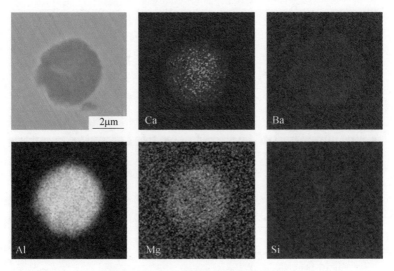

图 3-88   典型类型 8 夹杂物面扫图

夹杂物中 MgO、SiO₂ 和 BaO 含量也较低，夹杂物尺寸小于 10μm。与类型 6 夹杂物相比，这类夹杂物中的 Ba 元素均匀分布。

类型 10 夹杂物的元素分布如图 3-90 所示。从图 3-90 和表 3-23 可以看出，类型 8 夹杂物含有两种物相，中间是尖晶石相，外层是铝酸钙相。外层的铝酸钙含有少量的 MgO、SiO₂ 和 BaO。由此可知，类型 10 夹杂物是类型 3 和类型 9 夹杂物的组合，夹杂物尺寸在 1~10μm 之间。类型 8~10 夹杂物主要出现在实验 10~60min 之间，并且在二次挂渣实验中也发现了这三种类型夹杂物。

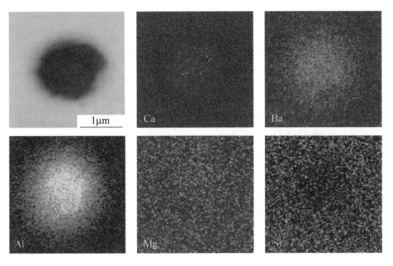

图 3-89 典型类型 9 夹杂物面扫图

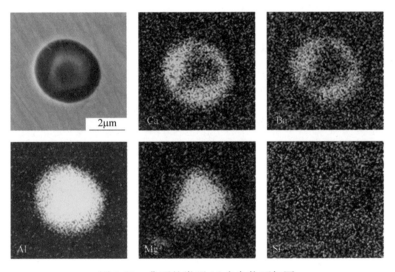

图 3-90 典型的类型 10 夹杂物面扫图

从表 3-23 和图 3-86 可以看到，挂渣的耐火材料浸入钢液 5min 后，钢液中发现了 BaO 和 SiO_2 含量较高的类型 6 夹杂物。从表 3-20 和图 3-82 可知，初始挂渣中 BaO 和 SiO_2 含量较高。因此，可以推测这些夹杂物源自挂渣。如图 3-84 所示，随着反应时间的增加，挂渣层的平均厚度逐渐减小。这说明在实验过程中，部分挂渣剥落进入钢液，最终残留在钢液中的挂渣形成了类型 6 夹杂物。图 3-86 为挂渣剥落形成夹杂物提供了最直接的证据。

随着反应时间的延长，类型 6 夹杂物中的 SiO_2 会被钢中 Al 还原，从而导致

夹杂物中 SiO_2 含量不断降低，反应如式（3-78）所示。同时，挂渣中的 CaO 也会被钢中的 Al 还原从而生成溶解 Ca。依据夹杂物的演变机理，当钢中有溶解 Ca 时，夹杂物中的 MgO 含量会逐渐降低。最终，类型 6 夹杂物可以演变生成类型 7 夹杂物。

$$3(SiO_2) + 4[Al] === 3[Si] + 2(Al_2O_3) \tag{3-78}$$

从表 3-23 可知，反应 30min 以后，钢液中发现类型 8～类型 10 夹杂物。实验前，GCr15 铸坯中含有尖晶石和铝酸钙夹杂物，如图 3-85 所示。与 CaO 一样，挂渣中的 BaO 也会被 Al 还原生成 Ba，反应如式（3-79）所示。由于初始钢液中 Ba 含量为 0，因此反应（3-64）很容易发生。

$$3(BaO) + 2[Al] === 3[Ba] + (Al_2O_3) \tag{3-79}$$

当钢中含有 Ca 和 Ba 时，Ca 与 Ba 会与类型 3～5 夹杂物相互作用，CaO 和 BaO 逐渐向夹杂物内部扩散，并在类型 2 夹杂物的边缘会形成含 BaO 层（见图 3-88），即形成类型 8 夹杂物。因此，类型 3 和类型 5 夹杂物演变为以尖晶石为核心、外层含 BaO 的铝酸钙夹杂物，即类型 10 夹杂物（见图 3-90）。尖晶石夹杂物在反应 30min 后消失也很好地证明了这一点。因为 BaO 和 Ba 的热力学数据不足，因此很难进行关于 BaO 和 Ba 的热力学计算。由于 BaO 和 Ba 的性质分别与 CaO 和 Ca 的性质很相似，因此进行热力学计算时，将 BaO 和 Ba 分别等效为 CaO 和 Ca，铝酸钙被简化为 $CaO \cdot Al_2O_3$。尖晶石演变生成铝酸钙的反应如式（3-80）所示。随着反应时间的增加，CaO 和 BaO 会继续向夹杂物内部扩散，最终形成类型 9 夹杂物。与工业实验[62]相比，本实验结果中含示踪剂的夹杂物（特别是类型 8 和 10）很好证明了钢包挂渣对夹杂物演变的影响。

$$MgO \cdot Al_2O_3 + [Ca] === CaO \cdot Al_2O_3 + [Mg] \tag{3-80}$$

从表 3-23 中可以看到，在实验 E～G 中，钢液中仍能检测到类型 6～8 夹杂物。当二次挂渣形成时，残留的初次挂渣示踪剂与二次挂渣反应，导致二次挂渣中仍有示踪剂分布（见图 3-81）。因此，尽管精炼渣Ⅳ并不含 BaO，初始挂渣中的 BaO 仍能对钢中夹杂物产生影响。

此外，当采用铝脱氧转炉钢实验时（实验 H1～H4），钢中夹杂物主要是 Al_2O_3（类型 1）。当挂渣的氧化铝棒浸入钢液后，钢中的主要夹杂物逐渐变为尖晶石夹杂物（类型 3）；当尖晶石夹杂物成为主要夹杂物以后，实验 H4 中类型 4 和类型 5 夹杂物的数量又不断增加，即铝酸钙夹杂物增多。实验过程使用了氧化铝坩埚和耐火材料棒。依据作者研究[20]，氧化铝耐火材料对铝镇静钢中夹杂物的影响较小。因此，引起钢中夹杂物反生演变的主要因素仍然是挂渣。这也从另一方面说明，钢包挂渣对钢中夹杂物的生成和演变有重要的影响。

3.4.3　挂渣对钢液洁净度的影响

图 3-91 为实验钢铝含量随时间的变化情况。从图 3-91 可以看出，钢中的铝

含量随着反应时间的延长不断降低。在实验 A1~A4 中，铝含量变化轻微，而在实验 B1~B4、C1~C4 和 D1~D4 中，铝含量变化较为明显。

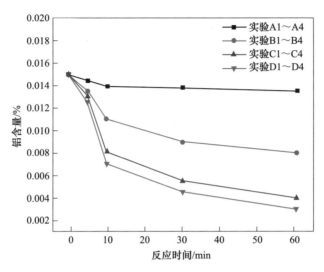

图 3-91 钢中铝含量随时间的变化

图 3-92 为实验 A~D 钢中全氧含量随时间的变化情况。从图中可以看出，每组实验的钢液全氧含量变化规律类似，均是先增大后减小。实验 A1~A4 钢液全氧含量只有轻微的波动，而其他三组实验钢的全氧含量波动较剧烈。每组实验钢液的全氧含量均在 10min 时达到最大值。反应到 60min 时，实验 A4 钢液全氧含

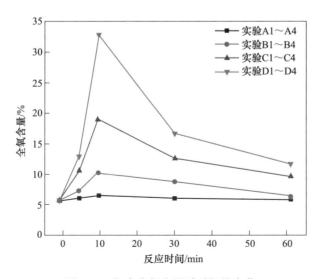

图 3-92 钢中全氧含量随时间的变化

量最低，与初始铸坯全氧含量一致。实验 B4 钢液全氧含量相比初始铸坯有轻微的增加，而实验 C4 和 D4 钢液全氧含量均超过了 10×10^{-6}，且实验 D4 钢液全氧含量最高。

由图 3-92 可知，实验 A1~A4 钢液中的全氧含量波动十分微弱。当反应进行 60min（实验 A4）后，钢中全氧含量与初始铸坯的全氧含量一致。这说明氧化镁棒对钢液全氧含量几乎没有影响，即其对钢液洁净度影响很小。在实验 B1~B4、C1~C4 和 D1~D4 中，钢液全氧含量先增大后减小。即使反应进行 60min 后，钢液的全氧含量仍然高于初始铸坯全氧含量。这说明钢包挂渣会恶化钢液洁净度。

从图 3-82 和图 3-91 可知，挂渣 SiO_2 含量和钢中铝含量随着反应时间的延长而逐渐降低。这说明挂渣中的 SiO_2 与钢液中的铝发生了式（3-78）所示化学反应。为了验证这种可能性，计算了反应（3-78）的吉布斯自由能 ΔG。计算过程采用稀溶液模型计算溶解元素的活度。挂渣 Ⅰ、Ⅱ 和 Ⅲ 中的 SiO_2 的活度则由 FactSage 7.1 软件计算获得，分别为 4.9×10^{-5}、7.4×10^{-4} 和 3.8×10^{-2}。基于式（3-81），可以进一步计算获得挂渣 Ⅰ、Ⅱ 和 Ⅲ 对应的吉布斯自由能 ΔG，分别为 $-180kJ/mol$、$-240kJ/mol$ 和 $-370kJ/mol$。这些值均表明，反应式（3-78）是可以发生的。

$$\Delta G_{3-78}^{\ominus} = -703190 + 121.9T \qquad (3-81)$$

由于钢液中铝含量降低，根据式（3-82），钢液中溶解氧含量将上升。另外，从图 3-84 可知，挂渣层的厚度随着反应时间的增加而逐渐减小。这说明部分挂渣脱落进入钢液，残留在钢液中的挂渣颗粒便会形成夹杂物。当挂渣的耐火材料棒浸入钢液 5min 时，钢液中含 BaO 含量较高的类型 6 夹杂物（见图 3-86）也证明了这一点。钢液中溶解氧含量增加和挂渣颗粒的剥落均会导致钢液的全氧含量增加。

$$2[Al] + 3[O] \Longrightarrow Al_2O_3 \qquad (3-82)$$

从图 3-84 可知，在反应的前 10min，挂渣层的厚度变化剧烈，钢液的全氧含量上升也十分迅速；而反应 10min 之后，挂渣层的厚度变化明显减缓，钢液全氧含量也逐渐下降。这应该是夹杂物上浮到钢液表面，从而引起钢液全氧含量的下降。为了验证这一观点，实验检测了实验 B2 和 B3 钢试样上部的全氧含量（分别为 10.3×10^{-6} 和 11.6×10^{-6}），而实验 B2 和 B3 试样下部的全氧含量分别为 10.1×10^{-6} 和 8.7×10^{-6}（见图 3-92）。可见，实验 B2 时钢试样上部和下部的全氧含量非常接近（10.3×10^{-6} 和 10.1×10^{-6}）；反应进行到 30min 时（实验 B3），钢液试样上部全氧含量则明显高于下部（11.6×10^{-6} 和 8.7×10^{-6}）。反应 10min 之后，由于挂渣中 SiO_2 的被铝还原较慢，钢液中铝消耗减缓，其引起钢液溶解氧含量变化也减弱。此外，反应 10min 之后，挂渣层的剥落也变得平缓。因此，夹杂物上浮对该阶段的全氧含量变化起到了主导作用。

实验 B~D 中每组实验的挂渣碱度均不同。结合表 3-20 和表 3-22，从图 3-92

可以看出，随着挂渣碱度的降低，钢液的全氧含量逐渐增加。由图 3-84 可知，三种挂渣厚度的减小值非常接近，即挂渣剥落进入钢液形成夹杂物的数量区别不大。这说明钢液全氧含量的区别主要是由钢液溶解氧含量不同造成的。从热力学角度考虑，这也很好理解。依据反应（3-78），挂渣中的 SiO_2 的活度越大，反应向右进行的驱动力越大，即反应越易发生。这表明碱度越低，与钢液反应越剧烈。图 3-82 中挂渣 Ⅰ、Ⅱ 和 Ⅲ 的 SiO_2 含量降低的程度依次增大，这也与热力学分析结果吻合。化学反应越激烈，钢中铝的消耗越多（见图 3-91 中的铝含量变化），根据式（3-82），钢液溶解氧含量也越高，从而导致钢液全氧含量更高。这说明挂渣中 SiO_2 含量越高，钢液全氧含量波动越大，对钢液的洁净度影响越大。

3.4.4 钢包周转的影响

图 3-93 是实验 E~G 钢中的全氧含量对比。从图 3-93 可以看到，从实验 E 到实验 G，钢液的全氧含量不断增加。实验 E 结束后，钢中全氧含量与实验 B4 的一致，比初始铸坯的全氧含量略高（$6.5×10^{-6}$）；而实验 F 和 G 钢液全氧含量则显著增加（$9.0×10^{-6}$ 和 $11.0×10^{-6}$）。由图 3-84 可知，实验过程挂渣的厚度逐渐减小，在实验结束时，仍有约 $100\mu m$ 厚的挂渣残留在氧化镁耐火材料表面。在实验 E~G 中，由于二次挂渣时浸入的精炼渣完全相同（精炼渣 Ⅳ），因此可以断定图 3-93 中钢液全氧含量的差异主要源自残余的初始挂渣。从图 3-82 中可以看到，实验 C4 和 D4 实验结束时，初始挂渣 SiO_2 含量仍然较高。当其浸入精炼渣 Ⅳ 中形成二次挂渣时，挂渣中的 SiO_2 含量也会受初始挂渣的影响，这可以由图 3-83 所证明。当 SiO_2 含量较高时，二次挂渣与钢液的反应依然比较剧烈，从而导致钢液的全氧含量较高。

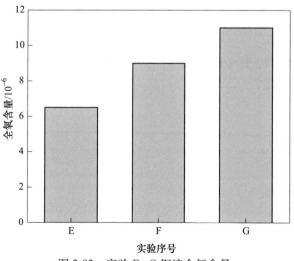

图 3-93　实验 E~G 钢液全氧含量

尽管精炼渣Ⅳ并没有添加 BaO 示踪剂，实验 E~G 中形成的二次挂渣仍含有 BaO（见图 3-81）。可以推测，BaO 示踪剂的唯一来源是残余的初始挂渣。此外，实验 E~G 钢中也发现了类型 8~类型 10 夹杂物，见表 3-23。这也证明初始挂渣对后续炉次的夹杂物依然有影响。依据前文可知，低碱度精炼渣形成的挂渣不仅恶化当前炉次钢液的洁净度，还会恶化后续炉次钢液的洁净度，而高碱度精炼渣形成的挂渣影响程度较小。

当使用新钢包时，由实验 A1~A4 结果可知，氧化镁内衬对钢液的洁净度影响很小。尽管如此，实际生产过程中，新钢包内衬耐火材料很容易脱落进入钢液形成大型夹杂物，从而恶化钢液质量。因此，新钢包并不适合超洁净钢生产。

本节通过在耐火材料棒表面形成不同的挂渣来模拟钢包周转。实验表明，低碱度精炼渣形成的挂渣对钢液洁净度的影响更为严重，并且还影响后续炉次钢液的洁净度。实际上，钢铁企业中有许多不同的钢种，钢包均需要应用到这些钢种上。通常，不同钢种的质量要求不同，因此它们的冶炼工艺和精炼渣系也会不一样，钢包内壁形成的挂渣也会有区别。为了减轻钢包挂渣的影响，在切换生产钢种时，钢铁企业通常采用涮包操作，即先采用低等级钢种用来涮包，然后再生产高等级钢种。根据本节的研究结果可知，如果两个钢种的精炼渣系类似，且涮包的次数足够多，那么这种方法是可行的。否则，用来涮包的低等级钢种也会对后续高等级钢种的质量产生负面影响，因为一般条件下，低等级钢种与高等级钢种的精炼工艺仍有区别。因此，为了减弱钢包挂渣对洁净度的负面影响，建议一些高端钢种（如高端轴承钢和切割精密钢丝等）最好采用专用钢包制度。

近年来，本书作者还关注了钢包周转对轴承钢中钛含量的影响（详见本书 7.1.2 节）。研究发现，在轴承钢生产过程中，同一钢包随着周转次数的增加，钢中的钛含量呈下降趋势。若该钢包用于其他钢种生产后再用于轴承钢生产时，钢中的钛含量显著增加。这表明钢包挂渣和钢包周转对钢中微量元素的控制也非常重要。

3.5　固态成形过程夹杂物演变行为

一般认为，在固态成形（凝固、轧制和热处理等）过程中，低合金钢中夹杂物的成分变化相对较小；而对于不锈钢，由于其合金含量很高，钢中夹杂物会与钢中合金元素发生反应，夹杂物会发生演变。尽管如此，由于钢种成分、温度和时间以及脱氧方式等实验条件的差异，文献报道的夹杂物演变行为也有一定的区别。

3.5.1　低合金钢中夹杂物演变

杨文等[64]分析了工业生产管线钢时中间包钢液和铸坯中的夹杂物，发现钙处理后，管线钢中的夹杂物主要是液态的铝酸钙夹杂物；而铸坯中的夹杂物绝大多数偏离低熔点区，Al_2O_3 和 CaS 含量明显升高，CaO 含量降低，如图 3-94 所示。他们认为在钢凝固和冷却过程中，钢和夹杂物之间的热力学反应发生了变化，夹杂物中 CaO 逐渐向 CaS 演变。此外，Zhang 等[65] 在考察 X80 管线钢中夹杂物演变时指出，增大钢液冷却速率会使钢中的夹杂物数量增加，但会减小钢中夹杂物的尺寸。当冷却速率由 10K/s 降至 0.035K/s 时，钢中的夹杂物由 CaO-Al_2O_3 演变为 CaO-Al_2O_3-MgO-CaS。

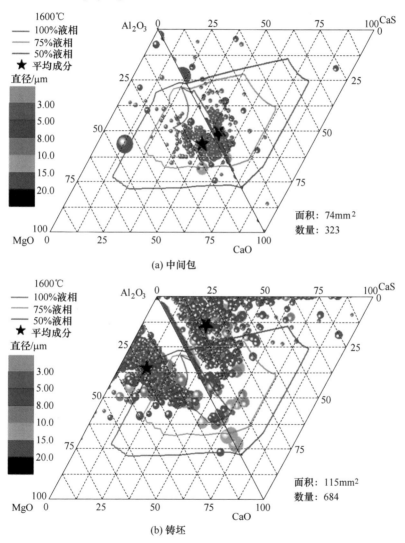

图 3-94 管线钢中间包钢液和铸坯中夹杂物成分分布[64]

Chu 等[66] 考察了管线钢中夹杂物在不同温度加热过程的演变。在钢凝固后，钢中的夹杂物主要是 CaO-Al_2O_3。如图 3-95 所示，在热处理过程中，CaO-Al_2O_3 夹杂物逐渐演变为 Al_2O_3-CaS，最终形成 CaS-Al_2O_3-MgO 夹杂物，即 CaS 将

MgO-Al$_2$O$_3$尖晶石相包裹。夹杂物演变与加热温度、时间和夹杂物尺寸以及钢成分（如 Ca 和 O 等）等因素密切相关。

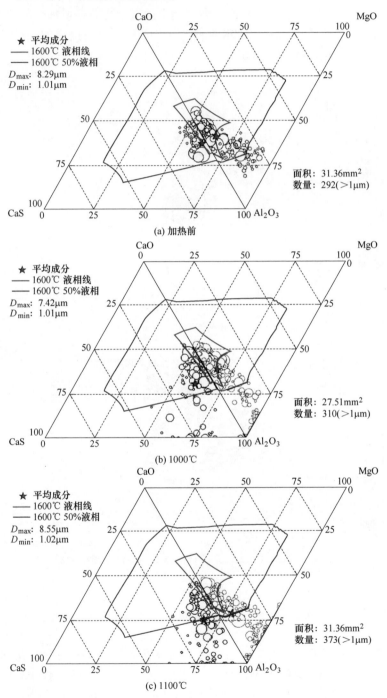

(a) 加热前

(b) 1000℃

(c) 1100℃

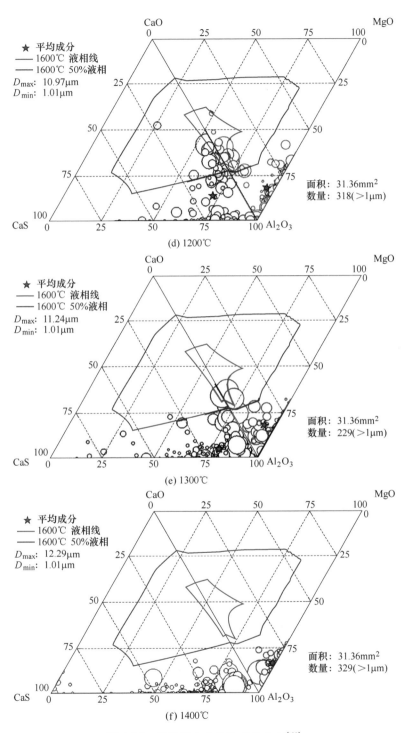

图 3-95 管线钢中夹杂物成分分布[66]

杨文等[67]还研究硅锰镇静帘线钢中夹杂物在热轧过程的演变。研究发现，热轧后帘线钢中夹杂物数密度有所降低。热轧过程，夹杂物变形和新相生成均会影响夹杂物的成分。当帘线钢精炼渣碱度较低时（$R=0.81$），热轧过程夹杂物主要类型变化不大（如图 3-96 所示），而精炼渣碱度较高时（$R=2.10$），钢中夹杂物有明显的变化。此外，他们还指出，帘线钢中的钙主要源自精炼渣与钢液的反应，且 CaO-SiO_2-Al_2O_3 夹杂物是在钢凝固和冷却过程中生成的。尽管如此，较大尺寸且 CaO 含量高的夹杂物则很可能来自精炼渣卷入。

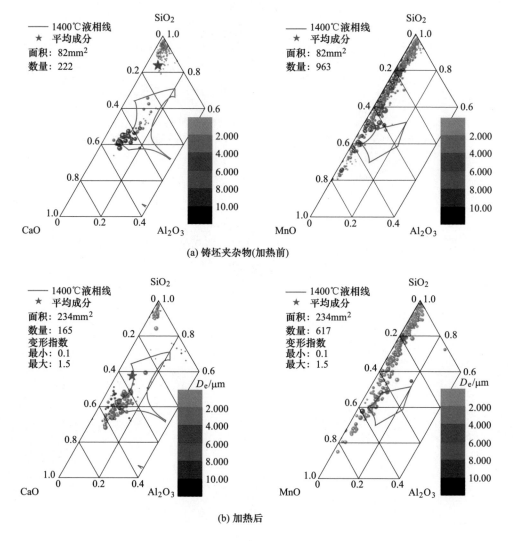

图 3-96　帘线钢夹杂物成分分布[67]

Wang 等[68]研究了 EH36 船板钢在 1200℃加热过程的演变行为。铸坯中的主要夹杂物为 Al-Ca-O-S 复合夹杂物。在加热过程，Al-Ca-O-S 复合夹杂物的数量有所降低，尺寸有一定的增加，但成分几乎没有变化；TiN 会大量析出，且成为主要的夹杂物。

Li 等[69]研究了铝钛镇静钢中 Al-Ti 氧化物夹杂物在加热过程的演变行为。研究发现在 1000℃保温 0.5h，Al-Ti 氧化物夹杂物由球形转变为不规则形状。成分均匀的氧化物夹杂物演变为非均相的夹杂物（含富 Al 相和富 Ti 相），且夹杂物成分偏差比较明显，如图 3-97 所示。加热 12h 后，夹杂物中的富 Al 相向 Al_2O_3 靠近，如图 3-98 所示。在加热过程中，夹杂物发生相变，Al_2O_3 从夹杂物中析出。对比 1000℃和 1300℃时 Al-Ti 氧化物夹杂物的演变行为发现，在低温时非均相的 Al-Ti 氧化物夹杂物比例更高，这主要是因为低温时夹杂物中 Al_2O_3 的过饱和度更大。

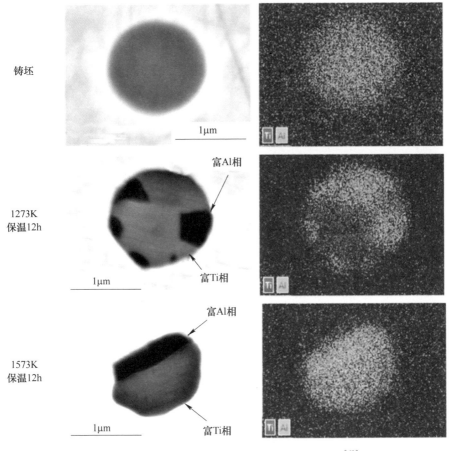

图 3-97　加热 12h 后钢中夹杂物形貌和面扫描图[69]

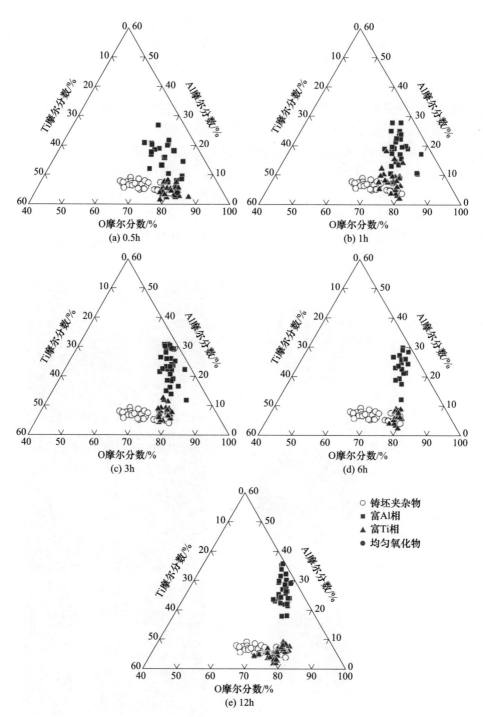

图 3-98 1000℃加热均相氧化物和非均相氧化物（富 Al 相和富 Ti 相）成分变化[69]

3.5.2　不锈钢中夹杂物演变

高橋市朗等[70-71]研究了 18Cr-8Ni 不锈钢中夹杂物在 800~1300℃ 时的成分变化规律。在热处理过程中，夹杂物会从 MnO-SiO$_2$ 系逐渐演变为 MnO-Cr$_2$O$_3$ 系，随着热处理温度的升高，夹杂物又会变成 MnO-SiO$_2$ 系，如图 3-99 所示。此外，他们发现在轧制过程中，夹杂物的成分也会发生变化。

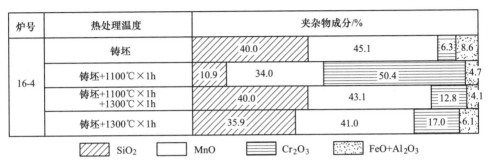

图 3-99　热处理对 18Cr-8Ni 不锈钢夹杂物成分的影响[70]

高野光司等[72]研究了热处理前后不锈钢中夹杂物演变，研究发现 Al-Ca 脱氧的不锈钢夹杂物变化很小，而 Si-Mn 脱氧的夹杂物会进一步演变为 MnO-Cr$_2$O$_3$ 夹杂物，如图 3-100 所示。此外，他们还发现 Si-Mn 脱氧的奥氏体不锈钢晶粒明显细化，这主要是因为小尺寸的 MnO-Cr$_2$O$_3$ 夹杂物可以钉扎奥氏体晶界，从而抑制晶粒长大，如图 3-101 所示。

Shibata 等[73]提出硅锰镇静不锈钢中夹杂物的演变与钢中硅和铬含量密切相关：当硅含量较低时，在 1200℃ 热处理后，钢中 MnO-SiO$_2$ 系夹杂物会演变成 MnO-Cr$_2$O$_3$ 夹杂物；但当硅含量较高时，MnO-SiO$_2$ 系夹杂物却可以保持稳定，如表 3-24 所示。此外，他们测量了 Cr$_2$O$_3$ 在 MnO-SiO$_2$ 系夹杂物中的溶解度，发现其随着温度下降而不断降低。降低 Cr$_2$O$_3$ 的溶解度以及 Mn、Cr 和 Si 在钢-夹杂物界面的扩散有利于控制夹杂物演变。

Taniguchi 等[74]采用了颗粒分析（Particle Analysis）方法对 SUS410J1 和 SUS440B 不锈钢中的夹杂物进行了分析。研究发现热处理过程中（1000℃），夹杂物 MgO-Al$_2$O$_3$（-MnO）物相中的 MgO 和 Al$_2$O$_3$ 含量并不会改变，但夹杂物的数量会不断减少，如图 3-102 所示。与 SUS410J1 钢不同，SUS440B 钢中的 CaO-MgO-MnO-Al$_2$O$_3$-SiO$_2$ 系夹杂物成分在热处理温度下（1000℃ 和 1200℃）并没有改变，如图 3-103 所示。

任英等[75-76]分析了热处理不锈钢中夹杂物的演变行为。在热处理前，钢中夹杂物主要是 MnO-SiO$_2$ 系夹杂物。在热处理过程中，钢中 Cr 元素将 MnO-SiO$_2$ 系

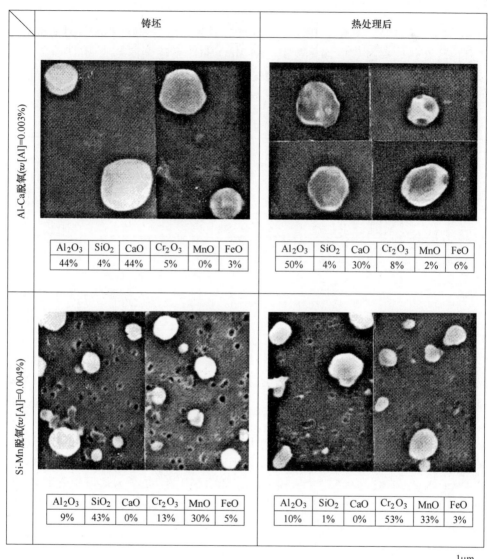

	铸坯	热处理后

Al-Ca脱氧(w[Al]=0.003%)

Al$_2$O$_3$	SiO$_2$	CaO	Cr$_2$O$_3$	MnO	FeO
44%	4%	44%	5%	0%	3%

Al$_2$O$_3$	SiO$_2$	CaO	Cr$_2$O$_3$	MnO	FeO
50%	4%	30%	8%	2%	6%

Si-Mn脱氧(w[Al]=0.004%)

Al$_2$O$_3$	SiO$_2$	CaO	Cr$_2$O$_3$	MnO	FeO
9%	43%	0%	13%	30%	5%

Al$_2$O$_3$	SiO$_2$	CaO	Cr$_2$O$_3$	MnO	FeO
10%	1%	0%	53%	33%	3%

1μm

图 3-100　Al-Ca 脱氧钢和 Si-Mn 脱氧钢 SUSXM7 热处理前后夹杂物成分和尺寸变化[72]

　　夹杂物中的 SiO$_2$ 和 MnO 还原，从而形成 MnO-Cr$_2$O$_3$ 尖晶石夹杂物分布在 MnO-SiO$_2$ 系夹杂物边缘，如图 3-104 所示。此外，小尺寸夹杂物动力学条件较好，其演变速率快于大尺寸夹杂物。高温也有利于 MnO-Cr$_2$O$_3$ 尖晶石夹杂物的生成。当夹杂物尺寸和温度条件合适时，夹杂物可以完全演变为 MnO-Cr$_2$O$_3$ 尖晶石夹杂物，如图 3-105 所示。

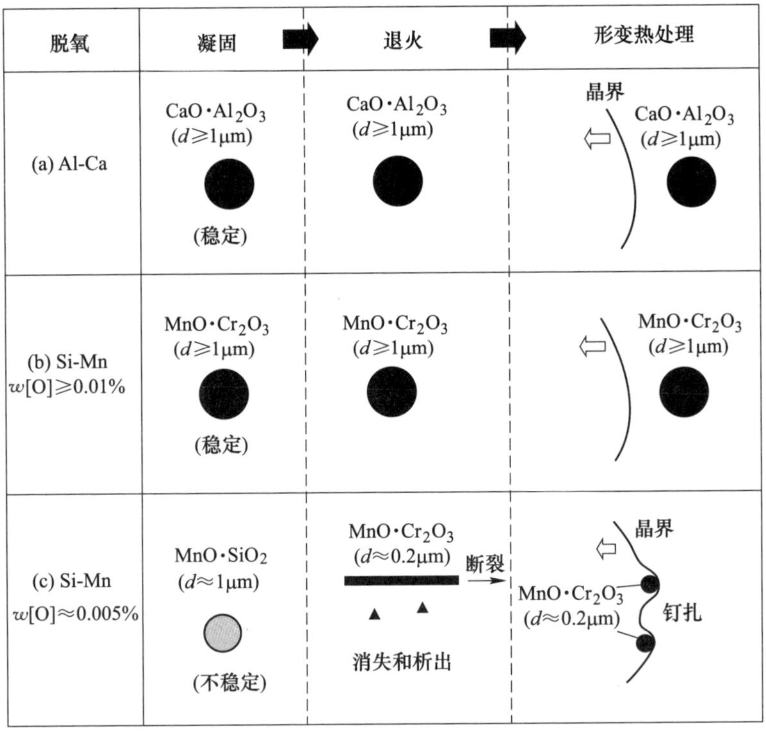

图 3-101　热轧过程夹杂物成分和尺寸变化示意图[72]

（a）Al-Ca 脱氧钢；（b）Si-Mn 脱氧钢（$w[O] \geq 0.01\%$）；（c）Si-Mn 脱氧钢（$w[O] \approx 0.005\%$）

表 3-24　Fe-Cr 合金在 1200℃热处理前后的夹杂物成分变化[73]

加热时间		铸坯	5min	10min	60min
Fe-10%Cr	低硅（0.08%）	○	◎	◎	●
	高硅（0.30%）	○	○	○	○
Fe-5%Cr	低硅（0.03%）	○●	●	●	●
	中硅（0.15%）	○	○	○	●
	高硅（0.43%）	○	○	○	○
Fe-1%Cr	低硅（0.03%）	○	○	○	○
	高硅（0.36%）	○	○	○	○

注：○MnO-SiO$_2$；◎MnO-SiO$_2$ 和 MnO-Cr$_2$O$_3$；●MnO-Cr$_2$O$_3$。

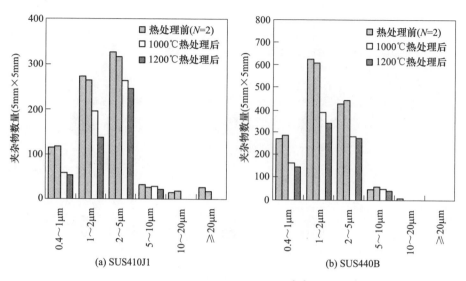

图 3-102　夹杂物尺寸分布[74]

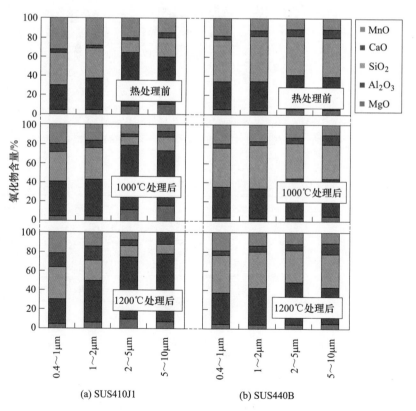

图 3-103　热处理前后的夹杂物成分[74]

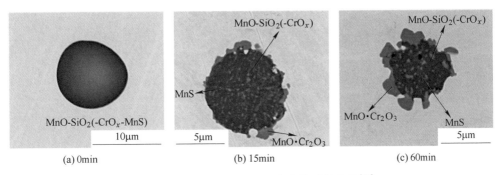

图 3-104 1100℃热处理过程夹杂物形貌变化[75]

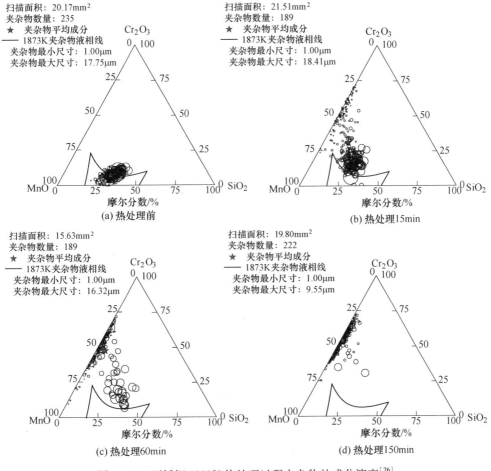

图 3-105 不锈钢 1200℃热处理过程夹杂物的成分演变[76]

3.6　本章小结

铝镇静钢精炼渣中 Al_2O_3 含量并不能明显改变钢液熔池的[Al]-[O]平衡，精炼过程钢液必须保证一定的 Al 含量，从而保证低的溶解氧活度。尽管如此，由于钢-渣界面的氧会钢液熔池传递，造渣降低渣中 FeO 含量仍然非常重要。与铝镇静钢明显不同，硅镇静钢的精炼渣成分对钢液中的氧活度影响非常显著，渣的碱度越高，越有利于降低钢液中的氧含量。适宜的精炼渣组分是硅镇静钢脱氧的关键。

无论是电炉钢还是转炉钢，夹杂物在脱氧前就已经存在。不同钢种经过冶炼后，钢中的夹杂物类型通常与最初的脱氧产物有较大的区别，与钢中的元素密切相关。

对于铝镇静钢，转炉或电炉的初炼钢经过脱氧后，会生成大量的 Al_2O_3 夹杂物。随着钢中微量元素 Mg 和 Ca 的生成，这些 Al_2O_3 夹杂物会演变成 $MgO \cdot Al_2O_3$ 尖晶石夹杂物，并进一步演变成 $CaO-Al_2O_3(-MgO)$ 系夹杂物。钢液中溶解 Mg 生成速率明显大于钢中溶解 Ca。这其中的原因主要有：（1） MgO 相比 CaO 的稳定性更差，在同等氧势下，其更易被还原；（2） 相比精炼渣，钢包内壁 MgO 耐火材料与钢液有巨大的接触面积，因而溶解 Mg 的供应源更多；（3） MgO 在渣中趋于饱和，其在耐火材料和渣中的活度均接近于 1（固态纯物质标准态），远大于渣中 CaO 的活度。由于溶解 Mg 的生成更快，因此在精炼过程中 $MgO \cdot Al_2O_3$ 尖晶石夹杂物一般先于 $CaO-Al_2O_3$ 系夹杂物生成。常规的铝镇静钢经过较长时间精炼后，钢中的夹杂物类型主要为 $CaO-Al_2O_3(-MgO)$ 系夹杂物。

相比常规铝镇静钢，中锰钢会生成一种 $(Mn,Mg)O \cdot Al_2O_3$ 尖晶石夹杂物。这类夹杂物是在 $MgO \cdot Al_2O_3$ 尖晶石生成后开始生成，并会随着精炼时间的延长，进一步演变为含有微量 MnO 的 $CaO-Al_2O_3(-MgO)$ 系夹杂物。尽管在精炼过程中有新的 $(Mn,Mg)O \cdot Al_2O_3$ 尖晶石夹杂物生成，中锰钢精炼结束后钢中夹杂物与常规铝镇静钢相比并没有显著区别。

对于含钛铝镇静钢，精炼过程钛合金化会明显影响钢中夹杂物的生成与演变。对于精炼时间流程较长的含钛钢，钛合金通常在精炼白渣造好后再加入。在钛合金化之前，钢中的夹杂物演变规律与常规铝镇静钢类似。在加入钛合金后，钢中的夹杂物则会受到钛元素的影响，夹杂物中的 TiO_x 含量增加，并形成 $MgO-Al_2O_3-TiO_x$ 或 $CaO-Al_2O_3-TiO_x$ 系夹杂物。当然，夹杂物在精炼过程的演变同样受钢中 Ca 和 Mg 等元素的影响。因 TiO_x 含量不同，含钛钢中夹杂物与常规铝镇静钢有一定的区别。当夹杂物中的 TiO_x 含量较低时，则二者比较接近。

对于硅锰镇静钢，当精炼渣的碱度很低时（$R \approx 1$），精炼渣对钢中夹杂物的直接作用十分微弱。尽管如此，硅锰脱氧产物（$MnO-SiO_2$）在精炼过程中也可能会演变生成 CaO-MnO-SiO$_2$ 系夹杂物，甚至 CaO-SiO$_2$ 系夹杂物。这与使用的含 CaO 耐火材料密切相关。此外，精炼渣碱度的变化会明显影响钢液中溶解氧活度。因钢中氧活度的变化，钢液与耐火材料以及夹杂物等的平衡关系将随之改变，从而间接影响钢中的夹杂物。在帘线钢精炼过程采用精炼渣变碱度操作虽然并不影响夹杂物的总体演变规律，但是会引起夹杂物成分波动，并产生一些坚硬不变形的夹杂物。

无论是铝镇静钢还是硅镇静钢，精炼渣和耐火材料对夹杂物的影响异常重要。在实际钢包中，除了脱氧产物外，还包括其他来源的夹杂物，如合金带入、粗钢遗传以及耐火材料和钢包挂渣的剥落等。其中，钢包挂渣对钢中夹杂物的影响来自两方面：一方面，钢包挂渣自身的剥落会形成钢中的夹杂物，另一方面钢包挂渣同样会对钢中夹杂物的生成和演变行为产生重要影响。为了减弱钢包挂渣对洁净度的负面影响，建议一些高端钢种最好采用专用钢包制度。

在固态成形过程中，钢中夹杂物很可能与钢中元素发生反应从而发生演变，这与钢种成分、温度和处理时间等条件密切相关。

参 考 文 献

[1] Suito H, Inoue R. Thermodynamics on control of inclusions composition in ultraclean steels [J]. ISIJ Interational, 1996, 36 (5): 528-536.

[2] Ekengård J. Aspects on slag/metal equilibrium calculations and metal droplet characteristics in ladle slags [D]. Stockholm: KTH Royal Institute of Technology, 2004.

[3] Björklund J, Andersson M, Jönsson P. Equilibrium between slag, steel and inclusions during ladle treatment: comparison with production data [J]. Ironmaking and Steelmaking, 2007, 34 (4): 312-324.

[4] Riyahimalayeri K, Ölund P, Selleby M. Oxygen activity calculations of molten steel: comparison with measured results [J]. Steel Research International, 2013, 84 (2): 136-145.

[5] Yang X M, Shi C B, Zhang M, et al. A Thermodynamic model of sulfur distribution ratio between CaO-SiO$_2$-MgO-FeO-MnO-Al$_2$O$_3$ slags and molten steel during LF refining process based on the ion and molecule coexistence theory [J]. Metallurgical and Materials Transactions B, 2011, 42 (6): 1150-1180.

[6] Taniguchi Y, Morita K, Sano N. Activities of FeO in CaO-Al$_2$O$_3$-SiO$_2$-FeO and CaO-Al$_2$O$_3$-CaF$_2$-FeO slags [J]. ISIJ International, 1997, 37 (10): 956-961.

[7] Meszaros G A, Docktor D K, Stone R P, et al. Implementation of a ladle slag oxygen activity sensor to optimize ladle slag practices at the US Steel Mon Valley Works [A]. Steelmaking Conference Proceedings [C]. Pittsburgh: Iron and Steel Society, 1997: 33.

[8] Deng Z Y, Zhu M Y, Zhong B J, et al. Effect of basicity on deoxidation capability of refining slag [J]. Journal of Iron and Steel Research, International, 2013, 20 (2): 21-26.

[9] Liu S H, Fruehan R J, Morales A, et al. Measurement of FeO activity and solubility of MgO in

smelting slags [J]. Metallurgical and Materials Transactions B, 2001, 32 (1): 31-36.

[10] Yang X M, Shi C B, Zhang M, et al. A thermodynamic model for prediction of iron oxide activity in some FeO-containing slag systems [J]. Steel Research International, 2012, 83 (3): 244-258.

[11] Lv Q, Zhao L S, Wang C L, et al. Activities of FeO in CaO-SiO$_2$-Al$_2$O$_3$-MgO-FeO slags [J]. Journal of Shanghai University: English Edition, 2008, 12 (5): 466-470.

[12] Son J H, Jung I H, Jung S M, et al. Chemical reaction of glazed refractory with Al-deoxidized molten steel [J]. ISIJ International, 2008, 48 (11): 1542-1551.

[13] Son J H, Jung I H, Jung S M, et al. Chemical reaction of glazed refractory with Al-deoxidized and Ca-treated molten steel [J]. ISIJ International, 2008, 50 (10): 1422-1430.

[14] Beskow K, Du S C. Ladle glaze: major source of oxide inclusions during ladle treatment of steel [J]. Ironmaking and Steelmaking, 2004, 31 (5): 393-400.

[15] Song G D, Deng Z Y, Chen L, et al. Study on formation of dual-phase MnO-SiO$_2$-based inclusions in tire cord steel [J]. Metallurgical Research & Technology, 2022, 119 (5): 519.

[16] 张晓兵. 钢液脱氧和氧化物夹杂控制的热力学模型 [J]. 金属学报, 2004, 40 (5): 509-514.

[17] Zhang X, Roelofs H, Lemgen S, et al. Application of thermodynamic model for inclusion control in steelmaking to improve the machinability of low carbon free cutting steels [J]. Steel Research International, 2004, 75 (5): 314-321.

[18] Wakoh M, Sano N. Behavior of alumina inclusions just after deoxidation [J]. ISIJ International, 2007, 47 (5): 627-632.

[19] Beskow K, Jia J, Lupis C H P, et al. Chemical characteristics of inclusions formed at various stages during the ladle treatment of steel [J]. Ironmaking and Steelmaking, 2002, 29 (6): 427-435.

[20] Deng Z Y, Zhu M Y, Sichen D. Effect of refractory on nonmetallic inclusions in Al-killed steel [J]. Metallurgical and Materials Transactions B, 2016, 47 (5): 3158-3167.

[21] Chi Y G, Deng Z Y, Zhu M Y. Formation and evolution of non-metallic inclusions during deoxidation by Al addition in BOF crude steel [J]. Steel Research International, 2017, 88 (4): 1600218.

[22] Wakoh M, Sano N. Behavior of alumina inclusions just after deoxidation [J]. ISIJ International, 2007, 47 (5): 627-632.

[23] Van Ende M A, Guo M X, Proost J, et al. Formation and morphology of Al$_2$O$_3$ inclusions at the onset of liquid Fe deoxidation by Al addition [J]. ISIJ International, 2011, 51 (1): 27-34.

[24] Van Ende M A, Guo M X, Proost J, et al. Interfacial reactions between oxygen containing Fe and Al at the onset of liquid Fe deoxidation by Al addition [J]. ISIJ International, 2010, 50 (11): 1552-1559.

[25] Dekkers R, Blanpain B, Wollants P. Crystal growth in liquid steel during secondary metallurgy

[J]. Metallurgical and Materials Transactions B, 2003, 34 (2): 161-171.

[26] Dekkers R. Non-metallic inclusions in liquid steel [D]. Leuven: Katholieke Universiteit Leuven, 2002.

[27] Yang W, Wang X, Zhang L, et al. Characteristics of alumina-based inclusions in low carbon Al-killed steel under no-stirring condition [J]. Steel Research International, 2013, 84 (9): 878-891.

[28] Beskow K, Sichen D. Experimental study of the nucleation of alumina inclusions in liquid steel [J]. Scandinavian Journal of Metallurgy, 2003, 32 (6): 320-328.

[29] Gamutan J, Miki T, Nagasaka T. Morphology and composition of inclusions in Si-Mn deoxidized steel at the solid-liquid equilibrium temperature [J]. ISIJ International, 2020, 60 (1): 84-91.

[30] Jiang M, Wang X H, Chen B, et al. Laboratory study on evolution mechanisms of non-metallic inclusions in high strength alloyed steel refined by high basicity slag [J]. ISIJ International, 2010, 50 (1): 95-104.

[31] Wang X H, Jiang M, Chen B, et al. Study on formation of non-metallic inclusions with lower melting temperatures in extra low oxygen special steels [J]. Science China: Technological Sciences, 2012, 55 (7): 1863-1872.

[32] Yang S, Wang Q, Zhang L, et al. Formation and modification of $MgO \cdot Al_2O_3$-based inclusions in alloy steels [J]. Metallurgical and Materials Transactions B, 2012, 43 (4): 731-750.

[33] Ye G Z, Jonsson P, Lund T. Thermodynamics and kinetics of the modification of Al_2O_3 inclusions [J]. ISIJ International, 1996, 36 (s): 105-108.

[34] Fujii K, Nagasaka T, Hino M. Activities of the constituents in spinel solid solution and free energies of formation of MgO, $MgO \cdot Al_2O_3$ [J]. ISIJ International, 2000, 40 (11): 1059-1066.

[35] Deng Z Y, Zhu M Y. Evolution mechanism of non-metallic inclusions in Al-killed alloyed steel during secondary refining process [J]. ISIJ International, 2013, 53 (3): 450-458.

[36] Chi Y G, Deng Z Y, Zhu M Y. Effects of refractory and ladle glaze on evolution of non-metallic inclusions in Al-killed steel [J]. Steel Research International, 2017, 88 (9): 1600470.

[37] Liu C, Yagi M, Gao X, et al. Kinetics of transformation of Al_2O_3 to $MgO \cdot Al_2O_3$ spinel inclusions in Mg-containing steel [J]. Metallurgical and Materials Transactions B, 2018, 49: 113.

[38] Kang Y J, Li F, Morita K, et al. Mechanism study on the formation of liquid calcium aluminate inclusion from $MgO-Al_2O_3$ spinel [J]. Steel Research International, 2006, 77 (11): 785-792.

[39] 伊藤陽一, 奈良正功, 加藤嘉英, 等. カルシウムの二段添加処理によるアルミナ介在物の形態制御 [J]. 鉄と鋼, 2007, 93 (5): 355-361.

[40] Zhao Y, Morita K, Sano N. Thermodynamic properties of the $MgAl_2O_4-MnAl_2O_4$ spinel solid solution [J]. Metallurgical and Materials Transactions B, 1995, 26 (5): 1013-1017.

[41] Kong L Z, Deng Z Y, Zhu M Y. Formation and evolution of non-metallic inclusions in medium

Mn steel during secondary refining process [J]. ISIJ International, 2017, 57 (9): 1537-1545.

[42] Paek M, Do K, Kang Y, et al. Aluminum deoxidation equilibria in liquid iron: Part Ⅲ: experiments and thermodynamic modeling of the Fe-Mn-Al-O system [J]. Metallurgical and Materials Transactions B, 2016, 47 (5): 2837-2847.

[43] Pak J J, Jo O, Kim S I, et al. Thermodynamics of titanium and oxygen dissolved in liquid iron equilibrated with titanium oxides [J]. ISIJ International, 2007, 47 (1): 16-24.

[44] Cha W L, Nagasaka T, Miki T, et al. Equilibrium between titanium and oxygen in liquid Fe-Ti alloy coexisted with titanium oxides at 1873 K [J]. ISIJ International, 2006, 46 (7): 996-1005.

[45] Seok S H, Takahiro M, Mitsutaka H. Equilibrium between Ti and O in molten Fe-Ni, Fe-Cr and Fe-Cr-Ni alloys equilibrated with 'Ti$_3$O$_5$' solid solution [J]. ISIJ International, 2011, 51 (4): 566-572.

[46] Ren Y, Zhang L F, Yang W, et al. Formation and thermodynamics of Mg-Al-Ti-O complex inclusions in Mg-Al-Ti-deoxidized steel [J]. Metallurgical and Materials Transactions B, 2014, 45 (6): 2057-2071.

[47] Zhang T S, Liu C J, Wu H, et al. Inclusion evolution after calcium addition in Ti-bearing Al-kill steel [J]. Ironmaking and Steelmaking, 2018, 45 (2): 187-193.

[48] Deng Z Y, Chen L, Song G D, et al. Formation and evolution of non-metallic inclusions in Ti-bearing Al-killed steel during secondary refining process [J]. Metallurgical and Materials Transactions B, 2020, 51 (1): 173-186.

[49] Zheng W, Wu Z H, Li G Q, et al. Effect of Al Content on the characteristics of inclusions in Al-Ti complex deoxidized steel with calcium treatment [J]. ISIJ International, 2014, 54 (8): 1755-1764.

[50] Seo C W, Kim S H, Jo S K, et al. Modification and minimization of spinel (Al$_2$O$_3$·xMgO) inclusions formed in Ti-added steel melts [J]. Metallurgical and Materials Transactions B, 2010, 41 (4): 790-797.

[51] Liu Z H, Song G D, Deng Z Y, et al. Evolution of inclusions in Si-Mn-killed steel during ladle furnace (LF) refining process [J]. Metallurgical and Materials Transactions B, 2021, 52 (3): 1243-1254.

[52] Jiang M, Liu J C, Li K L, et al. Formation mechanism of large CaO-SiO$_2$-Al$_2$O$_3$ inclusions in Si-deoxidized spring steel refined by low basicity slag [J]. Metallurgical and Materials Transactions B, 2021, 52 (4): 1950-1954.

[53] Harada A, Maruoka N, Shibata H, et al. A kinetic model to predict the compositions of metal, slag and inclusions during ladle refining: Part 1. Basic concept and application [J]. ISIJ International, 2013, 53 (12): 2110-2117.

[54] Shin J H, Chung Y, Park J H. Refractory-slag-metal-inclusion multiphase reactions modeling using computational thermodynamics: kinetic model for prediction of inclusion evolution in molten steel [J]. Metallurgical and Materials Transactions B, 2017, 48 (1): 46-59.

[55] Liu C, Kumar D, Webler B A, et al. Calcium modification of inclusions via slag/metal reactions [J]. Metallurgical and Materials Transactions B, 2020, 51 (2): 529-542.

[56] Harada A, Miyano G, Maruoka N, et al. Dissolution behavior of Mg from MgO into molten steel deoxidized by Al [J]. ISIJ International, 2014, 54 (10): 2230-2238.

[57] Mu H, Zhang T, Fruehan R J, et al. Reduction of CaO and MgO slag components by Al in liquid Fe [J]. Metallurgical and Materials Transactions B, 2018, 49 (4): 1665-1674.

[58] Liu C, Huang F, Wang X. The effect of refining slag and refractory on inclusion transformation in extra low oxygen steels [J]. Metallurgical and Materials Transactions B, 2016, 47 (2): 999-1009.

[59] Son J H, Jung I H, Jung S M, et al. Chemical reaction of glazed refractory with Al-deoxidized molten steel [J]. ISIJ International, 2008, 48 (11): 1542-1551.

[60] Son J H, Jung I H, Jung S M, et al. Chemical reaction of glazed refractory with Al-deoxidized and Ca-treated molten steel [J]. ISIJ International, 2010, 50 (10): 1422-1430.

[61] Song M H, Nzotta M, Du S C. Study of the formation of non-metallic inclusions by ladle glaze and the effect of slag on inclusion composition using tracer experiments [J]. Steel Research International, 2009, 80 (10): 753-760.

[62] Song M, Ragnarsson L, Nzotta M, et al. Mechanism study on formation and chemical changes of calcium aluminate inclusions containing SiO_2 in ladle treatment of tool steel [J]. Ironmaking and Steelmaking, 2011, 38 (4): 263-272.

[63] Tripathi N N, Nzotta M, Sandberg A, et al. Effect of ladle age on formation of nonmetallic inclusions in ladle treatment [J]. Ironmaking and Steelmaking, 2004, 31 (3): 235-240.

[64] Yang W, Guo C, Li C, et al. Transformation of inclusions in pipeline steels during solidification and cooling [J]. Metallurgical and Materials Transactions B, 2017, 48 (5): 2267-2273.

[65] Zhang X, Yang W, Xu H, et al. Effect of cooling rate on the formation of nonmetallic inclusions in X80 pipeline steel [J]. Metals, 2019, 9 (4): 392.

[66] Chu Y, Li W, Ren Y, et al. Transformation of inclusions in linepipe steels during heat treatment [J]. Metallurgical and Materials Transactions B, 2019, 50 (4): 2047-2062.

[67] Yang W, Guo C, Zhang L, et al. Evolution of oxide inclusions in Si-Mn killed steels during hot-rolling process [J]. Metallurgical and Materials Transactions B, 2017, 48 (5): 2717-2729.

[68] Wang Q, Zou X, Matsuura H, et al. Evolution of inclusions during the 1473K (1200℃) heating process of EH36 shipbuilding steel [J]. Metallurgical and Materials Transactions B, 2018, 48 (1): 18-22.

[69] Li M, Matsuura H, Tsukihashi F. Evolution of Al-Ti oxide inclusions inFe-based alloys during thermal holding by a novel inductive separation method [J]. Metallurgical and Materials Transactions A, 2021, 52 (3): 2389-2401.

[70] 高橋市朗, 栄豊幸, 吉田毅. 非金属介在物の加熱による変化 (18-8ステンレス鋼中非金属介在物の研究-Ⅱ) [J]. 鉄と鋼, 1967, 53 (3): 350-352.

[71] 高橋市朗，栄豊幸，吉田毅. 金属介在物の鍛造および圧延加工による変化（18-8ステンレス鋼中非金属介在物の研究-Ⅲ）[J]. 鉄と鋼，1967，53（3）：352-355.

[72] 高野光司，中尾隆二，福元成雄，等. オーステナイ系ステンレス鋼の酸化物の分散を利用した結晶粒径調整[J]. 鉄と鋼，2003，89（5）：616-622.

[73] Shibata H，Kimura K，Tanaka T，et al. Mechanism of change in chemical composition of oxide inclusions in Fe-Cr alloys deoxidized with Mn and Si by heat treatment at 1473K[J]. ISIJ International，2011，51（12）：1944-1950.

[74] Taniguchi T，Satoh N，Saito Y，et al. Investigation of compositional change of inclusions in martensitic stainless steel during heat treatment by newly developed analysis method[J]. ISIJ International，2011，51（12）：1957-1966.

[75] Ren Y，Zhang L，Pistorius P C. Transformation of oxide inclusions in type 304 stainless steels during heat treatment[J]. Metallurgical and Materials Transactions B，2017，48（5）：2281-2292.

[76] 陈为本，任英，徐海坤，等. 热处理过程固态不锈钢中夹杂物的转变[J]. 钢铁，2018，53（10）：38-45.

4 精炼过程夹杂物去除行为

钢精炼过程吹氩作为一种经济适用且简单易行的精炼方法，不仅可以搅拌钢液，均匀温度和成分，加快反应速率，并能有效促进钢液中非金属夹杂物的上浮。底吹氩钢包内夹杂物传输行为十分复杂，主要包含气泡扩散上浮、气泡引起的钢液湍流流场、夹杂物之间的碰撞聚合、夹杂物与气泡的碰撞黏附、夹杂物进入顶渣层去除、夹杂物的壁面吸附等现象，而且这些现象之间密切相关、相互影响。此外，不同类型的夹杂物因其形状和界面属性不同，与精炼渣界面的接触行为和穿越去除机制也会不同，从而影响其最终的去除效果。因此，深入理解吹氩精炼钢包内的多相流传输行为以及夹杂物的去除机理规律，对提升夹杂物的去除效率和钢液的洁净度具有十分重要的意义。

本章以本书作者团队数值模拟和实验室研究为基础，结合国内外研究成果，总结介绍了精炼过程钢包内夹杂物运动、碰撞聚合和去除等行为，定量阐述了夹杂物的去除机理，揭示了夹杂物在钢-渣界面的分离行为机制，阐释了固态夹杂物相比液态夹杂物具有更高去除效率的原因。

4.1 钢包内夹杂物传输现象

目前，已有大量学者提出了数学模型用于描述钢液中夹杂物复杂行为。根据是否考虑钢液运动的影响，这些数学模型可以分为静态 PBM（Population Balance Model）模型[1-8]和基于流体动力学 CFD 的模型[9-29]两类，表 4-1 总结了钢包精炼过程中夹杂物去除行为的一些典型研究结果。

表 4-1　底吹钢包内夹杂物传输行为模拟研究

年份	研究者	模拟方法	备　注
1975	Nakanishi 等[2]	静态 PBM	描述了 ASEA-SKF 钢包内中湍流对夹杂物聚集的影响
2002	盛东源等[17]	特征参数守恒模型	基于欧拉方法描述了底吹钢包内夹杂物的碰撞聚合和去除行为
2004	Söder 等[5]	静态 PBM	考虑了底吹钢包内夹杂物的湍流剪切碰撞聚合斯托克斯碰撞聚合，层流剪切碰撞聚合机理，以及夹杂物-气泡黏附、夹杂物壁面吸附和自身上浮去除机制
2005	朱苗勇等[18]	特征参数守恒模型	基于准单相流模型描述了底吹钢包内夹杂物湍流剪切碰撞和夹杂物自身上浮机制

年份	研究者	模拟方法	备 注
2005	Wang 等[23,24]	CFD-PBM	描述了底吹钢包内夹杂物布朗碰撞、湍流剪切碰撞和斯托克斯（Stokes）碰撞聚合，以及夹杂物-气泡黏附、壁面吸附去除和夹杂物自身上浮去除机制
2008	Kwon 等[25]	CFD-PBM	描述了底吹钢包内夹杂物形核、Ostwald 熟化和夹杂物布朗碰撞、湍流剪切碰撞，以及夹杂物自身上浮、气泡黏附和壁面黏附机制
2009	Arai 等[6]	静态 PBM	描述了湍流中夹杂物尺寸分布行为，修正了湍流对气泡-夹杂物黏附效率的影响
2010	耿佃桥等[20]	特征参数守恒模型	基于欧拉模型描述夹杂物的湍流剪切碰撞和斯克克斯碰撞，以及夹杂物的自身上浮和壁面黏附行为
2012	Felice 等[26]	CFD-PBM	考虑了夹杂物的浮力碰撞聚合、分离和自身上浮去除机理
2013	娄文涛等[28,29]	CFD-PBM	描述了底吹钢包内夹杂物-夹杂物随机碰撞、湍流剪切碰撞、斯托克斯碰撞聚合行为，以及气泡-夹杂物随机碰撞、气泡-夹杂物浮力黏附、气泡尾涡捕捉以及渣圈影响等机制
2014	Bellot 等[27]	CFD-PBM	考虑了夹杂物斯托克斯碰撞聚合，湍流剪切碰撞聚合以及夹杂物自身上浮去除机制
2016	Xu 等[15]	VOF-DPM	描述了气泡尾涡对夹杂物去除行为的影响
2019	Cao 等[16]	VOF-DPM	描述了夹杂物自身上浮去除、夹杂物-气泡黏附去除和夹杂物-壁面吸附去除等机制
2021	束奇峰等[8]	静态 PBM-KWN 耦合模型	基于 Kampmann-Wagner 方法描述了氧化铝夹杂物的形核和长大，基于静态 PBM 描述了夹杂物的布朗碰撞、斯托克斯碰撞和湍流碰撞聚集行为

在静态 PBM 模型[1-8]中，钢液中不同大小的夹杂物群被划分为多个尺寸区间组，并采用 Smoluchowski 方程组来描述每个尺寸区间组夹杂物数量分布。这些模型考虑了不同的夹杂物碰撞聚合机理和去除机理，其中夹杂物碰撞聚合机理包括湍流剪切碰撞、布朗碰撞和斯托克斯碰撞，而夹杂物去除机理则包含壁面吸附、气泡-夹杂物浮力碰撞黏附和夹杂物自身斯托克斯上浮三种[4-8]。静态 PBM 模型计算量小，求解速度快，但它是以假设夹杂物在反应器内均匀分布为前提，没有考虑流体对夹杂物传输影响，且忽略了反应器内局部湍流对夹杂物聚合和去除行为的影响。

基于流体动力学的 CFD 模型[9-29]考虑了钢液湍流流动对夹杂物传输行为的影响，并根据对夹杂物行为描述方式不同，又可以分为夹杂物轨道模型[9-16]、特征参数守恒模型[17-20]以及 CFD-PBM 耦合模型[21-29]三类。

夹杂物轨迹模型中，夹杂物相被视为独立颗粒，在拉格朗日坐标系下，通过求解夹杂物颗粒所受的力平衡方程来描述其运动轨迹。虽然采用此方法可较为精确地描述钢液湍流流场中单个夹杂物的运动轨迹，但并未考虑夹杂物之间的碰撞聚合行为，而且计算过程中需要定义初始时夹杂物在反应器中的释放位置和数量，因此该模型应用范围受到一定限制。

特征参数守恒模型中，假设了钢液中夹杂物数密度函数服从指数分布，即 $f(r) = Ae^{-Br}$，其中 A 和 B 为常数。通过对整个反应器中夹杂物数密度函数进行积分，可以得出夹杂物的总质量和总数密度等特征参数。最后，求解欧拉坐标系下的特征参数守恒方程描述夹杂物的碰撞聚合及去除行为。虽然模型的计算量比CFD-PBM 耦合模型小，但由于实际钢液中不同尺寸夹杂物的碰撞聚合及去除速率不一致，且随着精炼进行，反应器内夹杂物尺寸分布变化很大，因此仅仅依靠指数分布函数很难准确描述整个冶炼过程的夹杂物行为。

CFD-PBM 耦合模型中，通过求解欧拉坐标系下的夹杂物相传输守恒方程组来描述反应器中夹杂物行为。其中，通过 CFD 模块描述反应器内钢液强烈的湍流流场、含气率及夹杂物含量大小和分布，通过 PBM 模块描述夹杂物在钢液中的输运、碰撞聚合、去除及尺寸分布。CFD 和 PBM 两个模块通过参数传递实现动态实时耦合。该模型相比以上三种模型虽然计算量大，但其能有效描述钢液中夹杂物的复杂行为。

底吹钢包中，夹杂物行为十分复杂。国内外研究者已建立了多个数学模型来描述夹杂物的碰撞聚合及去除行为机理，其中已报道的夹杂物-夹杂物碰撞聚合机理主要包括夹杂物-夹杂物湍流剪切碰撞、夹杂物-夹杂物斯托克斯碰撞、夹杂物-夹杂物布朗碰撞；而夹杂物的去除机理主要包括夹杂物自身上浮、夹杂物-气泡浮力碰撞、夹杂物壁面吸附等[4-8,17-26]。尽管如此，目前仍有很多重要的现象和机理没有被考虑，比如气泡诱导湍流、夹杂物湍流随机运动、气泡尾涡以及钢液面的渣圈现象等，如图 4-1 所示。

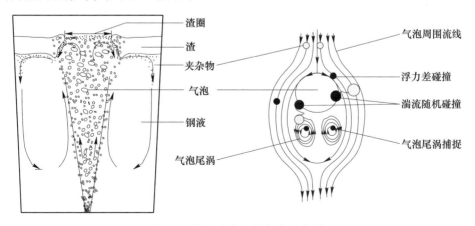

图 4-1　钢包中夹杂物行为示意图

气泡湍流扩散和气泡诱导湍流对夹杂物行为的影响：在钢包吹氩搅拌体系中，气泡上浮时会带动钢液流动，且由于气泡尾涡现象会产生额外的钢液湍流，即气泡诱导湍流。同时气泡本身也会在钢液旋涡脉动下发生扩散。本书作者的研究表明，气泡湍流扩散力和气泡诱导湍流对准确计算吹氩钢包内的气含率和钢液湍流流动产生重要影响[30]，而气含率和钢液湍流的准确描述是准确描述夹杂物的传输、碰撞长大及去除行为的基础。因此，考虑气泡湍流扩散和气泡诱导湍流对夹杂物行为准确描述是不可或缺的。

夹杂物-夹杂物湍流随机碰撞的影响：在气体搅拌湍流体系中，当颗粒尺寸小于 Kolmogoroff 微尺寸时，颗粒将被携带包含在最小的旋涡中，并跟随液体一起运动。在该情况下，夹杂物之间的碰撞频率仅由湍流旋涡中液体流动的局部剪切速率来确定。Camp 等[31]和 Saffman 等[32]根据各向同性湍流统计理论计算得出了该剪切速率。后来，Higashitani 等[33]根据在层流中的两碰撞颗粒的轨迹分析，引入模型系数对 Saffman-Turner 理论进行修正。到目前为止，大多数文献[4-8,17-29,34,35]都采用此模型来描述冶金反应器中的夹杂物湍流剪切碰撞速率。在气体搅拌体系中，气液两相流的湍流运动是十分强烈的，并且夹杂物尺寸不断聚合长大，当夹杂物尺寸大于 Kolmogoroff 微尺寸时，由液体湍流脉动诱导的夹杂物随机运动可能会对夹杂物碰撞聚合及去除行为有着重要影响[28-29]。

夹杂物-夹杂物斯托克斯碰撞效率的影响：目前大多数研究者认为夹杂物-夹杂物斯托克斯碰撞是夹杂物聚合长大的主要因素之一，并且夹杂物之间颗粒尺寸差别越大，斯托克斯碰撞对夹杂物聚合长大的作用就越明显，但忽略了颗粒周围液体流线对颗粒运动轨迹和碰撞概率的影响。Derjaguin 等[36]对液体中上浮颗粒或气泡周围的流线轨迹进行了明确描述，在此基础上，研究者采用了不同模型描述了颗粒-颗粒或颗粒-气泡间的实际碰撞效率[37-45]。这些研究结果表明，随着两个碰撞颗粒间尺寸的差异性增大，其碰撞效率反而降低，对颗粒聚合长大的作用减弱。因此，在描述夹杂物碰撞聚合时，需要考虑斯托克斯碰撞效率的影响。

夹杂物-气泡湍流碰撞去除的影响：钢的精炼过程气体喷吹是去除夹杂物的主要方式之一，钢液中夹杂物-气泡湍流碰撞应是夹杂物去除的重要机理。目前，在化工和矿物浮选等领域，已有大量文献[37-43]报道了液体中颗粒-气泡间的碰撞黏附模型，这些模型也被用于描述了炼钢过程吹气去除夹杂物的现象。这些研究主要针对静止或层流流体中气泡与颗粒的作用行为，气泡雷诺数被限制在 400 之内；而实际钢包精炼过程中，气泡雷诺数远大于 400，因此夹杂物-气泡之间的湍流碰撞行为需要被考虑。张立峰等[46]和 Arai 等[47]建立了水模型研究了湍流场中气泡与颗粒间的去除现象，并提出了经验去除公式。这些模型中，冶金反应器中的局部湍流和气含率分布对夹杂物聚合长大及去除的影响并未予以考虑。

气泡尾涡捕捉去除的影响：针对气-液或气-液-固三相流化床设备反应器，

研究者已对气泡尾涡和捕捉颗粒现象做了大量研究[48-56]。这些研究结果表明，气泡上升过程中，气泡底部一对尾涡会周期性地形成与脱离，与此同时，液体中的颗粒会被尾涡携带随气泡一起上浮，并随着尾涡脱落而脱离气泡。在气液固流化床中，下层浓相液体中的大量颗粒会被气泡尾涡携带进入并停留在顶层稀相流体[49-52]。与此类似，在气体搅拌钢包体系中，钢液表面附近的夹杂物同样会被上浮气泡尾涡所捕获，并随着气泡进入渣层后，随着尾涡脱落，夹杂物会被顶部渣层吸收而去除。因此，气泡尾涡对夹杂物去除的影响也需要被考虑。

渣圈对夹杂物去除的影响：在底吹钢包中，钢液顶渣将在底吹鼓泡流作用下被推向周围，并在液面气泡流中心处形成渣圈，如图 4-1 所示。目前，不少研究者[57-62]根据实验结果已定量描述了渣圈尺寸与底吹气量、钢渣厚度及钢渣属性之间的关系，但渣圈对夹杂物去除机理的影响仍没有相关研究报道。在渣圈处，由于没有渣层覆盖，当气泡上浮至钢液表面时，吸附在气泡上的夹杂物将随着气泡破裂而重新返回钢液。因此，需要考虑渣圈对夹杂物去除行为的影响。

4.2 钢包内夹杂物去除数值模拟

针对吹氩精炼钢包内发生的重要现象和夹杂物去除机理，本书作者[28,29]建立了描述夹杂物传输和去除行为的 CFD-PBM 耦合模型，以更合理计算钢液流动、夹杂物尺寸分布、碰撞聚合及去除效率。对于鼓泡流行为的描述，模型通过采用修正的 k-ε 湍流模型考虑气泡诱导湍流的影响，并引入气泡湍流扩散力考虑液体湍流脉动对含气率分布的影响。对于夹杂物传输行为的描述，提出了夹杂物湍流随机运动模型计算了夹杂物-夹杂物、夹杂物-气泡随机碰撞速率以及夹杂物随机上浮速率，并建立了气泡尾涡捕捉夹杂物模型，考虑了斯托克斯碰撞效率和渣圈对夹杂物碰撞聚合的影响。揭示了湍流旋涡剪切速率、夹杂物随机运动和斯托克斯上浮速率对夹杂物聚合长大的影响规律，以及气泡-夹杂物随机碰撞、气泡-夹杂物剪切碰撞、气泡-夹杂物浮力碰撞、夹杂物自身上浮、气泡尾涡捕捉、壁面吸附及渣圈行为对夹杂物去除的影响规律，并阐明了不同机制对夹杂物传输、聚合长大和去除的影响和贡献。

模型做了以下假设：

（1）底吹钢包中的钢液为牛顿流体，且湍流是各向同性的，不考虑气液两相之间的热量传输、脱气及化学反应等现象。

（2）钢液中的气泡和夹杂物均被视为球形的，且气泡在上浮过程中尺寸保持不变。

（3）钢包顶渣对钢液流动的影响被忽略，在模型计算时，钢包的顶面被设置为自由液面。

（4）忽略了由钢包中耐火材料边壁脱落或破损，或由钢包顶部卷渣等作用产生的再生夹杂物。

（5）通常夹杂物碰撞聚合后会生成簇形夹杂物，如图 4-2（a）所示；两个球形夹杂物相互碰撞聚合后视为形状不变，仍为球形，如图 4-2（b）所示。由于绝大部分夹杂物颗粒尺寸大于 $1\mu m$，忽略了夹杂物布朗碰撞的影响。

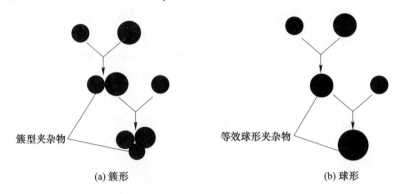

簇型夹杂物   等效球形夹杂物

（a）簇形   （b）球形

图 4-2 夹杂物的簇形和球形碰撞聚合形态

（6）当夹杂物运动到钢渣界面时，假设夹杂物会完全被顶部渣层吸收，且被渣层吸收后的夹杂物不再返回钢液内部。

（7）假设钢包液面上的渣圈形状为圆形且保持不变。当气泡上浮至钢包顶部渣圈内时，黏附于气泡表面上的夹杂物会随气泡的破裂后重新返回钢液内部。

4.2.1 气体-钢液-夹杂物三相 CFD 模型

依据 Euler-Euler 方法，分别建立了描述气-液-固三相的质量和动量守恒方程。每一相的质量守恒方程可以表述为：

$$\frac{\partial}{\partial t}(\alpha_k \rho_k) + \nabla \cdot (\alpha_k \rho_k \overline{u}_k) = S_k \qquad (4-1)$$

式中，ρ_k、α_k、$\overline{u}_k$ 和 S_k 分别为气相（$k=g$）、液相（$k=l$）、夹杂物相（$k=p$）的密度、体积比率、速度矢量以及质量源项。在当前模型中，S_l 和 S_g 均为零，而夹杂物相质量源项 S_p 则需要通过后续要介绍的 PBM 模型来求解。由于整个模型计算域被气体-液体-夹杂物三相所共享，因而需要满足模型的约束条件 $\alpha_l + \alpha_g + \alpha_p = 1$ 来封闭方程。

每一相的动量守恒方程可以表述为：

$$\frac{\partial}{\partial t}(\alpha_k \rho_k \overline{u}_k) + \nabla \cdot (\alpha_k \rho_k \overline{u}_k \overline{u}_k) = -\alpha_k \nabla p + \nabla \cdot [\alpha_k u_{\text{eff}}(\nabla \overline{u}_k + (\nabla \overline{u}_k)^{\text{T}})] + \alpha_k \rho_k \overline{g} + \overline{M}_k$$

$$(4-2)$$

式中，$\overline{M}_k$ 表示气液固三相之间的相互作用力。

$$\overline{M}_g = F_D^{g-1} + F_{TD}^{g-1} \tag{4-3}$$

$$\overline{M}_p = F_D^{p-1} \tag{4-4}$$

$$\overline{M}_1 = - (\overline{M}_g + \overline{M}_p) \tag{4-5}$$

式中，$\overline{M}_g$ 表示气泡所受到的液体的作用力。由于夹杂物相对气泡尺寸较小，为了简化模型，忽略了夹杂物对气泡的作用力。F_D^{g-1} 和 F_{TD}^{g-1} 分别为气液相间的曳力和湍流扩散力。$\overline{M}_p$ 表示夹杂物所受到的液体的作用力，由于夹杂物本身在钢包内分布均匀，忽略了夹杂物湍流扩散力，只考虑液-固之间的曳力 F_D^{p-1}。$\overline{M}_1$ 为液体所受到的来自气相和夹杂物相的作用力，如式（4-5）所示。具体的各项表达式见表 4-2。

表 4-2　气体-钢液-夹杂物三相间的相互作用力表达式

相间作用力	表达式
气液相间曳力	$F_D^{g-1} = \dfrac{3\alpha_g\alpha_1\rho_1 C_D}{4d_g}(\overline{u}_g - \overline{u}_1)$ $\begin{cases} C_{Dvis} = \dfrac{24}{Re}(1 + 0.1Re^{0.75}) \\ C_{Ddis} = 2/3\left[\dfrac{(g\rho_1)^{0.5}d_g}{\sigma^{0.5}}\right]\left[\dfrac{1 + 17.67(1 - \alpha_g)^{1.286}}{18.67(1 - \alpha_g)^{1.5}}\right]^2 \\ C_{Dcap} = 3/8(1 - \alpha_g)^2 \end{cases}$ 当 $C_{Ddis} < C_{Dvis}$ 时，$C_D = C_{Dvis}$ 当 $C_{Dvis} < C_{Ddis} < C_{Dcap}$ 时，$C_D = C_{Dvis}$ 当 $C_{Ddis} > C_{Dcap}$ 时，$C_D = C_{Dcap}$
液体-夹杂颗粒相间曳力	$F_D^{p-1} = \dfrac{3\alpha_p\alpha_1\rho_1 C_D}{4d_{32}}(\overline{u}_p - \overline{u}_1)$ $C_D = \begin{cases} \dfrac{24}{Re}(1 + 0.15Re^{0.687}) & (Re < 1000) \\ 0.44 & (Re \geqslant 1000) \end{cases}$
气液湍流扩散力	$F_{TD}^{g-p} = -\dfrac{3\alpha_g\alpha_1\rho_1 C_D}{4d_g}u_{drift}$ $u_{drift} = \dfrac{D_{gl}^t}{\omega_{gl}}\left(\dfrac{1}{\alpha_1}\nabla\alpha_1 - \dfrac{1}{\alpha_g}\nabla\alpha_g\right)$

　　钢包内气液两相流的湍流脉动行为对气泡分布、夹杂物颗粒传输、碰撞去除以及相间对流传质等现象产生重要影响，因此对气液两相湍流行为的准确描述至关重要。

　　k-ε 湍流模型最初是被用来描述单相流体的湍流脉动行为的，而对于气液两相流，由于相间相互作用关系复杂，目前对其湍流行为的描述仍有一些难题没有解决，比如气泡诱导湍流和两相湍流之间的相互影响等。

为了准确描述由钢包内气液两相的湍流脉动行为，本书作者对 k-ε 模型进行修正，引入了由气泡运动引起的液体湍流脉动现象，即气泡诱导湍流，并加载到 k-ε 方程源项，同时也考虑了气液相间湍流的相互作用。修正后的 k-ε 可以表述为如下：

$$\frac{\partial}{\partial t}(\alpha_1 \rho_1 k_1) + \nabla \cdot (\alpha_1 \overline{u}_1 \rho_1 k_1) = \nabla \cdot \left(\alpha_1 \frac{\mu_t}{\sigma_k} \nabla k_1\right) + \alpha_1 G_{k,1} + \alpha_1 G_b - \alpha_1 \rho_1 \varepsilon_1 + \alpha_1 \rho_1 \Pi_{k,1}$$

$$(4\text{-}6)$$

$$\frac{\partial}{\partial t}(\alpha_1 \rho_1 \varepsilon_1) + \nabla \cdot (\alpha_1 \overline{u}_1 \rho_1 \varepsilon_1) = \nabla \cdot \left(\alpha_1 \frac{\mu_t}{\sigma_k} \nabla \varepsilon_1\right) + \alpha_1 \frac{\varepsilon_1}{k_1}[C_{1\varepsilon}(G_{k,1} + G_b) - C_{2\varepsilon}\rho_1 \varepsilon_1] + \alpha_1 \rho_1 \Pi_{\varepsilon,1}$$

$$(4\text{-}7)$$

式中，k_1 表示液体的湍动能；ε_1 表示液体湍流耗散率；$G_{k,1}$ 表示由液体平均速度梯度产生的湍动能；G_b 表示由气泡上浮所诱导产生的液体湍动能。

$$G_{k,1} = \mu_t(\nabla \overline{u}_1 + (\nabla \overline{u}_1)^T) : \nabla \overline{u}_1 \tag{4-8}$$

$$e_R = (\rho_1 - \rho_g) g \alpha_g \overline{u}_g \tag{4-9}$$

$$e_D = (\rho_1 - \rho_g) g \alpha_g (\overline{u}_g - \overline{u}_1) \tag{4-10}$$

式中，e_R 表示在气泡上升过程中由气泡运动产生的总能量；e_D 表示由气液间速度差导致的能量消耗速率。也就是说，e_R 一部分将会转化为液体动能（e_R-e_D），另一部分 e_D 则会转化为液体内能。同时 e_D 能量转化又可分为两部分，一部分通过气液之间的相互作用力直接消耗转化，另一部分是先转化为液体湍流，即气泡尾涡现象，进而通过湍流旋涡耗散率来消耗转化，这一部分就叫作气泡诱导湍流 G_b，它可以表述为：

$$G_b = C_b e_D \tag{4-11}$$

式中，$C_b(0 < C_b < 1)$ 表示气泡诱导能量转化为液体湍动能的比率系数，在不同吹气搅拌体系下，其取值也不同。为了降低 C_b 对气流量的敏感性，将方程（4-11）修改为：

$$G_b = C_b \frac{\mu_t}{\mu_{eff}}(\rho_1 - \rho_g) g \alpha_g \overline{u}_{rel} \tag{4-12}$$

在方程（4-6）和方程（4-7）中，$\Pi_{k,1}$ 和 $\Pi_{\varepsilon,1}$ 分别表示离散颗粒相湍流脉动对液体连续相湍流的影响，可以表达为：

$$\Pi_{k,1} = K_{gl} \frac{\rho_g}{\rho_1 + \rho_1 C_A}(-2k_1 + k_{gl} + \overline{u}_{rel} \cdot \overline{u}_{drift}) \tag{4-13}$$

$$\Pi_{\varepsilon,1} = C_{3\varepsilon} \frac{\varepsilon_1}{k_1} \Pi_{k,1} \tag{4-14}$$

4.2.2 夹杂物群体平衡模型（PBM）

在颗粒群体平衡模型 PBM 中，提出了夹杂物数密度的概念 $n(V_i)$，其相应的传输方程可以表达为：

$$\frac{\partial n(V_i)}{\partial t} + \nabla \cdot (\bar{u}_p n(V_i)) = \frac{1}{2} \int_0^{V_i} \beta(V_i - V_j, V_j) n(V_i - V_j) n(V_j) \mathrm{d}V_j -$$

$$\int_0^{V_{\max}} \beta(V_i, V_j) n(V_i) n(V_j) \mathrm{d}V_j + S_i$$

$$(4\text{-}15)$$

式中，$\beta(V_i, V_j)$ 表示两个夹杂物之间的碰撞聚合速率；V_i 表示直径为 d_i 的夹杂物体积。式（4-15）中右边三项分别代表由较小夹杂物碰撞聚合导致的大夹杂物生成速率、与其他颗粒尺寸碰撞聚合导致的夹杂物消亡速率以及由于夹杂物去除导致的质量源项。

Hounslow 等[63]、Lister 等[64] 和 Kumar 等[65] 研究表明，颗粒群体平衡方程可以采用离散方法求解，即把连续的颗粒尺寸分布表述为一系列离散的尺寸区间，这样便于方程的数值计算，求解结果可以直观反应颗粒尺寸分布。因此，根据离散法，式（4-15）可以表达为由每个尺寸区间上的 PBM 方程组：

$$\frac{\partial(\rho_p \alpha_i)}{\partial t} + \nabla \cdot (\rho_p \bar{u}_p \alpha_i) = \rho_p V_i \Big[\sum_{k=1}^{N} \sum_{j=1}^{N} \Big(1 - \frac{1}{2}\delta_{kj}\Big) \beta_{kj} n_k n_j \xi_{kj} - \sum_{j=i}^{N} \beta_{ij} n_i n_j \Big] + \rho_p V_i S_i$$

$$(i, j = 0, 1, \cdots, N-1) \qquad (4\text{-}16)$$

$$\xi_{kj} = \begin{cases} \dfrac{V - V_{i-1}}{V_i - V_{i-1}} & (V_{i-1} < V_{\mathrm{ag}} < V_i) \\[2mm] \dfrac{V_{i+1} - V_{\mathrm{ag}}}{V_{i+1} - V_i} & (V_i < V_{\mathrm{ag}} < V_{i+1}) \\[2mm] 0 & (\text{其他}) \end{cases} \qquad (4\text{-}17)$$

式中，N 表示夹杂物相所分割的尺寸区间数量；i 和 j 分别表示夹杂物 N 个分割尺寸区间里的第 i 组和第 j 组。δ_{kj} 为模型参数，当 $i \neq j$ 时，δ_{kj} 取 0，否则取 1。α_i 是尺寸为 d_i 的夹杂物的体积分数，与夹杂物数密度有关，并可由下式计算：

$$\alpha_i = V_i n_i(V_i) \qquad (i = 0, 1, \cdots, N-1) \qquad (4\text{-}18)$$

为了保证夹杂物的质量守恒，方程（4-19）和方程（4-12）需要同时满足：

$$\alpha_p = \sum_{i=0}^{N-1} \alpha_i \qquad (4\text{-}19)$$

$$S_p = \sum_{i=0}^{N-1} \rho_p V_i S_i \qquad (4\text{-}20)$$

式中，α_p 和 S_p 分别为式（4-1）中的夹杂物相的总体积分数和总的质量源项。

夹杂物之间的碰撞聚合速率可表示为:

$$\beta_{ij} = \beta_{ij}^{\text{TR}} + \beta_{ij}^{\text{TS}} + \beta_{ij}^{\text{S}} \tag{4-21}$$

式中, β 表示两个尺寸为 d_i 和 d_j 夹杂物之间总碰撞聚合速率; 等式右边的 β_{ij}^{TR}、β_{ij}^{TS} 和 β_{ij}^{S} 分别表示夹杂物-夹杂物湍流随机碰撞速率、夹杂物-夹杂物湍流剪切碰撞速率、夹杂物-夹杂物斯托克斯浮力碰撞速率。

$$S_i = S_i^{\text{Wall}} + S_i^{\text{IF}} + S_i^{\text{BIB}} + S_i^{\text{BIR}} + S_i^{\text{BIS}} + S_i^{\text{Wake}} \tag{4-22}$$

式中, S_i 表示尺寸为 d_i 的夹杂物总去除速率; 等式右边的 S_i^{Wall}、S_i^{IF}、S_i^{BIB}、S_i^{BIR}、S_i^{BIS} 和 S_i^{Wake} 分别表示夹杂物壁面吸附去除速率、夹杂物自身上浮去除速率、夹杂物-气泡浮力碰撞去除速率、夹杂物-气泡湍流随机碰撞去除速率、夹杂物-气泡湍流剪切碰撞速率, 以及气泡尾涡捕捉夹杂物去除速率。

4.2.3　夹杂物碰撞聚合模型

如上所述, 在钢液中促使夹杂物相互碰撞聚合的机理主要包括湍流随机碰撞、湍流剪切碰撞、斯托克斯上浮碰撞以及布朗碰撞等。布朗碰撞仅在颗粒尺寸小于 $1\mu\text{m}$ 时才会对夹杂物的聚合产生显著影响, 而对于钢包底吹过程, 所考察的夹杂物尺寸大都大于 $1\mu\text{m}$, 因而忽略了夹杂物之间的布朗碰撞对夹杂物聚合长大的影响。

4.2.3.1　夹杂物-夹杂物湍流剪切碰撞

在湍流流场中, 液体旋涡不断产生, 并逐渐破裂分解成更小的旋涡以耗散旋涡能量, 如图4-3所示。其中分解后的最小旋涡尺寸被称为 Kolmogorov 微尺寸 η, 在此旋涡尺寸中, 黏性力对流体流动开始占主导作用, 而惯性力作用比较微弱。Kolmogorov 微尺寸可以通过下式计算:

$$\eta = \left(\frac{\nu^3}{\varepsilon_1}\right)^{1/4} \tag{4-23}$$

当夹杂物颗粒尺寸小于 Kolmogorov 微尺寸时, 夹杂物将被包含在旋涡中, 并在黏性力作用下跟随流体一起运动, 其中在旋涡外围的夹杂物速率大于处于旋涡中心的夹杂物, 并会导致夹杂物发生碰撞, 如图4-4所示, 其中夹杂物-夹杂物

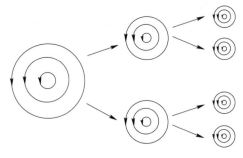

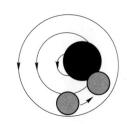

图4-3　液体中湍流旋涡　　　　　　　图4-4　湍流剪切碰撞示意图

碰撞速率由旋涡中的剪切速率决定，Camp 等[31]和 Saffman 等[32]根据各向同性湍流统计理论计算得出了该剪切速率。Higashitani 等[33]根据两碰撞颗粒的轨迹分析，引入模型系数（捕捉效率）对 Saffman-Turner 理论进行修正。即夹杂物湍流剪切碰撞 β_{ij}^{TS} 可表述为：

$$\beta_{ij}^{TS} = 1.294 \zeta_{eff}^{p\text{-}p} (\varepsilon_1/\nu)^{0.5} (r_i + r_j)^3 \tag{4-24}$$

式中，$(\varepsilon_1/\nu)^{0.5}$ 表示湍流剪切速率；$\zeta_{eff}^{p\text{-}p}$ 为夹杂物湍流剪切碰撞的捕捉概率，主要与两个相互碰撞夹杂物之间的范德华力和黏性力的大小有关，可表述为：

$$\zeta_{eff}^{p\text{-}p} = 0.732 \left(\frac{5}{N_T}\right)^{0.242} \tag{4-25}$$

式中，N_T 为黏性力与范德华力之间的比值，可表述为：

$$N_T = \frac{6\pi\mu_1 (r_i + r_j)^3 (4\varepsilon_1/15\pi\nu)^{0.5}}{8A_{psp}} \tag{4-26}$$

式中，A_{psp} 为 Hamaker 常数。根据文献报道[35]，钢液中氧化铝夹杂物的 A_{psp} 取值为 3.98×10^{-19} J。

4.2.3.2 夹杂物-夹杂物湍流随机碰撞

底吹氩钢包内钢液湍流运动非常强烈，尤其是在气液两相区，当夹杂物尺寸 d_i 大于 Kolmogorov 微尺寸时，其将在湍流脉动旋涡影响下呈现出随机运动。此时，由夹杂物随机运动所导致的聚合速率可以表达为：

$$\beta_{ij}^{TR} = \frac{\pi}{4} (d_i + d_j)^2 u_{rel} \tag{4-27}$$

式中，u_{rel} 为两个夹杂物间的湍流运动相对速度。为了计算 u_{rel}，类比了液体中气泡或液滴的湍流运动理论[66-69]，即认为尺寸为 d_i 的夹杂物湍流脉动速度近似等于具有相同尺寸旋涡的脉动速度。原因在于较小旋涡没有足够能量影响夹杂物的运动，而过大旋涡则会携带夹杂物一起运动，对夹杂物间的相对运动 u_{rel} 影响很小。因此，尺寸分别为 d_i 和 d_j 夹杂物间的湍流相对速度差 u_{rel} 可以用具有相同尺寸规模的旋涡速度来表示，即：

$$u_{rel} = [(u_i^T)^2 + (u_j^T)^2]^{1/2} \tag{4-28}$$

式中，u_i^T 表示尺寸为 d_i 的液体旋涡的湍流脉动速度。根据经典湍流理论[70,71]，可以得出：

$$u_i^T = 1.4 (\varepsilon_1 d_i)^{1/3} \tag{4-29}$$

为了保证不同尺寸夹杂物碰撞速率的连续性，假设尺寸小于 Kolmogorov 微尺寸的夹杂物也会呈现出随机运动，如图 4-5 所示，并加入了模型修正系数 $(d/\eta)^3$，因而夹杂物-夹杂物湍流随机碰撞聚合速率 β_{ij}^{TR} 可以表达为：

当 $[d_1 = \min(d_i, d_j)] \leqslant \eta \leqslant [d_2 = \max(d_i, d_j)]$ 时：

$$\beta_{ij}^{TR} = \frac{\pi}{2} (d_i + d_j)^2 (d_2^{2/3} + \eta^{2/3})^{1/2} \varepsilon_1^{1/3} \left(\frac{d_1}{\eta}\right)^3 \tag{4-30}$$

当 $d_1 > \eta$ 时:

$$\beta_{ij}^{TR} = \frac{\pi}{2} (d_i + d_j)^2 (d_2^{2/3} + d_1^{2/3})^{1/2} \varepsilon_1^{1/3} \tag{4-31}$$

当 $d_2 < \eta$ 时:

$$\beta_{ij}^{TR} = \frac{\pi}{2} (d_i + d_j)^2 \sqrt{2} (\varepsilon_1 \eta)^{1/3} \left(\frac{d_1 d_2}{\eta^2}\right)^3 \tag{4-32}$$

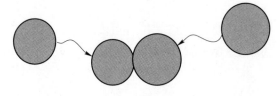

(a) $\min(d_i, d_j) > \eta$

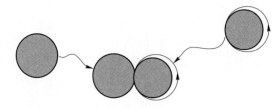

(b) $\min(d_i, d_j) \leqslant \eta \leqslant \max(d_i, d_j)$

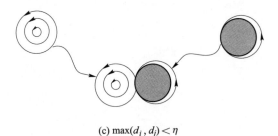

(c) $\max(d_i, d_j) < \eta$

图 4-5 不同尺寸夹杂物的湍流随机碰撞示意图

4.2.3.3 夹杂物-夹杂物斯托克斯浮力碰撞

在底吹氩钢包精炼过程中，钢液中的夹杂物因密度差而上浮，上浮速率 u_i^S 可以根据斯托克斯定律计算:

$$u_i^S = \frac{g(\rho_1 - \rho_p) d_i^2}{18\mu_1} \tag{4-33}$$

夹杂物上浮速率 u_i^S 与其尺寸 d_i^2 成正比。对于不同尺寸的夹杂物颗粒，由于不同的上浮速度会导致较大夹杂物追赶上较小的并发生碰撞聚合，且两者之间尺寸差别越大，它们的相对速率就越大。同时，较大尺寸夹杂物在上浮过程中，其周围流场会影响其他较小夹杂物的运动轨迹，并有可能会降低它们之间的实际碰撞概率，如图 4-6 所示。因此，提出夹杂物上浮碰撞概率参数，夹杂物-夹杂物斯托克斯浮力碰撞速率 β_{ij}^S 可以采用下式计算：

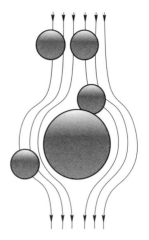

$$\beta_{ij}^S = \frac{2g\pi(\rho_1 - \rho_p)}{9\mu_1}(r_i + r_j)^3 |r_i - r_j| E_s^{p-p} \quad (4\text{-}34)$$

式中，E_s^{p-p} 为斯托克斯碰撞效率，表示两个夹杂物在上浮过程中的实际碰撞概率。目前已有文献研究了颗粒-颗粒或颗粒-气泡之间的实际碰撞概率[37-45]。

图 4-6 夹杂物斯托克斯浮力碰撞示意图

Dukhin 等[43]在 Sutherland 模型[39]的基础上，通过耦合惯性力的影响对模型进行了修正。Dai 等[44]通过对比不同的斯托克斯碰撞效率模型发现，Dukhin 模型的预测结果与实测结果最为吻合。因此，选取 Dukhin 修正模型来计算夹杂物之间的实际碰撞效率 E_s^{p-p}，可表达如下：

$$E_s^{p-p} = E_{c-SU}\sin^2\theta\exp\left\{3K\left[\cos\theta\left(\ln\frac{3}{E_{c-SU}} - 1.8\right) - \frac{2 + \cos^3\theta - 3\cos\theta}{2E_{c-SU}\sin^2\theta}\right]\right\}$$

$$(4\text{-}35)$$

式中，E_{c-SU} 为 Sutherland 等[39]提出的碰撞效率模型，可以采用下式：

$$E_{c-SU} = \min\left\{\left(\frac{-G}{1-G}\left(1 + \frac{d_1}{d_2}\right)^2 + \frac{3}{1+G}\frac{d_1}{d_2}\right), 1\right\} \quad (4\text{-}36)$$

$$G = \frac{u_{d_1}^S}{u_{d_2}^S} = \left(\frac{d_1}{d_2}\right)^2 \quad (4\text{-}37)$$

式中，G 为无因次常数，定义为尺寸 d_1 和 d_2 两个夹杂物颗粒间上浮速度比值；K 是斯托克斯数，可定义为：

$$K = \frac{2u_{d_1}^S u_{d_2}^S}{gd_2} \quad (4\text{-}38)$$

$$\beta' = \frac{4E_{c-SU}}{9K} \quad (4\text{-}39)$$

$$\theta = \arcsin\left\{2\beta'\left[(1 + \beta'^2)^{1/2} - \beta'\right]\right\}^{1/2} \quad (4\text{-}40)$$

4.2.4 夹杂物去除模型

底吹氩钢包的湍流体系中，考虑了 6 种夹杂物去除机理，即钢包壁面吸附、渣-钢界面夹杂物自身上浮去除、气泡-夹杂物浮力碰撞去除、气泡-夹杂物湍流随机碰撞去除、气泡-夹杂物湍流剪切碰撞去除、气泡尾涡捕捉去除等。另外，同样考虑了钢包顶部渣圈对夹杂物去除的影响。

4.2.4.1 夹杂物壁面吸附去除

当钢液中的夹杂物与耐火材料包壁面接触时会被其吸附，目前大部分学者把此过程视为由壁面附近钢液湍流脉动决定的质量传输行为。根据 Oeters[72] 和 Engh 等[73] 提出的数学模型，在壁面附近，夹杂物由钢液内部向耐火材料壁面的质量传输系数可由下式计算：

$$K_i = \frac{cu'^3 r_i^2}{\nu^2} \tag{4-41}$$

式中，u' 为液体湍流脉动速度；c 为常数，Oeters[72] 和 Engh 等[73] 分别取值为 6.2×10^{-3} 和 5.8×10^{-3}。张立峰等[3] 通过引入固体壁面附近的湍流耗散率来修正了湍流传输系数，其夹杂物的壁面吸附去除速率 S_i^{Wall} 可表示为：

$$S_i^{\text{Wall}} = \frac{0.0062 \varepsilon_1^{3/4}}{\nu^{5/4}} \frac{A_s}{V_{\text{cell}}} n(V_i) \tag{4-42}$$

式中，A_s 和 V_{cell} 分别表示钢包模型壁面附近的单元网格的法向截面面积和体积。

4.2.4.2 夹杂物自身上浮去除

吹氩精炼钢包内钢液中的夹杂物可以依靠自身上浮运动进入顶渣层而被去除。因此，在模型中，夹杂物的斯托克斯上浮运动和由钢液湍流引起的夹杂物随机上浮运动均被考虑。由夹杂物自身上浮运动而致使其去除的速率 S_i^{IF} 可以表达为：

$$S_i^{\text{IF}} = (u_i^{\text{S}} + C_{\text{up}} u_i^{\text{T}}) \frac{A_s}{V_{\text{cell}}} n(V_i) \tag{4-43}$$

式中，u_i^{S} 表示夹杂物的斯托克斯上浮速度，可通过式（4-34）计算获得；u_i^{T} 为夹杂物的湍流随机脉动速度，如图 4-7 所示，可通过式（4-29）计算；C_{up} 表示由夹杂物湍流随机脉动所导致的实际上浮概率，根据湍流脉动的各向同性，C_{up} 取值为 1/6。

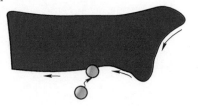

图 4-7　夹杂物湍流随机上浮去除机理

4.2.4.3 夹杂物-气泡浮力碰撞去除

在底吹搅拌多相流体系中，Dai 等[44] 和张立峰等[45] 总结了不同学者建立的由上浮速度差引起的气泡-颗粒碰撞机理模型，由夹杂物-气泡浮力碰撞所导致的

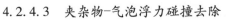

夹杂物去除速率 S_i^{BIB} 可以表述为：

$$S_i^{\text{BIB}} = \frac{\pi}{4}(d_i^2 + d_g^2)(\bar{u}_g - \bar{u}_p)E_s^{\text{g-p}}\frac{6\alpha_g}{\pi d_g^3}n(V_i) \tag{4-44}$$

式中，$E_s^{\text{g-p}}$ 为气泡-夹杂物浮力碰撞效率，可以通过式（4-35）~式（4-40）计算获得。

4.2.4.4 夹杂物-气泡湍流随机碰去除

在底吹钢包湍流体系中，夹杂物可能会由于钢液旋涡脉动影响而呈现出随机运动，尤其在气液两相流中心，当夹杂物颗粒尺寸大于 Kolmogorov 微尺寸时，夹杂物的湍流随机运动会更加明显。类似于前面所提到的夹杂物-夹杂物湍流随机碰撞，夹杂物也会因与气泡之间发生湍流随机碰撞而被去除，该去除速率 S_i^{BIR} 可以表述为下式：

当 $d_i > \eta$ 时：

$$S_i^{\text{BIR}} = C\frac{\pi}{4}(d_i + d_g)^2(\varepsilon d_i)^{1/3}\frac{6\alpha_g}{\pi d_g^3}n(V_i) \tag{4-45}$$

当 $d_i \leqslant \eta$ 时：

$$S_i^{\text{BIR}} = C\frac{\pi}{4}(d_i + d_g)^2(\varepsilon_1\eta)^{1/3}\left(\frac{d_i}{\eta}\right)^3\frac{6\alpha_g}{\pi d_g^3}n(V_i) \tag{4-46}$$

4.2.4.5 夹杂物-气泡湍流剪切碰撞去除

类似于前面所述的夹杂物-夹杂物湍流剪切碰撞，夹杂物-气泡湍流剪切碰撞也应被考虑，尤其是对于较小尺寸的气泡，更应如此。在气体搅拌体系中，尺寸大于气泡的液体旋涡将有足够的能量来捕获气泡并携带气泡和夹杂物一起运动。在这种情形下，气泡与夹杂物之间的碰撞速率是由旋涡中的剪切速率及碰撞效率所决定的。因此，夹杂物-气泡的湍流剪切碰撞去除速率可以表达为：

$$S_i^{\text{BIS}} = 1.294\zeta_{\text{shear}}^{\text{p-g}}(\varepsilon/\nu)^{0.5}(r_i + r_j)^3\frac{6\alpha_g}{\pi d_g^3}n(V_i) \tag{4-47}$$

式中，$\zeta_{\text{eff}}^{\text{g-p}}$ 是夹杂物-气泡湍流剪切碰撞的实际碰撞捕捉效率，可以通过式（4-25）和式（4-26）计算获得，但对于钢液中气泡-夹杂物间的 Hamaker 常数 A_{psg} 取值为 $6.47 \times 10^{-19}\text{J}$[35]。

4.2.4.6 气泡尾涡捕捉夹杂物去除

在吹气搅拌体系熔池中，随着气泡的上升，一对尾涡会周期性地在气泡底部形成与脱离，与此同时，液体中的颗粒也会被尾涡携带随气泡一起上浮，并随着尾涡脱落而脱离气泡，如图 4-8 所示。因此，在钢包顶部液面附近的夹杂物也同样会被气泡尾涡捕捉后随气泡进入渣层，并随着尾涡脱落而被顶渣吸收。在本模型中，气泡尾涡捕捉夹杂物的去除速率 S_i^{Wake} 可表达为：

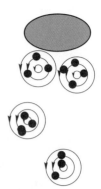

$$S_i^{\text{Wake}} = \lambda \alpha_{\text{g}} (\bar{u}_{\text{g}} - \bar{u}_{\text{l}}) \frac{A_{\text{s}}}{V_{\text{cell}}} n(V_i) \qquad (4\text{-}48)$$

式中，λ 是模型常数，为气泡尾涡与气泡体积的比率。Tsuchiya 等[52]研究表明，在 $1500 < Re_{\text{b}} < 8150$ 范围内，气泡尾涡的平均面积要比气泡面积大（3.3±1.2）倍，而且其比值随气泡雷诺数 Re_{b} 的变化不大。因此，选取了尾涡与气泡平均面积比值为 3.3，并得出了在不同气泡球冠高度下，气泡尾涡与气泡体积比值 λ 的取值范围为 3.45±0.45。在模型中，λ 均取值为 3.45。

图 4-8　气泡尾涡捕
捉夹杂物示意图

4.2.4.7　渣圈的影响

在吹氩钢包中，钢液顶渣将在底吹鼓泡流作用下被推向周围，并在气液两相流中心处形成渣圈。渣圈的存在会对夹杂物去除行为产生重要影响。当气泡上浮至钢液面时，在渣圈处黏附于气泡表面的夹杂物将随着气泡破裂而重新返回钢液中，如图 4-9 所示。目前很多学者的研究表明渣圈尺寸与吹气流量、渣层属性和厚度等参数相关[57-62]。最近，Krishnapisharody 等[61,62]依据前人研究的实验数据，提出了计算渣圈尺寸的公式：

$$\frac{A_{\text{e}}}{H^2} = -0.76 \left(\frac{Q_{\text{g}}}{g^{0.5} H^{2.5}} \right)^{0.4} + 7.15 \left(1 - \frac{\rho_{\text{s}}}{\rho_{\text{l}}} \right)^{-0.5} \left(\frac{Q_{\text{g}}}{g^{0.5} H^{2.5}} \right)^{0.73} \left(\frac{h}{H} \right)^{-0.5}$$

$$(4\text{-}49)$$

式中，A_{e} 为渣圈面积；h 和 ρ_{s} 分别为渣层厚度和渣密度。

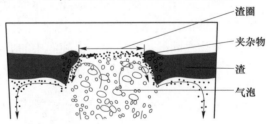

图 4-9　钢包内渣圈及对夹杂物行为影响的示意图

4.2.5　模型求解与结果

采用流体力学软件 Fluent 并配合用户自定义函数（UDF）来描述钢包底吹氩过程中的夹杂物传输、碰撞聚合及去除行为。钢包尺寸参数和模型应用参数被列入表 4-3。炉底和炉壁被设置为无滑移壁面，并采用标准壁面函数来描述流体近壁面处的湍流特征。喷孔处采用气体速度入口边界条件，模型的顶面被设置为自由液面，即气体以它到达顶面的速度离开钢包，液体则不允许离开体系。

表 4-3 钢包尺寸参数和模型应用参数

参数	数值	参数	数值
钢包顶部直径/mm	3115	表面张力/N·m^{-1}	1.4
钢包底部直径/mm	2578	气体密度/kg·m^{-3}	0.865
熔池深度/mm	3200	夹杂物密度/kg·m^{-3}	3900
吹氩流量/NL·min^{-1}	10~200	钢液黏度/Pa·s	0.0055
钢液密度/kg·m^{-3}	7100		

模型采用离散法求解 PBM 方程组，其中考察了尺寸为 4~200μm 的夹杂物行为，并把这些夹杂物离散分割为体积从 V_0 到 V_{17} 18 个组，其中每组夹杂物体积关系为 $V_{i+1} = 2V_i$，即每组的夹杂物特征尺寸关系为 $d_{i+1} = 2^{1/3}d_i$（$i = 0, 1, 2, \cdots, 16$），最小的夹杂物直径 d_0 被设置为 4μm。通过在每一个时间步长内（$\Delta t = 0.25s$）求解每一个尺寸组的 PBM 方程获得夹杂物分布、聚合及去除速率。为了便于计算，假设在初始时（$t=0$）时，钢包内主要为较小尺寸的夹杂物，其尺寸分布服从如下的指数分布函数：

$$n(d_i)_{t=0} = 2 \times 10^{14} e^{-1.0d_i \times 10^6} \tag{4-50}$$

图 4-10 为当前 CFD-PBM 耦合模型的求解方案示意图。整个模型求解包括 CFD 模块和夹杂物群体平衡模块（PBM）两部分。其中，钢包内流场、气含率及湍能耗散率等参数采用 CFD 模型求解，并把结果数据传入 PBM 模型再求解夹杂物尺寸分布和去除速率，然后再将结果数据传入 CFD 模型更新质量守恒方程与动量守恒方程源项，并进行下一步的求解运算。在本模型中，S_p 夹杂物由去除速率导致的质量守恒方程源项，在由 PBM 模块计算后并用来更新 CFD 模型中的夹杂物相（$k=p$）质量守恒方程式（4-1）。d_{32} 是由夹杂物尺寸分布决定的 Sauter 平均直径，见式（4-51），在通过 PBM 模块计算得出后，用来更新夹杂物相的动

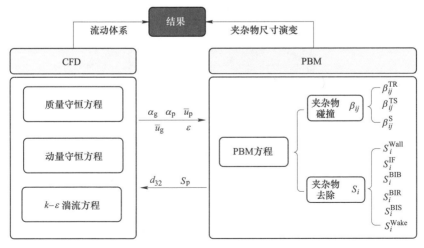

图 4-10 CFD-PBM 耦合求解方案示意图

量守恒方程式（4-6）。

$$d_{32} = \frac{\sum n_i d_i^3}{\sum n_i d_i^2}$$ (4-51)

4.2.5.1 底吹钢包内的多相流行为

如前所述，底吹钢包内钢液湍流行为和气含率分布对夹杂物传输、聚合长大及去除行为有着至关重要的影响，气液两相流的准确预测是描述夹杂物行为的重要基础。本书作者基于欧拉-欧拉方法，建立了描述底吹钢包内气液两相流行为的数学模型，通过引入湍流扩散力、修正 $k\text{-}\varepsilon$ 湍流模型，并选取合理的相间作用力模型参数，准确计算了底吹搅拌钢包中的气含率、钢液流动及湍流行为[30]。

图 4-11 为在 150t 钢包内计算的气体分布（图 4-11（a））、流场（图 4-11（b））

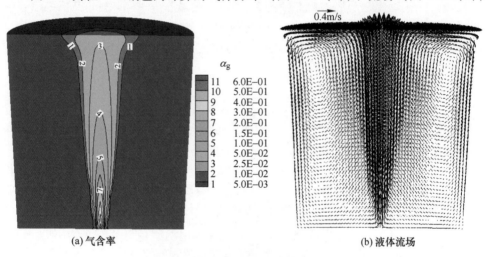

(a) 气含率

(b) 液体流场

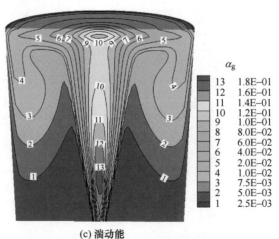

(c) 湍动能

图 4-11 150t 吹氩钢包的气液两相流行为

和湍动能分布（图4-11（c）），底吹氩流量为200NL/min。由图4-11（a）可见，随着气泡的上浮，在液体湍流作用下，钢包中的鼓泡流逐渐发生扩散，即轴向中心线上气含率随着高度逐渐降低，径向上鼓泡流宽度逐渐增大。由图4-11（b）可以看出，在气泡浮力驱动下，钢液向上流动，并在液面附近水平流向边壁，进而沿着边壁向下流动形成环流。由图4-11（c）可见，气液两相流中心的液体湍动能明显高于其他区域，且由于气泡诱导湍流和钢液速度梯度诱导湍流的产生使湍动能在钢包喷嘴底部及液面附近最大，而在熔池中低部区域却很小。

湍流系统中 Kolmogorov 微尺寸 η 为最小旋涡尺寸，是由液体湍动能耗散率和动力学黏度决定，见式（4-23）。当夹杂物小于 η 时，它将被包含在最小旋涡内，并跟随流体运动；当夹杂物尺寸大于 η 时，夹杂物惯性力作用明显，并在液体湍流脉动作用下呈现湍流随机运动。图4-12 显示了在不同气流量下的 η 分布云图。η 在气液两相流中心处明显要小于其他区域，并随着吹气流量的增加，η 逐渐减小。因此在气液两相流区域，部分夹杂物尺寸会大于 η，即夹杂物会出现湍流随机运动。比如，当吹气流量为 100NL/min 时，大于 40μm 的夹杂物将在气液两相流下部区域呈湍流随机运动，而大于 60μm 的夹杂物将在整个两相流区域都会呈现湍流随机脉动。

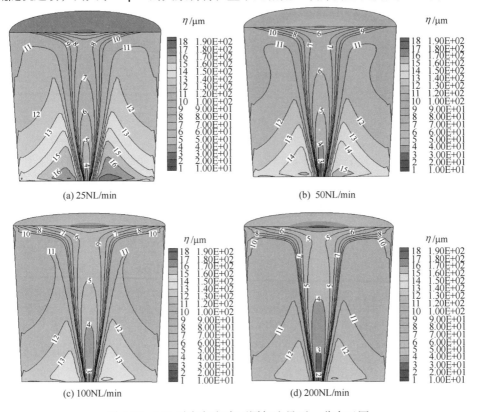

图 4-12　150t 吹氩钢包内不同气流量下 η 分布云图

4.2.5.2 底吹钢包内夹杂物的碰撞聚合

夹杂物聚合长大的机理主要包括夹杂物-夹杂物湍流随机碰撞、夹杂物-夹杂物湍流剪切碰撞及斯托克斯浮力碰撞。为了阐明不同碰撞机理的作用，在本节中，暂不考虑对夹杂物去除的影响。图4-13是不同吹气时间和不同吹氩量下夹杂物数密度与其尺寸的变化情况。由图可见，随着吹氩的持续，夹杂物尺寸逐渐增大；随着吹气流量的增加，夹杂物碰撞聚合速率增大。

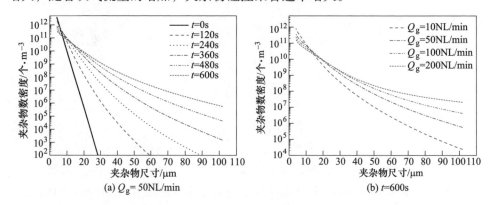

图4-13   不同吹氩时间和不同流量下150t钢包内夹杂物数密度与其尺寸关系

图4-14给出了不同吹氩量下夹杂物不同碰撞机理在其聚合长大过程中所起的作用。由图可见，较小流量下时夹杂物聚合长大主要是依靠湍流剪切碰撞和斯托克斯碰撞共同作用，其中斯托克斯碰撞占主导，湍流随机碰撞基本可以忽略。随着气流量的增加，湍流剪切碰撞作用增强，并成为夹杂物聚合长大的主因，斯托克斯上浮碰撞作用则逐渐减弱。此外，还可以注意到，较大流量时湍流随机碰撞作用逐渐增强，这是因为随着喷吹气量的增大，η变小，而夹杂物尺寸由于碰撞聚合而逐渐增大。夹杂物尺寸大于η后，将出现明显的湍流随机运动。例如，当吹气量为200NL/min时，在整个鼓泡流区域，大于$50\mu m$的夹杂物都将呈现出湍流随机运动行为，如图4-12（d）所示。

综上所述，斯托克斯浮力碰撞对夹杂物聚合长大有着十分重要的作用，尤其是对于较小的气流量。但目前大多数研究并未考虑斯托克斯碰撞的效率。为此，本书作者在模型中引入斯托克斯碰撞效率，并考察其对夹杂物聚合长大的影响，如图4-15所示。由图可见，较小气流量下，斯托克斯碰撞效率对夹杂物聚合长大有着重要影响，如果不考虑该碰撞效率，即忽略大颗粒周围流场对较小颗粒运动的影响，则夹杂物聚合碰撞速率将会被明显高估，且气流量越小越明显。

4.2.5.3 底吹钢包内夹杂物的去除

在本模型中，考虑了六种夹杂物去除机理，即夹杂物壁面吸附、夹杂物自身上浮、气泡-夹杂物湍流随机碰撞、气泡-夹杂物浮力碰撞、气泡-夹杂物湍流剪

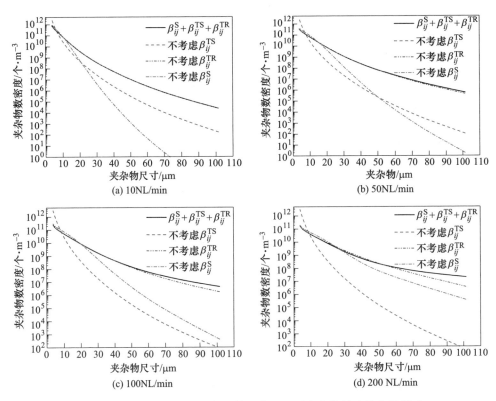

图 4-14 底吹氩 10min 后各碰撞聚合机理对夹杂物尺寸分布的影响

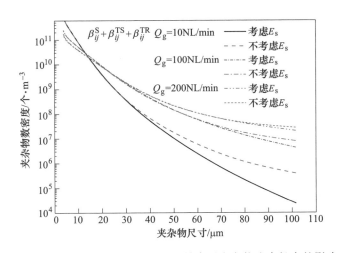

图 4-15 不同气量下斯托克斯碰撞效率对夹杂物聚合长大的影响

切碰撞、气泡尾涡捕捉等机理，同时考虑了渣圈对夹杂物去除行为的影响。

图 4-16 为由各夹杂物去除机理所导致的夹杂物质量方程源项的计算云图。

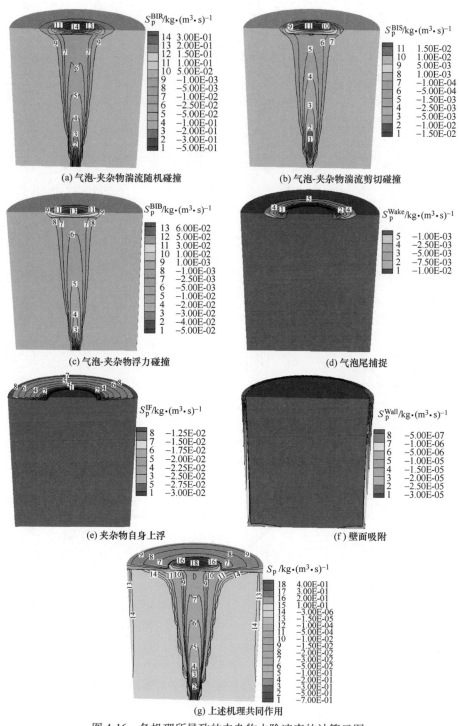

(a) 气泡-夹杂物湍流随机碰撞

(b) 气泡-夹杂物湍流剪切碰撞

(c) 气泡-夹杂物浮力碰撞

(d) 气泡尾捕捉

(e) 夹杂物自身上浮

(f) 壁面吸附

(g) 上述机理共同作用

图 4-16 各机理所导致的夹杂物去除速率的计算云图

其中，图 4-16（a）、（b）和（c）为气泡和夹杂物相互作用所导致的夹杂物去除速率云图，即分别为气泡-夹杂物湍流随机碰撞、湍流剪切碰撞及浮力碰撞。由图可见，在气液两相流区域，夹杂物质量方程源项为负值，它表示分别由于夹杂物-气泡的随机碰撞、剪切碰撞及浮力碰撞作用，钢液中夹杂物被黏附于气泡表面而去除，且在两相流底部的去除速率最大。随着气泡的上浮，鼓泡流发生扩散，夹杂物去除速率降低，当气泡上浮至渣圈区域，黏附在气泡上的大部分夹杂物随着气泡破裂而返回钢液。

图 4-16（d）显示的是钢包液面附近夹杂物被气泡尾涡捕捉并随气泡进入渣层所引起的夹杂物去除速率云图。图 4-16（e）为钢包液面附近夹杂物由于自身斯托克斯上浮及湍流随机上浮运动而被顶渣吸附所引起的夹杂物去除速率云图。由图可见，在钢渣界面附近，夹杂物会因气泡尾涡捕捉、自身上浮作用而进入渣层去除。夹杂物去除速率在渣圈周围比较大，并随着径向方向逐渐降低。由图 4-16（f）可知，在钢包壁面附近，钢中夹杂物会被壁面吸附而去除，但相比其他机理，由于壁面附近湍流流动微弱，夹杂物向壁面传输速率低，壁面吸附去除速率非常小。因此，在钢包底吹体系内，壁面吸附作用可以忽略不计。图 4-16（g）显示的是由所有夹杂物去除机理共同作用下的夹杂物去除总速率云图。

图 4-17 表示了由上述各夹杂物去除机理所引起的夹杂物去除速率随时间变化情况。由图可见，在吹气搅拌初期，夹杂物去除主要是由气泡尾涡捕捉和气泡-夹杂物浮力碰撞起主导作用；在吹气搅拌中期和后期，随着夹杂物聚合长大，气泡-夹杂物湍流随机碰撞作用逐渐增强，并逐渐成为夹杂物去除的主要方式。

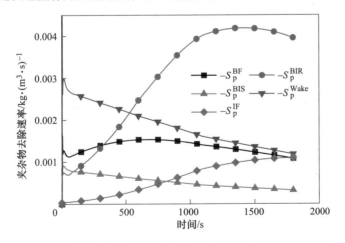

图 4-17 不同去除机理所引起的夹杂物去除速率随时间的变化

4.2.5.4 底吹钢包内夹杂物的分布

图 4-18 是钢包内不同尺寸的夹杂物数密度随时间的变化曲线。其中对于每一组的夹杂物尺寸，它的数密度值主要由两个参数决定，一个是由较小颗粒碰撞

聚合产生的正源项，另一个是与其他尺寸颗粒碰撞聚合产生的负源项。当正源项值低于负源项时，夹杂物数密度逐渐降低，相反则逐渐增大。由图 4-18 可见，在底吹钢包内，尺寸小于 6.3μm 的夹杂物数密度随着时间逐渐降低，而尺寸大于 6.3μm 的夹杂物则是先增大后减小。另外，随着吹气流量的增加，夹杂物数密度变化趋势会更加明显。

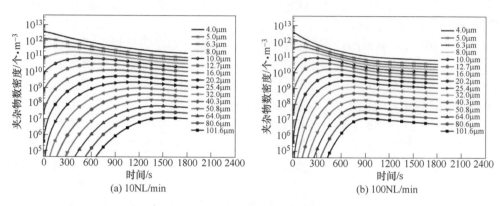

图 4-18　不同尺寸夹杂物数密度随时间的变化曲线

钢包内各尺寸夹杂物所组成的总浓度分布可用质量分数 w_p 来表示：

$$w_p = \frac{\alpha_p \rho_p}{\rho_l} \tag{4-52}$$

图 4-19 为氩量 100NL/min 喷吹 30min 后钢包内夹杂物的局部质量分数 w_p 和 Sauter 平均直径分布。由图 4-19（a）可以看出，在气液两相区中的 w_p 值要小于其他区域，这主要是由于气液两相区内的气泡-夹杂物碰撞，夹杂物主要被气泡

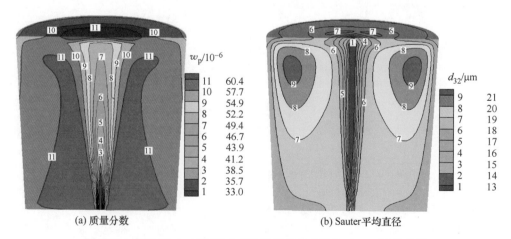

图 4-19　底吹 30min 后钢包内夹杂物的质量分数和 Sauter 平均直径

吸附并携带至钢液液面。类似地，由图 4-19（b）可以看出，两相区内的夹杂物平均尺寸 d_{32} 小于其他区域，即对于较大颗粒夹杂物主要分布在熔池鼓泡流两侧。这也因为在鼓泡流区域，较大颗粒夹杂物会出现明显的湍流随机运动，加速了与气泡的碰撞速率而被去除。

4.3 不同形态夹杂物的去除效率

目前大部分研究者在描述钢包内夹杂物传输行为时将到达钢液面夹杂物视为被渣层完全吸附，但在实际精炼过程中，不同成分夹杂物形状和界面属性不同，其与顶渣界面的接触行为和穿越去除机制也不相同。夹杂物尺寸、形状、固液形态、润湿性和顶渣物性均会对夹杂物在渣-金界面的分离行为产生重要影响。

非金属夹杂物被顶渣吸收去除过程，包括上浮到钢-渣界面、穿越钢-渣界面进入渣层和溶解在渣层中。与固态夹杂物相比，相同体积的液态夹杂物在上浮过程中受到的阻力更小，因此更易上浮到钢-渣界面。同时，液态夹杂物比固态夹杂物更易溶解在渣层中。这两点似乎都意味着钢包内液态夹杂物更易被去除。尽管如此，本书作者的现场研究与实践[74-75]表明，固态夹杂物相比液态夹杂物更容易被去除，详细内容参见本书 5.4.2 节。也有研究者注意到了实际生产过程中固态夹杂和液态夹杂去除效率方面存在的差异[76-80]。

Reis 等[76]研究了精炼过程精炼渣吸附夹杂物的效率，发现精炼渣吸附液态夹杂物比吸附固态夹杂物的效率低。较大的热力学驱动力和较低的精炼渣黏度有利于提高夹杂物去除效率。

王新华等[77-79]在研究 RH 精炼过程夹杂物演变时发现，固态夹杂物（如 MgO·Al_2O_3）的去除率明显高于液态夹杂物（如 $12CaO·7Al_2O_3$），如图 4-20 所示[77]。经

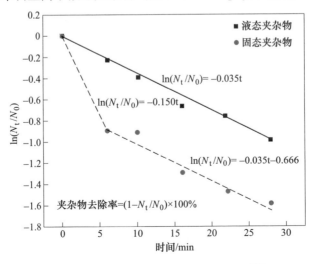

图 4-20 液态和固态夹杂物去除率对比[77]

过 RH 精炼后，固态的夹杂物基本被去除，残留在钢中的夹杂物主要为液态夹杂物，如图 4-21 所示[78]。他们认为固态夹杂物与钢液具有更大的接触角和界面能以及更低的黏附功，因而相比液态夹杂物具有更高的去除效率。之后，他们又指出固态 Al_2O_3 夹杂物的去除效率高于固态 $CaO\text{-}Al_2O_3\text{-}MgO$ 系夹杂物，且固态 $CaO\text{-}Al_2O_3\text{-}MgO$ 夹杂物的去除效率明显高于液态 $CaO\text{-}Al_2O_3\text{-}MgO$ 夹杂物，如图 4-22 所示[79]。

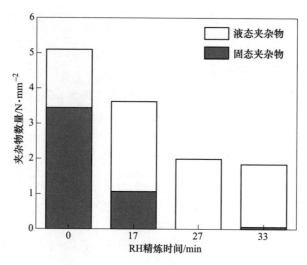

图 4-21 液态和固态夹杂物数量变化对比[78]

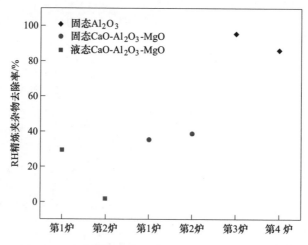

图 4-22 RH 精炼过程不同种类夹杂物的去除效率[79]

日本山阳特殊制钢杉本晋一郎等[80]也指出，$MgO \cdot Al_2O_3$ 尖晶石夹杂物比 $CaO\text{-}Al_2O_3$ 夹杂物更容易去除。张立峰团队[81]在研究轴承钢 VD 精炼过程夹杂物演变时也报道了类似的现象，认为 $MgO \cdot Al_2O_3$ 尖晶石夹杂物有更大的凝并系数、更大的接触角和更低的黏附功导致其具有更好的去除效率。此外，他们还评估了轴承钢中各类夹杂物的去除效率，具体排序为：$Al_2O_3 > MgO \cdot Al_2O_3 >$ 固态 $CaO\text{-}Al_2O_3 >$ 液态 $CaO\text{-}Al_2O_3$。他们的中间包数值模拟结果[82]也表明，Al_2O_3 夹杂物相比 $12CaO \cdot 7Al_2O_3$ 夹杂物更容易去除，如图 4-23 所示。

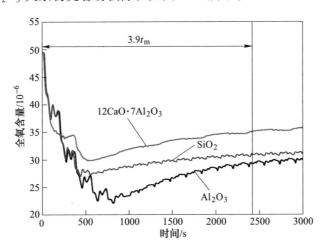

图 4-23 不同夹杂物类型对应的全氧含量变化[82]

从这些研究结果可以看出，固态夹杂物的确比液态夹杂物拥有更高的去除效率。这一科学现象与传统认识有很大的偏差，很有必要对此重新认识。

在夹杂物上浮去除过程中，液态夹杂物上浮相对更有利，且溶解动力学条件较好。导致其去除效率较低的主要原因应与其穿越钢-渣界面密切相关。目前，夹杂物形态对夹杂物穿越钢-渣界面行为的影响鲜有文献报道。本书作者团队采用物理模型分别对固态和液态夹杂物穿越钢-渣界面的分离过程进行了模拟，并建立了固态和液态夹杂物在钢-渣界面分离的数学模型，阐明了不同形态夹杂物穿越界面的运动行为，揭示了固态夹杂物更易去除的机理。这些物理模拟和数学模型将在后文详细介绍。

4.4 夹杂物在钢-渣界面分离物理模拟

4.4.1 物理模拟方法

采用量纲分析法对非金属夹杂物穿越钢-渣界面的分离过程进行分析，以获得该过程物理模型的相似准数。该过程的主要物理量有密度 $\rho(kg/m^3)$、黏度 $\mu(kg/(s \cdot m))$、速度 $v(m/s)$、尺寸 $D(m)$ 和界面张力 $\sigma(kg/s^2)$。选择 ρ、v 和 D 为基本量纲。则对 μ 和 σ 分别和三个基本量纲组合成如式（4-53）和式（4-54）两个量纲 1 的数：

$$\frac{\rho_M v_I d_I}{\mu_M} = Re_p \tag{4-53}$$

$$\frac{\sigma_{MS}}{g(\rho_S - \rho_I)d_I^2} = Eo \tag{4-54}$$

式中，ρ_M、ρ_S 和 ρ_I 分别是钢液、顶渣和夹杂物的密度，kg/m^3；v_I 是夹杂物的速度，m/s；μ_M 是钢液的黏度，$Pa \cdot s$；σ_{MS} 是钢-渣界面张力，N/m；d_I 是夹杂物直径，m；g 是重力加速度，m/s^2。根据式（4-53）和式（4-54）可知，Re_p 表达的是惯性力和黏性力的比值，而 Eo 代表界面张力与浮力之比。由于界面是夹杂物在钢-渣界面分离过程的最重要特征，因此物理模型的相似性主要以 Eo 为衡量标准。

物理模拟中采用的模拟物主要物理性质如表 4-4 所示。表 4-5 所列是夹杂物模拟物（石蜡、煤油、豆油和泵油）与钢液模拟物（纯净水）以及顶渣模拟物（煤油、豆油和泵油）的接触角。

表 4-4　实验中材料的物理性质

物质	模拟物	密度/$kg \cdot m^{-3}$	黏度/$mPa \cdot s$	表面张力/$mN \cdot m^{-1}$
钢液	水	1000	1.1[83]	72.8[84]
渣 液态夹杂物	煤油	841	2.7	28.1
	豆油	922	59.2	28.6
	泵油	866	273.7	31.7
固态夹杂物	固体石蜡	905		25.5[85]

表 4-5　实验中夹杂物与钢液以及顶渣模拟物之间的接触角　　　　（°）

物质	固体石蜡	煤油	豆油	泵油
纯净水	110.5	40.4	51.3	48.8
固体石蜡	—	24.8	40.7	37.4

由于钢液模拟物（水）和顶渣模拟物（液体油）与容器材料（有机玻璃）的接触角不同，导致了水-油界面在容器壁上形成一弯液面。同时，两种液体的折射率不同，从包壁外难以观测到弯液面后的物体。若实验选择的夹杂物颗粒的尺寸过小（小于弯液面的变形半径），则在包壁外难以观测到颗粒在水-油界面处的运动轨迹。因此，本模拟实验中不得不选择尺寸较大的夹杂物颗粒。表 4-6 给出了物理模拟实验中夹杂物模拟物的尺寸。

表 4-6 物理模拟实验中颗粒尺寸

颗粒	固态夹杂物					液态夹杂物
	球形 1	球形 2	板状 1	板状 2	八面体	
尺寸/mm	$d=5.6$	$d=4.12$	5×5×6	3.34×3.44×2.5	$a=5.38$	5.8
体积/mm³	91.95	36.62	150	28.27	73.47	

注：d—球形直径；a—八面体的边长。

表 4-7 给出了不同颗粒尺寸下物理模拟实验和实际过程的 Eo。从表中可知，若物理模拟实验中采用的颗粒尺寸与实际夹杂物尺寸相近，则物理模拟实验与实际生产过程相似。遗憾的是，弯液面的存在使得模拟实验不得不采用尺寸较大的颗粒来模拟夹杂物。同时，根据式（4-54）可知，Eo 越小表明浮力对夹杂物在钢-渣界面处分离过程的影响越强，而界面张力对该过程的影响就越弱。从表 4-7 中发现，随着颗粒尺寸的增加，浮力对该过程的影响显著增强，而界面张力对该过程的影响则显著减弱。这表明本物理模拟实验中获得的有关界面现象在实际情况下将更为显著。

表 4-7 物理模拟实验与实际过程 Eo 的对比 （以球形夹杂物为例）

d/mm	物理模型		实际生产（以 Al_2O_3 为例）[86]		
	煤油	泵油	渣 A1	渣 B1	渣 B2
0.1	-8744.3	-14349.6	-12202.29	-9830.5	-10431.3
1	-87.4	-143.5	-122.02	-98.3	-104.3
2	-21.9	-35.9	-30.51	-24.6	-26.1
5	-3.5	-5.7	-4.88	-3.9	-4.2
6	-2.4	-4.0	-3.39	-2.7	-2.9

综上所述，因采用夹杂物模拟物的尺寸明显大于实际夹杂物的尺寸，本物理模拟实验只能定性地描述夹杂物穿越钢-渣界面的运动过程。然而，本物理模拟的目的是获得固态夹杂物和液态夹杂物穿越钢-渣界面时运动行为，以解释固态夹杂物比液态夹杂物更易被顶渣吸收去除的现象。因此，只需本物理模拟能够反映出界面性质的影响，便可说明本模拟实验设计的合理性。

表 4-8 给出了炼钢过程中夹杂物与钢液的接触角。从表中可以发现，实际过程常见的固态夹杂物与钢液的接触角基本大于 90°，而液态夹杂物与钢液的接触角小于 90°，易被钢液润湿。从表 4-5 中夹杂物模拟物（石蜡、煤油、豆油和泵油）与钢液模拟物（水）的接触角发现，固态夹杂物模拟物（石蜡）与钢液模拟物（水）的接触角大于 90°，润湿性与实际情况一致；而液态夹杂物模拟物（煤油、豆油和泵油）与钢液模拟物（水）的接触角也和实际情况相近。这

表明本物理模拟能够反映出接触角对分离过程的影响。

表4-8 炼钢生产中夹杂物与钢液接触角[87]

形态	类型	成分比例	温度/℃	接触角/(°)
液态夹杂物	$CaO\text{-}Al_2O_3$	36：64	1600	65
	$CaO\text{-}Al_2O_3$	50：50	1600	58
	$CaO\text{-}Al_2O_3$	58：42	1600	54
	$CaO\text{-}Al_2O_3\text{-}SiO_2$	44：45：11	1600	43
	$CaO\text{-}Al_2O_3\text{-}SiO_2$	40：40：20	1600	40
	$CaO\text{-}Al_2O_3\text{-}SiO_2$	33：33：33	1600	36
	$CaO\text{-}Al_2O_3\text{-}SiO_2$	26：26：49	1600	13
	$CaO\text{-}SiO_2$	58：42	1600	29
	$CaO\text{-}SiO_2$	50：50	1600	31
	$CaO\text{-}SiO_2$	5：95	1600	47
	$CaO\text{-}CaF_2\text{-}Al_2O_3$	11：87：2	1600	36
	$CaO\text{-}CaF_2\text{-}Al_2O_3$	14：71：15	1600	28
	$CaO\text{-}CaF_2\text{-}Al_2O_3$	15：56：30	1600	34
	$CaO\text{-}CaF_2\text{-}Al_2O_3$	45：8：47	1600	41
固态夹杂物	Al_2O_3		1600	135
	SiO_2		1600	115
	CaO		1600	132
	TiO_2		1600	84
	Cr_2O_3		1600	88
	ZrO_2		1550	122
	MgO		1600	125
	TiN		1550	132
	BN		1550	112
	CaS		1550	87
	MnO		1550	113
	$CaO\text{-}MgO\text{-}SiO_2$		1450	104～120
	$CaO\text{-}SiO_2\text{-}Al_2O_3$		1450	96～114

图4-24为物理模拟实验装置示意图。固态夹杂物和液态夹杂物的模拟实验过程基本相同，唯一的区别是微粒加入容器的方法。固态夹杂物是通过实验容器底部特制装置加入。模拟实验开始之前，先将固态夹杂物放置在容器底部特制装置中，开始实验时打开阀门，固态夹杂物在浮力的作用下上浮至水-油界面。液

态夹杂物是通过注射器和软管加入。模拟实验开始时，将注射器中液态夹杂物通过软管释放到熔池中，其尺寸大小主要通过软管的粗细控制。

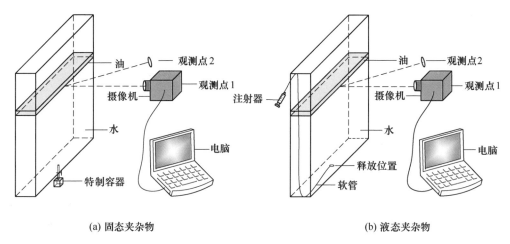

(a) 固态夹杂物　　　　　　　　　　　　　(b) 液态夹杂物

图 4-24　物理模拟实验装置示意图

为了能够反映出待考察物理量对夹杂物穿越钢-渣界面过程的影响，并排除其他因素的影响，对物理模拟实验的步骤作了如下设计：

（1）容器中注入纯净水有足够的高度，以保障模拟夹杂物在其中有足够的加速距离并以极限上浮速度冲击水-油界面；

（2）实验油层的厚度要适当如 20mm，以保障模拟夹杂物在水-油界面处有足够的上浮运动空间；

（3）将待研究的模拟夹杂物微粒释放到熔池中，同时采用 HiSpec 3 高速摄像仪对上浮至钢-渣界面处的夹杂物的运动轨迹进行记录；

（4）采用 ProAnalyst 软件对记录的图像进行数字处理，获得夹杂物在水-油界面运动的位移和速度随时间变化的规律。假设夹杂物深入渣层中的距离为其运动位移，且以水-油界面为夹杂物位移的零点位置。

为了方便分析不同尺寸的夹杂物进入渣层的难易程度，采用式（4-55）对夹杂物的位移进行无因次化。

$$Z = \frac{z}{L} \tag{4-55}$$

式中，Z 是夹杂物的无因次位移；z 是夹杂物的实际位移，m；L 是夹杂物颗粒的特征尺寸，球形夹杂物为直径，八面体状和板状时，则分别为 $\sqrt{2}$ 倍的边长和高，m。

4.4.2 固态夹杂物分离行为

4.4.2.1 分离过程

为了获得固态夹杂物在水-油界面的运动特性，研究了固态夹杂物（石蜡）穿越不同水-油（煤油、泵油和豆油）界面的运动行为。固态夹杂物穿越水-油界面的运动行为非常类似，因此以固态夹杂物（石蜡）穿越水-泵油界面为例，描述固态夹杂物穿越水-油界面的运动特性。图 4-25 为通过观测点 1（水平方向）记录的固态球形夹杂物（石蜡）在水-泵油界面处的运动照片。如图 4-25（a）~（c）所示，以极限速度运动的固态夹杂物撞击界面后瞬间向熔池方向略有回落（反弹运动）。随后，固态夹杂物逐渐穿越界面进入渣层，如图 4-25（d）~（f）所示。从图中清晰地发现，固态夹杂物的回落运动时间极短（不足 0.3s），分离过程主要是固态夹杂物逐渐进入渣层的运动。

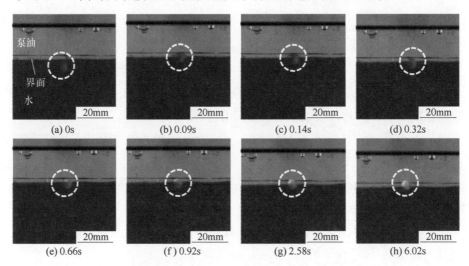

图 4-25　固态球形夹杂物在水-泵油界面的照片（观测点 1）

图 4-26 给出了通过观测点 2（界面斜上方）记录的固态球形夹杂物（石蜡）穿越水-泵油界面的运动照片。需要说明的是，图 4-25 和图 4-26 是从不用观测点记录的重复实验，因此时间上略有差异。不过，固态夹杂物撞击界面后的反弹运动（回落）在图 4-26（a）~（c）中显示得更为清晰。除此之外，从图 4-26（c）~（e）可以发现水-泵油界面从固态夹杂物表面的剥落过程。这是由于固态夹杂物（石蜡）不被水润湿，水在颗粒表面收缩是自发的过程。同时，固态颗粒与油的接触角小于 90°，被泵油润湿，泵油在颗粒表面铺展也是自发过程。因此，固态颗粒撞击界面后，颗粒-水界面逐渐被颗粒-泵油界面取代，发生了水-泵油界面从固态颗粒表面剥落的现象。这种界面的剥落行为是固态夹杂物与顶渣直

接接触的最好证据。因此，在固态颗粒穿越水-泵油界面的过程中，夹杂物与渣层直接接触，与界面之间不存在液膜。

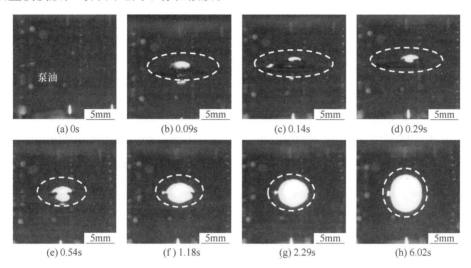

图4-26　固态球形夹杂物在水-泵油界面的运动照片（观测点2）

综上所述，模拟的固态颗粒与水的接触角大于90°，不被水润湿，撞击到水-油界面后直接与油层接触。随后，逐渐穿越水-泵油界面而进入油层中。因此，在穿越水-油界面的过程中，固态颗粒同时与水和油层直接接触，与界面之间无液膜形成。

4.4.2.2　分离影响因素

（1）夹杂物尺寸。图4-27是球形1夹杂物（$d = 5.6$mm）在水-煤油界面处

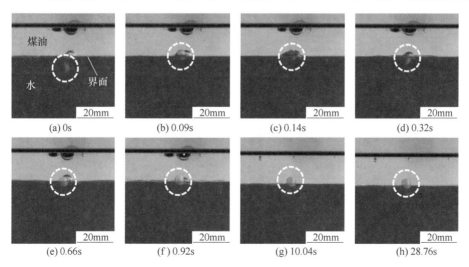

图4-27　固态球形1颗粒在水-油界面处的运动照片

的运动照片。从图中可以发现，固态颗粒穿越水-煤油界面的运动行为与其穿越水-泵油的相似。同时，固态颗粒撞击界面后的反弹运动在图 4-27（b）~（d）中更为显著。值得注意的是，若不考虑界面张力的影响，仅从固态颗粒、油层和水的密度考虑，则其在水中部分的体积分数应为 40% 左右。然而，模拟实验中其在水中部分要远小于这一数值，如图 4-27（f）所示。这表明界面张力促进了固态颗粒穿越水-油界面进入油层中。虽然实验选择的颗粒尺寸远大于实际尺寸，但是在模拟实验中界面张力对夹杂物分离过程的影响仍十分明显。

球形 2 颗粒在水-油界面处的运动行为和球形 1 颗粒的运动行为十分相似，撞击界面后发生反弹，随后逐渐穿越水-煤油界面进入油中，最终停留在水-煤油界面处。两种不同尺寸的球形夹杂物在界面处的最终停留位置十分相近。

图 4-28 是不同形状的固态颗粒在水-煤油界面的运动特性曲线。从图中可以

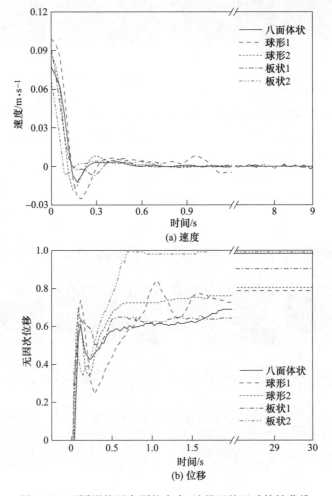

图 4-28 不同形状固态颗粒在水-油界面的运动特性曲线

清晰地发现，撞击界面后固态颗粒的速度和位移曲线均存在一个波动，即撞击界面后出现反弹运动，这是固态颗粒初始动能与界面变形势能之间转化的结果。

如图 4-28 (b) 所示，球形 1 和球形 2 颗粒在水-煤油界面处无因次位移分别为 0.788 和 0.805；同时，板状 1 和板状 2 颗粒的无因次位移分别为 0.903 和 0.992。从球形颗粒进入油层的位移可以看出，尺寸对其最终位移影响不大。然而，板状 2 颗粒进入油层的位移明显大于板状 1 颗粒的位移，则表明尺寸小的颗粒更易进入油层。两者之间似乎矛盾。如表 4-6 可知，球形 1 的体积将近是球形 2 的 3 倍，而板状 1 的体积是板状 2 的 5 倍多。模拟实验中选择的固态颗粒尺寸较大，因其自身重力的作用压迫界面向水一侧变形，从而减小了其进入油层的位移。夹杂物尺寸越大，其变形程度越大，进入油层的位移就越小。两板状颗粒的体积差别大，因自身重力造成的界面变形程度的差异更为明显，而且其球形度存在一定的差异，这样尺寸小、具有较小球形度的颗粒更有利于穿越界面进入油层。

(2) 夹杂物形状。板状和八面体状夹杂物穿越水-油界面的运动行为与球形的类似。撞击界面后先反弹并向水一侧回落，随后逐渐进入渣层。板状 2 在 0.66s 内进入油层的无因次位移就达到 0.992，这表明其在水-油界面处分离时间极短。值得注意的是，同样的实验结果发生在球形 2 上，0.92s 后进入油层中的位移基本无明显变化。相比而言，球形 2 和板状 2 的尺寸更小，与实际情况更为接近。据此可推断出，实际固态夹杂物穿越钢-渣界面所需时间极短。

从图 4-28 中给出固态夹杂物在水-煤油界面运动行为的定量描述可知，球形 1、球形 2、板状 1、板状 2 和八面体状夹杂物在水-煤油界面处的最终无因次位移分别是 0.788、0.805、0.903、0.992 和 0.984。八面体状和板状 2 进入油层中的位移最大，其次为板状 1，球形的最小。这表明形状对固态夹杂物在钢-渣界面处的分离过程影响较大。由表 4-6 可知，球形 1 与八面体状的体积接近，小于板状的体积。球形、八面体状和板状的球形度分别是 1、0.846 和 0.803。可见夹杂物的球形度越小，越有利于其穿越水-油界面。实际上，图 4-28 中各固态颗粒进入油层位移的差异是其穿越界面分离过程中因形状各异所释放的界面自由能不同造成的。从表 4-5 可知，固态夹杂物-水的接触角大于固态夹杂物-煤油接触角。因此，固态夹杂物穿越水-煤油界面的过程中，固态夹杂物、水和煤油体系界面自由能不断下降。这表明分离过程中，体系释放界面自由能促进固态夹杂物穿越水-油界面而进入油层。球形度越小的固态夹杂物，比表面积 (面积与体积之比) 越大，分离过程中释放的界面自由能越多，从而对固态夹杂物穿越水-油界面的促进作用就越强。

综上所述，固态夹杂物的形状是通过改变分离过程中释放的界面自由能影响其进入油层的位移。总体而言，球形度小的固态夹杂物更易穿越水-油界面进入油层。

（3）顶渣性质。图 4-29 显示的是不同形状（球形、八面体和板状）的固态夹杂物在不同水-油（豆油和泵油）界面的最终停留位置。从图中可以发现，不同形状的固态夹杂物进入泵油中的位移明显大于进入豆油中的位移。就进入不同油层的位移而言，固态夹杂物更易进入煤油和泵油中，而不易进入豆油中。由此可知，煤油和泵油吸附去除夹杂物的能力要优于豆油的吸附能力。从表 4-4 可知，豆油的密度大于石蜡（夹杂物）的密度，而煤油和泵油的密度明显小于石蜡（夹杂物）的密度。若仅从浮力的角度来看，固态夹杂物应更易穿越水-豆油界面进入油层中，而停留在水-煤油和水-泵油界面处。实际上，物理模拟实验结果与之相反，如图 4-29 所示。这表明浮力不能决定固态夹杂物在水-油界面处的最终停留位置。同时注意到，本物理模拟中浮力的作用被显著加强，而在实际固态夹杂物穿越钢-渣界面运动过程中，浮力的影响将更为微弱。

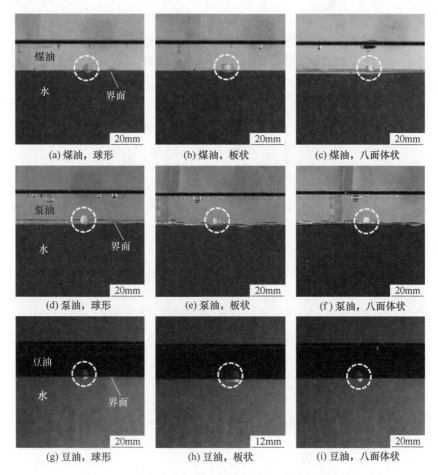

图 4-29　固态夹杂物在不同水-油界面处的最终位置

图 4-30 给出了不同形状的夹杂物穿越不同水-油界面的运动曲线。八面体夹杂物进入煤油和泵油的位移接近，而明显大于进入豆油的位移，如图 4-30（c）所示。然而，球形和板状夹杂物进入泵油内的位移最大，其次是煤油，而进入豆油中的位移最小，如图 4-30（a）和（b）所示。

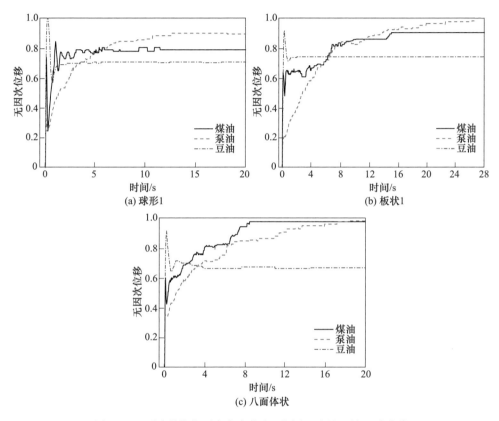

图 4-30 不同形状的固态夹杂物在不同水-油界面的运动曲线

从表 4-4 可知，泵油的黏度远大于豆油的黏度，而豆油的黏度又明显大于煤油的黏度。从模拟实验结果来看，固态夹杂物进入油层中的位移与油层的黏度之间并不存在对应关系。同时，尽管泵油黏度是煤油黏度的 100 倍左右，固态夹杂物进入泵油中的位移反而略大。这表明顶渣黏度对固态夹杂物在水-油界面处最终停留位置的影响不大。然而，固态夹杂物在水-煤油界面下的分离时间明显短于其穿越水-泵油所需的分离时间。这表明油层黏度越小，固态夹杂物穿越界面所需分离时间越短。这一结论已被其他研究者证实[86,88-89]。这是由于油层黏度越小，固态夹杂物运动受到的限制越小，则其上浮速度越快，从而穿越界面所需时间越短。

固态夹杂物其在穿越水-油界面的过程中始终与油层接触。在分离过程中，固态夹杂物、水和油层三相之间接触面积不断地改变。这将导致固态夹杂物、水和油层三相体系的界面自由能不断变化。固态夹杂物在界面处逐渐进入油层，固态夹杂物与油的接触面积不断增大，而其与水的接触面积不断减小。同时，固态夹杂物-油的界面张力小于固态夹杂物-水的界面张力。固态夹杂物在分离过程中不断地释放界面自由能。因此，物理模拟实验中，界面自由能促进了固态夹杂物穿越钢-渣界面进入渣层。

众所周知，固态夹杂物、水和油层体系的界面自由能是三相之间的接触面积和界面张力的乘积。因此，不同形状的夹杂物在界面处的界面自由能（E_σ）可表示如下：

球形：

$$E_\sigma = \left[\pi \left(\frac{d_{\mathrm{I}}}{2} \right)^2 - \pi (d_{\mathrm{I}} z - z^2) \right] \sigma_{\mathrm{wo}} + \pi d_{\mathrm{I}} z \sigma_{\mathrm{op}} + (\pi d_{\mathrm{I}}^2 - \pi d_{\mathrm{I}} z) \sigma_{\mathrm{wp}} \quad (4\text{-}56)$$

板状：

$$E_\sigma = 4b (h - z) \sigma_{\mathrm{wp}} + 4bz \sigma_{\mathrm{op}} \quad (4\text{-}57)$$

八面体状：

$$E_\sigma = \begin{cases} (a^2 - 2z^2) \sigma_{\mathrm{wo}} + 2\sqrt{3} z^2 \sigma_{\mathrm{op}} + 2\sqrt{3} (a^2 - z^2) \sigma_{\mathrm{wp}} & \left(z < \dfrac{\sqrt{2}}{2} a \right) \\ 4[a^2 - \sqrt{2} (\sqrt{2} a - z)^2] \sigma_{\mathrm{wo}} + 2\sqrt{3} (\sqrt{2} a - z)^2 \sigma_{\mathrm{wp}} + 2\sqrt{3} [a^2 - (\sqrt{2} a - z)^2] \sigma_{\mathrm{op}} & \left(z \geqslant \dfrac{\sqrt{2}}{2} a \right) \end{cases}$$
$$(4\text{-}58)$$

式中，z 为固态夹杂物进入油层中的位移，m；σ_{wo}、σ_{op} 和 σ_{wp} 分别表示水-油、油-固态夹杂物和水-固态夹杂物界面张力，N/m；d_{I} 为球形夹杂物的直径，m；b 和 h 为板状夹杂物长和高（长和宽相等），m；a 为八面体状夹杂物的边长，m。

水、油和固态夹杂物三相体系释放界面自由能可促进固态夹杂物穿越水-油界面。同时，该体系吸收界面自由能时，固态夹杂物需要克服界面自由能的增加。因此，因界面自由能的变化而引起的毛细作用力的表达式如式（4-59）所示[88]。

$$F_\sigma = - \frac{\mathrm{d}E_\sigma}{\mathrm{d}z} \quad (4\text{-}59)$$

根据式（4-59），则作用在不同形状的固态夹杂物上毛细作用力的表达式如下：

球形：

$$F_\sigma = (\pi d_{\mathrm{I}} - 2\pi z) \sigma_{\mathrm{wo}} + \pi d_{\mathrm{I}} (\sigma_{\mathrm{wp}} - \sigma_{\mathrm{op}}) \quad (4\text{-}60)$$

板状：

$$F_\sigma = 4b (\sigma_{\mathrm{wp}} - \sigma_{\mathrm{op}}) \quad (4\text{-}61)$$

八面体状：

$$F_\sigma = \begin{cases} 4\sigma_{wo}z + 4\sqrt{3}(\sigma_{wp} - \sigma_{op})z & (z < \dfrac{\sqrt{2}}{2}a) \\ 4\sigma_{wo}(z - \sqrt{2}a) - 4\sqrt{3}(\sigma_{wp} - \sigma_{op})(z - \sqrt{2}a) & (z \geqslant \dfrac{\sqrt{2}}{2}a) \end{cases} \quad (4\text{-}62)$$

图 4-31 给出了分离过程中作用在固态夹杂物上的毛细作用力变化曲线。三种形状的固态夹杂物穿越水-煤油和水-泵油界面的过程中受到的毛细作用力均明显大于其在水-豆油界面运动的毛细作用力。这与固态夹杂物进入油层（煤油、泵油和豆油）的位移大小关系相一致。分离过程中，固态夹杂物受到的毛细作用力越大，其进入油层的位移越大。这表明毛细作用力是固态夹杂物进入油层位移的主要影响因素。因此，分离过程中，固态夹杂物、水和油层三相体系释放的界面自由能越多，对固态夹杂物穿越水-油界面进入油层的位移越大。

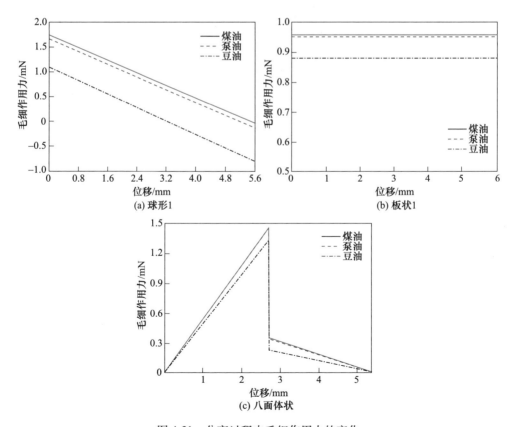

图 4-31　分离过程中毛细作用力的变化

　　综上所述，固态夹杂物的形状、顶渣黏度以及水、固态夹杂物和油三相之间的界面张力是固态夹杂物穿越水-油界面的重要影响因素。其中，顶渣黏度仅对固态夹杂物在界面处的分离时间存在重要影响。同时，固态夹杂物的形状和界面张力均是由于改变了分离过程中界面自由能而影响了其进入油层中的位移。由此可知，界面自由能的变化是固态夹杂物在水-油界面处最终停留位置的主要影响因素。

4.4.2.3　分离过程界面变形

　　图 4-32 是从界面斜下方记录的不同形状的固态颗粒最终停留在水-豆油界面处的照片。Nakajima 等[90] 和 Strandh 等[86,91] 认为非金属夹杂物在钢-渣界面的运动主要受毛细作用力、浮力、曳力以及附加质量力控制，并在此基础上建立了描述夹杂物穿越钢-渣界面过程的数学模型。按照 Nakajima 等[90] 和 Strandh 等[86,91] 的观点，本物理模拟实验中固态夹杂物在水-豆油界面处运动应同样受毛细作用力、曳力、浮力和附加质量力控制。

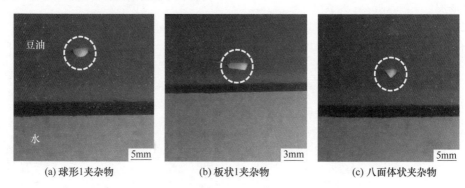

| (a) 球形1夹杂物 | (b) 板状1夹杂物 | (c) 八面体状夹杂物 |

图 4-32　不同形状的固态夹杂物停留在水-豆油界面处

　　然而，由于固态夹杂物停留在界面处，其速度和加速度均为 0。根据曳力和附加质量力的定义可知，这两个的数值同样是 0。同时，固态夹杂物与水以及豆油的接触面积均无改变。这表明三相体系无界面自由能释放，从而毛细作用力的大小也为 0。然而，根据 Strandh 等[86,91] 的理论，推导出固态夹杂物在水-豆油界面处所受浮力大小如下：

$$F_b = V_w(\rho_w - \rho_I) + V_o(\rho_o - \rho_I) \tag{4-63}$$

式中，V_w 和 V_o 分别是固态夹杂物在水中和油中的体积，m^3；ρ_w，ρ_o 和 ρ_I 分别是水、油层和固态夹杂物的密度，kg/m^3。由于油层和水的密度均大于固态夹杂物的密度，由式（4-63）可知，固态夹杂物在流体中受到的方向向上浮力（传统意义浮力和重力的合力）。因此，根据 Nakajima 等[90] 和 Strandh 等[86,91] 提出理论，固态夹杂物则难以停留在水-豆油界面处，难以解释图 4-31 中固态夹杂物停留在水-

豆油界面处的现象。这表明他们的数学模型有重要影响因素未被考虑。

如图 4-32 所示，固态颗粒周围的水-豆油界面存在明显变形。实际上，变形的界面将对固态夹杂物产生附加压力。为了更为清晰地描述该附加压力，图 4-33 给出了固态颗粒静止在水-油界面处的受力分析图。如图所示，由于固态夹杂物周围变形的水-油界面是一个弯曲界面，沿着变形界面的界面张力在竖直方向不能相互抵消，产生一个与其界面变形方向相反的合力，阻碍了固态夹杂物穿越水-油界面。因此，将该合力命名为界面变形阻力。此力的存在平衡了固态夹杂物所受的浮力，使其静止在水-豆油界面处。

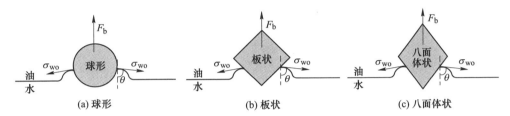

图 4-33 静止在水-油界面处的固态夹杂物受力

从图 4-33 中可知，界面变形阻力为变形界面张力在竖直方向的分力。因此，可采用下式计算：

$$F_{\sigma,r} = l \cdot \sigma_{wo} \cdot \cos\theta \tag{4-64}$$

式中，l 为固态夹杂物与界面接触线的周长，m，是进入油层的位移及其尺寸与形状的函数；θ 是变形界面的切线与竖直方向的夹角，(°)，取决于界面变形的程度。

Shannon 等[88]指出界面变形对夹杂物穿越钢-渣界面的过程存在重要影响。Natsui 等[92]和 Aveyard 等[93]对液膜下的界面变形也进行了详细描述，但液膜下界面的变形程度远大于无液膜的情形。

考虑到静止在水-油界面的固态夹杂物仅受到浮力和界面变形阻力的作用，此时，界面变形阻力的大小应与浮力的大小相等。则界面的变形程度可通过下式进行计算：

$$\cos\theta = \frac{F_b}{l \cdot \sigma_{wo}} \tag{4-65}$$

式中，浮力（F_b）的大小采用式（4-63）计算。将物理模拟实验中相关物理量代入式（4-65）得到 θ 值，见表 4-9。从中可以发现，θ 值分布在 90°附近。这表明静止状态下，固态夹杂物周围的水-油界面变形较小。这点从图 4-21 中也得到证实。

表 4-9 不同物理模拟实验中 θ 值 (°)

渣模拟物	球形 1 夹杂物	板状 1 夹杂物	八面体状夹杂物
煤油	86.6	86.4	86.8
豆油	93.2	92.9	93.0
泵油	93.5	92.9	92.7

值得说明的是，表 4-9 中 θ 值大于 90°时的界面变形方向与图 4-32 中显示的正相反。这是由于静止在水-煤油和水-泵油界面处的固态夹杂物受到的浮力方向向下，从而引起界面发生向水一侧变形。由此可知，界面变形的方向与固态夹杂物相对界面的运动方向相同，即如分离过程中固态夹杂物相对界面的速度向上，则界面变形的方向应向上，而界面产生一向下的力阻碍了固态夹杂物进入油层。

从理论上讲，由于固态夹杂物与界面存在相对速度，所以其分离过程界面的变形程度会比静止时的更明显。然而，目前因相关研究缺乏，尚未准确描述分离过程中界面的变形。同时，从图 4-26（e）~（f）中可知，固态夹杂物逐渐进入油层的过程中，水-油界面的变形不十分明显。这表明分离与静止两种状态下，界面变形差异并不大。因此，作者采用静止时界面变形的数据来评估分离过程中界面变形对固态夹杂物穿越水-油界面的影响。

根据式（4-64）可以推导出计算不同形状夹杂物穿越水-油界面时的界面变形阻力的公式：

球形：

$$F_{\sigma,r} = 2\pi\sqrt{2Rz - z^2} \cdot \sigma_{wo} \cdot \cos\theta \tag{4-66}$$

板状：

$$F_{\sigma,r} = 4b\sigma_{wo} \cdot \cos\theta \tag{4-67}$$

八面体状：

$$F_{\sigma,r} = \begin{cases} 4\sqrt{2}z\sigma_{wo}\cos\theta & (z < \frac{\sqrt{2}}{2}a) \\ 4\sqrt{2}(\sqrt{2}a - z)\sigma_{wo}\cos\theta & (z \geq \frac{\sqrt{2}}{2}a) \end{cases} \tag{4-68}$$

由于毛细作用力是固态夹杂物在水-油界面处运动过程的重要影响因素，因此通过对毛细作用力和界面变形阻力求商，可以获得界面变形对分离过程的影响。不同形状的固态夹杂物下毛细作用力和界面变形阻力的比较结果如下：

球形：

$$\frac{F_{\sigma,r}}{F_\sigma} = \frac{\sqrt{2Z - Z^2}\cos\theta}{1 - Z + X} \tag{4-69}$$

板状：

$$\frac{F_{\sigma,r}}{F_\sigma} = \frac{\cos\theta}{X} \tag{4-70}$$

八面体状:

$$\frac{F_{\sigma,r}}{F_\sigma} = \begin{cases} \dfrac{\sqrt{2}\cos\theta}{\sqrt{3}X + 1} & \left(z < \dfrac{\sqrt{2}}{2}a\right) \\[4mm] \dfrac{\sqrt{2}\cos\theta}{\sqrt{3}X - 1} & \left(z \geq \dfrac{\sqrt{2}}{2}a\right) \end{cases} \tag{4-71}$$

式中，Z 是无因次位移，$Z = z/R$，取值范围为 0~2；X 是总润湿性，$X = (\sigma_{wp} - \sigma_{op})/\sigma_{wo}$，炼钢过程中 X 值一般小于 1。根据本物理模拟实验结果，$\cos\theta$ 的取值范围是 0.04~0.06。根据式（4-69）、式（4-70）和式（4-71）可知，X 值的增加和 $\cos\theta$ 值的减小均导致界面变形阻力与毛细作用力的比值下降。为了更深入地理解界面变形的影响，X 取较大值 1，$\cos\theta$ 取中间值 0.05，代入式（4-69）、式（4-70）和式（4-71）中，球形、板状和八面体状夹杂物的界面变形阻力与毛细作用力的比值分别是 0~0.5、0.05 和 0.03（$z < 0.707a$）以及 0.1（$z > 0.707a$）。由此可知，界面变形对球形和八面体状夹杂物在水-油界面的运动均存在重要影响，而对板状夹杂物的影响则较小。

虽然各参数的选取方式降低了界面变形阻力的影响，但对固态夹杂物在水-油界面的运动仍存在不可忽略的影响。同时，通过计算浮力与毛细作用力的比值发现，界面变形阻力的影响要大于浮力的影响。考虑到界面变形阻力是界面张力引起的，在实际固态夹杂物穿越钢-渣界面的过程中，界面变形阻力的影响将进一步地增强，而浮力的作用显著降低。由此可知，实际过程中界面变形阻力对分离过程的影响比浮力的影响更为重要。因此，建立描述固态夹杂物穿越钢-渣界面运动的数学模型需要考虑界面变形阻力的影响。

综上所述，通过物理模拟实验可推断，固态夹杂物穿越钢-渣界面的过程中，不易与渣层直接接触而形成液膜，而是在曳力、浮力、毛细作用力、附加质量力以及界面变形阻力等力的作用下逐渐进入渣层中。各相界面张力和顶渣黏度是固态夹杂物穿越钢-渣界面最重要的两个影响因素。同时，固态夹杂物分离过程中，其周围的钢-渣界面发生变形，产生影响明显大于浮力的界面变形阻力，在数学模型的描述中不应忽略。

4.4.3 液态夹杂物分离行为

4.4.3.1 分离过程

为了深入理解液态夹杂物在水-油界面处的运动特性，本节模拟了不同液态夹杂物（煤油、泵油和豆油）在不同水-油（煤油、泵油和豆油）界面下的运动过程。不同液态夹杂物穿越不同水-油界面的运动行为非常类似。金黄色豆油与其他无色透明液体的区别明显，有助于更为清晰地观察实验现象，为此以豆油模拟液态夹杂物为例，描述其穿越水-油界面的运动特性。图4-34为通过观测点1记录穿越水-泵油界面的照片。如图4-34（a）~（c）所示，模拟的液态夹杂物撞击到界面0.4s后停留在水-油界面，并持续了将近11s。随后如图4-34（d）~（h）所示，在0.3s内瞬间穿越水-油界面进入渣层。由此可见，上浮到水-油界面处的液态夹杂物需要长时间停留后才穿越界面进入油层。

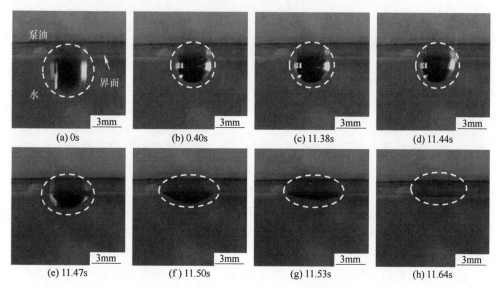

图4-34 模拟液态夹杂物在水-泵油界面的运动行为（观测点1）

图4-35为通过观测点2记录的液态夹杂物（豆油）在水-泵油界面处的照片。由于观测点在界面斜上方，图中清晰地展示了液态夹杂物撞击界面后的反弹运动行为。图4-35和图4-34是从不用观测点记录的重复实验，时间上虽略有差异，但两者观察到的现象一致。不过图4-35（a）~（c）所示的液态夹杂物撞击界面反弹运动更为清晰。此外，还可清晰发现液态夹杂物停留在水-油界面时存在液膜。从图4-35（c）和（d）可以看出因厚度不同而在凸起周围形成了光圈，图4-35（e）所示的液面凸起存在两者不同颜色，即说明了液膜的存在。同时，如图4-35（e）~（h）所示，凸起处出现了液滴的颜色，这是液膜消失后液态夹杂物瞬间进入油中并在水-油界面油层一侧逐渐铺展的结果。由此可见，液膜的形成是液态夹杂物停留在水-油界面的主要原因。这与Magnelöv等[84]的研究一致。

实际上，液态夹杂物并非完全静止在水-泵油界面处，而是液膜内的流体在压力的作用下不断被排出，液膜逐渐变薄直至消失，破裂后液态夹杂物瞬间进入渣层。理论上，液态夹杂物随着液膜的减薄而不断上移，然而，液膜厚度远小于

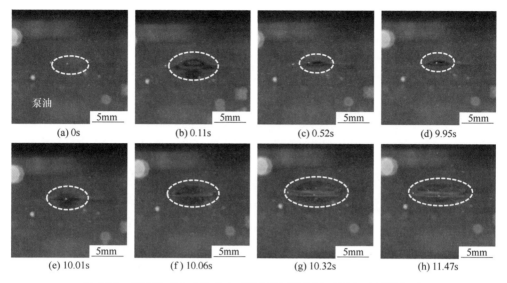

(a) 0s   (b) 0.11s   (c) 0.52s   (d) 9.95s

(e) 10.01s   (f) 10.06s   (g) 10.32s   (h) 11.47s

图 4-35   模拟液态夹杂物在水-泵油界面处的运动行为（观测点 2）

液滴直径，其初始厚度为液态夹杂物半径的 $0.002^{[94]}$。因此，与其尺寸相比，液态夹杂物上浮的位移可以忽略。实验过程中也观察到停留在界面处的液态夹杂物似乎是静止的。

对比图 4-25、图 4-26 与图 4-34、图 4-35 可知，固态夹杂物与液态夹杂物穿越水-油界面的运动行为明显不同。液膜是两种夹杂物在水-油界面处运动特性的最大区别。固态夹杂物在撞击界面之后随即发生反弹运动，随后逐渐穿越水-油界面进入渣层。在分离运动过程中，固态夹杂物与界面之间无液膜形成，从而直接与顶渣接触。然而，液态夹杂物在反弹运动后，由于液膜的存在而长时间停留在水-油界面处，液膜破裂后，液态夹杂物才瞬间进入油层。

4.4.3.2   分离影响因素

从上述实验研究可知，液态夹杂物在水-油界面处的长时间停留是其穿越水-油界面的主要方式和限制环节。因此，有必要研究液态夹杂物尺寸、熔池深度、顶渣密度以及水-油界面张力对其在水-油界面处停留时间的影响。为了物理模拟实验结果能真实反映不同条件下液态夹杂物在界面处停留时间的变化规律，对同一条件的液态夹杂物穿越水-油界面的过程进行了至少 20 次重复实验。

（1）夹杂物尺寸。图 4-36 为不同尺寸的液态夹杂物在不同水-油界面处的停留时间。可以看出，不同尺寸液态夹杂物在相同界面下的停留时间均相差无几，不同水-油界面的差异明显。尺寸不同，液态夹杂物的上浮速度存在较大差异，撞击界面的初始动能存在明显区别。然而，在界面处的反弹运动消耗了其大部分初始动能，从而使得初始动能对其在界面处的停留时间无明显影响。因此，尺寸对其在水-油界面处的停留时间影响不大。

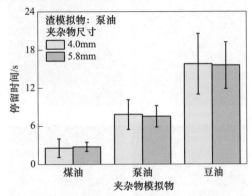

图 4-36 不同尺寸的模拟液态夹杂物在水-油界面处的停留时间

（2）熔池高度。图 4-37 是三种液面高度下，不同液态夹杂物在不同水-油界面下的停留时间。除了图 4-37（c）中显示不同液面高度下各液态夹杂物在水-豆

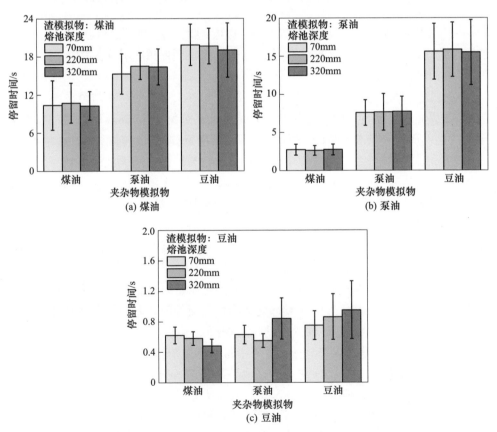

图 4-37 不同熔池高度下模拟液态夹杂物在界面处的停留时间

油界面下停留时间存在一定的差异外，其他两种水-油界面下，不同液面高度下的各液态夹杂物均无明显差异。实际上，各液态夹杂物在水-豆油界面下的停留时间均不足1s，不同液态高度下停留时间的差别仅为10^{-1}s数量级，完全在测量误差范围内。因此，不同液面高度下其在界面的停留时间同样不存在明显的差异。液滴撞击界面后的反弹运动消耗了大部分初始动能，使得该动能对液态夹杂物在界面停留时间的影响可以忽略。此外，Magnelöv等[84]认为液面高度的不同将引起液滴的振荡和界面的波动的变化，然而本书作者团队在实验过程中发现液态夹杂物在界面处的振荡并无明显区别。液态夹杂物在分离过程中水-油界面平静，无明显波动。该现象更符合实际，因为液态夹杂物尺寸较小，单个液滴具有的初始动能即使全部转移到界面上也不足以达到界面发生波动所需的动能。

（3）顶渣密度。图4-38是不同液态夹杂物在不同水-油界面的停留时间。发现在水-豆油界面的停留时间均极短（不足1s），远小于在水-煤油和水-泵油界面。这表明顶渣的种类确实对液态夹杂物在界面处的停留时间产生重要影响。

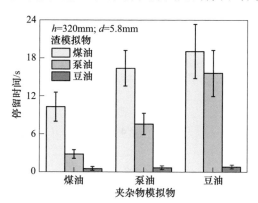

图4-38 不同模拟液态夹杂物在不同水-油界面处的停留时间

如图4-35所示，液态夹杂物在界面处的停留时间实质与其在界面液膜的剥落过程密切相关，即取决于液膜的排液速率。若液膜排液迅速，则液态夹杂物在界面处的停留时间就越短；反之则越长。

有研究[95-96]表明液膜的排液速率取决于膜内压力。液膜内的压力还与夹杂物和油层的挤压相关。假设停留在界面处的液态夹杂物处于平衡态，则其对液膜的挤压大小与该液态夹杂物所受浮力大小相等。

Strandh等[86,91]根据阿基米德定律推导出了液膜下夹杂物所受浮力的计算公式：

$$F_B = \frac{4}{3}\pi R_I^3 (\rho_M - \rho_I) g \tag{4-72}$$

式中，F_B为夹杂物所受浮力，N；R_I为夹杂物的半径，m；ρ_M和ρ_I分别为钢液和夹杂物的密度，kg/m³；g 为重力加速度，m/s²。
根据式（4-72）可知，液态夹杂物在液膜下所
受浮力与顶渣密度无关，显然这与实际情况不
符。图 4-39 给出了液态夹杂物停留在界面处的
示意图。虽然液态夹杂物被水液膜包裹，但其
排开油层时在其表面明显存在部分油。而且水
的密度明显大于油，实际生产中钢液密度大于
顶渣。为此，根据浮力是周围液体对其上下表

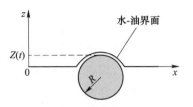

图 4-39   液态夹杂物停留在
水-油界面的示意图

面的压力差，推导液态夹杂物在液膜下所受的浮力。如图 4-39 所示，液态夹杂
物与界面之间的液膜非常薄，可以忽略该部分对液态夹杂物的压力。同时，不考
虑液态夹杂物的变形，则周围液体对液态夹杂物的上下压力可表达为：

若 $z \leqslant R$：

$$F_{up} = \int_0^{\sqrt{2Rz-z^2}} \rho_S g \left[H + (R - z) - \sqrt{R^2 - \theta^2} \right] \cdot 2\pi\theta d\theta +$$

$$\int_{\sqrt{2Rz-z^2}}^{R} \left[\rho_S gH + \rho_M g(R - z - \sqrt{R^2 - \theta^2}) \right] \cdot 2\pi\theta d\theta \qquad (4\text{-}73)$$

$$F_{down} = \int_0^R \left[\rho_S gH + \rho_M g(R - z + \sqrt{R^2 - \theta^2}) \right] \cdot 2\pi\theta d\theta \qquad (4\text{-}74)$$

若 $z > R$：

$$F_{up} = \int_0^R \left\{ \rho_S g \left[H - (z - R) - \sqrt{R^2 - \theta^2} \right] \right\} \cdot 2\pi\theta d\theta \qquad (4\text{-}75)$$

$$F_{down} = \int_0^{\sqrt{2Rz-z^2}} \left[\rho_S gH + \rho_M g(\sqrt{R^2 - \theta^2} - z + R) \right] \cdot 2\pi\theta d\theta +$$

$$\int_{\sqrt{2Rz-z^2}}^{R} \rho_S g \left[H - (z - R - \sqrt{R^2 - \theta^2}) \right] \cdot 2\pi\theta d\theta \qquad (4\text{-}76)$$

分别对上式进行积分并整理得：

若 $z \leqslant R$：

$$F_{up} = \rho_S gH \cdot \pi R^2 + (\rho_S - \rho_M) g\pi(R - z)(2Rz - z^2) +$$

$$\frac{2}{3}(\rho_S - \rho_M) g\pi(R - z)^3 + \rho_M g(R - z)\pi R^2 - \frac{2}{3}\rho_S g\pi R^3 \qquad (4\text{-}77)$$

$$F_{down} = \rho_S gH \cdot \pi R^2 + \rho_M g(R - z)\pi R^2 + \frac{2}{3}\rho_M g\pi R^3 \qquad (4\text{-}78)$$

若 $z > R$：

$$F_{up} = \rho_S gH \cdot \pi R^2 - \rho_S g(z - R)\pi R^2 - \frac{2}{3}\rho_S g\pi R^3 \qquad (4\text{-}79)$$

$$F_{down} = \rho_S gH \cdot \pi R^2 - (\rho_M - \rho_S) g\pi(z - R)(2Rz - z^2) -$$

$$\frac{2}{3}(\rho_M - \rho_S) g\pi(R - z)^3 - \rho_S g(z - R)\pi R^2 + \frac{2}{3}\rho_M g\pi R^3 \qquad (4\text{-}80)$$

最后，分别用式（4-77）和式（4-79）减去式（4-78）和式（4-80），整理得：

$$F_B = \frac{2}{3}(\rho_S + \rho_M - 2\rho_I)g\pi R^3 - (\rho_S - \rho_M)g\pi(R - z)(2Rz - z^2) -$$

$$\frac{2}{3}(\rho_S - \rho_M)g\pi(R - z)^3$$

$$(4-81)$$

式中，F_B 为液态夹杂物所受浮力，N；F_{up} 和 F_{down} 分别为周围液体对液态夹杂物的上下压力，N；ρ_S 为顶渣的密度，kg/m^3；R 为液态夹杂物的半径，m；z 为液态夹杂物进入油层中位移，m；g 为重力加速度，m/s^2。

根据式（4-81）可获得不同液态夹杂物在不同水-油界面下所受浮力，如图 4-40 所示。煤油液滴在三种水-油界面下所受浮力均最大，其次是泵油液滴，最小的是豆油液滴。同时，如图 4-38 所示，煤油液滴在各水-油界面下的停留时间均最短，其次为泵油液滴，停留时间最长的为豆油滴液。由此可知，液态夹杂物在水-油界面所受浮力越大，则其在界面处的停留时间越短。浮力越大，液膜来

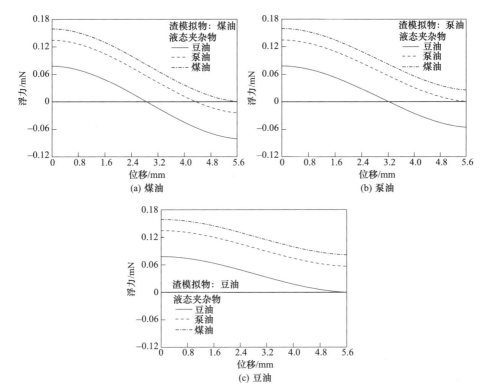

图 4-40　液态夹杂物在水-油界面处所受的浮力

自液态夹杂物一侧的挤压作用越强，液膜排液速率加快，从而缩短了液态夹杂物在界面处的停留时间。因此，增大液态夹杂物在界面处所受浮力有利于缩短其在界面处的停留时间。

（4）水-油界面张力。图 4-41 给出了不同液态夹杂物（煤油、泵油和豆油）在与其成分相同的油层下所受浮力的大小。从图中可以发现，豆油液滴在水-豆油界面下所受浮力最小，而煤油液滴在水-煤油界面下所受浮力最大。然而，豆油液滴在水-豆油界面下的停留时间最短，而煤油液滴在水-煤油界面下的停留时间最长。这似乎与上节结论矛盾。注意到，除了液态夹杂物一侧，油层一侧同样对液膜存在挤压作用。实际上，不同的水-油界面之间的性质存在显著的差异，其对液膜的挤压作用也随之发生改变。

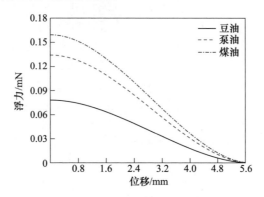

图 4-41 不同液态夹杂物在不同水-油界面受到的浮力大小

同样，假设水-油界面成分均匀，则油层对液膜的压力可表示为：

$$P = \frac{2\sigma_{wo}}{r} \tag{4-82}$$

式中，P 为膜内压力，Pa；σ_{wo} 为水-油界面张力，N/m；r 为界面弯曲半径，m。根据文献 [97] 中计算两液体间界面张力的模型可获得水-豆油、水-泵油和水-煤油的界面张力分别是 59.0mN/m、51.9mN/m 和 51.4mN/m。对照图 4-38 可知，随着水-油界面张力增大，对液膜的挤压作用增强，夹杂物在界面处的停留时间缩短。

综上所述，顶渣密度和水-油界面张力是影响液态夹杂物在钢-渣界面处停留时间的重要因素。增大顶渣密度和水-油界面张力均可加强对液膜的挤压作用，因而加快液膜排液速率，从而缩短在界面处的停留时间。

4.4.3.3 液膜形成原因

物理模拟实验中，三种水-油（煤油、泵油和豆油）界面下，液态夹杂物更易穿越水-豆油界面进入油层中，固态夹杂物却最难穿越而停留在界面处。造成这一现象的主要因素是液膜。液态夹杂物与界面之间存在液膜，增大液态夹杂物所受浮力和水-油界面张力可增大对液膜的挤压，从而促进液膜加速破裂剥落。

三种水-油界面，液态夹杂物在水-豆油界面所受浮力最大，且界面张力最大，因而液态夹杂物在界面的停留时间最短。同时，固态夹杂物直接与油层接触，在运动过程中，水、油和固态夹杂物三相体系不断地释放界面自由能是影响其在水-油界面处行为最重要因素。三种水-油界面，固态夹杂物在水-豆油界面下运动过程中释放的界面自由能最小，不足以克服阻力做功，从而最终停留在界面处。由此可见，液膜对夹杂物穿越水-油界面的运动行为产生极其重要影响。

Nakajima 等[90]和 Strandh 等[86,91]认为非金属夹杂物穿越钢-渣界面过程中，液膜形成的条件是雷诺数 $Re>1$。而上述模拟的固态夹杂物和液态夹杂物穿越水-油界面运动过程的 Re 均大于 1，分离过程中仅液态夹杂物存在液膜，固态夹杂物并无液膜形成。

实际上，模拟夹杂物与模拟钢液的接触角才是液膜形成的主要原因。如表 4-5 所示，模拟固态夹杂物与水的接触角大于 $90°$，不被水润湿，分离过程中其表面的水自动剥落，如图 4-26（c）~（f）所示。模拟固态夹杂物直接与油层接触，与界面之间无液膜形成。同时，模拟液态夹杂物与水的接触角小于 $90°$，被水润湿，在水-油界面处运动过程中其表面的水不能自动剥落，从而形成液膜。

上述物理模拟虽不能定量描述非金属夹杂物穿越钢-渣界面的运动行为，但仍可获得十分重要信息。由于常见固态夹杂物与钢液的接触角大于 $90°$，不被钢液润湿，因此在分离过程中，固态夹杂物直接与顶渣接触（无液膜形成），如图 4-42 所示。同时，液态夹杂物与钢液的接触角小于 $90°$，被钢液润湿，因此液态夹杂物在穿越钢-渣界面的运动过程中有液膜形成，如图 4-43 所示。

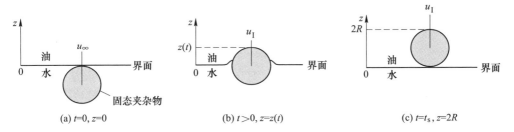

图 4-42 固态夹杂物在水-油界面处的主要运动示意图

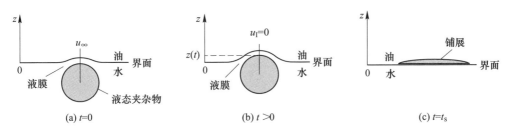

图 4-43 液态夹杂物在水-油界面处的主要运动示意图

　　由于物理模拟实验仅能定性地描述非金属夹杂物穿越钢-渣界面的过程，获得的分离时间与实际存在较大的差异，只能通过数学模拟对此作出定量描述。

4.5　夹杂物在钢-渣界面分离数学模型

4.5.1　固态夹杂物分离模型

　　数学模型是研究冶金过程的重要手段之一。基于分离过程中浮力、附加质量力、曳力以及毛细作用力对夹杂物穿过钢-渣界面运动行为的影响，Strandh 等[86,91]提出了描述该过程的数学模型。此外，考虑到夹杂物形状和雷诺数 Re 的影响，Yang 等[98-99]和 Liu 等[89]对上述数学模型进行了修正。本书作者团队在物理模拟实验研究过程中发现，由于忽略了分离过程中钢-渣界面变形的影响，现有数学模型难以解释模拟的固态夹杂物停留在水-油界面的现象。因此，描述固态夹杂物穿过钢-渣界面时有必要考虑界面变形阻力的影响。为此，提出了定量描述八面体和板状夹杂物穿过钢-渣界面分离过程的数学模型。

　　底吹氩钢包软吹过程中，钢-渣界面稳定，以此为基础建立描述固态夹杂物穿过钢-渣界面分离过程的数学模型。模型做了以下假设：

　　(1) 分离过程中，夹杂物的形状、尺寸和成分保持不变。

　　(2) 分离过程中，忽略钢-渣-夹杂物体系之间化学反应。

　　(3) 各相（钢、渣以及固态夹杂物）界面张力为常数。

　　(4) 夹杂物的旋转速度为 0。

　　(5) 因夹杂物尺寸非常小，钢液对夹杂物表面的压力相同，忽略钢液和渣水平方向流动对夹杂物穿过钢-渣界面的影响。

　　(6) 考虑夹杂物周围的钢-渣界面变形的影响，分离过程中界面变形量保持不变。

　　(7) 夹杂物冲击界面的初始速度为极限上浮速度，由相关文献[100]计算获得。

　　根据以上假设，Magnus 力、压力梯度力以及 Saffman 力可忽略不计，考虑界面变形阻力的影响。除此之外，考虑曳力、浮力、附加质量力以及毛细作用力的影响。

　　根据牛顿第二定律，建立力学平衡方程：

$$V_1\rho_1 \frac{\mathrm{d}^2 z}{\mathrm{d}t^2} = \sum_i F_i \tag{4-83}$$

式中，V_1 为夹杂物的体积，m^3；ρ_1 为夹杂物的密度，$\mathrm{kg/m}^3$；z 为分离过程中夹杂物的位移，m；F_i 为作用在夹杂物上的力，N；t 为分离时间，s。

　　众所周知，大多数固态夹杂物的形状是非球形的。Dekkers 等[101]研究碳钢中夹杂物发现钢中 Al_2O_3 夹杂物的形状有八面体状和板状。因此，选择八面体和板状作为固态夹杂的形状。同时，如图 4-44 所示，假设八面体状夹杂物的顶点先与界面接触，而板状夹杂物则垂直穿过钢-渣界面。

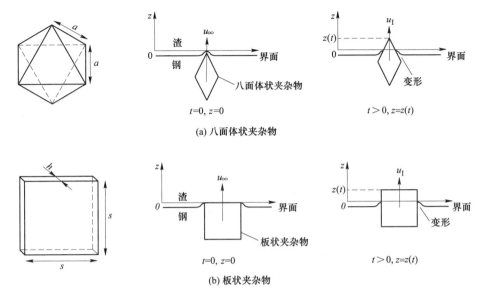

图 4-44　固态夹杂物的形状和运动方向

众多研究者[86,89,91,98-99]发现，夹杂物穿过钢-渣界面的分离过程中并非一定形成液膜。本书作者团队基于物理模型实验发现，由于固态夹杂物易被钢液润湿，其穿过钢-渣界面的分离过程中难以形成液膜。因此，作受力分析时，不考虑液膜的影响，作用在夹杂物上的力为其形状和位移的函数。

需要说明的是，在夹杂物分离过程中，浮力、附加质量力、毛细作用力以及曳力大小取决于其穿过钢-渣界面进入渣层的位移。考虑到分离过程中钢-渣面发生变形，选择钢-渣界面变形的最高点作为位移的起点（如图 4-44 所示），这就保证了模型给出的位移与夹杂物进入渣层的位移保持一致。分离过程中，作用在夹杂物上力的表达如下：

（1）八面体状夹杂物。浮力（F_b）为夹杂物排开各相（钢液和顶渣）体积的函数，取决于夹杂物进入渣层的位移（z），可表达为：

$$F_b = \begin{cases} \dfrac{2}{3}(\rho_S - \rho_I)z^3 g + (\rho_M - \rho_I)\left(\dfrac{\sqrt{2}}{3}a^3 - \dfrac{2}{3}z^3\right)g & \left(z < \dfrac{\sqrt{2}}{2}a\right) \\[4mm] (\rho_S - \rho_I)\left[\dfrac{\sqrt{2}}{3}a^3 - \dfrac{2}{3}(\sqrt{2}\,a - z)^3\right]g + \dfrac{2}{3}(\rho_M - \rho_I)(\sqrt{2}\,a - z)3g & \left(z \geqslant \dfrac{\sqrt{2}}{2}a\right) \end{cases}$$

$$(4\text{-}84)$$

式中，z 为八面体状夹杂物的位移，m；ρ_S 和 ρ_M 分别为顶渣和钢液的密度，kg/m³；a 为八面体状夹杂物的边长，m；g 为重力加速度，m/s²。

附加质量力（F_a）为钢液和顶渣阻碍夹杂物加速运动的阻力，可采用下式计算：

$$F_a = \begin{cases} -\dfrac{2}{3}C_m\rho_S z^3 \dfrac{d^2z}{dt^2} - C_m\rho_M\left(\dfrac{\sqrt{2}}{3}a^3 - \dfrac{2}{3}z^3\right)\dfrac{d^2z}{dt^2} & \left(z < \dfrac{\sqrt{2}}{2}a\right) \\[3mm] -\dfrac{2}{3}C_m\rho_M(\sqrt{2}a - z)^3\dfrac{d^2z}{dt^2} - C_m\rho_S\left[\dfrac{\sqrt{2}}{3}a^3 - \dfrac{2}{3}(\sqrt{2}a - z)^3\right]\dfrac{d^2z}{dt^2} & \left(z \geqslant \dfrac{\sqrt{2}}{2}a\right) \end{cases}$$

(4-85)

式中，C_m 设为 0.5[88]。

夹杂物分离过程中，其穿过钢-渣界面的运动将引起界面自由能（E）连续变化，可下式表达其变化：

$$dE = \begin{cases} -4\sigma_{MS}\left[\dfrac{\sqrt{3}(\sigma_{MI} - \sigma_{IS})}{\sigma_{MS}} + 1\right]z dz & \left(z < \dfrac{\sqrt{2}}{2}a\right) \\[3mm] -4\sigma_{MS}\left[\dfrac{\sqrt{3}(\sigma_{MI} - \sigma_{IS})}{\sigma_{MS}} - 1\right](\sqrt{2}a - z)dz & \left(z \geqslant \dfrac{\sqrt{2}}{2}a\right) \end{cases}$$

(4-86)

式中，σ_{IS}、σ_{MI} 和 σ_{MS} 分别为夹杂物-顶渣，钢液-夹杂物以及钢液-顶渣的界面张力，N·m。

根据文献 [88] 可知，分离过程中作用在八面体状夹杂物上的毛细作用力（F_σ）方向与界面自由能的变化率相反，可由下式计算获得：

$$F_\sigma = \begin{cases} 4\sigma_{MS}(1 + \sqrt{3}X)z & \left(z < \dfrac{\sqrt{2}}{2}a\right) \\[3mm] 4\sigma_{MS}(1 - \sqrt{3}X)(z - \sqrt{2}a) & \left(z \geqslant \dfrac{\sqrt{2}}{2}a\right) \end{cases}$$

(4-87)

式中，X 是总润湿性，$X = \dfrac{\sigma_{MI} - \sigma_{IS}}{\sigma_{MS}}$。

曳力（F_d）是周围钢液和顶渣对运动的夹杂物的阻力，其方向与速度变化率方向相反。本文假设夹杂物在钢液和顶渣中的曳力系数相同。分离过程中作用在八面体状夹杂物的曳力的表达式如下：

$$F_d = \begin{cases} -\dfrac{1}{8}C_{D,octa}\left[\rho_M - 4\left(\dfrac{z}{\sqrt{2}a}\right)^3(\rho_M - \rho_S)\right]\pi d_{p,octa}^2\left(\dfrac{dz}{dt}\right)^2 & \left(z < \dfrac{\sqrt{2}}{2}a\right) \\[3mm] -\dfrac{1}{8}C_{D,octa}\left[\rho_S - 4\left(1 - \dfrac{z}{\sqrt{2}a}\right)^3(\rho_S - \rho_M)\right]\pi d_{p,octa}^2\left(\dfrac{dz}{dt}\right)^2 & \left(z \geqslant \dfrac{\sqrt{2}}{2}a\right) \end{cases}$$

(4-88)

式中，$d_{p,octa}$ 是八面体状夹杂物等效直径，$d_{p,octa} = 0.9656a$；$C_{D,octa}$ 是八面体状夹杂物的曳力系数，可采用下式计算[100]：

$$C_{\mathrm{D,octa}} = \begin{cases} \dfrac{24}{Re}\xi_{\mathrm{octa}} & (Re < 1) \\[3mm] \dfrac{24}{Re}(1 + 0.2559Re^{0.5876}) + \dfrac{1.2191}{1 + \dfrac{1154.13}{Re}} & (Re \geqslant 1) \end{cases} \tag{4-89}$$

式中，ξ_{octa} 是八面体状夹杂物的形状修正系数，设为 $1.07^{[102]}$。

界面变形阻力（$F_{\sigma,\mathrm{r}}$）是由于分离过程中夹杂物周围钢-渣界面变形引起，可采用下式计算：

$$F_{\sigma,\mathrm{r}} = \begin{cases} -4\sqrt{2}z\sigma_{\mathrm{MS}}\cos\theta & \left(z < \dfrac{\sqrt{2}}{2}a\right) \\[3mm] -4\sqrt{2}(\sqrt{2}a - z)\sigma_{\mathrm{MS}}\cos\theta & \left(z \geqslant \dfrac{\sqrt{2}}{2}a\right) \end{cases} \tag{4-90}$$

式中，θ 为界面形变和竖直方向的夹角。由于不同形状和尺寸的颗粒引起的界面形变量非常小，$\cos\theta$ 的取值范围为 $0.045 \sim 0.06$，本模型取值为 0.055。

将式（4-84）、式（4-85）、式（4-87）、式（4-88）以及式（4-90）分别代入式（4-83），合并整理可得到八面体状夹杂物穿过钢-渣界面的运动方程：

$$\dfrac{\mathrm{d}^2 z}{\mathrm{d}t^2} = \begin{cases} \dfrac{2/3z^3(\rho_{\mathrm{S}} - \rho_{\mathrm{M}})g + \sqrt{2}/3a^3(\rho_{\mathrm{M}} - \rho_{\mathrm{I}})g}{\sqrt{2}/6(2\rho_{\mathrm{I}} + \rho_{\mathrm{M}})a^3 + 1/3(\rho_{\mathrm{M}} - \rho_{\mathrm{S}})z^3} + \dfrac{4\sigma_{\mathrm{MS}}(1 + \sqrt{3}X - \sqrt{2}\cos\theta)z}{\sqrt{2}/6(2\rho_{\mathrm{I}} + \rho_{\mathrm{M}})a^3 + 1/3(\rho_{\mathrm{M}} - \rho_{\mathrm{S}})z^3} - \\[5mm] \dfrac{1/8C_{\mathrm{D,octa}}\left[\rho_{\mathrm{M}} - 4\left(\dfrac{z}{\sqrt{2}a}\right)^3(\rho_{\mathrm{M}} - \rho_{\mathrm{S}})\right]\pi d_{\mathrm{p,octa}}^2\left(\dfrac{\mathrm{d}z}{\mathrm{d}t}\right)^2}{\sqrt{2}/6(2\rho_{\mathrm{I}} + \rho_{\mathrm{M}})a^3 + 1/3(\rho_{\mathrm{M}} - \rho_{\mathrm{S}})z^3} \quad \left(z < \dfrac{\sqrt{2}}{2}a\right) \\[7mm] \dfrac{2/3(z - \sqrt{2}a)^3(\rho_{\mathrm{S}} - \rho_{\mathrm{M}})g + \sqrt{2}/3a^3(\rho_{\mathrm{S}} - \rho_{\mathrm{I}})g}{\sqrt{2}/6(2\rho_{\mathrm{I}} + \rho_{\mathrm{S}})a^3 - 1/3(\rho_{\mathrm{M}} - \rho_{\mathrm{S}})(z - \sqrt{2}a)^3} + \dfrac{4\sigma_{\mathrm{MS}}(\sqrt{3}X - 1 - \sqrt{2}\cos\theta)(\sqrt{2}a - z)}{\sqrt{2}/6(2\rho_{\mathrm{I}} + \rho_{\mathrm{M}})a^3 + 1/3(\rho_{\mathrm{M}} - \rho_{\mathrm{S}})z^3} - \\[5mm] \dfrac{1/8C_{\mathrm{D,octa}}\left[\rho_{\mathrm{S}} - 4\left(1 - \dfrac{z}{\sqrt{2}a}\right)^3(\rho_{\mathrm{S}} - \rho_{\mathrm{M}})\right]\pi d_{\mathrm{p,octa}}^2\left(\dfrac{\mathrm{d}z}{\mathrm{d}t}\right)^2}{\sqrt{2}/6(2\rho_{\mathrm{I}} + \rho_{\mathrm{S}})a^3 - 1/3(\rho_{\mathrm{M}} - \rho_{\mathrm{S}})(z - \sqrt{2}a)^3} \quad \left(z \geqslant \dfrac{\sqrt{2}}{2}a\right) \end{cases}$$

$$\tag{4-91}$$

（2）板状夹杂物。类似八面体状夹杂物推导过程，作用在板状夹杂物上的浮力计算公式如下：

$$F_{\mathrm{b}} = hsz(\rho_{\mathrm{S}} - \rho_{\mathrm{I}})g + hs(s - z)(\rho_{\mathrm{M}} - \rho_{\mathrm{I}})g \tag{4-92}$$

式中，h 和 s 分别是板状夹杂物的厚度和宽度，m，如图 4-44（b）所示；z 的定义见图 4-44（b）中所示。

附加质量力由下式计算：

$$F_a = - C_m hsz\rho_S \frac{d^2z}{dt^2} - C_m hs(s-z)\rho_M \frac{d^2z}{dt^2} \qquad (4-93)$$

板状夹杂物分离过程中，界面自由能的变化如下：

$$dE = 2(s+h)dz \cdot \sigma_{IS} - 2(s+z)dz \cdot \sigma_{MI} \qquad (4-94)$$

毛细作用力的表达为：

$$F_\sigma = 2\sigma_{MS}(s+h)X \qquad (4-95)$$

板状夹杂物分离过程中，曳力可通过下式计算得到。

$$F_d = - \frac{1}{8}C_{D,plate}hs^2 \left[\rho_M + \frac{z}{s}(\rho_S - \rho_M) \right] \pi d_{p,plate}^2 \left(\frac{dz}{dt} \right)^2 \qquad (4-96)$$

式中，$d_{p,plate}$ 是板状夹杂物的等效直径，$d_{p,plate} = 0.6204\ (hs^2)^{1/3}$；$C_{D,plate}$ 是曳力系数，可通过下式计算[100]：

$$C_{D,plate} = \begin{cases} \dfrac{24}{Re}\xi_{plate} & (Re < 1) \\ \dfrac{24}{Re}(1 + 2.5Re^{0.21}) + \dfrac{15}{1 + \dfrac{30}{Re}} & (Re \geqslant 1) \end{cases} \qquad (4-97)$$

式中，ξ_{plate} 是板状夹杂物修正系数，取值为 1.08[102]。

分离过程中，板状夹杂物所受界面变形阻力的计算公式如下：

$$F_{\sigma,r} = - 4h\sigma_{MS}\cos\theta \qquad (4-98)$$

将式（4-92）、式（4-93）、式（4-95）、式（4-96）和式（4-98）代入式（4-83），整理获得板状夹杂物穿过钢-渣界面的运动方程：

$$\frac{d^2z}{dt^2} = \frac{2hsz(\rho_S - \rho_I)g + 2hs(s-z)(\rho_M - \rho_I)g}{hsz(\rho_S - \rho_M) + hs^2(2\rho_I + \rho_M)} + \frac{4\sigma_{MS}[(s+h)X - 2h\cos\theta]}{hsz(\rho_S - \rho_M) + hs^2(2\rho_I + \rho_M)} -$$

$$\frac{1}{4} \frac{C_{D,plate}hs^2 \left[\rho_M + \dfrac{z}{s}(\rho_S - \rho_M) \right] \pi d_p^2 \left(\dfrac{dz}{dt} \right)^2}{hsz(\rho_S - \rho_M) + hs^2(2\rho_I + \rho_M)}$$

$$(4-99)$$

通过采用四阶龙格-库塔法求解式（4-91）和式（4-99），分别获得八面体状和板状夹杂物穿过钢-渣界面的位移-时间曲线。

由于速度-位移曲线可反映作用在夹杂物上各力情况。因此，选择速度-位移曲线进行模型验证。实验过程中未观察到夹杂物的反弹运动，这与模型的假设一致。图 4-45 给出了式（4-91）和式（4-99）的模型计算结果与物理实验结果的对比，两者吻合较好。

4.5.2 液态夹杂物分离模型

许多研究认为，液态夹杂物穿过界面的分离过程主要是液膜排液过程，可目

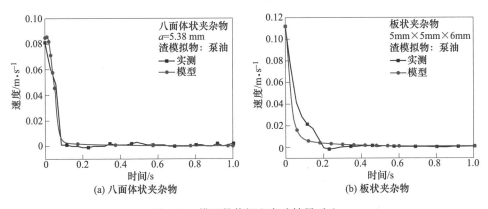

图 4-45 模型数值解和实验结果对比

前仍未有对其的定量描述。实际上，化工领域已有大量文献[103-104]报道液滴（或气泡）与液-液界面之间液膜排液即剥落过程。因此，可借鉴化工领域的研究方法，建立了描述液态夹杂物在钢-渣界面分离过程的数学模型，并提出了计算液态夹杂物在钢-渣界面停留时间的表达式。

研究表明，液膜是造成液态夹杂物停留在钢-渣界面的主要原因。液态夹杂物的停留过程始于液膜的形成而终于液膜的破裂，因此液态夹杂物在钢-渣界面处的停留时间等同于液膜的破裂或剥落时间。为此，描述液态夹杂物穿过界面分离过程的重点是准确描述液膜排液过程。为了简化数学模型，做如下假设：

（1）由于液膜和液态夹杂物的形状均为轴对称，因此以柱坐标系作为描述液膜排液过程，如图 4-46 所示。钢-渣和钢-夹杂物的界面（h_i^*）分别表示为径向（r^*）和时间（t^*）的函数，即 $z^*=h_i^*(r^*, t^*)$，其中 $i=1, 2$，分别表示钢-渣、钢-液态夹杂物两个不同的界面。

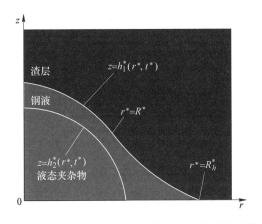

图 4-46 液态夹杂物与钢-渣界面之间形成的液膜

（2）钢-渣、钢-液态夹杂物界面形状 h_i^* 随半径的变化很小，即：

$$\left(\frac{\partial h_i^*}{\partial r^*}\right)^2 \ll 1 \tag{4-100}$$

（3）液膜的厚度 h^* 表示为：

$$h^* = h_1^* - h_2^* \tag{4-101}$$

（4）液膜的边缘半径 R_h^* 满足下式：

在 $r^* = R^* = R^*(t^*)$： $\dfrac{\partial h^*}{\partial r^*} = 0$ $\tag{4-102}$

（5）液膜内钢液流动满足雷诺润滑理论，即：

$$\left(\frac{h_0^*}{R_0^*}\right)^2 \ll 1 \tag{4-103}$$

式中，h_0^* 和 R_0^* 分别是液膜中心初始厚度和初始边缘半径，m。

（6）液膜排液过程中钢-渣界面张力为常数，忽略液膜内传质对速度分布的影响。

（7）液态夹杂物内的压力不随时间和位置而变化，渣层中压力为局部静压力。

（8）钢液、液态夹杂物和渣层均为不可压缩黏度流体，液膜排液过程钢液、液态夹杂物和渣层的黏度不变。

（9）边缘外液膜的压力趋于局部静压力，满足牛顿润滑理论。$r^* = R_h^*$ 处，液膜的两个主曲率为常数，该点 $h^* = 0$，与时间无关。

（10）依据 Platikanov 等[105]研究，液态夹杂物撞击钢-渣界面发生变形时，液膜边缘的减薄速率要高于中心部位，当液膜完成形成后，中心部位的减薄速率则要高于液膜边缘。这表明在某一时刻，中心部分和边缘部位的减薄速率一致。为此，将此时刻作为初始时刻，即 $t^* = 0$；$t^* > 0$ 时，中心部分的减薄速率始终高于液膜边缘的减薄速率。

（11）液膜排液过程中液态夹杂物始终为球形、不发生变形。

Lin 等[103]和 Hahn 等[104]分别建立了描述小气泡或小液滴靠近液-液界面时液膜排液过程的数学模型。两者的主要区别是 Hahn 等[104]考虑了范德华力的影响。实际上，范德华力对高温条件下液态夹杂物与钢-渣界面之间液膜排液过程影响非常小。因此，可以忽略范德华力的影响，基于 Lin 等[103]建立液膜排液运动方程的思路，推导了描述液态夹杂物与钢-渣界面之间液膜破裂的数学方程，即：

$$-\frac{\partial h}{\partial t'} = \frac{h^3}{3}\left(\frac{\partial^4 h}{\partial r^4} + \frac{2}{r}\frac{\partial^3 h}{\partial r^3} - \frac{1}{r^2}\frac{\partial^2 h}{\partial r^2} + \frac{1}{r^3}\frac{\partial h}{\partial r}\right) + h^2\frac{\partial h}{\partial r}\left(\frac{\partial^3 h}{\partial r^3} + \frac{1}{r}\frac{\partial^2 h}{\partial r^2} - \frac{1}{r^2}\frac{\partial h}{\partial r}\right)$$

$$\tag{4-104}$$

式中，h 是无因次液膜厚度；r 是无因次径向坐标；t' 是无因次时间。这些参数的

表达式分别如下:

$$t' = \frac{t^* \mu_{\mathrm{M}}^*}{4 \rho_{\mathrm{M}}^* R_0^* Ca} \left(\frac{h_0^*}{R_0^*} \right)^3 \tag{4-105}$$

$$h = \frac{h^*}{h_0^*} \tag{4-106}$$

$$r = \frac{r^*}{R_0^*} \tag{4-107}$$

式中，h^* 是液膜厚度，m；r^* 是径向坐标，m；t^* 是时间，s；μ_{M}^* 是钢液的黏度，Pa·s；ρ_{M}^* 是钢液的密度，kg/m³；准数 Ca 的表达式如下:

$$Ca = \frac{\mu_{\mathrm{M}}^{*2}}{\rho_{\mathrm{M}}^* R_0^* \sigma_{\mathrm{MS}}^*} \tag{4-108}$$

式中，σ_{MS}^* 是钢-渣界面张力，N/m。式（4-104）是描述不同时刻和不同位置液膜厚度的微分方程。理论上通过对式（4-104）求解就可获得不同时刻液膜形状。然而，式（4-104）为四阶偏微分方程，只能对其进行数值微分。边界条件和初始条件:

$$r = R: \qquad \frac{\partial h}{\partial r} = 0 \tag{4-109}$$

$$r = 0: \qquad \frac{\partial h}{\partial r} = \frac{\partial h_1}{\partial r} = 0 \tag{4-110}$$

$$r = 0: \qquad \frac{\partial p}{\partial r} = 0 \tag{4-111}$$

结合文献［103-104］中界面上的动量平衡方程以及文献［106］中曲面曲率方程可知:

$$r = 0: \qquad \frac{\partial p}{\partial r} = -\frac{1}{Ca} \frac{h_0^*}{R_0^*} \left(-\frac{1}{r^2} \frac{\partial h}{\partial r} + \frac{1}{r} \frac{\partial^2 h}{\partial r^2} + \frac{\partial^3 h}{\partial r^3} \right) = 0 \tag{4-112}$$

根据式（4-110）并利用洛必达法则，可得:

$$r = 0: \qquad \frac{\partial^2 h}{\partial r^2} = \frac{1}{r} \frac{\partial h}{\partial r} \tag{4-113}$$

将式（4-113）代入式（4-112）可得:

$$r = 0: \qquad \frac{\partial^3 h}{\partial r^3} = 0 \tag{4-114}$$

将式（4-110）、式（4-113）和式（4-113）代入式（4-104），同时利用洛必达法则，经整理可得:

$$r \to 0: \qquad -\frac{\partial h}{\partial t'} = h^3 \frac{\partial^4 h}{\partial r^4} \tag{4-115}$$

根据假设在初始时刻，整个液膜内减薄速率与位置无关，即:

$$t=0：\qquad\qquad \frac{\partial h}{\partial t}=常数 \qquad\qquad (4-116)$$

根据式（4-104）和式（4-115），初始液膜形状可描述如下：

$$\left(\frac{\partial^4 h}{\partial r^4}\right)_{r=0}=\frac{h^3}{3}\left(\frac{\partial^4 h}{\partial r^4}+\frac{2}{r}\frac{\partial^3 h}{\partial r^3}-\frac{1}{r^2}\frac{\partial^2 h}{\partial r^2}+\frac{1}{r^3}\frac{\partial h}{\partial r}\right)+h^2\frac{\partial h}{\partial r}\left(\frac{\partial^3 h}{\partial r^3}+\frac{1}{r}\frac{\partial^2 h}{\partial r^2}-\frac{1}{r^2}\frac{\partial h}{\partial r}\right)$$

$$(4-117)$$

式（4-104）和式（4-117）的边界条件除了式（4-110）和式（4-114）外，还包括如下式[86,87]：

$$r=1：\qquad\qquad \frac{\partial h}{\partial r}=0 \qquad\qquad (4-118)$$

$$r=1：\qquad\qquad \frac{\partial^2 h}{\partial r^2}=C \qquad\qquad (4-119)$$

式中，C 是常数。C 取任一数值，均可通过式（4-117）获得液膜初始形状。然而，液膜初始形状必须满足液膜中心减薄速率始终大于边缘减薄速率。根据 Lin 等[103]和 Hahn 等[104]研究结果，C 取值为 5.05。

根据假设（9）可得到如下条件：

$$r=R_h：\qquad\qquad \frac{\partial h}{\partial r}=\left(\frac{\partial h}{\partial r}\right)_{t=0} \qquad\qquad (4-120)$$

$$r=R_h：\qquad\qquad \frac{\partial^2 h}{\partial r^2}=\left(\frac{\partial^2 h}{\partial r^2}\right)_{t=0} \qquad\qquad (4-121)$$

对满足边界条件式（4-110）、式（4-114）、式（4-118）和式（4-119）的微分方程式（4-117）进行积分，可获得液膜初始形状。随后，对式（4-104）及边界条件式（4-110）、式（4-114）、式（4-120）和式（4-121）进行积分，便可获得不同时刻的液膜形状。微分方程的离散采用 Crank-Nicolson 法。

若液膜内某一位置的厚度为 0 时，则表明液膜破裂导致液态夹杂物与渣层直接接触。由于钢-液态夹杂物的界面张力大于渣-液态夹杂物的界面张力，则液膜破裂时在界面张力作用下液态夹杂物瞬间进入渣层中。该现象已在物理模拟实验中得到证实。对式（4-117）和式（4-104）数值积分可获得不同时刻液膜的形状。当液膜厚度为 0 时，可获得液膜无因次破裂时间：

$$t'=1.86 \qquad\qquad (4-122)$$

将式（4-122）代入式（4-105）中，并根据 h_0^* 和 R_0^* 的定义，可获得液态夹杂物与钢-渣界面之间液膜破裂时间的表达式：

$$t^*=\frac{567.11\mu_M^*}{R_d^*\Delta\rho^* g^*(\sigma_{MS}^*)^{1.5}} \qquad\qquad (4-123)$$

式中，$\Delta\rho^*$ 为钢液与液态夹杂物的密度差，kg/m^3；g^* 为重力加速度，m/s^2；R_d^* 为液态夹杂物的半径，m。

图 4-47 为分别采用物理模拟实验和式（4-123）计算得到的液态夹杂物在水-油界面的停留时间。从中可以看出，顶渣模拟物为泵油和豆油的实验结果与计算结果存在明显的差异。实际上，上述数学模型适合描述高温条件下液态夹杂物与钢-渣界面之间液膜排液过程，而并不适合于常温条件下物理模拟过程的描述。这是由于常温下油滴靠近水-油界面的运动过程中，范德华势力有着极其重要的作用，尤其是含氧有机物；而高温下金属原子间范德华势力对钢液流动的影响非常小，可以忽略不计。

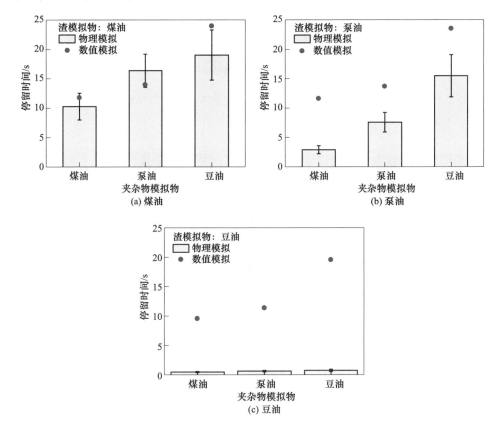

图 4-47　液态夹杂物在钢-渣界面处停留时间的物理模拟和数值计算结果对比

Lee 等[107]和 Misra 等[108]分别原位观察了液态夹杂物穿过钢-渣界面的分离过程，实验结果发现液态夹杂物在钢-渣界面处停留时间分别为 2～7s 和 3～4s。图 4-48 是由式（4-123）计算获得的不同尺寸的液态铝酸钙夹杂物在钢-渣界面的停留时间。如图所示，直径大于 10μm 的液态夹杂物在钢-渣界面的停留时间为 1～10s。虽然 Lee 等[107]和 Misra 等[108]未提供精确的液态夹杂物尺寸，但是依据文中提供的信息，不难推测出液态夹杂物的尺寸应大于 10μm。由此可知，式（4-123）的计算结果与 Lee 等[107]和 Misra 等[108]的实验结果吻合良好。

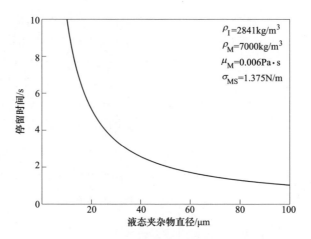

图 4-48   不同尺寸的液态夹杂物在钢-渣界面处的停留时间

4.5.3   不同形态夹杂物去除过程

采用前文描述夹杂物穿过钢-渣界面分离过程的数学模型，进一步阐明固态夹杂物和液态夹杂物在钢-渣界面分离行为的差异性。

4.5.3.1   固态夹杂物

以 100μm 八面体状夹杂物为研究对象，分析其分离过程。板状夹杂物选择与八面体状相同的等效尺寸。Al_2O_3、SiO_2 和 $CaO \cdot Al_2O_3$ 是炼钢过程最常见的夹杂物，其密度分别为 3990kg/m³、2200kg/m³ 和 2814kg/m³[86,88,109]。不同顶渣的密度变化较大[86,88,109]，选择了四种不同顶渣，其相应的密度和黏度见表 4-10。

表 4-10   模型中钢液、渣、夹杂物的密度和黏度

项目	钢液	精炼渣				夹杂物		
密度/kg·m⁻³	7000	2543	2660	2772	3543	2200	2841	3990
黏度/Pa·s	0.006	0.07	0.20	0.60	2.80			

根据式（4-103）可知，若总润湿性 X 值大于 0.5774，则分离过程中作用在八面体状夹杂物的毛细作用力始终充当动力。因此，选择了 6 组界面张力值，其 X 值分布在 0.5774 两侧，见表 4-11。

表 4-11   模型中钢-渣、夹杂物-渣以及钢-夹杂物界面张力取值　　（N/m）

案例	σ_{MS}	σ_{IS}	σ_{MI}	X
1[86]	1.361	0.600	1.311	0.5224
2[86]	1.375	0.508	1.336	0.6022
3[86]	1.458	0.278	1.521	0.8525
4[109]	1.200	0.408	1.570	0.9683
5[88]	1.200	0.200	1.504	1.0867
6[88]	1.200	0.010	1.504	1.2450

为了便于分析,采用式(4-124)和式(4-125)分别对八面体状夹杂物和板状夹杂物穿过钢-渣界面的位移进行无因次化。若无因次位移为 1 时,则表明固态夹杂物已穿过钢-渣界面进入渣层中,同时结束计算;反之,则固态夹杂物停留在钢-渣界面。

$$Z_{\text{octa}} = \frac{z}{\sqrt{2}\,a} \tag{4-124}$$

$$Z_{\text{plate}} = \frac{z}{s} \tag{4-125}$$

如图 4-49(a)所示,当总润湿性 X 取值为 0.5224 和 0.6022 时,八面体状

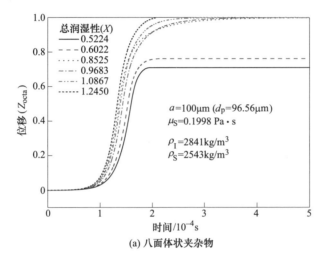

(a) 八面体状夹杂物

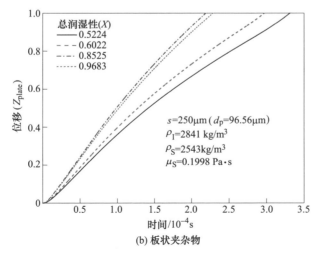

(b) 板状夹杂物

图 4-49 不同总润湿性下固态夹杂物穿过钢-渣界面位移曲线

夹杂物在钢-渣界面处对应的最终位移分别为 0.71 和 0.76。这表明固态夹杂物并未穿过钢-渣界面。随着 X 值的增大，八面体状夹杂物的位移值将达到 1，固态夹杂物穿过钢-渣界面进入渣层中。板状夹杂物的位移曲线与八面体状夹杂物的位移曲线存在显著区别，如图 4-49（b）所示。总体而言，随着总润湿性（X 值）的增加，固态夹杂物穿过钢-渣界面所需时间缩短。由此可知，体系（钢-渣、钢-夹杂物以及渣-夹杂物）界面张力和夹杂物形状是固态夹杂物穿过钢-渣界面运动行为的重要影响因素之一。前期的物理模拟实验同样观察到了这一结果。除此之外，相关研究[86,88]同样持有这一观点。

图 4-50 是不同顶渣黏度下固态夹杂物穿过钢-渣界面的位移曲线。如图 4-50（a）所示，随着顶渣黏度的降低，八面体状夹杂物的位移曲线由"S"形转变为

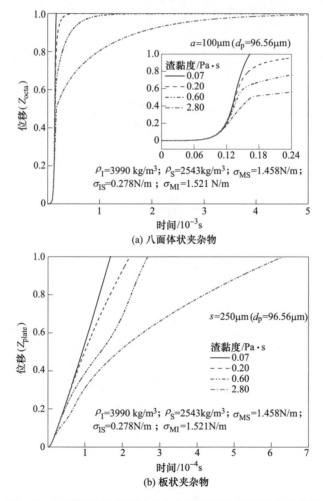

图 4-50　不同顶渣黏度下固态夹杂物穿过钢-渣界面位移曲线

抛物线形。同时，八面体状夹杂物均可穿过钢-渣界面。板状夹杂物的位移曲线
也为抛物线形，如图4-49（b）所示。随着顶渣黏度的降低，固态夹杂物在钢-
渣界面处的分离时间缩短。

随着顶渣黏度的增大，在夹杂物分离过程中，作用在固态夹杂物上的曳力增
大。然而，顶渣黏度从0.20Pa·s增大到2.80Pa·s，增大了14倍，固态夹杂物仍
可穿过钢-渣界面。该数值模拟结果与物理模拟实验中煤油（2.7mPa·s）和真空
泵油（273.7mPa·s）下颗粒均能进入渣层的结果一致。这表明顶渣黏度增大并
不能促使固态夹杂物停留在钢-渣界面处。

图4-51给出了分离过程中作用在八面体状夹杂物上各力的变化曲线。据图
4-51可知，毛细作用力是固态夹杂物穿过钢-渣界面运动的主要动力，而曳力是
该过程的主要阻力。同时，图4-51显示界面变形阻力大于浮力，这表明界面变
形阻力对分离过程的影响要强于浮力。

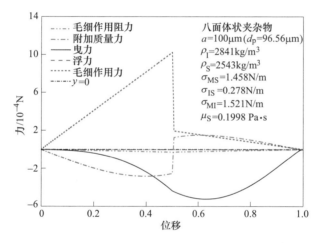

图4-51 分离过程中作用在八面体状夹杂物各力变化曲线

根据毛细作用力的定义可知，体系释放的界面自由能是固态夹杂物在钢-渣
界面处分离过程的主要动能。随着体系总润湿性（X值）的增大，分离过程中，
体系释放的界面自由能越多。当X值小于0.6182时，钢-渣-夹杂物体系释放的
界面自由能不足以推动八面体状夹杂物穿过钢-渣界面进入渣层。最终，夹杂物
停留在钢-渣界面处。反之，体系释放的界面自由能足够保证八面体状夹杂物穿
过钢-渣界面进入渣层。同样地，对板状夹杂物而言，只要钢-渣界面张力大于渣-
夹杂物界面张力，体系就可释放足够的界面自由能推动夹杂物穿过钢-渣界面。

如图4-50所示，八面体状和板状夹杂物在钢-渣界面处分离时间极短，小于
10^{-3}s。这表明固态夹杂物一接触钢-渣界面就穿过界面进入顶渣。Misra等[108]和
Lee等[107]在实验室观察到类似现象。另外，当体系总润湿性（X值）为0.5224

和 0.6022 时，固态夹杂物停留在钢-渣界面处，如图 4-49（a）所示，则此时需考虑溶解反应的影响。而溶解反应必将引起体系吉布斯自由能的减小。根据最小自由能可知，这将促进固态夹杂物与顶渣融合。为了理解溶解反应对分离过程的影响，以八面体夹杂物为例进行分析。表 4-12 给出了三种常见固态夹杂物与钢液、顶渣之间界面张力。其中，顶渣是常见的 $CaO-Al_2O_3-SiO_2-MgO$ 渣系。

表 4-12　钢-夹杂物、钢-渣和渣-夹杂物各相界面张力　　　（N/m）

夹杂物	σ_{MI}	σ_{MS}[110]	σ_{IS}[111]
Al_2O_3	1.504[99]	0.96~1.67	0.23~0.54
$MgO \cdot Al_2O_3$	1.412[112]	0.96~1.67	0.22~0.42
$CaO-Al_2O_3$（15：85，wt%）	1.327[112]	0.96~1.67	0.19~0.40

图 4-52 给出了三种常见类型的八面体状固态夹杂物穿过钢-渣界面的运动行为。图中阴影部分表示固态夹杂物可以停留在钢-渣界面处。据图可知，炼钢过程中，如果不考虑化学反应，固态夹杂物在大多数情况下很容易穿过钢-渣界面从而进入渣层，停留在钢-渣界面处概率很小。此外，固态夹杂物在钢-渣界面处与顶渣直接接触，此时夹杂物与顶渣之间将发生溶解反应，而且夹杂物的溶解反应基本是自发过程。因此，固态夹杂物的溶解过程也将释放吉布斯自由能促进固态夹杂物进入渣层。据此可推断，除了体系释放的界面自由能，吉布斯自由能也充当分离过程的驱动能。因此，在分离过程中促进固态夹杂物穿过钢-渣界面进入渣层的总动能（ΔG）可用式（4-126）表示：

$$\Delta G = \Delta G_D + \Delta G_\sigma \qquad (4\text{-}126)$$

式中，ΔG_σ 是释放的总界面自由能，J，可通过式（4-127）获得；ΔG_D 是溶解反

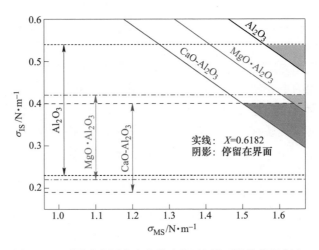

图 4-52　不同形态固态夹杂物在钢-渣界面处的停留行为

应释放的总吉布斯自由能，J，可用式（4-128）计算得到：

$$\Delta G_\sigma = 2\sqrt{3}\,a^2(\sigma_{MI} - \sigma_{SI}) \tag{4-127}$$

$$\Delta G_D = \frac{\sqrt{2}}{3}\frac{1000a^3\rho_I}{M}\Delta G_R \tag{4-128}$$

式中，M 是摩尔质量，g/mol；ΔG_R 是溶解反应释放的摩尔吉布斯自由能，J/mol。

Al$_2$O$_3$ 是最常见的固态夹杂物之一，以 Al$_2$O$_3$ 夹杂物穿过界面进入精炼渣的过程为研究对象，讨论溶解反应对分离过程的影响。Al$_2$O$_3$ 溶解在渣中形成铝酸钙的组成复杂，且渣中存在其他氧化物（如 MgO 和 SiO$_2$ 等）。因此，Al$_2$O$_3$ 在渣中的溶解过程十分复杂。假设 Al$_2$O$_3$ 溶解产物为简单的 CaO·Al$_2$O$_3$，则 Al$_2$O$_3$ 的溶解反应可表示如下：

$$CaO_{渣} + Al_2O_{3(s)} =\!=\!= CaO\cdot Al_2O_{3渣} \qquad \Delta G^\ominus = -17910 - 17.38T\,(J/mol)^{[113]} \tag{4-129}$$

ΔG_R 可通过式（4-130）获得：

$$\Delta G_R = \Delta G^\ominus + RT\ln\frac{a_{CaO\cdot Al_2O_3}}{a_{CaO}\cdot a_{Al_2O_3}} \tag{4-130}$$

式中，R 是气体常数；T 是反应温度，K；$a_{CaO\cdot Al_2O_3}$、a_{CaO} 和 $a_{Al_2O_3}$ 分别是 CaO·Al$_2$O$_3$、CaO 和 Al$_2$O$_3$ 的活度；$\Delta G^\ominus$ 是溶解反应的标准摩尔吉布斯自由能，J/mol。

Al$_2$O$_3$ 是纯物质，其活度取 1。CaO 和 CaO·Al$_{23}$ 的活度分别取 0.1 和 1。实际上，精炼渣是高碱度渣，渣中 CaO 的活度远大于 0.1，而 CaO·Al$_2$O$_3$ 也应远小于 1。这表明实际溶解过程释放的吉布斯自由能要明显大于估算值。假设 Al$_2$O$_3$ 夹杂物为 5μm 和 50μm 两种尺寸。经计算，5μm 的 Al$_2$O$_3$ 释放的吉布斯自由能和界面自由能的数量级分别在 10^{-8}J 和 10^{-11}J；50μm 释放的吉布斯自由能和界面自由能的数量级分别在 10^{-5}J 和 10^{-9}J。这表明固态夹杂物在溶解过程释放的吉布斯自由能要远大于界面自由能。

如前所述，只需 X 值大于 0.6182，八面体状夹杂物在分离过程中释放的界面自由能就足够保证其穿过钢-渣界面进入渣层。若考虑到固态夹杂物的溶解反应，则炼钢过程中固态夹杂物停留在钢-渣界面的现象不会发生。据此可推断，固态夹杂物一接触钢-渣界面就穿过钢-渣界面进入顶渣。这与 Misra 等[108] 和 Lee 等[107] 的实验观察结果一致。

4.5.3.2　液态夹杂物

图 4-53 是不同尺寸的液态夹杂物在钢-渣界面的停留时间随其密度的变化曲线。随着液态夹杂物密度增加，其在界面的停留时间略有延长。因此，液态夹杂物的密度对停留时间的影响不大，尤其是直径大于 50μm 的液态夹杂物。

图 4-54 是液态夹杂物在钢-渣界面的停留时间随其直径的变化曲线。从图中

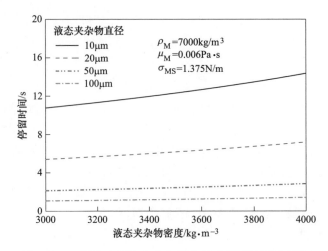

图 4-53　不同密度的液态夹杂物在钢-渣界面处停留时间

可知，随着直径的增加，液态夹杂物在界面处的停留时间显著地缩短，尤其是直径在 10μm 增大到 20μm 时，停留时间从 20s 左右迅速地下降到 7s 内。由此可知，液态夹杂物的尺寸是在钢-渣界面停留时间的重要影响因素。

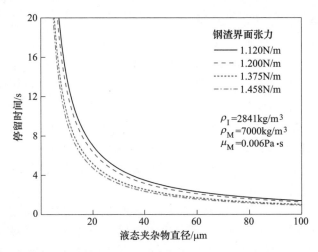

图 4-54　不同直径的液态夹杂物在钢-渣界面处停留时间

　　图 4-55 是不同尺寸的夹杂物在不同钢-渣界面的停留时间。从图中清晰地发现，增加钢-渣界面张力可显著地缩短液态夹杂物在钢-渣界面的停留时间，尤其对小尺寸液态夹杂物的影响更为显著。因此，钢-渣界面张力也是液态夹杂物停留时间的重要影响因素。

　　上浮过程和分离过程是钢包内夹杂物去除的主要过程。上浮过程中，夹杂物上浮速度是钢液流动速度和夹杂物与钢液之间相对速度之和。只需确定曳力系数

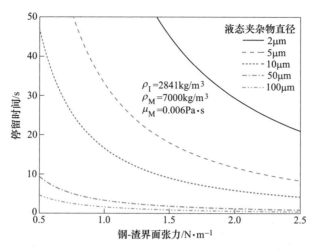

图 4-55　不同钢-渣界面张力下液态夹杂物在界面处的停留时间

便可获得夹杂物与钢液流之间相对速度。根据 Tozawa 等[114] 和 Ishii 等[115] 的研究结果可知，固态夹杂物和液态夹杂物在钢液中运动的曳力系数可分别表示如下：

固态夹杂物：

$$C_{D,S} = \frac{15}{Re} \tag{4-131}$$

液态夹杂物：

$$C_{D,L} = \frac{24}{Re} \tag{4-132}$$

图 4-56 分别给出了不同形态的夹杂物与钢液的相对速度。其中，固态夹杂物为常见的 Al_2O_3 夹杂物，液态夹杂物是 $CaO\text{-}Al_2O_3$ 系夹杂物。如图所示，虽然

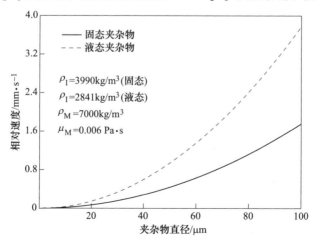

图 4-56　非金属夹杂物与钢液流之间的相对速度

液态夹杂物的相对速度明显大于固态夹杂物的相对速度，但是两者相对速度的数量级均仅为 $10^{-3}\mathrm{m/s}$。若与数量级在 $10^{-1}\mathrm{m/s}$ 的循环钢液流相比，夹杂物形态对上浮速度的影响可以忽略。因此，钢包内液态夹杂物上浮过程的优势并不明显，即固态夹杂物上浮到钢-渣界面所需时间与液态夹杂物的上浮时间相差不大。

　　生产实际中，液态夹杂物穿过钢-渣界面的过程中，同时随着流动的钢液做水平运动，如图 4-57 所示。若液态夹杂物在界面处停留时间大于其水平运动时间，则其将会被流动的钢液携带，重新进入熔池中，从而液态夹杂物难以穿过钢-渣界面而停留在钢液中。

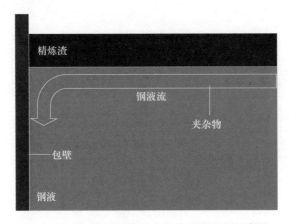

图 4-57　钢-渣界面附近夹杂物去除过程示意图

　　虽然只有结合具体钢包操作参数才给出精准的钢液水平流动时间，但是结合钢液在钢-渣界面的速度（数量级一般为 $10^{-1}\mathrm{m/s}$）和钢包半径（1~2m），可估算出钢液在水平方向的运动时间在 10~20s 之间。根据图 4-55 可知，直径小于 $5\mathrm{\mu m}$ 的液态夹杂物在钢-渣界面处的停留时间基本在 10s 以上，往往难以被顶渣吸收去除。

4.6　本章小结

　　在布朗碰撞、湍流剪切碰撞、层流剪切碰撞以及斯托克斯浮力差碰撞等夹杂物碰撞聚合机制以及夹杂物-气泡浮力碰撞黏附、夹杂物壁面吸附以及自身斯托克斯上浮等夹杂物去除行为机制的基础上，本章提出了夹杂物湍流随机运动模型，并分别建立了夹杂物-夹杂物、夹杂物-气泡随机碰撞速率及夹杂物随机上浮速率模型，建立气泡尾涡捕捉夹杂物模型，并考虑了斯托克斯碰撞效率及渣圈对夹杂物行为的影响。

　　本章通过综合考虑上述各个夹杂物碰撞和去除机制，揭示了上述不同机制对夹杂物传输、聚合长大和去除的影响规律和贡献。在较低吹气流量下，夹杂物聚合长大主要依赖于夹杂物-夹杂物湍流剪切碰撞和斯托克斯浮力碰撞共同作用。其中，斯托克斯浮力碰撞为主导机制，且斯托克斯碰撞效率对聚合速率有着显著的影响。随着吹气流量的增加，夹杂物湍流剪切碰撞机理逐渐变成夹杂物聚合长大的主导机制。当吹氩气量进一步增大，夹杂物湍流随机碰撞对夹杂物聚合长大作用增强。在吹气搅拌初期，夹杂物去除主要是由气泡尾涡捕捉和气泡-夹杂物浮力碰撞起主导作用。在吹氩搅拌中期和后期，随着夹杂物的聚合长大，气泡-夹杂物湍流随机碰撞作用增强，并成为夹杂物去除的主导方式。

工业实践表明，固态 Al_2O_3 夹杂物和 $MgO \cdot Al_2O_3$ 尖晶石夹杂物比液态 CaO-Al_2O_3 夹杂物更容易去除。这是因为固态夹杂物和液态夹杂物穿越钢-渣界面的行为明显不同。即使不考虑化学反应，固态夹杂物在大多数情况下很容易穿过钢-渣界面而进入渣层。如果考虑溶解反应，固态夹杂物停留在钢-渣界面的现象则很难发生。本书作者认为固态夹杂物接触钢-渣界面时即可穿过钢-渣界面进入顶渣。物理模拟实验表明，在固态夹杂物和钢-渣界面之间并没有发现液膜，而液态夹杂物与界面之间存在液膜。因为液膜的差异，液态夹杂物在钢-渣界面的停留时间远大于同尺寸固态夹杂物的停留时间。通常该停留时间大于水平运动时间，吹氩钢包中液态夹杂物很容易被流动的钢液重新携带回熔池中。这就导致液态夹杂物相比固态夹杂物更难去除。

参 考 文 献

[1] Lindborg U, Torssell K. A collision model for the growth and separation of deoxidation products [J]. Transaction of American Institute of Mining, Metallurgical, and Petroleum Engineers, 1968, 242: 94-102.

[2] Nakanishi K, Szekely J. Deoxidation kinetics in a turbulent flow field [J]. Transactions of the Iron and Steel Institute of Japan, 1975, 15 (10): 522-530.

[3] Zhang L, Taniguchi S, Cai K. Fluid flow and inclusion removal in continuous casting tundish [J]. Metallurgical and Materials Transactions B, 2000, 31 (2): 253-266.

[4] Miki Y, Shimada Y, Thomas B G, et al. Model of inclusion removal during RH degassing of steel [J]. Iron steelmaker, 1997, 24 (8): 31-38.

[5] Söder M, Jönsson P, Jonsson L. Inclusion growth and removal in gas-stirred ladles [J]. Steel Research International, 2004, 75 (2): 128-138.

[6] Arai H, Matsumoto K, Shimasaki S, et al. Model experiment on inclusion removal by bubble flotation accompanied by particle coagulation in turbulent flow [J]. ISIJ International, 2009, 49 (7): 965-974.

[7] Lei H, Nakajima K, He J C. Mathematical model for nucleation, Ostwald ripening and growth of inclusion in molten steel [J]. ISIJ International, 2010, 50 (12): 1735-1745.

[8] Shu Q, Alatarvas T, Visuri V, et al. Modelling the nucleation, growth and agglomeration of alumina inclusions in molten steel by combining Kampmann-Wagner numerical model with particle

size grouping method [J]. Metallurgical and Materials Transactions B, 2021, 52 (3): 1818-1829.

[9] Santis M D, Ferretti A. Thermo-fluid-dynamics modelling of the solidification process and behaviour of non-metallic Inclusions in the continuous casting slabs [J]. ISIJ International, 1996, 36 (6): 673-680.

[10] Bouris D, Bergeles G. Investigation of inclusion re-entrainment from the steel-slag interface [J]. Metallurgical and Materials Transactions B, 1998, 29 (3): 641-649.

[11] Miki Y, Thomas B G. Modeling of inclusion removal in a tundish [J]. Metallurgical and Materials Transactions B, 1999, 30 (4): 639-654.

[12] Lopez-Ramirez S, Barreto J J, Palafox-Ramos J, et al. Modeling study of the influence of turbulence inhibitors on the molten steel flow, tracer dispersion, and inclusion trajectories in tundishes [J]. Metallurgical and Materials Transactions B, 2001, 32 (4): 615-627.

[13] Yuan Q, Thomas B G, Vanka S P. Study of transient flow and particle transport in continuous steel caster molds: PartII. Particle transport [J]. Metallurgical and Materials Transactions B, 2004, 35 (4): 703-714.

[14] Zhang L, Wang Y, Zuo X. Flow transport and inclusion motion in steel continuous-casting mold under submerged entry nozzle clogging condition [J]. Metallurgical and Materials Transactions B, 2008, 39 (4): 534-550.

[15] Xu Y, Ersson M, Jönsson P G. A Numerical study about the influence of a bubble wake flow on the removal of inclusions [J]. ISIJ International, 2016, 56 (11): 1982-1988.

[16] Cao Q, Nastac L. Numerical modelling of the transport and removal of inclusions in an industrial gas-stirred ladle [J]. Ironmaking & Steelmaking, 2018, 45 (10): 984-991.

[17] Sheng D Y, Söder M, Jönsson P, et al. Modeling micro-inclusion growth and separation ingas-stirred ladles [J]. Scandinavian Journal of Metallurgy, 2002, 31 (2): 134-147.

[18] Zhu M Y, Zheng S G, Huang Z, et al. Numerical simulation of nonmetallic inclusions behaviour in gas-stirred ladles [J]. Steel Research International, 2005, 76 (10): 718-722.

[19] Lei H, Wang L, Wu Z, et al. Collision and coalescence of alumina particles in the vertical bending continuous caster [J]. ISIJ International, 2002, 42 (7): 717-725.

[20] Geng D Q, Lei H, He J C. Numerical simulation for collision and growth of inclusions in ladles stirred with different porous plug configurations [J]. ISIJ International, 2010, 50 (11): 1597-1605.

[21] Shirabe K, Szekely J. A mathematical model of fluid flow and inclusion coalescence in the RH vacuum degassing system [J]. Transactions of the Iron and Steel Institute of Japan, 1983, 23 (6): 465-474.

[22] Sinha A K, Sahai Y. Mathematical modeling of inclusion transport and removal in continuous casting tundishes [J]. ISIJ International, 1993, 33 (5): 556-566.

[23] Wang L T, Zhang Q Y, Peng S H, et al. Mathematical model for growth and removal of inclusion in a multi-tuyere ladle during gas-stirring [J]. ISIJ International, 2005, 45 (3): 331-337.

[24] Wang L T, Zhang Q Y, Deng C H, et al. Mathematical model for removal of inclusion in molten steel by injecting gas at ladle shroud [J]. ISIJ International, 2005, 45 (8): 1138-1144.

[25] Kwon Y J, Zhang J, Lee H G. A CFD-based nucleation-growth-removal model for inclusion behavior in a gas-agitated ladle during molten steel deoxidation [J]. ISIJ International, 2008, 48 (7): 891-900.

[26] Felice V, Daoud I, Lis A, et al. Numerical modelling of inclusion behaviour in a gas-stirred ladle [J]. ISIJ International, 2012, 52 (7): 1273-1280.

[27] Bellot J, Felice V, Dussoubs B, et al. Coupling of CFD and PBE calculations to simulate the behavior of an inclusion population in a gas-stirring ladle [J]. Metallurgical and Materials Transactions B, 2014, 45 (1): 13-21.

[28] Lou W T, Zhu M Y. Numerical simulations of inclusion behavior in gas-stirred ladles [J]. Metallurgical and Materials Transactions B, 2013, 44 (3): 762-782.

[29] Lou W T, Zhu M Y. Numerical simulations of inclusion behavior and mixing phenomena in gas-stirred ladles with different arrangement of tuyeres [J]. ISIJ International, 2014, 54 (1): 9-18.

[30] Lou W T, Zhu M Y. Numerical simulation of gas and liquid two-phase flow in gas-stirred systems based on Euler-Euler approach [J]. Metallurgical and Materials Transactions B, 2013, 44 (5): 1251-1263.

[31] Camp T R, Stein P C. Velocity gradient and internal work in fluid motion [J]. Journal of Boston Society of Civil Engineers, 1943, 30: 219-237.

[32] Saffman P G, Turner J S. On the collision of drops in turbulent clouds [J]. Journal of Fluid Mechanics, 1956, 1 (1): 16-30.

[33] Higashitani K, Yamauchi K, Matsuno Y, et al. Turbulent coagulation of particles dispersed in a viscous fluid [J]. Journal of Chemical engineering of Japan, 1983, 116 (4): 299-304.

[34] Taniguchi S, Kikuchi A, Ise T, et al. Model experiment on the coagulation of inclusion particles in liquid steel [J]. ISIJ International, 1996, 36 (S): 117-120.

[35] 林煒, 眞目薫. Fowkes 方法による溶鉄中 Al_2O_3/Al_2O_3, Al_2O_3/気泡のHamaker 定数の推算 [J]. 鉄と鋼, 1998, 84 (1): 7-12.

[36] Derjaguin B V, Dukhin S S. Theory of flotation of small and medium size particles [J]. Progress in Surface Science, 1993, 43 (1-4): 241-266.

[37] Dukin S S, Rulev N N. Hydrodynamic interaction between a solid spherical particle and a bubble in the elementary act of flotation [J]. Kolloid-Zeitschrift und Zeitschrift für Polymere, 1977, 39 (2): 270-275.

[38] Dai Z, Dukhin S, Fornasiero D, et al. The inertial hydrodynamic interaction of particles and rising bubbles with mobile surfaces [J]. Journal of Colloid and Interface Science, 1998, 197 (2): 275-292.

[39] Sutherland K L. Physical chemistry of flotation. XI. Kinetics of the flotation process [J]. The Journal of Physical Chemistry, 1948, 52 (2): 394-425.

[40] Schulze H J. Hydrodynamics of bubble-mineral particle collisions [J]. Mineral Procesing and Extractive Metallurgy Review, 1989, 5 (1-4): 43-76.

[41] Yoon R H, Luttrell G H. The effect of bubble size on fine particle flotation [J]. Mineral Procesing and Extractive Metallurgy Review, 1989, 5 (1-4): 101-122.

[42] Nguyen-Van A, Ralston J, Schulze H J. On modelling of bubble-particle attachment probability in flotation [J]. International Journal of Mineral Processing, 1998, 53 (4): 225-249.

[43] Dukhin S S. Role of inertial forces in flotation of small particles [J]. Kolloid-Zeitschrift und Zeitschrift für Polymere volume, 1982, 44 (3): 431-441.

[44] Dai Z, Fornasiero D, Ralston J. Particle-bubble collision models-a review [J]. Advances in Colloid andInterface Science, 2000, 85 (2-3): 231-256.

[45] Zhang L, Taniguchi S. Fundamentals of inclusion removal from liquid steel by bubble flotation [J]. International Materials Reviews, 2000, 45 (2): 59-82.

[46] Zhang L, Taniguchi S, Matsumoto K. Water model study on inclusion removal from liquid steel by bubble flotation under turbulent conditions [J]. Ironmaking & Steelmaking, 2002, 29 (5): 326-336.

[47] Arai H, Matsumoto K, Shimasaki S, et al. Model experiment on inclusion removal by bubble flotation accompanied by particle coagulation in turbulent flow [J]. ISIJ International, 2009, 49 (7): 965-974.

[48] Yu Y H, Kim S D. Bubble-wake model for radial velocity profiles of liquid and solid phases in three-phase fluidized beds [J]. Industrial & Engineering Chemistry Research, 2001, 40 (20): 4463-4469.

[49] EI-Temtamy S A, Epstein N. Rise velocities of large single two-dimensional and three-dimensional gas bubbles in liquids and in liquid fluidized beds [J]. Chemical Engineering Journal, 1980, 19 (2): 153-156.

[50] Miyahara T, Tsuchiya K, Fan L S. Mechanism of particle entrainment in a gas-liquid-solid fluidized bed [J]. AIChE Journal, 1989, 35 (7): 1195-1198.

[51] Tsuchiya K, Song G H, Tang W T, et al. Particle drift induced by a bubble in a liquid-solid fluidized bed with low-density particles [J]. AIChE Journal, 1992, 38 (11): 1847-1851.

[52] Tsuchiya K, Fan L S. Near-wake structure of a single gas bubble in a two-dimensional liquid-solid fluidized bed: vortex shedding and wake size variation [J]. Chemical Engineering Science, 1988, 43 (5): 1167-1181.

[53] Tsuchiya K, Miyahara T, Fan L S. Visualization of bubble-wake interactions for a stream of bubbles in a two-dimensional liquid-solid fluidizedbed [J]. International Journal of Multiphase Flow, 1989, 15 (1): 35-49.

[54] Schmidt J, Nassar R, Lübbert A. Local dispersion in the liquid phase of gas-liquid reactors [J]. Chemical Engineering Science, 1992, 47 (13-14): 3363-3370.

[55] Cui Z, Fan L S. Energy spectra for interactive turbulence fields in a bubble column [J]. Industrial & Engineering Chemistry Research, 2005, 44 (5): 1150-1159.

[56] Sanada T, Shirota M, Watanabe M. Bubble wake visualization by using photochromic dye [J].

Chemical Engineering Science, 2007, 62 (24): 7264-7273.

[57] Yonezawa K, Schwerdtfeger K. Spout eyes formed by an emerging gas plume at the surface of a slag-covered metal melt [J]. Metallurgical and Materials Transactions B, 1999, 30 (3): 411-418.

[58] Brooks G A, Irons G A. Spout eyes area correlation in ladle metallurgy [J]. ISIJ International, 2003, 43 (2): 262-265.

[59] Mazumdar D, Evans J W. A model for estimating exposed plume eye area in steel refining ladles covered with thin slag [J]. Metallurgical and Materials Transactions B, 2004, 35 (2): 400-404.

[60] Yonezawa K, Schwerdtfeger K. Correlation for area of spout eyes in ladle metallurgy [J]. ISIJ International, 2004, 44 (1): 217-219.

[61] Krishnapisharody K, Irons G A. Modeling of slag eye formation over a metal bath due to gas bubbling [J]. Metallurgical and Materials Transactions B, 2006, 37 (5): 763-772.

[62] Krishnapisharody K, Irons G A. An extended model for slag eye size in ladle metallurgy [J]. ISIJ International, 2008, 48 (12): 1807-1809.

[63] Hounslow M J, Ryall R L, Marshall V R. A discretized population balance for nucleation, growth, and aggregation [J]. AIChE Journal, 1988, 34 (11): 1821-1832.

[64] Lister J D, Smit D J, Hounslow M J. Adjustable discretized population balance for growth and aggregation [J]. AIChE Journal, 1995, 41 (3): 591-603.

[65] Kumar S, Ramkrishna D. On the solution of population balance equations by discretization—I. A fixed pivot technique [J]. Chemical Engineering Science, 1996, 51 (8): 1311-1332.

[66] Delichatsios M A. Particle coagulation in steady turbulent flows: application to smoke aging [J]. Journal of Colloid and Interface Science, 1980, 78 (1): 163-174.

[67] Abrahamson J. Collision rates of small particles in a vigorously turbulent fluid [J]. Chemical Engineering Science, 1975, 30 (11): 1371-1379.

[68] Tsouris C, Tavlarides L L. Breakage and coalescence models for drops in turbulent dispersions [J]. AIChE Journal, 1994, 40 (3): 395-406.

[69] Prince M J, Blanch H W. Bubble coalescence and break-up in air-sparged bubble columns [J]. AIChE Journal, 1990, 36 (10): 1485-1499.

[70] Kuboi R, Komasawa I, Otake T. Behaviors of dispersed particles in tbrbulent liquid flow [J]. Journal of Chemical Engineering of Japan, 1972, 5 (4): 349-55.

[71] Hinze J O. Turbulence [M]. New York: McGraw-Hill, 1975.

[72] Oeters F. Metallurgy of Steelmaking [M]. Dusseldorf: Verlag Stahleisen GmbH, 1994: 323.

[73] Engh T A, Lindskogm N. A fluid mechanical model of inclusion removal [J]. Scandinavian Journal of Metallurgy, 1975, 4 (2): 49-58.

[74] 邓志银, 朱苗勇, 钟保军, 等. 超低氧洁净钢的精炼渣碱度选择 [A]. 第十七届全国炼钢学术会议论文集 [C]. 杭州: 中国金属学会炼钢分会, 2013: 400.

[75] 邓志银, 周业连, 朱苗勇. 铝镇静钢中夹杂物形态对其去除的影响 [J]. 钢铁, 2018, 53 (1): 34-40.

[76] Reis B H, Bielefeldt W V, Vilela A C F. Efficiency of inclusion absorption by slags during secondary refining of steel [J]. ISIJ International, 2014, 54 (7): 1584-1591.

[77] Yang G, Wang X, Huang F, et al. Transient inclusion evolution during RH degassing [J]. Steel Research International, 2014, 85 (1): 26-34.

[78] Li J Z, Jiang M, He X F, et al. Investigation on nonmetallic inclusions in ultra-low-oxygen special steels [J]. Metallurgical and Materials Transactions B, 2016, 47 (4): 2386-2399.

[79] Xu J, Huang F, Wang X, et al. Investigation on the removal efficiency of inclusions in Al-killed liquid steel in different refining processes [J]. Ironmaking & Steelmaking, 2017, 44 (6): 455-460.

[80] 杉本晋一郎, 大井茂博. 超高清浄度軸受鋼の高生産性プロセスの開発 [J]. 山陽特殊製鋼技報, 2018, 25 (1): 50-54.

[81] Cheng G, Zhang L, Ren Y, et al. Evolution of nonmetallic inclusions with varied argon stirring condition during vacuum degassing refining of a bearing steel [J]. Steel Research International, 2021, 92 (1): 2000364.

[82] Ling H, Zhang L, Li H. Mathematical modeling on the growth and removal of non-metallic inclusions in the molten steel in a two-strand continuous casting tundish [J]. Metallurgical and Materials Transactions B, 2016, 47 (5): 2991-3012.

[83] 吴华杰, 张漓, 徐阳, 等. 基于 PIV 技术的钢包临界卷渣行为水模型研究 [J]. 工程科学学报, 2016, 38 (5): 637-643.

[84] Magnelöv M, Sjöström U, Sichen D. Experimental model study for separation and dissolution of liquid inclusions at the interface between steel and slag [A]. VII International Conference on "Molten slags fluxes and salts" [C]. South African: The South African Institute of Mining and Metallurgy, 2004: 557-584.

[85] Fowkes F M. Attractive forces at interfaces [J]. Industrial & Engineering Chemistry, 1964, 56 (12): 40-52.

[86] Strandh J, Nakajima K, Eriksson R, et al. A mathematical model to study liquid inclusion behavior at the steel-slag interface [J]. ISIJ International, 2005, 45 (12): 1838-1847.

[87] 马春生. 低成本生产洁净钢的实践 [M]. 北京: 冶金工业出版社, 2016.

[88] Shannon G, Sridhar S. Modeling Al_2O_3 inclusion separation across steel-slag interfaces [J]. Scandinavian Journal of Metallurgy, 2005, 34 (6): 353-362.

[89] Liu C, Yang S, Li J, et al. Motion behavior of nonmetallic inclusions at the interface of steel and slag. Part I: Model development, validation, and preliminary analysis [J]. Metallurgical and Materials Transactions B, 2016, 47 (3): 1882-1892.

[90] Nakajima K, Okamura K. Inclusion transfer behavior across molten steel-slag interface [A]. 4th International Conference on "Molten slags and fluxes" [C]. Sendai: The Iron and Steel Institute of Japan, 1992: 505-510.

[91] Strandh J, Nakajima K, Eriksson R, et al. Solid inclusion transfer at a steel-slag interface with focus on tundish conditions [J]. ISIJ International, 2005, 45 (11): 1597-1606.

[92] Natsui S, Nashimoto R, Nakajima D, et al. Observation of interface deformation in sodium

polytungstate solution-silicone oil system due to single rising bubble [J]. ISIJ International, 2017, 57 (2): 394-396.

[93] Aveyard R, Binks B, Cho W G, et al. Investigation of the force-distance relationship for a small liquid drop approaching a liquid-liquid interface [J]. Langmuir, 1996, 12 (26): 6561-6569.

[94] Valdez M, Shannon G S, Sridhar S. The ability of slags to absorb solid oxide inclusions [J]. ISIJ International, 2006, 46 (3): 450-457.

[95] Jeffreys G, Hawksley J. Coalescence of liquid droplets in two-component-two-phase systems: Part I. Effect of physical properties on the rate of coalescence [J]. AIChE Journal, 1965, 11 (3): 413-417.

[96] Hartland S. The profile of the draining film between a fluid drop and a deformable fluid-liquid interface [J]. The Chemical Engineering Journal, 1970, 1 (1): 67-75.

[97] Fowkes F M. Attractive forces at interfaces [J]. Industrial & Engineering Chemistry, 1964, 56 (12): 40-52.

[98] Yang S, Liu W, Li J. Motion of solid particles at molten metal-liquid slag interface [J]. JOM, 2015, 67 (12): 2993-3001.

[99] Yang S, Li J, Liu C, et al. Motion behavior of nonmetal inclusions at the interface of steel and slag. PartII: model application and discussion [J]. Metallurgical and Materials Transactions B, 2014, 45 (6): 2453-2463.

[100] Loth E. Drag of non-spherical solid particles of regular and irregular shape [J]. Powder Technology, 2008, 182 (3): 342-353.

[101] Dekkers R. Non-metallic inclusions in liquid steel [D]. Leuven: Katholieke Universiteit Leuven, 2002.

[102] Haider A, Levenspiel O. Drag coefficient and terminal velocity of spherical and non-spherical particles [J]. Powder Technology, 1989, 58 (1): 63-70.

[103] Lin C Y, Slattery J. Thinning of a liquid film as a small drop or bubble approaches a fluid-fluid interface [J]. AIChE Journal, 1982, 28 (5): 786-792.

[104] Hahn P S, Chen J D, Slattery J. Effects of London-Van der Waals forces on the thinning and rupture of a dimpled liquid film as a small drop or bubble approaches a fluid-fluid interface [J]. AIChE Journal, 1985, 31 (12): 2026-2038.

[105] Platikanov D. Experimental investigation on the "dimpling" of thin liquid films [J]. The Journal of Physical Chemistry, 1964, 68 (12): 3619-3624.

[106] 刘世平, 李佟茗. 小液滴在水平液液界面上的聚并 [J]. 化工学报, 1996, 47 (1): 85-90.

[107] Lee S, Tse C, Yi K, et al. Separation and dissolution of Al_2O_3 inclusions at slag-metal interfaces [J]. Journal of Non-Crystalline Solids, 2001, 282 (1): 41-48.

[108] Misra P, Chevrier V, Sridhar S, et al. In situ observations of inclusions at the (Mn, Si)-killed steel/CaO-Al_2O_3 interface [J]. Metallurgical and Materials Transactions B, 2000, 31 (5): 1135-1139.

［109］ Valdez M, Shannon G S, Sridhar S. The ability of slags to absorb solid oxide inclusions ［J］. ISIJ International, 2006, 46 (3): 450-457.

［110］ Sharan A, Cramb A W. Interfacial tensions of liquid Fe-Ni alloys and stainless steels in contact with CaO-SiO_2-Al_2O_3-based slags at 1550℃ ［J］. Metallurgical and Materials Transactions B, 1995, 26 (1): 87-94.

［111］ Abdeyazdan H, Monaghan B J, Longbottom R J, et al. Interfacial tension in the CaO-Al_2O_3-SiO_2-(MgO) liquid slag-solid oxide systems ［J］. Metallurgical and Materials Transactions B, 2017, 48 (4): 1-11.

［112］ 篠崎信也, 越田暢夫, 向井楠宏, 等. Al_2O_3-MgO 系, ZrO_2-CaO 系およびAl_2O_3-CaO 系基板と溶鉄とのぬれ性 ［J］. 鉄と鋼, 1994, 80 (10): 748-753.

［113］ 永田和宏, 田辺潤, 後藤和弘. ガルバニ電池を利用したCaO-Al_2O_3 系中間化合物の標準生成自由エネルギーの測定 ［J］. 鉄と鋼, 1989, 75 (11): 2023-2030.

［114］ Tozawa H, Kato Y, Sorimachi K, et al. Agglomeration and flotation of alumina clusters in molten steel ［J］. ISIJ International, 1999, 39 (5): 426-434.

［115］ Ishii M, Zuber N. Drag coefficient and relative velocity in bubbly, droplet or particulate flows ［J］. AIChE Journal, 1979, 25 (5): 843-855.

5 连铸浸入式水口堵塞机理与防治

在连铸过程中，钢液通过浸入式水口从中间包进入结晶器，会发生钢中夹杂物或冷凝的钢液等黏附堆积水口内壁，造成水口部分或者完全堵塞，从而影响生产顺行。浸入式水口发生堵塞，通常会造成以下负面影响：

（1）影响生产效率。水口堵塞会使钢液流股减小，连铸塞棒或者滑板必须增加开口度。如堵塞十分严重，就不得不更换水口或者停浇，这显著影响生产效率。

（2）增加成本。当水口堵塞严重，有的可以更换水口，而采用整体式中间包，水口必须与中间包一起更换，这不得不缩短了中间包寿命，从而增加了成本。

（3）恶化产品质量。黏附在浸入式水口内壁的氧化物或者硫化物等被钢液冲刷进入结晶器后，会在铸坯中形成大型夹杂物，从而引起产品缺陷。此外，由于水口内壁黏附物改变了水口内钢液的流动路径，更进一步影响结晶器内流场，从而带来新的质量问题，比如结晶器卷渣及漏钢等。此外，更换水口过程中也会引起结晶器液面波动，从而影响质量的稳定。

浸入式水口堵塞问题是连铸过程防治的重点之一，冶金工作者高度关注夹杂物在浸入式水口的黏附行为，获得了许多有价值的研究成果。本章结合文献研究成果和本书作者的实践，介绍水口堵塞机理以及典型水口黏附物，总结了水口堵塞的防治措施，重点分析了钙处理的控制标准及对钢液洁净度的影响，提出了钙处理的控制策略。

5.1 水口堵塞主要机理

Thomas 等[1-2]依据水口堵塞物的来源，将水口堵塞分为成了四类，即：脱氧产物、冷凝的残钢、复合氧化物以及反应产物。

（1）脱氧产物：脱氧产物（如 Al_2O_3、TiO_x 和 ZrO_2 等）等流经水口时沉积在水口内壁，并烧结成网状。

（2）复合氧化物：有的水口堵塞物并不是由脱氧产物造成的，比如卷入的结晶器保护渣与脱氧产物形成复合夹杂物。部分研究认为结晶器保护渣会被钢液回流带入水口出口附近，结晶器保护渣进入水口内部再与脱氧产物反应，从而增厚黏附层。此外，一些钙处理钢的水口中含有铝酸钙和硫化物，这些黏附物与钙处理密切相关。

（3）反应产物：有学者发现，水口内壁形成了一层成分与脱氧产物相似，但并不是网状结构的黏附物。他们认为这一薄层黏附物主要是因脱氧剂和氧反应生成的。氧的来源有多种，包括：因水口内负压，多孔的水口内壁可能从外界吸入空气；由于水口壁附近的钢液温度低，钢液会释放出溶解氧；此外，耐火材料中的 SiO_2 分解也可以提供氧源。

一些学者认为，浸入式水口中的碳和 SiO_2 反应是导致水口堵塞的重要原因。在浇注过程中，水口中的碳可以将 SiO_2 还原成 SiO 和 CO 气体，这些气体再与钢液中的 Al 反应，从而生成 Al_2O_3 黏附物。反应的方程如下：

$$SiO_2(s) + C \rightleftharpoons SiO(g) + CO(g) \tag{5-1}$$

$$3SiO(g) + 2[Al] \rightleftharpoons Al_2O_3(s) + 3[Si] \tag{5-2}$$

$$3CO(g) + 2[Al] \rightleftharpoons Al_2O_3(s) + 3[C] \tag{5-3}$$

（4）冷凝钢液：在浇注过程中，若钢液的过热度过低，且热损失又过快，那么钢流有可能在水口内壁冷凝。在中间包开浇时，若水口预热不足，这种情况最有可能发生。

以上四类机理可以解释绝大多数水口黏附物的形成。尽管如此，水口黏附物有多种类型，水口堵塞的机理仍然十分复杂。目前，常见的水口黏附物主要有氧化铝、铝酸钙、尖晶石和硫化钙等，每一种黏附物的形成机理均有差异。即使是黏附物具有相同的化学成分，其形成机理也可能不同。比如，氧化铝黏附物可能是脱氧夹杂物，也可能是钢液与水口的反应产物，还有可能是钢液二次氧化的产物；铝酸钙黏附物可能是钙处理产生的，也有可能是在精炼过程演变产生的。此外，即使是同一黏附物，也有可能是多种机理共同作用的结果。比如，钢液与水口开始接触时，水口与钢液反应可以生成氧化铝黏附物，然后脱氧产物（或二次氧化产物）再黏附在氧化铝上使黏附层进一步增厚。

5.2　典型水口黏附物

5.2.1　簇状氧化铝黏附物

学者们分析了铝镇静钢浇注过程中水口堵塞物的化学成分，发现氧化铝是其最主要的相。因此，部分学者认为通过铝脱氧而产生的氧化铝夹杂物是导致水口堵塞最主要的原因[3-7]；而部分学者指出钢液与浸入式水口表面的反应也可能导致水口堵塞[8-11]。此外，钢液的二次氧化也被认为是水口堵塞的重要原因[12-14]。尽管如此，大多数学者认为在浇注前钢液中已有的固态氧化铝夹杂物是导致浸入式水口堵塞的最主要原因[1, 15]。

本节以某钢厂生产的超低碳钢为例，分析簇状的氧化铝黏附物。超低碳钢采用了"铁水预脱硫→210t 转炉→210t RH 精炼→板坯连铸"进行生产。转炉出钢后，钢液的氧活度约为 $600×10^{-4}$（以质量 1% 为标准态）。RH 脱碳过程大约持续 15min，真空度低于 133Pa。脱碳结束后，在 RH 真空室加入约 300kg 的铝块进行脱氧。RH 再循环约 5min 后，运送钢包到连铸工位进行浇注。脱氧后，RH 和中间包的氧活度约为 $(3~5)×10^{-4}$。超低碳钢的化学成分和精炼渣成分如表 5-1 和表 5-2 所示。

表 5-1　超低碳钢化学成分　　　　　　　　　　（%）

C	Si	Mn	P	S	Al
≤0.005	≤0.01	≤0.50	≤0.015	≤0.015	0.02~0.05

表 5-2　超低碳钢精炼渣成分　　　　　　　　　（%）

CaO	SiO_2	MgO	Al_2O_3	FeO	MnO
35~42	5~8	6~9	18~25	10~15	3~5

生产过程在每炉浇注的中期，分别在中间包和铸坯取样。中间包的取样位置位于中间包的中心，铸坯的取样位置位于铸坯厚度的 3/4 高度位置。钢样被切成小块，并制样进行夹杂物分析。浇注结束后，将浸入式水口切割并制成试样。采用扫描电子显微镜分析试样的形貌和物相。

5.2.1.1　水口内壁黏附物

图 5-1 为浇注结束后的水口内壁照片。如图所示，超低碳钢的水口内壁黏附物相对疏松，由许多固体的颗粒组成。

(a) 正视图　　　　　　　　　　　　　(b) 俯视图

图 5-1　超低碳钢浸入式水口内壁照片

图 5-2 给出了水口内壁黏附物的 SEM 照片。如图所示，超低碳钢浇注后的水口内壁黏着着聚积的小颗粒。这些颗粒尺寸小于 10μm，甚至小于 5μm，它们积聚在一起形成珊瑚状的簇群。

图 5-2　水口内壁黏附物 SEM 照片

图 5-3 为超低碳钢液口内壁黏附物的元素面扫描照片。从图中可以明显看出,这些细小的颗粒主要是氧化铝颗粒。此外,由于采用树脂镶嵌试样,并经过打磨和抛光,因此图 5-3 中的形貌与图 5-2 中的有差异。

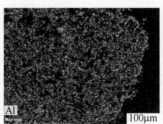

图 5-3　颗粒状黏附物的面扫图

5.2.1.2　簇状氧化铝黏附物来源

在超低碳钢中绝大多数夹杂物为纯氧化铝夹杂物,夹杂物面扫描图片如图 5-4 所示。从图中可以看出氧化铝夹杂物形状不规则,尺寸通常小于 $10\mu m$。

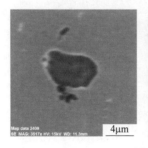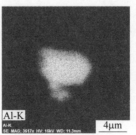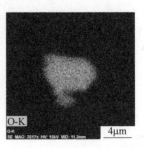

图 5-4　氧化铝夹杂物的面扫图

簇状的黏附物主要是氧化铝。单颗粒的尺寸（如图 5-2 所示）与中间包和铸坯中的氧化铝夹杂物（如图 5-4 所示）极度相似。这种类型的夹杂物非常容易引起水口堵塞，许多学者对其进行了大量的研究。

在超低碳钢精炼过程中，脱碳是 RH 的主要功能。脱碳结束后，钢液中的溶解氧活度仍然很高，约为 $400×10^{-4}$（以质量 1% 为标准态）。此时在 RH 中加入铝块进行强脱氧，大量的氧化铝颗粒会在加铝的位置生成，并聚积生成大的簇状夹杂物。在 RH 循环过程中，这些簇状的夹杂物会被迅速去除。尽管如此，脱氧在脱碳结束后进行，RH 循环的时间较短，仍会有一些小尺寸的夹杂物残留在钢中。此外，精炼渣含有很高的（FeO+MnO）含量，其含量约为 15%，如表 5-2 所示。由式（5-4）和式（5-5）可知，如果平衡时钢液中的氧活度为 $(3~5)×10^{-4}$，渣中的 FeO 含量应远低于 1%。这意味着钢-渣之间远离平衡，在浇注过程中反应式（5-4）仍可以发生，精炼渣会持续向钢液传氧。

$$FeO \Longrightarrow [O] + Fe \tag{5-4}$$

$$\log K_{5-4} = -\frac{6150}{T} + 2.06 \tag{5-5}$$

同时，钢液中的铝含量较高，其值约为 0.03%，如表 5-1 所示。精炼渣持续向钢液传氧必然会导致氧化铝的生成，二次氧化的反应式如式（5-6）所示。

$$2[Al] + 3[O] \Longrightarrow Al_2O_3 \tag{5-6}$$

$$\log K_{5-6} = \frac{64000}{T} - 20.57 \tag{5-7}$$

由于过饱和度达不到要求，式（5-6）很可能会发生非均匀形核。与脱氧过程不同，任何一个位置的氧化铝颗粒都不是很多，因此形成簇状夹杂物的可能性极低。这些尺寸较小的氧化铝夹杂物非常难去除，绝大多数都将残留在钢液中，如图 5-4 所示。

浇注过程中，由于浸入式水口通道较小，这些小尺寸的氧化铝夹杂物会黏附在浸入式水口的内壁，并聚集在一起最终形成珊瑚状的黏附物。其实，为降低水口堵塞概率，已有很多学者对此进行了研究。需要指出的是，虽然有时这些黏附的氧化铝颗粒并没有完全堵塞水口，但这些黏附物仍然是有害的。如果这些黏附的珊瑚状氧化铝被钢液冲刷进入钢液，其将变成大型夹杂物，最终严重恶化钢的质量。由于钢-渣之间远离平衡，钢液极易发生二次氧化，因此降低渣中的 FeO 和 MnO 含量显得异常重要。这或许是避免超低碳钢因二次氧化导致水口内壁黏结的有效途径。

5.2.2 片状氧化铝黏附物

由于认同液态夹杂物不会黏结在浸入式水口内壁，很多冶金工作者一直致力于研究开发新技术使固态夹杂物转变为液态夹杂物。钙处理技术就是其中的一项，通常被认为其能有效降低水口堵塞。实际上，钢液经过钙处理后，水口堵塞有时仍会发生。人们试图通过调整钙含量来降低水口黏附，但并不能获得理想的效果。初步分析发现，有的黏附物是片状的氧化铝。从第 3 章可知，当钢中有微量的溶解镁和钙时，氧化铝在热力学上并不稳定，在精炼过程中氧化铝并不能稳定存在。因此，连铸过程中生成氧化铝黏附物必定有其他原因。文献中报道的水口黏附氧化铝多为颗粒状（或簇状），而片状氧化铝的黏附行为则报道较少。为此，本节以某钢厂生产的高强度低合金钢为例，重点关注氧化铝在钙处理钢浸入式水口壁的黏附行为。

实验钢种的生产流程为"铁水预脱硫→80t 顶底复吹转炉→80t LF 精炼→80t RH 精炼→大方坯连铸"。RH 精炼结束时，钢液的溶解氧活度为 $(2 \sim 4) \times 10^{-4}$（以质量 1% 作为标准态）。需要特别说明的是，在 RH 精炼结束后向钢包喂钙线进行钙处理。钙处理后软吹约 10min，然后上机进行浇注。

实验钢的化学成分如表 5-3 所示。实验精炼渣的成分范围、中间包覆盖剂和结晶器保护渣的成分如表 5-4 所示。实验中采用了两种类型的浸入式水口（A 型和 B 型），这两种水口耐火材料的化学成分非常接近，主要由氧化铝和石墨构成。另一方面，这两种水口材质的结构形貌有很大的差异，其形貌细节将在后文介绍。

表 5-3　高强度低合金钢化学成分　　　　　　　　　　　　　　　（%）

C	Si	Mn	P	S	Cr	Mo	Al	Ca[①]
0.33~0.38	0.15~0.25	0.65~0.80	≤0.015	≤0.008	0.95~1.10	0.15~0.25	0.02~0.04	7~12

① $\times 10^{-6}$。

表 5-4　冶金熔剂成分　　　　　　　　　　　　　　　　　　　　（%）

熔剂	CaO	SiO₂	Al₂O₃	MgO	K₂O	F	C	Na₂O
精炼渣	48~53	11~14	27~32	6~8				
中间包覆盖剂	45.4	2.0	33.1	0.9			7.2	
结晶器保护渣	21.7	33.9	4.3	2.0	0.8	7.0	17.6	7.1

冶炼过程在不同工位取钢样，即（1）钙处理前（RH 精炼后）；（2）钙处理后（RH 精炼结束）；（3）中间包（中间包浇注一半时）；（4）铸坯。浇注结束后，浸入式水口在空气中自然冷却至室温，然后将其切割制样。采用扫描电子显微镜分析水口试样的形貌和物相以及钢中夹杂物的成分和物相。

5.2.2.1　钢中夹杂物

精炼后主要发现了两种类型的夹杂物，第一种夹杂物主要是铝酸钙，夹杂物

中含有少量 SiO_2 和 MgO；第二种夹杂物主要由两相组成，中心为 $MgO \cdot Al_2O_3$ 尖晶石相，外部为铝酸钙相（即铝酸钙包裹着尖晶石相）。钙处理前后，在中间包和铸坯中仅发现了这两种类型的夹杂物。图 5-5 和图 5-6 分别为这两种类型夹杂物的 SEM 面扫描图片。

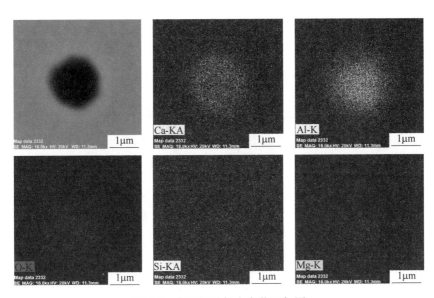

图 5-5 典型铝酸钙夹杂物面扫图

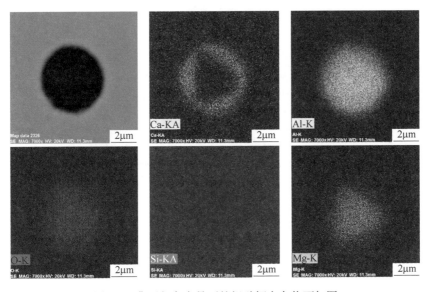

图 5-6 典型包裹尖晶石的铝酸钙夹杂物面扫图

5.2.2.2　水口外壁黏附物

浇注结束后的水口外壁照片如图 5-7 所示。由于在取出水口的过程中，有一部分结晶器保护渣附着在水口外壁，因此在讨论中并未将此作为黏附物考虑。在部分浇次中，水口外壁在渣线位置以下粘有灰白色的黏附物，如图 5-8 所示，可以明显看到疏松的片状黏附物。这些片状的黏附物比簇状的黏附物更大，其尺寸通常大于 20μm。此外，在图 5-8 的右上角高倍图片可以看出，片状黏附物的晶体表面有一些台阶。

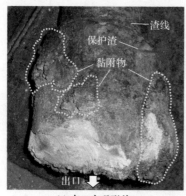

(a) 水口宏观形貌　　　　　　(b) 黏附物宏观形貌

图 5-7　水口外壁和黏附物照片

图 5-8　水口外壁 SEM 照片

图 5-9 为水口外壁片状黏附物的元素面扫描照片。试样经过镶样处理，图中没有给出氧元素的面扫描图片。从图中可以明显看出，这些片状黏附物主要是氧化铝，只有微量的钙元素分布在少量片状氧化铝黏附物上。

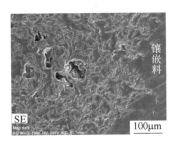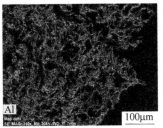

图 5-9　片状黏附物面扫图

5.2.2.3　片状氧化铝黏附物来源

如图 5-5 和图 5-6 所示，中间包和铸坯试样中的夹杂物是球状的铝酸钙或包裹尖晶石的铝酸钙相，而在水口外壁的黏附物是片状氧化铝（见图 5-8）。黏附物成分和形貌与夹杂物的巨大差异已经排除片状黏附物来自钢中夹杂物。这些片状晶体很可能是原位生长，这可以从晶体表面的台阶（如图 5-8 中的高倍图像所示）看出来。

因二次氧化生成氧化铝（如反应式（5-6）所示）是纯氧化铝黏附物的主要来源。从表 5-3 可以看出，钢中铝含量约 0.03%。如果有持续的氧供应源，那么二次氧化可以轻易发生。需要特别指出，实验钢种的精炼渣 FeO 含量相比超低碳钢要低很多。已有很多学者指出，如此低的 FeO 含量相对更接近渣-钢平衡值。片状黏附物并没有在水口内壁找到，这就说明导致二次氧化的氧并非源自精炼渣，也不是源自水口内部。因此，导致生成片状氧化铝黏附物的氧必然来自水口外部。

氧的来源只会有一个，即空气中的氧穿过结晶器保护渣而被钢液吸收。尽管钢液表面覆盖有结晶器保护渣，但不恰当的操作也有可能破坏结晶器保护渣的连续性，使局部钢液裸露而吸氧。结晶器在生产过程中不断振动，如果结晶器保护渣的性能不够好、结晶器液面波动过大或者操作不恰当，都有可能导致钢液不能被保护渣完全覆盖而发生吸氧。生产过程中，片状的氧化铝黏附物只是在部分浇次发现。对比结晶器中的铝损发现，带有片状黏附物的浇次通常比没有黏附物的浇次更高（约 10×10^{-4}%）。

为了进一步理解片状氧化铝（见图 5-8）的形成，本节构建了一个简单的 CFD 仿真模型。实际上，氧化铝晶体的生长是非常复杂的，学者们提出了不同机理的生长模型，如 VKS 模型（Volmer-Kossel-Stranski）和 BCF 模型（Burton-Cabrera-Frank）。为了简化氧化铝晶体的生长机理，采用了一个简单的方法来描述晶体的生长，如图 5-10 所示。在晶体附近假设了一个 ΔL 厚度，在这个厚度里，过饱和的氧在某段时间内全部与铝反应生成氧化铝，从而使氧化铝生长。如前文所述，氧化铝的均质形核非常困难，那么浸入式水口就成了很好的非均质形核的核心，氧化铝则会在这些核心上按反应式（5-6）反应生成并长大。

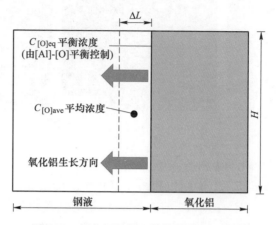

图 5-10　氧化铝晶体生长简易描述示意图

采用商业软件 COMSOL Multiphysics 建立二维轴对称模型来模拟氧化铝晶体的生长。计算域和尺寸如图 5-11 所示。浸入式水口的表面假设是不光滑的，在这不光滑的表面，氧化铝将生长。计算过程中主要考虑连续性方程、动量守恒方程（N-S 方程）和质量守恒方程。由于结晶器内流体是湍流流动，因此应用了湍流模型（spf）。采用稀物质传递模型（tds）和移动网格模型（ale）描述氧化铝晶体的生长。模型计算的边界条件如下所示：

（1）各固体壁均采用壁函数（wall function）。

（2）流体入口速度设置为 $2×10^{-3}$ m/s，其值由 CFD 计算所得（参见 5.2.3 节）。由于钢液吸氧后，钢中的氧含量仅比平衡值略高，为了获得合理的溶解氧含量，入口的溶解氧通量假设为 $2×10^{-3}$ mol/（m^2·s）。

（3）出口的压力设为零，出口设为"流出"（outflow）。

（4）其他边界设为对称（symmetry）。

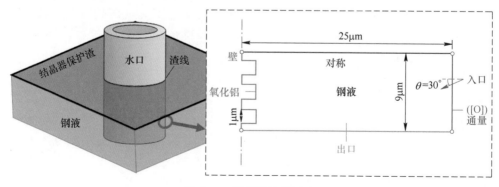

图 5-11　模型域及其尺寸

（5）在氧化铝晶体和钢液的界面，假设式（5-6）达到化学反应平衡。为获得平衡，不断供应的氧和溶解铝会生成氧化铝，从而导致氧化铝生长。由于钢液中的溶解铝含量是溶解氧含量的几百倍，因此氧化铝晶体和钢液界面的位移 S_0 可以用式（5-8）来描述。

$$S_0 = \frac{(C_{[O]_{ave}} - C_{[O]_{eq}})H\Delta L M_{Al_2O_3}}{3H\rho_{Al_2O_3}} = \frac{(C_{[O]_{ave}} - C_{[O]_{eq}})\Delta L M_{Al_2O_3}}{3\rho_{Al_2O_3}} \tag{5-8}$$

式中，$C_{[O]_{ave}}$ 是边界厚度范围内的平均溶解氧含量，mol/m^3；$C_{[O]_{eq}}$ 是氧化铝晶体和钢液界面的平衡溶解氧含量，mol/m^3；ΔL 是边界厚度，m，每步计算均考虑此厚度内的氧与铝反应；H 是边界的长度，m；$\rho_{Al_2O_3}$ 是氧化铝的密度，$3900kg/m^3$ [16]；$M_{Al_2O_3}$ 是氧化铝的相对分子质量，$0.102kg/mol$。

（6）钢液中的初始溶解氧浓度和平衡溶解氧浓度由式（5-6）和式（5-7）计算获得（考虑浇注温度 1520℃）。由于模型只是为了定性分析，溶解铝和溶解氧的活度系数均简化为 1，并假定钢液中的铝含量一直均匀分布（0.03%）。

需要特别指出，此模型只是为了揭示片状氧化铝的生成机理，入口速度和出口速度的方向选择有一定的随意性。尽管如此，这也不会影响定性理解片状氧化铝的生成。

晶体的生长速率 r 则可以由式（5-9）计算：

$$r = \frac{S_0}{t_0} = \frac{(C_{[O]_{ave}} - C_{[O]_{eq}})\Delta L M_{Al_2O_3}}{3t_0\rho_{Al_2O_3}} \tag{5-9}$$

在模型的计算过程中，采用移动网格（ale）来描述晶体的各方向生长，边界的移动速率即为由式（5-9）计算的氧化铝生长速率。此模型中，式（5-9）中的时间段 t_0 和边界厚度 ΔL 分别假设为 $1\times10^{-4}s$ 和 $2\times10^{-7}m$。钢液的密度考虑为 $7100kg/m^3$，运动黏度为 $0.0055Pa\cdot s$。此外，模型还考虑了溶解氧在钢液中的扩散系数，其值为 $1\times10^{-8}m^2/s$ [17]。

模型计算的结果如图 5-12 所示。在讨论之前，非常有必要再次强调这个模型有很多假设，模型的计算结果只能是定性的。模型的重点是理解片状氧化铝晶体生长行为，而非晶体生长速率的数值大小。从图 5-12 可以看出，随着时间的延长，晶体明显长大，且正对钢液流动方向的生长明显大于垂直方向的生长。从图中可以看到，在晶体和钢液的边界，水平方向有很大的浓度梯度。正是由于较大的浓度梯度，水平方向的氧化铝晶体生长速率要明显大于垂直方向。晶体在正对钢流方向能更快地生长，最终就会形成片状的氧化铝晶体。Dekkers 等[18]提出片状氧化铝晶体是沿着对流传质的单一方向生长的。图 5-12 的计算结果很好地支持了这种假设。

模型计算结果说明，供氧是片状氧化铝晶体形成的关键因素。由于氧化铝生长过程中需要找到新的氧来生成氧化铝，而钢流通过对流传递氧，因此片状的氧

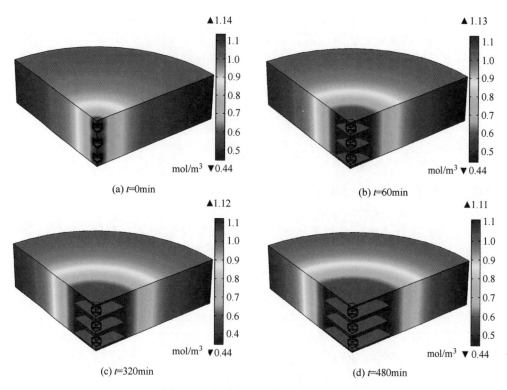

(a) $t=0$min

(b) $t=60$min

(c) $t=320$min

(d) $t=480$min

图 5-12　氧化铝生长模型计算结果

化铝会正对着钢流而生长。如图 5-11 所示，模型只考虑了水口附近非常小的一个区域内的局部对流，并且模型做了很多假设来帮助理解晶体的生长行为。实际上，真正的情况要比模型复杂得多。比如，最初形核的核心的形貌和尺寸都是不同的，而且对流也是随着位置不停变化的。因此，晶体会呈现不同的尺寸和生长方向，如图 5-8 所示。虽然模型相对简单，但是模型的计算结果仍然能定性地解释实际情况中的片状生长行为。当然，由于模型的假设和一些未知因素，要精确描述片状氧化铝晶体的生长行为是十分困难的。

　　Hartman[19]指出，晶面吸附的杂质会影响晶体在溶液中的生长速率。图 5-8 中晶体表面的台阶很可能是由于这种机理生成的。Altay 等[20]也指出杂质对控制氧化铝的结构是非常重要的，含钙的杂质会有利于形成片状的结构。依据本章的实验结果，这里很难给出确切的相关结论。

　　片状氧化铝在水口外壁的黏附可以去除部分二次氧化的产物，这似乎对钢的洁净度是有利的。可是，如果部分黏附物被钢液冲刷而脱落进入钢液，这会对钢的质量产生恶劣影响。这些片状的黏附物尺寸很大，会成为大型夹杂物。由于冲刷进入钢液中的黏附物会十分有限，本书作者并没有在铸坯试样中找到大尺寸的片状氧化铝，但是这并不意味着钢中没有大尺寸片状氧化铝的风险。为了避免这种风险，控制片状氧化铝的黏附也显得异常重要。

图 5-7 和图 5-8 中所示的情况表明结晶器保护渣和过程操作是十分重要的。不合适的结晶器保护渣和不恰当的操作均可能导致氧进入钢液中。钢液的吸氧最终会引起片状氧化铝晶体在浸入式水口的外壁长大。这些大尺寸的片状晶体对钢的质量是非常有害的。

此外，实验钢在精炼结束后采用了钙处理，钢中的夹杂物均为液相或外层为液相，而水口外壁的黏附物为片状氧化铝。这说明精炼结束采用钙处理很难对这种黏附物进行改性。因此，要控制这种黏附物并不能过于依赖精炼钙处理技术，而应在连铸过程采取防止二次氧化的操作。

5.2.3　液态铝酸钙黏附物

学者们一般认为不恰当钙处理产生的固态夹杂物（如固态铝酸钙夹杂物和硫化钙夹杂物）是钙处理钢水口堵塞的主要原因。若出现固态铝酸钙夹杂物，如 $CaO \cdot 2Al_2O_3$ 和 $CaO \cdot 6Al_2O_3$，通常要求向钢液中添加更多的钙以获得液态的铝酸钙夹杂物；而出现硫化钙，通常则要求降低硫含量和钙含量。如 5.2.2 节所述，部分企业在生产钙处理钢的过程中试图通过控制钙含量来降低水口黏附，但并不能获得理想的效果。除了前文所述的片状氧化铝，有的水口内壁还粘有致密的液态铝酸钙。目前并没有液态夹杂物黏附在浸入式水口内壁的报道。本节以某钢厂生产的高强度低合金钢为例，阐述液态夹杂物黏附在水口内壁的可能性，并分析影响液态夹杂物黏附的相关因素。高强度低合金钢的生产流程为"铁水预脱硫→80t 顶底复吹转炉→80t LF 精炼→80t RH 精炼→大方坯连铸"，其生产细节已在本章 5.2.2 节给出。

5.2.3.1　钢中夹杂物

与 5.2.2 节完全相同，在钢液精炼后主要发现了两种类型的铝酸钙夹杂物，见图 5-5 和图 5-6。表 5-5 列出了这两类夹杂物中铝酸钙相的成分范围。表 5-5 指出，铝酸钙相中的 SiO_2 和 MgO 含量均很低，平均只有 1%~2%。此外，从表 5-5

表 5-5　夹杂物中铝酸钙相的成分　　　　　　　　　　　　　　（%）

位置	类型	CaO		SiO₂		Al₂O₃		MgO	
		范围	平均	范围	平均	范围	平均	范围	平均
中间包	类型1	42.8~46.4	44.6	0~3.6	1.4	50.1~57.1	52.6	0~2.7	1.4
	类型2	44.2~49.3	45.1	0~3.1	1.2	48.3~56.4	51.9	0.6~3.2	1.8
铸坯	类型1	40.5~46.6	41.8	0~3.3	1.4	48.8~58.5	55.3	0~2.5	1.5
	类型2	41.1~48.2	42.8	0~2.9	1.1	49.1~57.2	54.1	0.5~3.3	2.0

中同样也可以看出，类型 2 夹杂物中的铝酸钙相基本上与类型 1 相同。基于 CaO-
Al_2O_3 相图，夹杂物的成分表明铝酸钙相在钢液中是液态。图 5-5 和图 5-6 中的球
状同样也证明了铝酸钙相在钢液中呈液态。钢样中的夹杂物尺寸通常小于 $10\mu m$。

5.2.3.2 水口内壁黏附物

图 5-13（a）和（b）分别为 A 型和 B 型水口内壁的 SEM 照片。两种耐火材
料均为氧化铝基，并含有约 20% 的石墨和少量的 SiO_2 杂质。A 型水口内壁的氧
化物颗粒粒径较大，约有几百微米，耐火材料中仍有许多较大孔隙，这些孔隙的
直径也有几百微米。而 B 型水口内壁的氧化物颗粒粒径很小，并没有较大尺寸的
孔隙可见。虽然两种耐火材料成分非常相似，但二者内壁结构形貌有着明显的
差别。

(a) A 型水口   (b) B 型水口

图 5-13 不同水口壁形貌 SEM 照片

使用后的浸入式水口如图 5-14 所示。如图 5-14（a）所示，在 A 型水口内壁
可以发现明显的黏附层。由于水口是在空气中冷却的，黏附层的物理性质与水口
基体不同，水口已经分为好几层。与 A 型水口形成强烈对比，B 型水口在使用后
内壁光滑，并没有黏附物，如图 5-14（b）所示。

图 5-14（a）中 A 型水口内壁极度凹凸不平，为了更清晰地显示水口内壁，水
口的纵横断面分别如图 5-15（a）和（b）所示。从图 5-15 中可以看出，水口内壁
表面极度粗糙。仔细观察可以发现，水口黏附物包括过冷液态氧化物相和部分固体
氧化物颗粒。此外，还可以发现少量的金属颗粒和孔洞内嵌在黏附物中。这些孔洞
有可能是凝固过程中体积变化产生的，也有可能是有气体生成，如 CO。

图 5-16 为水口黏附层的面扫描图片。图中黏附层与镶嵌树脂的边界实际为
浇注过程中黏附层与钢液的边界。从图中可以看出，黏附层主要是铝酸钙相组
成，这些铝酸钙相仍然含有少量的 SiO_2。在铝酸钙相的内部也可以发现许多富
MgO 的小颗粒。非常有趣的是，在黏附层与钢接触的边界处有一层非常薄的富
Na_2O 层。

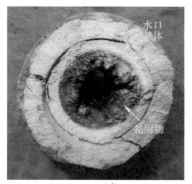
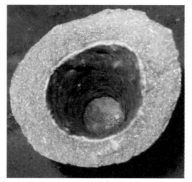

(a) A型水口　　　　　　　　　　(b) B型水口

图 5-14　使用后水口照片

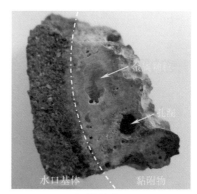

(a) 纵断面　　　　　　　　　　(b) 横断面

图 5-15　A 型水口纵断面和横断面照片

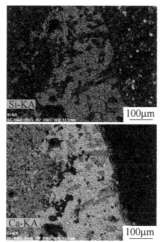
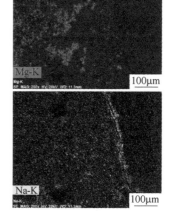

图 5-16　黏附层面扫图

对黏附层的各相进行分析，可以得到各相的成分。图 5-17（a）给出了黏附层靠近边界的 SEM 照片。EDS 分析的位置标注在图 5-17（a）中，各位置对应的成分如表 5-6 所示。各相的化学成分随着位置不同有轻微变化，少量的面分析结果同样列在表 5-6 中。总体来说，在黏附层中有两种不同的铝酸钙相：其中一相是过冷的液相（图 5-17 中的浅色部分，表 5-6 中的相Ⅰ）；另一相是固态的铝酸钙（图 5-17 中的深色部分，表 5-6 中的相Ⅱ），有可能是 $CaO \cdot Al_2O_3$。相Ⅱ的形状表明此相为固相。此外，图中还有第三相即尖晶石相（图 5-17 中的颜色最深部分，表 5-6 中的相Ⅲ）。考虑到 MgO 分布在黏附层中的重要性，图 5-17（b）给出了含有尖晶石相的更高倍数的 SEM 照片。从图 5-17（b）中可以看出，尖晶石相内嵌在相Ⅰ和相Ⅱ中，其尺寸小于 $10\mu m$。

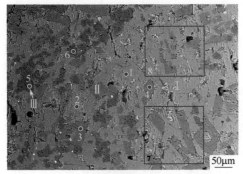 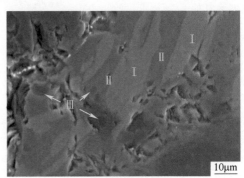

(a) 黏附层照片　　　　　　　　　　　　　　(b) 更高倍数照片

图 5-17　黏附层 SEM 照片

表 5-6　图 5-17 中各点（面）成分　　　　　　　（%）

序号	Na₂O	MgO	Al₂O₃	SiO₂	CaO	相	备注
1	0.2	0.5	39.5	15.8	44.0	Ⅰ	点
2	1.8		37.3	15.2	45.7	Ⅰ	
3	0.9	2.1	72.6		24.4	Ⅱ	
4		0.8	73.0	2.2	24.0	Ⅱ	
5		26.9	73.1			Ⅲ	
6		22.5	77.5			Ⅲ	
7	2.5	0.8	49.5	11.3	35.9	Ⅰ+Ⅱ	面
8	2.5	0.8	46.4	9.6	40.7	Ⅰ+Ⅱ	

5.2.3.3　液态铝酸钙黏附物来源

弄清水口黏附物来源对控制水口堵塞是非常重要的。Dekkers[21] 曾发现结晶器保护渣卷入并黏附在水口内部。从表 5-4 中可以看出，本实验中结晶器保护渣是 CaO-SiO$_2$ 基渣系，其 Al$_2$O$_3$ 含量低于 5%，并含有少量的氟化物；而水口黏附层主要是铝酸钙相，且并没有发现氟化物。由氟化物的缺失和巨大的成分差异可以推断出，黏附层并不是因为结晶器保护渣卷入而黏附在水口内壁的。

图 5-16、图 5-17 和表 5-6 明显指出黏附层主要由铝酸钙相和尖晶石颗粒组成。水口耐火材料中仅有极微量的 MgO，并没有尖晶石相。这就说明，耐火材料本身并不会成为尖晶石相的供应源。此外，从第 3 章易知，当钢液中有微量钙时，尖晶石并不稳定。因此，钢中的溶解 Mg 含量并不能从钢液中生成尖晶石相。表 5-4 同样也表明尖晶石相并不来源于精炼渣、中间包覆盖剂或结晶器保护渣。因此，生成水口黏附物只有两种可能：夹杂物和二次氧化产物。

如图 5-6 所示，包裹尖晶石的铝酸钙夹杂物由两相组成，中心的尖晶石相内嵌在铝酸钙相中间。如果这类夹杂物黏附在水口内壁，尖晶石也会随之分布在铝酸钙相中。这种情况已经得到图 5-17（b）的佐证。特别地，使用后的水口是在空气中冷却至室温。因此，铝酸钙相会在冷却过程中发生相变，最终导致固体铝酸钙相（相 II）析出。重要的是，黏附层中液态的铝酸钙相比液态夹杂物含有更高的 SiO$_2$。考虑水口基体中 SiO$_2$ 相和莫来石相溶解进入液态铝酸钙相中，这便能很好地解释这种现象。对比表 5-5 中间包夹杂物和表 5-6 中酸钙相（面分析）的 $w(\text{Al}_2\text{O}_3)/w(\text{CaO})$，可以发现二者十分接近。该对比结果进一步支持了 A 型水口内壁的黏附层是由液态铝酸钙夹杂物形成的观点。更详细的 SiO$_2$ 相和莫来石相溶解机理将在后文讨论。

如表 5-3 所示，钢液中含有约 0.03% 的铝。因二次氧化而生成氧化铝（反应式如式（5-6）所示）是夹杂物黏附在水口内壁的重要原因。如果这种推断是合理的话，至少有部分纯的氧化铝颗粒能黏附在水口内壁黏附层表面。尽管如此，图 5-16、图 5-17 和表 5-6 明显证明并没有纯的氧化铝颗粒黏附在黏附层表面。这就表明，反应式（5-6）并不能直接用来解释本实验现象。

需要指出的是，当浇注过程中出现明显增氮现象时，即有不少的空气进入到钢液中，吸氧过程就会导致钢液发生二次氧化。尽管如此，由于均质形核需要很高的过饱和度，纯氧化铝并不能在钢中形核。钢液中已经存在的铝酸钙夹杂物则会成为非均匀形核的质点。因此，反应式（5-6）将发生在铝酸钙夹杂物的表面，形成的氧化铝会溶解进铝酸钙夹杂物中。由中间包到铸坯，表 5-5 中夹杂物 Al$_2$O$_3$ 含量的增加充分说明了这种反应机理。铸坯中没有发现纯氧化铝夹杂物也充分支持了这里的讨论。此外，Yang 等[22]也同样发现了类似的现象。水口黏附层也是铝二次氧化的理想位置，因为黏附层的铝酸钙相中的 Al$_2$O$_3$ 并没有达到饱和，二次氧化产物会溶解在铝酸钙相中。因此，溶解铝在黏附层表面发生二次氧化也并不会生成纯氧化铝颗粒，但会导致黏附层的 Al$_2$O$_3$ 含量增加。无论如何，二次氧化并不能成为 A 型水口内壁黏附层形成的主要来源。

夹杂物黏附在水口内壁已经被许多学者报道，他们仅发现固态颗粒黏附在耐火材料内壁。本节的研究结果表明，液态铝酸钙夹杂物同样可以黏附在耐火材料内壁。需要特别指出的是，使用后的水口在空气中冷却会伴随相变，固态的铝酸钙会从液态氧化物中析出。这种情况在分析水口黏附物来源时必须需要考虑。

5.2.3.4 液态夹杂物黏附机理

如图 5-14 所示，两种水口内的黏附情况明显不同。在 A 型水口内部，黏附层明显可见，而在 B 型水口并没有发现明显的黏附层。两种水口的化学成分十分接近，其主要区别在于耐火材料颗粒的粒径和内部形貌，如图 5-13 所示。A 型水口的颗粒粒径很大，并伴有明显的孔洞，而 B 型水口的基体致密得多。这种区别似乎表明 A 型水口内壁的粗糙度对黏附有重大的影响。为了更好地理解这一点，可以进行简易的数值模拟。

为此，选择了二维轴对称模型的稳态阶段进行分析。模型计算的区域和尺寸列于图 5-18 中。计算主要考虑连续性方程和动量守恒方程（N-S 方程），考虑湍流时应用了 k-ε 模型，并采用商业计算软件 COMSOL Multi-physics 进行模拟。模拟的边界条件如下：

（1）水口内外壁和结晶器内壁：壁函数（Wall function）；

（2）入口速度：0.7m/s，由拉速计算所得；

（3）结晶器液面：对称（Symmertry）；

（4）出口条件：压力为零。

模型中，钢液密度为 7100kg/m^3，运动黏度为 0.0055Pa·s。计算过程考虑了三种不同的表面情况，即：（1）光滑表面；（2）只有一个孔洞；（3）多个孔洞。计算结果如图 5-19 所示。需要说明的是，图 5-19 所示区域仅为图 5-18 中的一个小区域，这个区域靠近水口出口处，并标示在图 5-18 中。

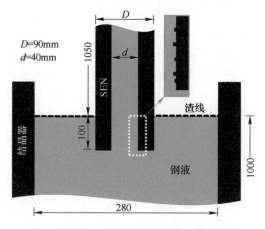

图 5-18 水口和结晶器示意图

从图 5-19（a）中可以看出，当水口内壁平滑时，水口内并没有回流；而当水口内壁有孔洞时，回流就会发生，如图 5-19（b）（c）所示。更多的回流会提供更多的时间使夹杂物靠近水口内壁。夹杂物在水口内更长的停留时间和不光滑的水口内壁表面会导致夹杂物停留在孔洞并黏附在水口内壁。实际上，这个过程是一个自加速的过程。越多的夹杂物黏附在水口内壁，水口内壁就会越不光滑，夹杂物就更加容易黏附，如图 5-19（b）（c）所示。图 5-19（a）~（c）也很好地解释了图 5-14 和图 5-15 中的情况。图 5-14（b）和图 5-19（a）能很好地吻合，B 型水口内壁光滑，且没有大的孔洞，因此并没有明显的黏附。A 型水口内孔洞粒径较大，因此钢液会有回流并伴随更长的夹杂物停留，以致夹杂物更易黏附在孔洞周围。黏附的夹杂物进一步增加了水口内壁的粗糙程度，会使更多的夹杂物黏附在水口内壁。图 5-15 中水口内壁照片能很好地印证图 5-19（c）的结果。

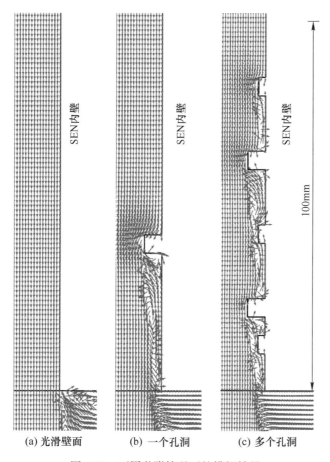

图 5-19 不同黏附情况下的模拟结果

如图 5-16 所示，黏附层表面的 Na 也证明了钢液的回流。耐火材料基体含有很少的 Na 元素，Na 元素在黏附层表面富集则表明 Na 来自于钢液。从表 5-4 可知，结晶器保护渣含有很高的 Na_2O，钢中的溶解铝会将 Na_2O 还原并生成溶解 Na，反应如式（5-10）所示。

$$3Na_2O + 2[Al] === Al_2O_3 + 6[Na] \tag{5-10}$$

尽管回流并不强，但其仍可以将溶解 Na 带进水口中。由于黏附物中 Na_2O 的活度基本为零，溶解 Na 会基于热力学原因而被氧化。整个黏附层实际上都含有 Na_2O（见表 5-6 和图 5-17），但因其含量太低，面扫描很难将其清晰地显示在图 5-16 中。黏附层表面含有的 Na_2O 更多一些，这也能由式（5-10）很好地解释。当新的夹杂物黏附在表层时，表面的 Na_2O 会进一步向黏附层内部扩散。

如前文所述，黏附层含有一定的 SiO_2，且 SiO_2 含量比铝酸钙夹杂物中的要高。为了解释 SiO_2 含量的不同，这里提出了夹杂物黏附的机理及相关反应。

基于水口的显微观测和图 5-19 的模拟结果，图 5-20 给出了夹杂物黏附在水口内壁的示意图。浇注前，水口基体由氧化铝和石墨组成，且有少量的二氧化硅、莫来石杂质，如图 5-20（a）所示。浇注开始时，水口靠近钢液侧开始脱碳。部分石墨会溶解钢液中，部分也会在高温下反应，因此会形成一个脱碳层，如图 5-20（b）所示。针对 A 型水口，脱碳会导致更多的孔洞生成。更加粗糙的水口内壁会提供更多的夹杂物黏附机会，这对液态夹杂物也是一样。如图 5-6 所示，部分液态夹杂物含有 $MgO \cdot Al_2O_3$ 核。当液态夹杂物黏附在水口内壁时，这些尖晶石也将跟着液态夹杂物黏附在水口壁。图 5-16 和图 5-17 中的 $MgO \cdot Al_2O_3$ 相证明了这一点。如前文所述，黏附过程是一个自加速的过程，夹杂物的黏附会导致水口内壁更加粗糙，粗糙的内壁又会导致更多的夹杂物黏附（如图 5-20（c）~（d）所示）。这个过程一直持续，最终会导致水口表面长出小瘤，如图 5-20（e）所示。在图 5-20（c）~（e）所示的阶段，液态的夹杂物会溶解 SiO_2 和莫来石相。SiO_2 和莫来石相溶解过程中，SiO_2 和莫来石会变得越来越小，最终全部溶解并消失在黏附层。SiO_2 和莫来石相的溶解会导致黏附层的 SiO_2 含量升高。因此，黏附层的 SiO_2 含量明显高于中间包夹杂物的 SiO_2 含量。

黏附层的形成具有两面性。由于液态铝酸钙夹杂物（包括含有尖晶石在中间的铝酸钙夹杂物）会黏附在水口内壁，钢液中的夹杂物会因此而减少；而另一方面，如图 5-15 中所示的小瘤易被钢液冲刷进入到钢液中形成大型夹杂物。众所周知，少量的大型夹杂物即会严重恶化成品的性能。由此可见，水口内壁的光滑度十分重要，其有助于避免因水口黏附而生成的大型夹杂物。

尽管很多学者认为只有固态夹杂物才有可能黏附在水口内壁，但本书作者的实践证明了液态夹杂物黏附在水口内壁的可能性。此外，最近中天钢铁的研究实践[23]也指出液态夹杂物会黏附在水口内壁，从而导致钢中生成大型夹杂物。

石墨 氧化铝 石英\莫来石　　钢液侧 →　　　　　夹杂物

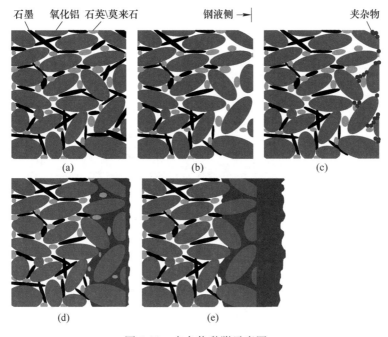

(a)　　　　　　　(b)　　　　　　　(c)

(d)　　　　　　　(e)

图 5-20　夹杂物黏附示意图

5.2.4　镁铝尖晶石黏附物

　　有学者指出，尖晶石夹杂物也会黏附在水口内壁。目前已有大量关于氧化铝夹杂物黏附的研究，而尖晶石夹杂物黏附行为则报道较少。Todoroki 等[24]研究发现，尖晶石黏附物与氧化铝夹杂物类似，如图 5-21 所示。图 5-22 为铝碳质水口内壁黏附物的扫描电子显微镜照片。从图中可以看出，黏附物和耐火材料之间有一个边界层。在靠近钢液侧的黏附物由多孔的氧化物和金属颗粒组成。

图 5-21　铝镇静 SUS430 不锈钢浸入式水口浇后纵切面照片[24]

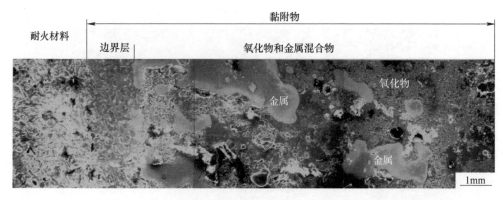

图 5-22 黏附物 SEM 照片[24]

图 5-23 则给出了边界层和黏附层的面扫描照片。从图 5-23（a）可以看出，

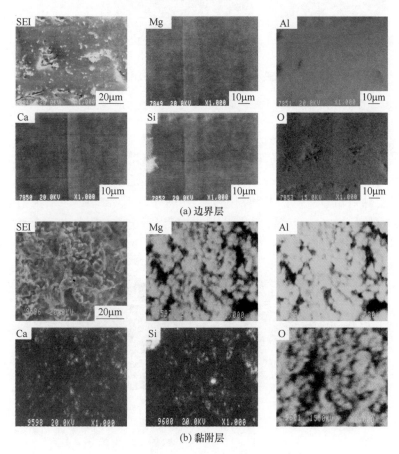

图 5-23 边界层和黏附层元素分布图[24]

边界层主要由氧化铝组成。根据前人的研究，这一层氧化铝是由钢液和耐火材料反应生成的。耐火材料中的石英与石墨反应生成 CO 和 SiO 气体，钢中的铝再与 CO 和 SiO 气体反应生成氧化铝。从图 5-23（b）中可以看出，黏附层主要是 $MgO \cdot Al_2O_3$ 尖晶石。这很可能是钢中的 $MgO \cdot Al_2O_3$ 尖晶石夹杂物在浇注过程中黏附并烧结在氧化铝层上面。这些黏附层的厚度不断增厚，甚至可能会引起浇注中断。

5.2.5 稀土氧化物黏附物

Todoroki 等[25]报道了稀土（RE）双相不锈钢 SUS329J4L(Fe-25% Cr-6% Ni-0.014% Al-0.01% RE)连铸过程的水口黏附物，如图 5-24 所示。从图中可以看出，这种黏附物主要为凝固的钢液。图 5-25 给出了金属黏附物的形貌和元素分布。从图中可以看出，冷凝的金属中存在许多含 Ce 和 La 的氧化物夹杂物簇群。

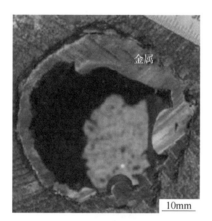

图 5-24 水口黏附物形貌[25]

钢中的夹杂物为 Al_2O_3-RE_2O_3（Ce_2O_3、La_2O_3）系化合物。随着钢中夹杂物中稀土氧化物的增加，水口堵塞的程度变得更加明显。稀土氧化物（Ce_2O_3、La_2O_3）与 SUS329J4L 的初生相 δ 铁素体具有较小的晶格错配度。因此，这些氧化物减弱了凝固形核所需的过冷度。这意味着稀土氧化物黏附物促进了钢液的后续凝固。为了防治这类堵塞，可以通过控制钢液中 Al 和稀土元素的比例，从而尽可能避免稀土氧化物夹杂物。

Tian 等[26]分析了稀土轴承钢浇注后的水口黏附物，如图 5-26 所示。从图中可以看出，浇注后的水口大体上可以分为三层，即：未反应层、反应中间层和黏附层。如图所示，这三层之间的边界相对清晰。此外，还有大量的冷凝钢和渣黏附在水口外壁。

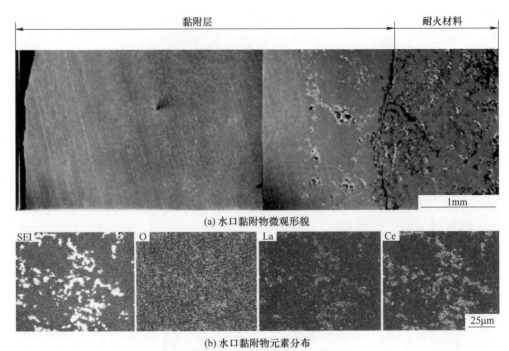

(a) 水口黏附物微观形貌

(b) 水口黏附物元素分布

图 5-25 水口黏附物微观形貌和元素分布[25]

(a) 横截面   (b) 纵截面   (c) 侧视图

图 5-26 水口黏附物照片[26]

图 5-27 给了出水口黏附层的面扫描图。从图中可以看出，黏附层主要由树枝状的稀土化合物和凝钢组成。靠近钢液侧为含 Ce 和 Ca 的铝酸盐，而外层的黏附物主要是含 Ce 和 Ca 的硫化物。Tian 等认为内外层的成分区别主要源自不同的反应。由于水口非常容易脱碳，因此氧化铝很容易与钢液直接接触而发生反应。水口脱碳改善了钢液和耐火材料的润湿性，为稀土和稀土化合物的反应及黏附提供了有利条件。在外层，含稀土的黏附物与钢液中的硫反应生成含 Ce 硫化物

（$Ce_xO_yS_z$），这些硫化物黏附并烧结在水口内壁，从而使黏附层不断增厚。

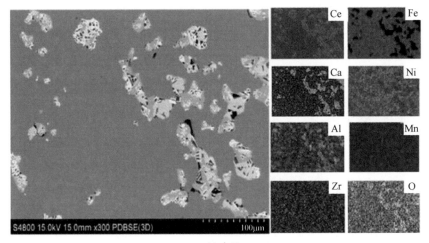

(a) 内层

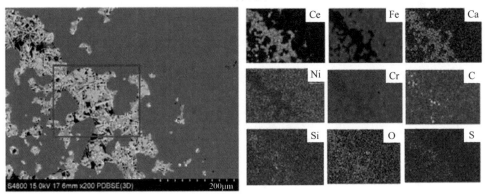

(b) 外层

图 5-27 水口内壁黏附物元素分布[26]

5.2.6 氮化钛黏附物

Todoroki 等[25]报道了钛稳定不锈钢 SUS321（Fe-17.4%Cr-9.3%Ni-0.03%Al-0.3%Ti-0.013%N）连铸过程的水口黏附行为。研究发现，在水口内壁黏附有与含稀土双相不锈钢 SUS329J4L 类似的金属黏附层，如图 5-28 所示。从图中可以看出，黏附的金属层内有大量的 TiN 颗粒分布，TiN 中间通常有 $MgO \cdot Al_2O_3$ 或 $CaO-Al_2O_3$ 氧化物核。钢中夹杂物也有类似的两相。作为对比，另一种含钛不锈钢 NCF825（Fe-22%Cr-42%Ni-3%Mo-2.3%Cu-0.15%Al-1%Ti-0.01%N）尽管含有更高的钛含量，其在浇注后，水口内壁的金属黏附层更薄，特别是在水口下端，几乎找不到金属黏附层，如图 5-29 所示。Todoroki 等认为两种钢的凝固方式不同引起了不同的水口堵塞状况。SUS321 的初生相为 δ 铁素体，而 NCF825 的初生相则是 γ。

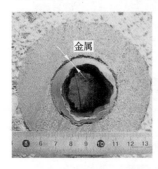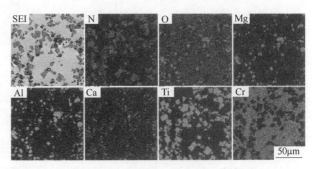

图 5-28 SUS321 不锈钢水口黏附物宏观形貌和元素分布图[25]

一些学者指出，含钛不锈钢水口内壁的黏附物主要是凝固的金属。此外，TiN 簇群通常与 Al_2O_3 和 $MgO \cdot Al_2O_3$ 氧化物共存。人们普遍认为，TiN 与 δ 铁素体的晶格错配很小。因此，TiN 促进了 δ 铁素体的形核，导致钢液凝固。

凝固金属黏附的机理可以由以下事实得到验证：一是 NCF825 钢液的初生相为 γ，其在水口中并没有凝固，如图 5-29 所示；二是与 δ 铁素体晶格错配较小的两种夹杂物（稀土氧化物和 TiN）均诱导了钢液凝固。这种现象并非偶然，因为其在水口中具有重现性。在浇注 δ 铁素体为初生相的钢种时，需要特别注意这些类型的夹杂物。对于 TiN 黏附物，降低钢中的 Si 含量可以减少 TiN 簇群，因为 Si 可以增加 Ti 的活度系数。

图 5-29 NCF825 不锈钢水口纵切面照片[25]

5.3 水口堵塞防治措施

5.3.1 优化炉外精炼

许多学者认为在浇注前钢液中已有的固态氧化铝夹杂物是导致浸入式水口堵

塞的最主要原因。因此，为了避免水口堵塞，应该尽可能地减少通过水口中的固态夹杂物数量。很显然，优化炉外精炼可以降低钢中的夹杂物数量。

相比常规的钢包吹氩，真空精炼会显著降低钢中的夹杂物数量。此外，精炼渣和中间包覆盖剂应尽能可能地吸附钢中的夹杂物，并且不能与钢液剧烈反应而影响钢液成分。在精炼过末期调整钢液的铝含量也并不合适，因为其生成的夹杂物并没有足够的时间被去除。有的学者推荐在出钢过程中加足量的铝，以使夹杂物能够尽可能上浮去除。在添加合金后，钢包有必要进行一定时间的搅拌，以使夹杂物能够碰撞聚集。钢包底吹氩去除夹杂物的效果比电磁搅拌更优。因此，为使夹杂物有充分上浮时间，适宜的软吹操作非常必要。优化中间包内流场，改善钢液流动，使夹杂物有更多的时间上浮去除，这对降低钢中夹杂物数量也有积极的作用。

通过第3章可知，经过较长时间精炼后，铝镇静钢中的夹杂物已经发生演变，且与最初的脱氧产物有明显的区别。因此，优化炉外精炼并不能解决所有的水口堵塞问题。尽管如此，钢液洁净度提升后，仍然可以降低水口堵塞的概率。对于洁净度较低的钢种，优化精炼对改善水口堵塞的效果更加明显。

5.3.2 夹杂物变性

为了改变钢中夹杂物形态，夹杂物变性技术常在精炼过程中使用。实际上，精炼渣和耐火材料本身对夹杂物的生成和演变具有重要的作用，这也属于夹杂物变性范畴。由第3章可知，在精炼渣和耐火材料的作用下，铝镇静钢中的氧化铝夹杂物在精炼过程会不断演变成尖晶石夹杂物甚至铝酸钙夹杂物。因此，通过合理控制精炼渣成分和精炼时间，理论上是可以将夹杂物控制成液态铝酸钙夹杂物。与氧化铝、尖晶石和固态铝酸钙夹杂物相比，液态铝酸钙夹杂物黏附浸入式水口的概率明显降低。

工业上常通过添加剂的方式对夹杂物进行处理，使夹杂物变为液态。最常用的变性技术是钙处理技术，其一般是在精炼末期向钢包中加入含钙合金或者喂入钙线对钢液进行处理。采用钙处理技术将夹杂物变成液态夹杂物后，通常可以有效改善钢液的可浇性。尽管如此，不恰当的钙处理仍会生成固态的铝酸钙或硫化钙夹杂物，恶化钢液的可浇性。因此，合理的钙含量控制对钙处理的效果会产生很大的影响。

长期以来，钙处理技术对于改善钢液可浇性起到了重要作用，同时在管线钢等要求夹杂物形态的钢种生产过程中广泛使用。从这些方面看，钙处理是有利的。同时也需要注意，如本章5.2.2节和5.2.3节所述，钙处理并不能解决浸入式水口所有的堵塞问题。此外，钙处理对钢液的洁净度也有一定的负面影响。本章将在后文对钙处理进行详细分析讨论。

5.3.3   防止钢液二次氧化

如本章 5.2.1 节所述，超低碳钢脱碳结束后，渣中含有大量的 FeO，很容易使钢液发生二次氧化生成 Al_2O_3 夹杂物。要改善超低碳钢的可浇性，降低渣中的 FeO 和 MnO 含量异常重要，渣改质十分必要。一般在转炉出钢后，立即向渣内添加铝基复合脱氧剂或电石等。脱氧剂的用量依据转炉终点氧活度来确定，通常要求改质后的渣 $w(FeO)+w(MnO)<5\%$。此外，转炉的下渣量对渣中氧化性也有重要影响。控制转炉下渣也是十分重要的。有一些钢铁企业在 RH 精炼结束后再次进行渣脱氧操作，用来抑制转炉下渣量较大带来的钢液污染。

如第 3 章所述，低合金铝镇静钢（如轴承钢、齿轮钢和冷镦钢等）经过长时间精炼后，夹杂物已发生演变，氧化铝夹杂物在精炼过程中并不能稳定存在。尽管如此，这些钢种即使经过钙处理，连铸有时仍能在水口上发现 Al_2O_3 黏附物（详见 5.2.2 节）。本书作者认为这些黏附物一般是因钢液二次氧化导致的，因为其形貌与钢中夹杂物明显不同。如今，洁净铝镇静钢的全氧含量低，夹杂物数量少，钢液在浇注时发生二次氧化已成为水口堵塞最主要的原因。在这种情况下，通过调节钙含量来降低水口黏附的效果并不明显。因此，这种情况并不能过度依赖钙处理技术，而应在连铸过程采取防止二次氧化的操作。

钢包浇注过程，通常采用长水口氩封来减少吸气。可以通过长水口钢壳内的透气腔进行吹氩，形成顶部气帘密封，如图 5-30（a）所示；也可以在钢包滑动水口和长水口连接面通过透气环吹氩进行密封，如图 5-30（b）所示。两种方法均可以减少空气的吸入。

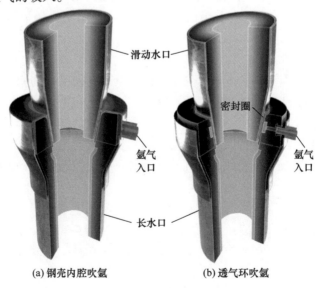

(a) 钢壳内腔吹氩   (b) 透气环吹氩

图 5-30   长水口氩封示意图

特别地，在实际生产中，虽然很多企业采用了长水口氩封技术，但是由于氩封设计或使用问题，吹氩不仅没能起到保护作用，反而将外界的空气吸入长水口，使钢液发生二次氧化。Thomas 等[1]指出，空气通过水口裂缝或接头等位置进入水口中使钢液发生二次氧化也是水口堵塞的重要原因。在调节钢液流量时，流量调节装置会产生"文丘里效应"（Venturi effect），从而产生较大的压降（如图 5-31 所示），在滑板或塞棒的下方会形成一个低压区，最小的压力小于100kPa（零表压）。这将导致外界的空气被吸入水口中。吸入空气的速率很大，在-30kPa 时，吸入量接近于钢液的流量。最小压力受吹氩量、中间包熔池深度、拉速、滑板（塞棒）开口度和水口黏附物等多种因素的影响。

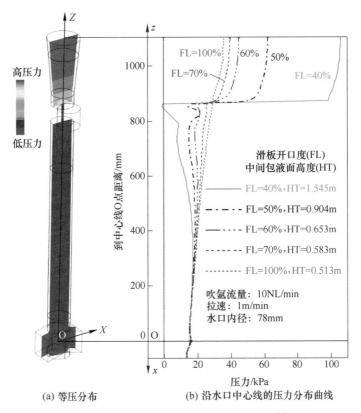

(a) 等压分布　　　　(b) 沿水口中心线的压力分布曲线

图 5-31　模型计算所得水口内压力分布[1]

Thomas 等认为，吸入空气引起的水口黏附物可以从以下几个方式判断：首先，如果黏附物颗粒尺寸较大并呈树枝状，这就表明这些黏附物在高氧的环境下生成，它们通常在水口裂纹附近找到；其次，若浇注过程中存在不正常或突然过低的氩气背压，则有可能存在破裂、泄漏或者短路等问题，可能导致吸气；最后，钢液从中间包到结晶器增氮也表明钢液吸气。Rackers 等[27]计算表明钢液增

氮 5×10^{-6}，250t 钢包浇注 7 炉就足够让一个水口发生堵塞（长 1m 厚 20mm 的氧化铝黏附物）。

瑞士 FC Technik 公司开发了长水口防吸气控制系统（SAAC，Shroud Anti Aspiration Control），用于监测和控制长水口氩封。该系统具有压力控制、流量控制和防喷溅三种模式。压力控制模式是标准操作模式，其在设定流量范围内激活，用以实现密封圈位置正压；流量控制模式用来保证流量为常数，当密封圈位置条件不稳定、未设定或者流量超过设定值时，该模式才会激活；防喷溅模式需要手动激活，当液面波动太剧烈时，会将流量设定为预设的安全稳定流量。如果背压回到设定值范围，操作模式会自动变回压力控制模式。

图 5-32 所示为 SAAC（或 ZAAG）系统。当绿灯亮时，实际压力处理设定范围内，长水口密封良好；当橙色灯亮时，实际压力小于设定值，这表明长水口或密封圈位置可能存在泄漏；当红灯亮时，实际压力高于设定值，表明长水口连接被堵塞，起不到密封效果。

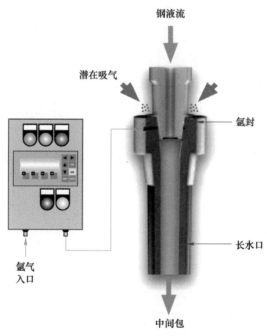

图 5-32　SAAC（或 ZAAG）系统示意图[28]

奥镁公司（RHI Magnesita）联合 FC Technik 开发了 ZAAG（RHI Zero Air Aspiration Gate）系统[28]。该系统原理与 SAAC 系统类似。数据表明，采用该系统后，可以使增氮量降低至 5×10^{-6} 以下。SAAC 系统已在德国、芬兰和墨西哥等国家的钢铁企业应用推广。近年来，西安宝科流体技术有限公司（FC Technik 中国公司）在国内也推广了相关技术，已有部分钢铁企业采用了该系统，并取得了较好的效果。

连铸过程的保护浇注除了采用长水口氩封、中间包氩封和整体式浸入式水口等技术外，还需要采用稳定的耐火材料和渣料。这包括中间包浇注料、水口和引流砂等耐火材料以及钢包覆盖剂和中间包覆盖剂等渣料，要求这些材料中不稳定性氧化物（如 SiO_2、FeO_x 以及水分等）尽可能低。

钢液与这些渣料和耐火材料反应导致二次氧化，从而生成二次氧化产物，增加了水口堵塞的风险。Lehmann 等[29] 将几种不同成分的耐火材料插到 1600℃ 的铝镇静钢液中，钢中的铝含量明显降低，并且形成氧化铝夹杂物。随着耐火材料中 MgO 含量的降低以及 SiO_2 和 FeO 含量的增加，耐火材料对钢液的二次氧化程度逐渐增加，如图 5-33 所示。此外，耐火材料的含水量也是一个重要的影响因素。从图 5-33 中可以看出，经过 1200℃ 烘烤的耐火材料对钢液的氧化程度明显要比在 180℃ 干燥的耐火材料更弱。

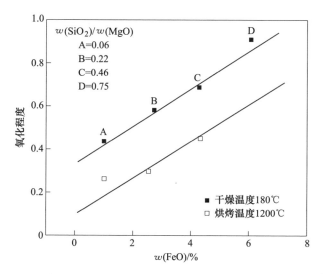

图 5-33　钢中氧化铝固定的氧含量与耐火材料中 FeO 含量的关系[29]

目前，铝镇静钢中间包耐火材料 MgO 含量一般高于 75%，也有部分企业要求 MgO 含量大于 85%，甚至超过 95%。同时，研究表明，铝酸钙碱性中间包覆盖剂有利于降低铝镇静钢中夹杂物的数量。由于碱性中间包覆盖剂在使用过程中容易结壳开裂，为了防止钢液因覆盖剂结壳而产生裸露，一些企业在碱性覆盖剂上还加了一层保温剂，从而形成双层覆盖剂结构。目前，很多企业采用了碱性预熔中间包覆盖剂，有效降低了钢液因覆盖剂导致的二次氧化，同时也降低了吸氮和吸氧量。铝酸钙中间包覆盖剂中不稳定性氧化物（如 SiO_2 和 FeO_x 等）含量低，有的还加入了适量的 CaF_2 调整熔点，如表 5-7 所示。

表 5-7 预熔中间包覆盖剂成分 （%）

CaO	SiO$_2$	Al$_2$O$_3$	MgO	CaF$_2$	FeO+MnO	H$_2$O	烧减
40~50	≤8	20~30	7~9	4~6	≤1	≤0.5	6~8

随着精炼水平的不断提高，钢液洁净度明显提升。依据本书作者的经验，经过 LF+RH 或 VD 双联工艺精炼后，钢液的全氧含量一般小于 $10×10^{-6}$，有的甚至在 $5×10^{-6}$ 左右。尽管如此，即使精炼钢液全氧含量约为 $5×10^{-6}$，水口堵塞现象在部分企业仍然不能完全避免。因此，连铸保护浇注对高品质特殊钢生产的重要性越来越凸显。

5.3.4 优化水口结构和材质

夹杂物在水口内壁黏附与夹杂物尺寸、钢液流速、钢液静压力以及夹杂物和耐火材料的润湿性有关。降低夹杂物与耐火材料（或黏附物）之间的吸引力可以防止夹杂物黏附。对于铝镇静钢，若考虑改变耐火材料的特性，将吸引力降至零，则可能避免夹杂物黏附层。Uemura 等[30] 定量描述了夹杂物和耐火材料之间的吸引力，如图 5-34 所示。由于氧化铝夹杂物与钢液的接触角为 120°~140°，因此由图 5-34 可知耐火材料的接触角应低于 60°。实际上，由 Eustathopoulos 等[31] 的研究可知，目前很难找到接触角很低而又具有较低反应性的水口材料，如图 5-35 所示。

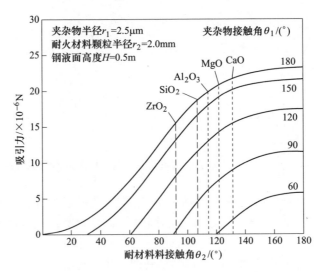

图 5-34 耐火材料与夹杂物之间吸引力[30]

Fukuda 等[32] 研究表明，浸入式水口中的 SiO$_2$ 等杂质被水口中的碳还原生成 SiO 和 CO 等气体，钢液中的铝可以与这些气体反应并在水口内壁生成 Al$_2$O$_3$ 黏

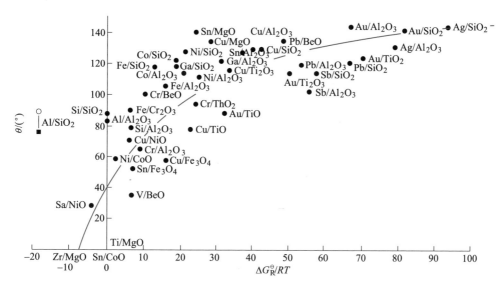

图 5-35　纯金属-氧化物体系接触角与 $\Delta G_R^{\ominus}/RT$（从左向右反应性降低）[31]

附物。Lee 等[33]也提出了类似的观点，如图 5-36 所示。如图 5-37 为 Fukuda 等的实验结果，当采用无碳低硅的耐火材料时，耐火材料表面的黏附物明显减少，如图 5-37（f）所示。

　　一些学者[34-36]认为，钢液流动显著影响水口内夹杂物的黏附。如图 5-38 所示，当湍流、回流和死区增加，夹杂物流动的横向分量增加，夹杂物黏附在水口内壁的可能性也增大。小尺寸夹杂物对湍流的敏感性更大。在耐火材料（或黏附物）-钢液界面附近，钢液流动从层流转变为湍流时，边界层厚度减小有助于夹杂物与耐火材料接触[34, 37]。随着黏滞亚层湍流流动的增加，表面粗糙度变大，夹杂物与耐火材料壁接触和黏附的概率也增大，如图 5-39 所示。当黏附物形成后，钢液-耐火材料壁之间的流体动力学条件发生变化，从而加速夹杂物黏附。因此，可以通过降低湍流流动，减少死区和回流区来减轻水口堵塞。

　　连铸机型号不同，浇注用的水口形状也有区别。对于长材，经常使用单孔或者四孔的浸入式水口；而板坯常使用两孔朝向窄面的水口，并且不同企业使用的水口出口角度也不同。在通钢量一定的条件下，增加水口内部截面，降低钢液从水口流出的速度，去除水口入口处多余的形状改变，在水口内部稳定钢液流速等措施均可以减少湍流、死区和回流区。一般认为入口圆润、口径大的水口有利于改善水口堵塞。

　　从本章 5.2.3 节还可以发现，若浸入式水口的微观结构不同，即使是成分相近，水口内壁的黏附情况也有明显区别，如图 5-14 所示。相比致密材质的水口，内壁粗糙多孔的水口更易发生水口堵塞，即使是液态夹杂物也很可能黏附在浸入

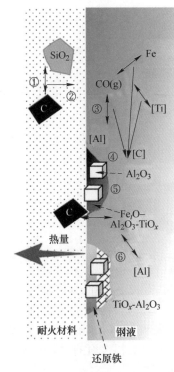

含钛超低碳钢水口堵塞机理

① 耐火材料中SiO_2与C反应生成CO气体；

② CO气体穿过耐火材料孔隙；

③ CO气体同时氧化Al、Ti和Fe；

④ Fe_tO-Al_2O_3-TiO_x(l)+Al_2O_3(s)形成并黏附在内壁；

⑤ 含Fe_tO的液态氧化物成为耐火材料、夹杂物和钢液的黏结剂；

⑥ Fe_tO被钢液中的Al或耐火材料中的C还原，形成还原铁和TiO_x-Al_2O_3

图 5-36 含钛超低碳钢浸入式水口堵塞机理[33]

(a) 第1炉   (b) 第2炉   (c) 第3炉   (d) 第4炉   (e) 第5炉   (f) 第6炉

图 5-37 不同耐火材料的黏附情况[32]

式水口内壁。此外，水口脱碳也加剧了水口内壁的粗糙度，使夹杂物更易于黏附在水口内壁。同时，若水口不够致密，也可以使空气通过水口材料扩散至钢液，从而发生二次氧化。因此，采用无硅低碳且致密的水口有助于降低水口内壁黏附。

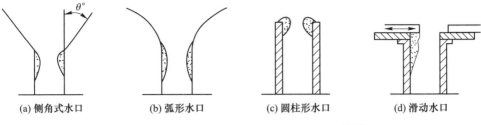

图 5-38 夹杂物黏附在水口死区和出口区域[34-36]

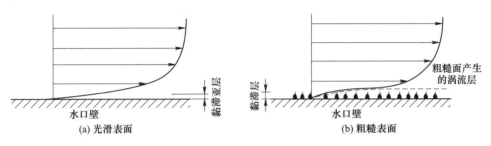

图 5-39 耐火材料表面粗糙度对黏附亚层厚度的影响[35-36]

有一些冶金工作者开发了含氧化钙的浸入式水口，目的是将夹杂物液化。尽管如此，氧化钙在耐火材料中的扩散限制了这种水口的有效性。还有一些冶金工作者开发了其他成分或涂层的水口，比如向水口中添加氮化硼来降低水口黏附。需要注意的是，这些材料的作用机理仍不明确，是水口内壁形成了含硼液态氧化物，还是氮化硼改善了水口内壁的粗糙度，或者是其他原因，目前没有确切的结论。新材质的导热系数、与钢液的接触角、与钢液的反应性以及吸气等因素均有可能影响水口黏附。此外，水口外层的密封材料也能起到一定的保护作用。

5.3.5 浸入式水口吹氩

为了减轻浸入式水口堵塞，通过向浸入式水口吹氩的技术被各钢铁企业广泛使用。吹氩产生的气泡大小主要取决于吹氩气量和吹氩装置的特征尺寸。通常将氩气从塞棒顶端吹入，通过直径较小的吹氩管路，从而获得直径较小的气泡。

学者们认为水口吹氩技术改进钢液可浇性的原因有以下几种可能：（1）在水口壁形成了氩气膜，阻止夹杂物与水口壁接触，可以降低夹杂物与水口内壁的接触时间；（2）氩气可以将黏附在水口内壁的夹杂物冲刷进入钢液；（3）氩气泡有利于吸附夹杂物；（4）水口内压力增加，从而减少了空气吸入，减少了钢液的二次氧化；（5）氩气可以降低氧化性气体的分压，从而减缓钢液与耐火材料发生化学反应。

　　浸入式水口吹氩技术已经被证明可以减轻浸入式水口黏附。尽管如此,浸入式水口吹氩技术也有明显的缺点。首先,水口吹氩会加剧结晶器液面的波动,增加钢坯中气孔出现的概率,影响铸坯的质量。研究表明,一些结晶器液面波动与水口吹氩密切相关,吹氩气量越大,液面波动越明显。因此,吹氩过程存在临界吹氩量,吹氩控制不当易造成结晶器内气-液流动不对称。在超低碳钢生产中,气泡缺陷和表面细裂纹缺陷与铸坯卷入氩气泡有关。为了减少这些缺陷,需要限制结晶器内氩气泡的穿透深度。其次,水口吹氩减弱了水口的抗热震性,高背压也容易引起水口开裂。最后,水口吹氩过程中很可能将黏附在水口内壁的夹杂物冲刷进入钢液,加剧了钢中出现大型夹杂物的风险。因此,超洁净钢的生产不宜采用浸入式水口吹氩技术。

5.4　钙处理控制

　　当钢液中有微量钙时,氧化铝夹杂物并不稳定,将转变为铝酸钙夹杂物。铝酸钙的熔点如表 5-8 所示,1600℃时 $12CaO \cdot 7Al_2O_3$ 和 $3CaO \cdot 7Al_2O_3$ 呈液态,根据 Ye 等[38]的研究 Al_2O_3 夹杂物的转变按如下过程进行:

$$Al_2O_3 \rightarrow CaO \cdot 6Al_2O_3 \rightarrow CaO \cdot 2Al_2O_3 \rightarrow CaO \cdot Al_2O_3 \rightarrow CaO \cdot xAl_2O_3(液相)$$

表 5-8　Al_2O_3 与铝酸钙的熔点　　　　　　　　　　　　（℃）

$12CaO \cdot 7Al_2O_3$	$3CaO \cdot Al_2O_3$	$CaO \cdot Al_2O_3$	$CaO \cdot 2Al_2O_3$	$CaO \cdot 6Al_2O_3$	Al_2O_3
1455	1535	1605	1750	1850	2050

　　向钢液中添加钙使钢液中的溶解钙含量增加,可以对夹杂物进行变性处理(即钙处理)。国内外学者对钙处理进行了大量研究,Ye 等[38]提出钙处理过程 Al_2O_3 夹杂物向 $CaO \cdot xAl_2O_3$ 转变的过程(如图 5-40 所示),伊藤阳一等[39-40]同样用未反应核模型阐述了 Al_2O_3 夹杂物形态控制机理。

　　合理的钙处理可以使铝脱氧产物变性为低熔点的夹杂物,从而改善铝镇静钢的浇注性能。若钢中钙含量过低,夹杂物变性不充分,并不能改善钢液的可浇性;若钙含量过高,还会生成高熔点的 CaS 夹杂物,同样会增加水口堵塞的几率;同时,Ca 含量过高,对耐火材料的侵蚀也会加剧,从而影响钢液的洁净度。因此,合理控制钙含量十分重要。

　　目前,在企业中应用比较多的控制标准是钙铝比(即 $w[Ca]/w[Al]$),其是在式(5-11)的基础上提出来的。钙处理的产物主要是 $CaO-Al_2O_3$ 系夹杂物,依据夹杂物的熔点,在1600℃附近,液态夹杂物 $12CaO \cdot 7Al_2O_3$、$CaO \cdot Al_2O_3$ 和 $3CaO \cdot Al_2O_3$ 是钙处理的目标产物。$CaO-Al_2O_3$ 系夹杂物中的 Al_2O_3 和 CaO 活度是可以通过测量或者模型计算获得,如表 5-9 所示。因此,当目标夹杂物与钢液平衡时,通过反应式(5-11)的平衡常数(即式(5-12))即可计算获得钙铝比。

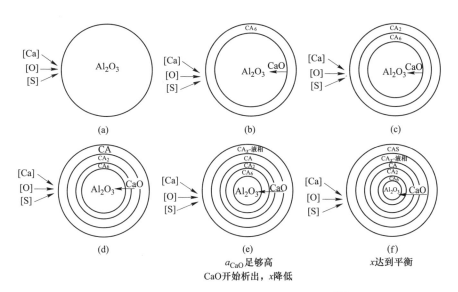

图 5-40　钙处理过程 Al_2O_3 夹杂物变性机理[38]

表 5-9　1600℃时 $CaO \cdot Al_2O_3$ 系熔体中 CaO 和 Al_2O_3 的活度[41]

学者	方法	$3CaO \cdot Al_2O_3$		$12CaO \cdot 7Al_2O_3$		$CaO \cdot Al_2O_3$	
		a_{CaO}	$a_{Al_2O_3}$	a_{CaO}	$a_{Al_2O_3}$	a_{CaO}	$a_{Al_2O_3}$
Ye	KTH 模型	1	0.0065	0.53	0.027	0.085	0.30
Rein	测量	1	0.0050	0.34	0.064	0.110	0.30
Fujisawa	测量	1	0.0100	0.53	0.027	0.050	0.61
Korousic	模型	1	0.0050	0.36	0.038	0.050	0.50
孙中强	测量+模型	1	0.0038	0.36	0.053	0.074	0.43
魏军	Bjorkvall 模型	1	0.0041	0.37	0.036	0.110	0.18
FactSage 软件	模型	1	0.0087	0.45	0.046	0.137	0.22

$$3CaO_{夹杂物} + 2[Al] \Longrightarrow Al_2O_{3\ 夹杂物} + 3[Ca] \qquad (5\text{-}11)$$

$$K_{5\text{-}11} = \frac{a_{Al_2O_3}}{a_{CaO}^3} \cdot \frac{a_{[Ca]}^3}{a_{[Al]}^2} \qquad (5\text{-}12)$$

从热力学讲，这种方法是合理的。尽管如此，冶金工作者仍然需要考虑一些实际问题。这些问题主要有：

（1）式（5-11）和式（5-12）中的 Ca 为溶解态的 Ca，而工业实际测量的 Ca 含量通常为全钙含量（T. [Ca]），溶解 Ca 含量在工业上仍然比较难以获得；

（2）[Ca]-[O] 平衡的热力学数据偏差比较大（详见 2.1.4 节），这意味着反应（5-11）的平衡常数 $K_{5\text{-}11}$ 和 Ca 活度的计算会有很大的偏差，其准确性仍有待验证。

基于这些问题，有关钙铝比的取值也有不同的结果，文献中报道较多的为 0.08~0.14 [42-45]。此外，钙在添加过程中会大量气化，其收得率并不稳定，再加上溶解 Ca 测量困难和热力学数据偏差大的问题，本书作者认为目前钙处理仍然难以实现精准控制。

此外，许多文献[43-48]认为，用铝脱氧生成 Al_2O_3，钙处理就是将 Al_2O_3 变性。而事实上，经过 LF 造渣精炼，夹杂物并不是单一的 Al_2O_3，绝大多数夹杂物的成分已经发生演变（参见第 3 章）。因此，钙处理的对象也变成演变后的夹杂物，原有的钙铝比控制标准有待商榷。

尽管钙处理可以改善钢液的可浇性，但是钙处理变性得到的非金属液态夹杂物润湿角小，由于上浮时间少，容易残留在钢中而生成少量大尺寸的 $CaO-Al_2O_3$ 系夹杂物，因此钙处理后常会出现夹杂物级别恶化的现象。伊藤阳一等[39-40]采用两步钙处理方法，在管线钢 LF 精炼结束后、RH 精炼前进行第一次钙处理，以使生成的低熔点 $CaO-Al_2O_3$ 系夹杂物有更长的时间聚合上浮，并利用 RH 精炼尽量将其去除，然后在中间包进行第二次钙处理，从而提高钙处理效率。可是，由于第二次钙处理过程喂钙线会导致中间包液面翻腾，增大了卷渣和钢液裸露的风险，况且变性的夹杂物也没有更多的时间上浮。因此，该方法并不十分有效。本书作者实验了一种新的两步钙处理方法，主要是将第二次钙处理放在 RH 处理结束后进行。本节依据钙处理过程前后的夹杂物变化，探讨了低硫低氧钢中的钙处理 T. [Ca]/T. [O] 控制标准，同时探讨了钙处理时机对钢液洁净度的影响，为合理控制钙处理提供指导方向。

5.4.1　钙处理 T. [Ca]/T. [O] 控制标准

工业实验钢种成分如表 5-3 所示，其生产工艺流程为"铁水预脱硫→80t 顶底复吹转炉→80t LF 精炼→80t RH 精炼→大方坯连铸机"。在 LF 炉精炼时采用较高碱度精炼渣，精炼渣碱度为 3~5，其成分如表 5-4 所示。LF 精炼结束后进行第一次喂线钙处理，喂纯钙线量约为 100m；第一次钙处理后软吹约 5min 后进入 RH 真空循环处理，RH 真空精炼时间约 25min；RH 真空精炼结束后再进行第二次钙处理，喂纯钙线量约为 50m，钙处理结束后再次软吹约 15min 后上连铸机浇注。实验过程中取样用于分析钢液成分、全氧含量（T. [O]）和夹杂物。

图 5-41 为精炼过程钙含量的变化情况。从图 5-41 可以看出，第一次钙处理后，到 RH 处理开始时，钢液中的钙含量约为 $18×10^{-6}$。随着 RH 真空循环的进行，钢液中的溶解钙开始以气体形式逸出，钙含量迅速下降。RH 处理 15min 后，钢液中的钙含量基本趋于稳定，其值约 $5×10^{-6}$。在 RH 真空循环后，因为进行了第二次钙处理，钢液中的钙含量又迅速上升，经过软吹钢液中的钙含量约 $12×10^{-6}$，其值已经较低。

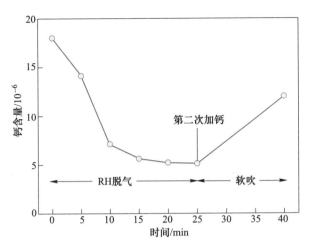

图 5-41 精炼过程钙含量变化

由于整个处理过程中钢中非金属夹杂物绝大部分是氧化物，因此将钢中 T.[O] 含量作为夹杂物总量的衡量指标。图 5-42 为精炼过程 T.[O] 含量的变化情况。从图中可以看出，LF 精炼和 RH 精炼均有较好的脱氧效果。经过 LF 炉处理后，钢液 T.[O] 含量平均约为 16×10^{-6}，再经过 RH 处理后钢液 T.[O] 含量约为 12×10^{-6}。可见，经过精炼处理后钢液达到了较高的洁净度，钢中的夹杂物总量相对较少。

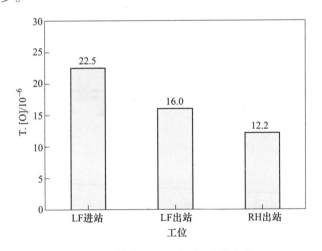

图 5-42 精炼过程 T.[O] 含量变化

图 5-43 为 LF 处理结束（钙处理前）的典型夹杂物 SEM 照片。在 SEM 分析中，发现有三种典型的夹杂物：第一种是尖棱状的 Al_2O_3 夹杂物，如图 5-43（a）所示；第二种是 MgO-Al_2O_3 系夹杂物，如图 5-43（b）和（c）所示；第三种为

球状或者近球状的 CaO-MgO-Al$_2$O$_3$ 系夹杂物，如图 5-43 （d） 所示。从图中可以看出，夹杂物的主体尺寸在 5μm 左右。

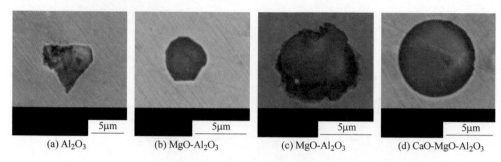

(a) Al$_2$O$_3$　　(b) MgO-Al$_2$O$_3$　　(c) MgO-Al$_2$O$_3$　　(d) CaO-MgO-Al$_2$O$_3$

图 5-43　钙处理前夹杂物形貌

图 5-44 为第一次钙处理后的典型夹杂物 SEM 照片。结果显示，夹杂物主要为球状或近球状的 CaO-MgO-Al$_2$O$_3$ 系夹杂物或 CaO-MgO-Al$_2$O$_3$-CaS 系夹杂物，主体尺寸比钙处理前明显变小，约为 2μm，如图 5-44 （a）、（b） 和 （c） 所示。可是，也发现有少量尺寸甚至超过 30μm 的 CaO-MgO-Al$_2$O$_3$ 系夹杂物或 CaO-MgO-Al$_2$O$_3$-CaS 系夹杂物，如图 5-44 （d） 所示。可见，第一次钙处理总体上能使大多数夹杂物尺寸变小，但会生成少量大尺寸的夹杂物，从而成为夹杂物会超标的主要原因。

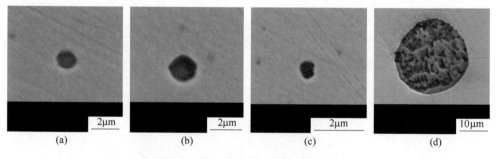

(a)　　(b)　　(c)　　(d)

图 5-44　第一次钙处理后夹杂物形貌

图 5-45 为第二次钙处理后的典型夹杂物 SEM 照片。结果显示，夹杂物主要为球状或近球状的 CaO-MgO-Al$_2$O$_3$ 系夹杂物或 CaO-MgO-Al$_2$O$_3$-CaS 系夹杂物，主体尺寸比第一次钙处理前略有变小，多数小于 2μm，并没有发现如第一次钙处理后那样的大尺寸夹杂物。可见，经过 RH 真空循环的处理后，多数较大尺寸的夹杂物已经被去除。

图 5-46 为不同时段的夹杂物 CaO-MgO-Al$_2$O$_3$ 成分分布相图。图中下方实线所围区域为熔点低于 1600℃ 的成分区域，其由 FactSage 软件计算得到。从图 5-46 可以看出，LF 处理结束（钙处理前）的夹杂物成分与图 5-43 所示的形貌相对应，

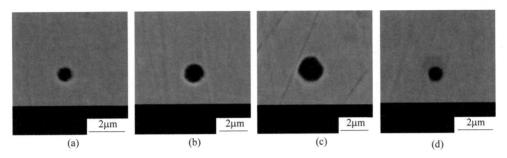

图 5-45 第二次钙处理后夹杂物形貌

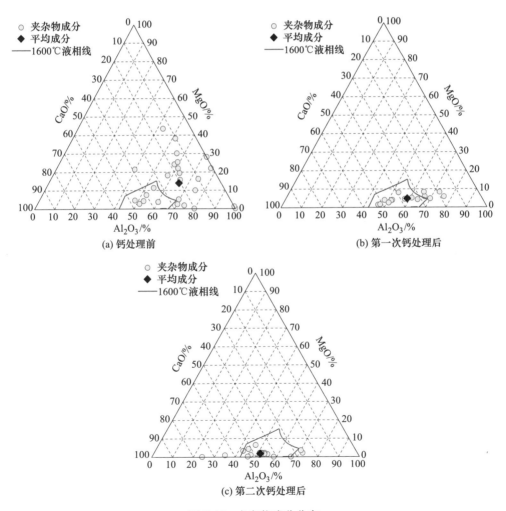

图 5-46 夹杂物成分分布

MgO-Al$_2$O$_3$ 系夹杂物占绝大多数,这也与太田裕己等[49]和 Yang 等[50]的研究结果类似。如图 5-46(a)所示,夹杂物中 MgO 含量较高,故熔点也较高。第一次钙处理后,夹杂物成分与图 5-44 所示的形貌相对应,绝大多数的夹杂物进入低熔点液相区,因而呈现球状或近球状。如图 5-46(b)所示,与钙处理前相比,夹杂物中的 MgO 含量则明显下降。第二次钙处理后,夹杂物成分分布比第一次钙处理后更加集中,MgO 含量进一步下降,夹杂物成分十分接近 CaO-Al$_2$O$_3$ 系,且几乎全部进入液相区,如图 5-46(c)所示。从图 5-46 可以看出,钙处理过程中,夹杂物从 MgO-Al$_2$O$_3$ 系向 CaO-MgO-Al$_2$O$_3$ 系演变,再逐渐向 CaO-Al$_2$O$_3$ 系夹杂物演变。

图 5-47 为整个浇次的结晶器液面和塞棒位置曲线。从图 5-47 可以看出,除了在开浇阶段调整拉速引起的液面波动稍大些外,后面连浇的 12 炉次,结晶器液面波动均较小;此外,除开浇阶段,浇注过程的塞棒位置呈现略微下降的趋势。实验浇次无一炉次发生塞棒剧烈波动的现象,这些都足以说明整个浇注过程十分顺畅。

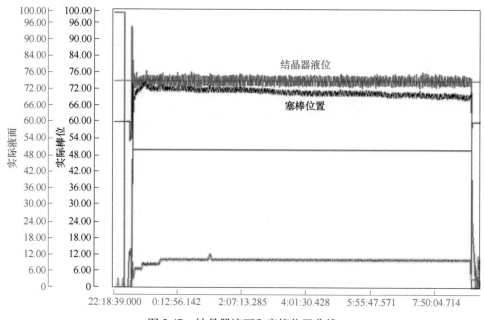

图 5-47 结晶器液面和塞棒位置曲线

依据图 5-46(b)和(c),钙处理后夹杂物中 MgO 的百分含量很低,则可以近似地考虑钙处理后钢中的氧化物夹杂物仅是 CaO-Al$_2$O$_3$ 系。如表 5-8 所示,在 CaO-Al$_2$O$_3$ 系夹杂物中,12CaO·7Al$_2$O$_3$ 的熔点最低,因此为了获得良好的浇注性能,钙处理的目标成分为 12CaO·7Al$_2$O$_3$。实际上,钙处理不可能使全部夹

杂物都变为 $12CaO \cdot 7Al_2O_3$，因此在炼钢温度条件下（这里按大于 1605℃ 考虑），根据表 5-8 所示的夹杂物熔点，钙处理的目标成分往往被扩大为 $CaO \cdot Al_2O_3$、$12CaO \cdot 7Al_2O_3$、$3CaO \cdot Al_2O_3$ 和介于它们之间的氧化物。

钢液的 T.[O] 含量宏观反映了钢中氧化物夹杂物的多少，若钢中的钙和氧全部存留在 $CaO-Al_2O_3$ 系夹杂物中，则可通过 T.[Ca]/T.[O] 值来评估夹杂物变性的效果[46,51-52]。表 5-10 列出了不同 $CaO-Al_2O_3$ 系夹杂物所对应的 T.[Ca]/T.[O] 值。从表中可以看出，要得到良好的夹杂物变性和浇注性能，应满足 0.63<T.[Ca]/T.[O]<1.25。实际上，钢中的钙除了存留在 $CaO-Al_2O_3$（-MgO）系夹杂物中，还有一部分会在 CaS 沉淀析出时被固定。本研究中钢中硫含量小于 0.005%，在钢的精炼过程中并不会析出 CaS[51]，但在浇注和凝固过程中，随着温度的下降，CaS 会在 $CaO-Al_2O_3$（-MgO）系夹杂物表面析出，这已被大量的实验所证明。因此，在实际钙处理时，应控制 T.[Ca]/T.[O] 值比 0.63~1.25 这个区间取值更大一些。

表 5-10　不同夹杂物对应的 T.[Ca]/T.[O] 值

夹杂物	$CaO \cdot 6Al_2O_3$	$CaO \cdot 2Al_2O_3$	$CaO \cdot Al_2O_3$	$12CaO \cdot 7Al_2O_3$	$3CaO \cdot Al_2O_3$
T.[Ca]/T.[O]	0.13	0.36	0.63	0.91	1.25

图 5-48 绘出了 $CaO-Al_2O_3$ 系夹杂物 T.[O] 与 T.[Ca] 含量的关系。图中阴影区域为钙处理的目标夹杂物控制区域，即液相区。图中还标出了实验第一次钙处理后和第二次钙处理前后的 T.[O] 与 T.[Ca] 含量。从中可以看出，第一次钙处理和第二次钙处理后，实际的 T.[Ca]/T.[O] 值均高于 $12CaO \cdot 7Al_2O_3$ 对应的 T.[Ca]/T.[O] 值，而实际的夹杂物成分（如图 5-46（b）和（c）所示）大多分布在液相区域，这说明钙含量控制较为合理。因此，要达到理想的钙处理效果，T.[Ca]/T.[O] 值应大于 0.91。本研究工业实验的 T.[Ca]/T.[O] 值控制在 0.91 至 1.25 左右比较适合。

钢铁企业通常采用钙铝比（$w[Ca]/w[Al]$）控制钢中的钙含量，当钢中 $w[Al]$ 为 0.025%（见表 5-3），若 $w[Ca]/w[Al]$ 值按较小的 0.10 计算，则钢中需要 $w[Ca]$ 为 25×10^{-6}。由此可见，采用钙铝比计算的 Ca 用量远远超出了本书作者推荐的控制值。

与钙铝比控制标准相比，T.[Ca]/T.[O] 标准以 T.[Ca] 作为参照，尽可能地避免了溶解 Ca 测量困难和热力学数据偏差大的影响，应用更方便。有学者指出，T.[O] 含量不能实现在线测量，因而影响了 T.[Ca]/T.[O] 标准的应用。尽管如此，随着企业技术水平的提升，同一钢种采用同一工艺生产的 T.[O] 含量波动已较小，日常检验数据实质上给该钢种的 T.[O] 值提供了相对准确的参考。因此，在工业应用中，T.[Ca]/T.[O] 标准目前已经能够针对不同钢种

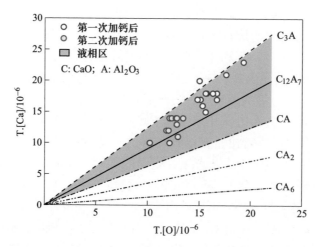

图 5-48　CaO-Al$_2$O$_3$ 系夹杂物 T.[O] 与 T.[Ca] 含量的关系

进行调整，也取得了较好的应用效果，现已被国内多家钢铁企业采用[53-54]。采用该标准控制 Ca 含量也远低于钙铝比要求的 Ca 含量，降低了耐火材料的侵蚀，不仅降低了成本，还取得了良好的应用效果。可见，对于低氧低硫的洁净钢，利用 T.[Ca]/T.[O] 值来控制钙处理更合适。

5.4.2　钙处理时机对钢液洁净度的影响

在两步钙处理大量实验之后，本书作者发现经过两步钙处理成品的全氧含量较原工艺有明显的上升。为了对比，采用同一工艺流程生产同一钢种，将钙含量按新的 T.[Ca]/T.[O] 标准控制，分别采用以下三种方案进行实验。

方案 I：仍采用两步钙处理方式，即在 LF 和 RH 结束后分别进行钙处理；

方案 II：仅在 RH 结束后进行钙处理；

方案 III：在 RH 钙处理前进行取样，用以模拟没有钙处理的情况。

每种方案实验 50 炉（4 个浇次），并检测各试样的全氧含量。

图 5-49 为各方案的平均 T.[O] 含量。从图中可以看出，两步钙处理（方案 I）在 RH 处理后所得的 T.[O] 含量明显高于仅在 RH 结束进行钙处理（方案 II）和没有钙处理（方案 III）的情况，而且两步钙处理在 LF 和 RH 处理后的 T.[O] 含量下降幅度并不是很大。相比其他两种情况，RH 在两步钙处理工艺中去除夹杂物的能力明显被削弱。此外，方案 II（仅在 RH 结束后进行钙处理）所得的 T.[O] 含量十分接近于方案 III（未钙处理）得到的 T.[O] 含量，可见钙处理对脱氧的效果也并不明显。

由于在 RH 结束后进行钙处理对 T.[O] 含量的影响不大，在另一企业（B 企业）进行类似的实验时，可以不考虑在 RH 结束后进行钙处理对 T.[O] 含量

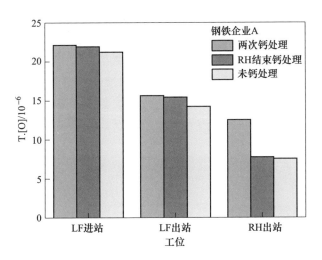

图 5-49 不同钙处理时机所得 T.[O] 含量对比（A 企业）

的影响。实验的钢种为管线钢，生产工艺为"铁水预脱硫→210t 顶底复吹转炉→210t LF 精炼→210t RH 精炼→板坯连铸机"，并仅在 LF 结束后 RH 处理前进行钙处理，实验过程仍在各工序取样测量 T.[O] 含量，其结果如图 5-50 所示。从图 5-50 可以看出，在 RH 处理前进行钙处理并经过 RH 精炼后，钢的 T.[O] 含量下降并不明显，且最终的成品 T.[O] 含量十分接近 LF 精炼结束后的 T.[O] 含量。可见，在 RH 精炼前进行钙处理后，RH 的去除夹杂物的能力并没有得到显现。

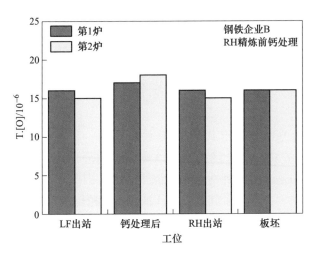

图 5-50 在 RH 前钙处理工艺的不同工序 T.[O] 含量（B 企业）

结合这两个企业的实验结果，可以确定在 RH 精炼前进行钙处理并不利于

RH 去除夹杂物。实际上，钢-渣-夹杂物界面的特性决定了界面处夹杂物的去除程度。从第 4 章可知，液态夹杂物和同等大小的固态夹杂物相比更难从钢液中去除。从动力学角度来看，液态夹杂物和界面分离相对缓慢，夹杂物需要一定的时间穿过界面并被渣吸收，且液态夹杂物在和钢液彻底分离前很容易再次进入钢液。在 RH 精炼前进行钙处理，夹杂物绝大多数变成液态，这就导致这些细小的夹杂物在 RH 处理时很难冲破钢渣界面从而难以被渣吸收。这是 RH 去除夹杂物功能被削弱的主要原因。

可见，在 VD 或 RH 精炼之前进行钙处理会恶化 VD 或 RH 的夹杂物去除效果，钢中的 T.[O] 含量会明显偏高。需要特别指出的是，作者已在国内多家钢铁企业开展了相关验证研究，发现这不是一个偶然现象。

5.4.3　钙处理控制策略

依据前文分析，钙处理时机对 T.[O] 含量的影响比较大，且 RH 处理过程钙含量也会明显发生变化，因此针对不同的钢种，钙处理的位置就显得很重要。对于"顶底复吹转炉→LF 精炼→真空精炼（RH 或 VD）→连铸"工艺流程生产的钢种，现在主要有两种钙处理时机：一种是在 RH 或 VD 精炼结束后，这是最常见的一种；另一种则是在 RH 或 VD 精炼前，这种钙处理方法主要用于管线钢。

两步钙处理虽然有报道，但使用并不太多。结合前面的实验结果，两步钙处理的优点主要表现在：（1）能够提升钙处理的效率。由于两次加入钙到钢液中，反应时间长，可以有效地促进夹杂物的转变，明显提升钙处理的效率。（2）有利于降低较大夹杂物出现的概率。基于 RH 或 VD 的搅拌，第一次钙处理碰撞长大的大型夹杂物相对更容易去除。尽管前文提到相比同尺寸的固态夹杂物，液态夹杂物更难去除，但对尺寸较大的液态夹杂物，其冲破渣金界面的概率明显要高很多。尽管如此，从不同钙处理时机对 T.[O] 含量的影响可以看出，两步钙处理仍有明显的缺陷，即不利于进一步降低 T.[O] 含量。因此，这种方法并不适合超低氧钢种。

最常见的钙处理时机位于 RH 或 VD 炉精炼后，其特点就是可以保证 RH 或 VD 炉去除夹杂物的功能充分发挥，可以尽可能地降低 T.[O] 含量。通常，其钙处理的主要目的是改善可浇性，保证浇注顺畅。因此，对于希望采用钙处理来改善可浇性的钢种，本书作者建议在 RH 或 VD 炉精炼结束后进行钙处理即可。

对于管线钢，常采用在另一位置（在 RH 或 VD 精炼前）进行钙处理，其主要目的是夹杂物变性，通过改变夹杂物形态，从而尽可能提高钢抗氢致裂纹（HIC）和抗硫应力致裂纹（SSC）的能力。实际上，这种钙处理的有效性并不高，这是因为钙会在 RH 或 VD 处理过程中逸出，从而影响钙处理的效果。钙会随 RH 或 VD 真空处理过程而逸出已被前文的实验结果所证实（如图 5-41 所示），依据 T.［Ca］/T.［O］控制标准，RH 或 VD 处理结束后夹杂物并不能达到理想的钙处理状态。因此，这是一种并不合理的钙处理控制策略。此外，因为在 RH 或 VD 精炼前进行了钙处理，RH 或 VD 去除夹杂物的功能被明显削弱，所以钢种的 T.［O］含量也并不会特别低。为了提高钙处理的有效性，在生产对 T.［O］含量要求相对宽松（例如要求 T.［O］<20×10⁻⁶）却对夹杂物形态要求特别严格的钢种时，可以考虑采用两步钙处理方式，即在 LF 处理结束后和 RH（或 VD）处理结束后分别进行钙处理。

综上，针对不同的钢种，钙处理的位置和方法也应该有差异：仅通过钙处理来改善可浇性的钢种，可以在浇注前进行钙处理；对于夹杂物形态要求更高的钢种，可以考虑采用两步钙处理方法。特别说明，本书作者并不推荐只在真空精炼前（LF 精炼后）进行钙处理。

此外，近年来钙处理的负面影响也越来越凸显，主要表现在：

（1）钙处理会使钢中大型 $CaO-Al_2O_3$ 系夹杂物出现的概率明显增加，严重影响钢种的疲劳寿命。一些高端钢种是严格禁止钙处理的，如轴承钢。

（2）钙处理过程使钢液剧烈翻腾，往往导致钢液吸氧增氮，也增加了卷渣的风险。

（3）钙处理还会加剧耐火材料的侵蚀，缩短耐火材料的寿命。

因此，除了要求采用钙处理控制夹杂物形态的钢种（如管线钢）外，如果钢液可浇性不存在问题，建议特殊钢精炼过程应尽可能不采用钙处理。

5.5 本章小结

水口堵塞的机理十分复杂，水口黏附物有多种类型。每一种黏附物的形成机理均有差异，即使黏附物具有相同的化学成分，其形成机理也可能不同。同一黏附物也有可能是多种机理共同作用的结果。

本章总结分析了浸入式水口典型的黏附物和防治措施，重点对簇状（颗粒状）和片层状氧化铝黏附物以及液态铝酸钙黏附物进行了讨论。研究发现，超低碳钢中氧化铝夹杂物易于聚集并黏附在水口内壁，从而形成簇状黏附物。高氧化性精炼渣是造成氧化铝夹杂物黏附的主要原因。钙处理后，在高强度合金钢水口壁上有时仍能找到片层状的氧化铝黏附物。这些氧化铝片状晶体并非来自钢中的夹杂物，而是在浇注过程中因钢液吸氧（二次氧化）而不断长大形成的。要控制这种黏附物不能过于依赖钙处理技术，而应在连铸过程强化防止二次氧化的操作。此外，除了固态夹杂物易于黏附于水口内壁，液态铝酸钙夹杂物也有可能成为堵塞物来源，这与水口内壁的粗糙度密切相关。

优化炉外精炼、夹杂物变性（钙处理）、防止钢液二次氧化和优化水口以及水口吹氩等手段有助于防治水口堵塞。特别地，连铸过程的保护浇注对高品质特殊钢生产的重要性越来越凸显。

因钙收得率不稳定、热力学数据偏差较大以及溶解钙含量测量困难等因素，钙处理目前难以做到精准控制，原有的钙铝比控制标准也有待商榷。本书作者基于 T. [Ca]/T. [O] 值，提出了新的钙处理控制标准（即要求 T. [Ca]/T. [O] 值在 0.91~1.25），取得了较好的工业应用效果。不仅降低了成本（钙使用量降低了 50% 以上），还提升了钢液洁净度。

钙处理控制应依据处理目的来选择处理时机：仅为了改善钢液的可浇性，推荐在浇注前进行钙处理；本书作者并不推荐在真空精炼（VD/RH）前进行钙处理，因为这会明显影响夹杂物的去除效率。需要特别指出，钙处理的负面影响也较多，除了要求控制夹杂物形态外，特殊钢精炼应尽可能不进行钙处理。

参 考 文 献

[1] Thomas B G, Bai H. Tundish nozzle clogging-application of computational models [A]. Steelmaking Conference Proceedings [C]. Pittsburgh: Iron and Steel Society, 2001: 895-912.

[2] Rackers K, Thomas B G. Clogging in continuous casting nozzles [A]. 78th Steelmaking Conference Proceedings [C]. Pittsburgh: Iron and Steel Society, 1995: 723-734.

[3] Snow R B, Shea J A. Mechanism of erosion of nozzles in open-hearth ladles [J]. Journal of the American Ceramic Society, 1949, 32 (6): 187-194.

[4] Singh S N. Mechanism of alumina buildup in tundish nozzles during continuous casting of aluminum-killed steels [J]. Metallurgical Transactions, 1974, 5 (10): 2165-2178.

[5] Miki Y, Kitaoka H, Sakuraya T, et al. Mechanism for separating inclusions from molten steel stirred with a rotating electro-magnetic field [J]. ISIJ International, 1992, 32 (1): 142-149.

[6] Braun T B, Elliott J F, Flemings M C. The clustering of alumina inclusions [J]. Metallurgical Transactions B, 1979, 10 (2): 171-184.

[7] Zhang L, Thomas B G. State of the art in the control of inclusions during steel ingot casting [J]. Metallurgical and Materials Transactions B, 2006, 37 (5): 733-761.

[8] 笹井勝浩，水上義正，山村英明. アルミナグラファイト浸漬ノズルと低炭素鋼の反応機構 [J]. 鉄と鋼, 1993, 79 (9): 1067-1074.

[9] Fukuda Y, Ueshima Y, Mizoguchi S. Mechanism of alumina deposition on alumina graphite immersion nozzle in continuous caster [J]. ISIJ International, 1992, 32 (1): 164-168.

[10] Sasai K, Mizukami Y. Reaction mechanism between alumina graphite immersion nozzle and low carbon steel [J]. ISIJ International, 1994, 34 (10): 802-809.

[11] Vermeulen Y, Coletti B, Blanpain B, et al. Material evaluation to prevent nozzle clogging during continuous casting of Al killed steels [J]. ISIJ International, 2002, 42 (11): 1234-1240.

[12] Basu S, Choudhary S K, Girase N U. Nozzle clogging behaviour of Ti-bearing Al-killed ultra low carbon steel [J]. ISIJ International, 2004, 44 (10): 1653-1660.

[13] Loscher W, Fix W, Pfeiffer A. Reoxidation of aluminium-killed steels by MgO-containing basic

refractories [A]. Proceedings of the fifth international conference on injection metallurgy: Scaninject V. Part Ⅱ [C]. Luleå: Mefos, 1989: 225-250.

[14] Harkki J, Rytila R. Reoxidation caused by the refractory materials [A]. Proceedings of the fifth international conference on lnjection metallurgy: Scaninject V. Part Ⅱ [C]. Luleå: Mefos, 1989: 251-279.

[15] Zhang L, Wang Y, Zuo X. Flow transport and inclusion motion in steel continuous-casting mold under submerged entry nozzle clogging condition [J]. Metallurgical and Materials Transactions B, 2008, 39 (4): 534-550.

[16] Murari A, Albrecht H, Barzon A, et al. An upgraded brazing technique to manufacture ceramic-metal joints for UHV applications [J]. Vacuum, 2003, 68 (4): 321-328.

[17] Hong T, Debroy T. Nonisothermal growth and dissolution of inclusions in liquid steels [J]. Metallurgical and Materials Transactions B, 2003, 34 (2): 267-269.

[18] Dekkers R, Blanpain B, Wollants P. Crystal growth in liquid steel during secondary metallurgy [J]. Metallurgical and Materials Transactions B, 2003, 34 (2): 161-171.

[19] Hartman P. The attachment energy as a habit controlling factor: III. Application to corundum [J]. Journal of Crystal Growth, 1980, 49 (1): 166-170.

[20] Altay A, Gülgün M A. Microstructural evolution of calcium-doped α-alumina [J]. Journal of the American Ceramic Society, 2003, 86 (4): 623-629.

[21] Dekkers R. Non-metallic inclusions in liquid steel [D]. Leuven: Katholieke Universiteit Leuven, 2002.

[22] Yang G, Wang X, Huang F, et al. Influence of reoxidation in tundish on inclusion for Ca-treated Al-killed steel [J]. Steel Research International, 2014, 85 (5): 784-792.

[23] Qu Z D, He J H, Tu X K, et al. The penetration of low melting point inclusions into SEN and its effect on the cleanliness of molten steel [A]. Proceedings of 2021 China Symposium on Sustainable Iron- and Steelmaking Technology [C]. The Chinese Society for Metals, 2021: 91-94.

[24] Park J H, Todoroki H. Control of $MgO \cdot Al_2O_3$ spinel inclusions in stainless steels [J]. ISIJ International, 2010, 50 (10): 1333-1346.

[25] Todoroki H, Shiga N. Classification of clogging behavior of CC immersion nozzle in various stainless steels [A]. 4th International Congress on The Science and Technology of Steelmaking (ICS2008) [C]. ISIJ, 2008: 121-128.

[26] Tian C, Yu J K, Jin E D, et al. Effect of interfacial reaction behaviour on the clogging of SEN in the continuous casting of bearing steel containing rare earth elements [J]. Journal of Alloys and Compounds, 2019, 792: 1-7.

[27] Rackers K. Mechanism and mitigation of clogging in continuous casting nozzles [D]. Illinois: University of Illinois, 1995.

[28] Badr K, Tomas M, Kirschen M, et al. Refractory solutions to improve steel cleanliness [J]. RHI Bulletin, 2011, 1: 43-50.

[29] Lehmann J, Boher M, Kaerle M C. An experimental study of the interactions between liquid

steel and a MgO-based tundish refractory [J]. CIM Bulletin, 1997, 90 (1013): 69-74.

[30] Uemura K, Takahashi M, Koyama S, et al. Filtration mechanism of non-metallic inclusions in steel by ceramic loop filter [J]. ISIJ International, 1992, 32 (1): 150-156.

[31] Eustathopoulos N. Chimie interfaciale, mouillage et énergie d'adhésion dans les systèmes métal-oxyde [J]. La Revue de Métallurgie, 1995, 92 (5): 1083-1086.

[32] Fukuda Y, Ueshima Y, Mizoguchi S. Mechanism of alumina deposition on alumina graphite immersion nozzle in continuous caster [J]. ISIJ International, 1992, 32 (1): 164-168.

[33] Lee J H, Kang M H, Kim S K, et al. Oxidation of Ti added ULC steel by CO gas simulating interfacial reaction between the steel and SEN during continuous casting [J]. ISIJ International, 2018, 58 (7): 1257-1266.

[34] Wilson F G, Heesom M J, Nicholson A, et al. Effect of fluid-flow characteristics on nozzle blockage in aluminum-killed steels [J]. Ironmaking & Steelmaking, 1987, 14 (6): 296-309.

[35] Dawson S. Tundish nozzle blockage during the continuous casting of aluminum-killed steel [A]. Steelmaking Conference Proceedings [C]. 1990, 73: 15-31.

[36] Dawson S. minimising the blockage of tundish nozzles [J]. Steel Technology International, 1992: 127-134.

[37] Cramb A W, Jimbo I. Interfacial considerations in continuous casting [J]. Iron Steelmaker, 1989, 16 (6): 43-55.

[38] Ye G Z, Jonsson P, Lund T. Thermodynamics and kinetics of the modification of Al_2O_3 inclusions [J]. ISIJ International, 1996, 36 (s): 105-108.

[39] Ito Y, Suda M, Kato Y, et al. Kinetics of shape control of alumina inclusions with calcium treatment in line pipe steel for sour service [J]. ISIJ International, 1996, 36 (s): 148-150.

[40] 伊藤陽一, 奈良正功, 加藤嘉英, 等. カルシウムの二段添加処理によるアルミナ介在物の形態制御 [J]. 鉄と鋼, 2007, 93 (5): 355-361.

[41] 韩志军, 林平, 刘浏, 等. 20CrMnTiH1齿轮钢钙处理热力学 [J]. 钢铁, 2007, 42 (9): 32-36.

[42] 孙波, 张良明, 吴耀光, 等. 马钢SPHC钢钙处理的热力学分析 [J]. 中国冶金, 2017, 27 (1): 50-54.

[43] 张彩军, 蔡开科, 袁伟霞. 管线钢硫化物夹杂及钙处理效果研究 [J]. 钢铁, 2006, 41 (8): 31-33.

[44] Faulring G M, Farrell J W, Hilty D C. Steel flow through nozzles: Influence of calcium [J]. Ironmaking & Steelmaking, 1980, 7 (2): 14-20.

[45] 高海潮, 刘茂林, 张良明, 等. CSP连铸浸入式水口结瘤案例研究 [J]. 钢铁, 2005, 40 (11): 21-23.

[46] 刘建华, 吴华杰, 包燕平, 等. 高级别管线钢钙处理效果评价标准 [J]. 北京科技大学学报, 2010, 32 (3): 312-318.

[47] 汪开忠, 孙维. 低碳高铝钢钙处理工艺及对钢中夹杂物的影响 [J]. 钢铁研究, 2005, (3): 38-40.

[48] 何生平, 汪灿荣, 赖兆奕, 等. ML08Al钢精炼渣开发及铸坯洁净度研究 [J]. 北京科技

大学学报, 2007, 29 (s1): 18-21.

[49] 太田裕己, 木村世意, 三村毅, 等. 超清净軸受鋼の取鍋精錬時におけるCaO 含有介在物の挙動 [J]. R&D 神戸製鋼技報, 2011, 61 (1): 98-101.

[50] Yang S, Wang Q, Zhang L, et al. Formation and modification of MgO·Al$_2$O$_3$-based inclusions in alloy steels [J]. Metallurgical and Materials Transactions B, 2012, 43 (4): 731-750.

[51] Choudhary S K, Ghosh A. Thermodynamic evaluation of formation of oxide-sulfide duplex inclusions in steel [J]. ISIJ International, 2008, 48 (11): 1552-1559.

[52] Geldenhuis J M A, Pistorius P C. minimisation of calcium additions to low carbon steel grades [J]. Ironmaking and Steelmaking, 2000, 27 (6): 442-449.

[53] Yang G, Wang X. Inclusion evolution after calcium addition in low carbon Al-killed steel with ultra low sulfur content [J]. ISIJ International, 2015, 55 (1): 126-133.

[54] Xu J, Huang F, Wang X. Formation mechanism of CaS-Al$_2$O$_3$ inclusions in low sulfur Al-killed steel after calcium treatment [J]. Metallurgical and Materials Transactions B, 2016, 47 (2): 1217-1227.

6 钢中大型夹杂物来源与控制

随着钢产品的升级换代，用户对质量（特别是洁净度）也提出了越来越严苛的要求。为了不断提升钢的洁净度，冶金工作者在不断努力优化脱氧制度、调整精炼渣系和改进过程操作等，而这些工作实质上主要是针对内生夹杂物采取的措施，而对外来夹杂物的控制十分有限。外来夹杂物包括炉渣、耐火材料、中间包覆盖剂、结晶器保护渣等，它们尺寸一般比较大，尽管其数量有限，但对产品质量的影响是十分恶劣的，已成为产品升级过程中面临的主要问题之一。本章介绍了大型夹杂物的评价方法和典型大型夹杂物的来源，并结合文献研究成果和本书作者的实践，总结了大型夹杂物的部分控制措施，供读者参考。

6.1 大型夹杂物评价方法

企业在产品检验时往往采用随机抽检的方式，被检测部分仅占总量的极小部分。由于大型夹杂物具有一定的随机性，在生产过程中并不一定能完全检测到。本书 1.4 节中，将夹杂物检测和评价方法分为金相观察法、化学分析法、无损检验法、浓缩检测法、电解法、疲劳实验法和统计方法等几大类。这些分析方法具有不同的特点，其应用场景也有区别。

本节在 1.4 节的基础上，结合参考文献对比了这些方法的常规应用范围，如表 6-1 和图 6-1 所示。从表可知，检测和评价大型夹杂物的主要方法有钢坯全截面法、发蓝断口法、塔形发纹酸浸法、硫印法、原位分析法、激光诱导击穿光谱法、超声波检测法、磁性检测法、涡流检测法以及大样电解法和统计方法等多个方法。

超声波检测法、磁性检测法和涡流检测法等无损检测方法主要用于成品检测。贴近成品的检测，特别全面无损检测，对用户是有保障的，而企业则希望更早知道检测结果，从而保证质量。大样电解法是分析钢中大型夹杂物的一个经典方法，其主要面向大体积检测，用于分析大于 $50\mu m$ 的大型夹杂物，如图 6-1 所示。统计方法利用统计学原理外推估算钢中最大夹杂物尺寸。统计极值法（SEV）更适用于含有较大尺寸夹杂物的钢，最大夹杂物尺寸与钢的体积呈线性关系，外推体积越大，估计的最大夹杂物尺寸越大。广义帕雷托分布法（GPD）存在夹杂物最大尺寸估计上限，其更适用于含有小夹杂物的洁净钢。

表6-1 夹杂物分析检测方法与常规应用[1]

分析方法		夹杂物		试样			
		微观	宏观	钢液	铸坯	轧材	成品
金相观察法	标准图谱法	◎				◎	◎
	图像分析法	◎	(◎)	◎	◎	◎	◎
	钢坯全截面法		◎		◎		
	发蓝断口法		◎			◎	◎
	塔形发纹酸浸法		◎		◎	◎	
化学分析法	全氧分析法	◎	(◎)	◎	◎	◎	◎
	硫印法		◎		◎		
	脉冲分布分析发射光谱法	◎	(◎)	◎	◎		
	原位分析法		◎		◎		
	激光诱导击穿光谱法		◎		◎		
无损检测法	超声波检测法		◎			◎	厚板
	磁性检测法		◎				带钢
	涡流检测法		◎				带钢
夹杂物浓缩法	电子束熔化法	◎	◎	◎	◎	◎	◎
	冷坩埚重熔法	◎	◎	◎	◎	◎	◎
	酸溶解法	◎	◎	◎	◎	◎	◎
电解法	大样电解法		◎		◎		
	小样电解法	◎		◎	◎	◎	◎
疲劳实验法			◎				◎
统计方法			◎	◎	◎	◎	◎

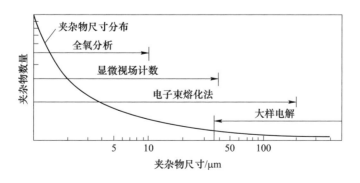

图6-1 不同检测方法检测夹杂物尺寸比较[1]

需要指出的是，用户对钢铁产品质量的要求不断提高，宏观洁净度的传统检测方法难以满足检验需求，目前还没有完整统一的评价标准。在科学研究和实际生产时，可以采用多种方法来综合评价夹杂物。

6.2　典型大型夹杂物来源

6.2.1　二次氧化

二次氧化生成的夹杂物与脱氧产物有较大的区别。垣生泰弘等[2]在实验室用10kg真空感应炉熔炼了铝镇静钢（$w[Al] = 0.035\%$），并分别在大气下和氩气保护气氛下浇注成小钢锭。研究发现，无氩气保护浇注的钢锭中大型夹杂物的数量明显高于氩气保护浇注的钢锭。通过分析，脱氧后的夹杂物均为 Al_2O_3 夹杂物，且绝大多数为尖棱状。在大气下敞开浇注的钢锭中，发现了三种夹杂物，分别为 $MnO\text{-}SiO_2$ 系球状夹杂物、$MnO\text{-}SiO_2\text{-}Al_2O_3$ 系球状夹杂物以及 $MnO\text{-}SiO_2\text{-}Al_2O_3$ 系基体有 Al_2O_3 析出的复合夹杂物。董履仁等[3]也在铝脱氧重轨钢成品中找到了 $MnO\text{-}SiO_2\text{-}Al_2O_3$ 系大型夹杂物。

此外，垣生泰弘等[4]还采用大样电解法分析了 RH 处理钢液在大气下敞开浇注（模铸）后的大型夹杂物总量，如图 6-2 所示。从图 6-2 中可以看出，RH 处理 20min 后，钢中的大型夹杂物总量明显降低。由此可见，RH 处理对大型夹杂物去除非常有效。尽管如此，当钢液敞开浇注后，铸锭中大型夹杂物总量又显著上升。这表明，钢液的二次氧化是钢中大型夹杂物的重要来源。图 6-3 给出了 RH 处理前大型夹杂物的化学成分。从图 6-3 可知，采用 Al 脱氧，钢中的夹杂物

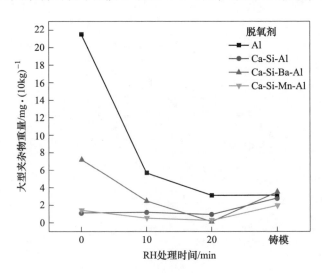

图 6-2　钢中尺寸 ≥200μm 大型夹杂物变化[4]

主要为高熔点夹杂物（区域1）；而采用含 Ca 脱氧剂脱氧，钢中夹杂物主要位于低熔点区（区域2）。敞开浇注后，即使采用不同脱氧剂，铸锭中大型夹杂物均向 MnO-SiO$_2$-Al$_2$O$_3$ 系复合夹杂物演变，化学成分约为 MnO：SiO$_2$：Al$_2$O$_3$=1：1：1。

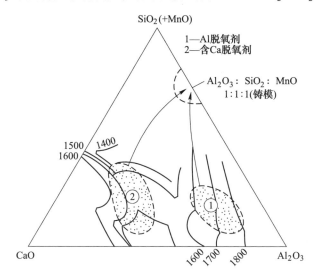

图 6-3 钢中大型夹杂物成分变化[4]

Farrell 等[5]解释了二次氧化形成的夹杂物与初始脱氧夹杂物的区别。当钢中 $w[Al]>0.01\%$ 时，相当于铝镇静钢的情况，脱氧生成的产物主要是 Al$_2$O$_3$ 夹杂物，而二次氧化生成的夹杂物也主要为簇群状的 Al$_2$O$_3$ 夹杂物或者多相、单相球状夹杂物；当钢中 $w[Al]\leqslant0.01\%$ 时，相当于硅镇静钢的情况，无论是脱氧还是二次氧化，生成的夹杂物主要为 MnO-SiO$_2$-Al$_2$O$_3$ 系复合夹杂物。

图 6-4 为钢液脱氧和二次氧化形成夹杂物示意图。如图所示，最上方的长方格表示脱氧后钢中的溶解氧含量，其他长方格表示钢中其他脱氧元素和含量。铝镇静钢采用 Al 脱氧后，由于钢中 Al 含量很高，钢中的溶解氧含量很低，其很难继续与 Si 和 Mn 反应，因此生成的内生夹杂物也不含 SiO$_2$ 和 MnO。当钢液连续与空气接触，Al 被完全氧化，此时再用 Al 或其他脱氧剂脱氧，二次氧化过程形成的夹杂物成分在不同阶段也不同：最初出现的是簇群状 Al$_2$O$_3$ 夹杂物，之后是含 Al$_2$O$_3$ 晶体的 MnO-SiO$_2$-Al$_2$O$_3$ 系复合夹杂物，最后变成单相的 MnO-SiO$_2$-Al$_2$O$_3$ 系夹杂物。

董履仁等[3]指出，如果充分脱氧的铝镇静钢中出现了硅酸盐夹杂物应该判定为二次氧化的产物。依据 Brabie 等[6]的研究结果，钢液中 O 的传质速率大致是 Si、Mn 和 Al 的二分之一，二次氧化反应可能是通过反应（6-1）进行的。因此，形成的二次氧化产物比脱氧内生夹杂物尺寸更大。

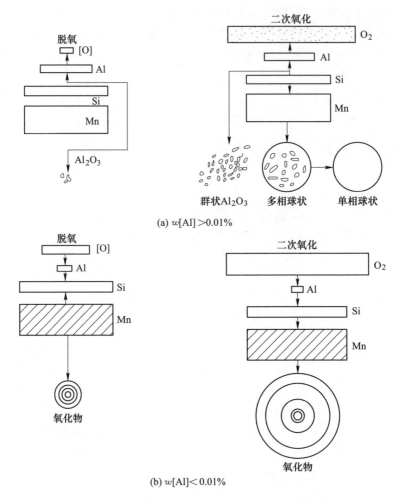

(a) $w[Al] > 0.01\%$

(b) $w[Al] < 0.01\%$

图 6-4　钢液脱氧和二次氧化形成夹杂物示意图[3]

$$a[\mathrm{Mn}] + b[\mathrm{Si}] + 2c[\mathrm{Al}] + (a + 2b + 3c)\mathrm{FeO} = a\mathrm{MnO}\cdot b\,\mathrm{SiO_2}\cdot c\,\mathrm{Al_2O_3}$$

$$(6\text{-}1)$$

　　尽管二次氧化是大型夹杂物的重要来源，但不是铝镇静钢中的所有硅酸盐夹杂物均是二次氧化的产物。本书作者[7]在铬铁合金中找到了许多 $\mathrm{Cr_2O_3}$-$\mathrm{SiO_2}$-MnO 系夹杂物（如图 6-5 所示），很明显这些夹杂物会随合金加入而带入钢中。如果合金加入过晚，这些夹杂物很可能残留在钢中形成大型夹杂物。此外，钢包引流砂烧结产物也含有 $\mathrm{SiO_2}$、FeO 和 MnO，其也是大型夹杂物的重要来源（参见6.2.2 节）。同时，钢液发生二次氧化产生的夹杂物也不一定就是硅酸盐夹杂物，这在第 5 章已有说明。因此，在生产过程中应该结合实际情况分析硅酸盐夹杂物的来源。

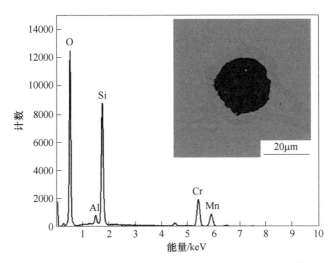

图 6-5 铬铁合金中典型 Cr_2O_3-SiO_2-MnO 系夹杂物[7]

6.2.2 引流砂

引流砂置于钢包水口座砖用来隔离钢液和滑板，其会在钢液和高温作用下烧结。在钢包开浇时，滑板打开，烧结的引流砂会因钢液压力而破裂，最终落入到中间包中。由于引流砂尺寸较大，如果不能及时去除，就可能形成钢中的大型夹杂物。

本书作者对工业铸坯进行大样电解时发现，钢液中有的大型夹杂物含有较多的 MnO 和 FeO。有一些学者[8-9]认为这类大型夹杂物是二次氧化的产物。为了探究这些夹杂物的形成机理，本节基于工业实验，通过对比钢中的显微夹杂物和引流砂的烧结行为，确定了引流砂是钢中这类大型夹杂物的重要来源。

6.2.2.1 钢铁企业 A

本工业实验是在某钢铁企业进行的，实验钢种为 SCM435（化学成分参见表3-3）。冶炼工艺为"80t 顶底复吹转炉→80t LF 精炼（钙处理）→大方坯连铸机"。在出钢前，钢包水口座砖加入铬质引流砂。铬质引流砂主要成分如表 6-2所示，其包含两相，即铬铁矿相（尖晶石相）和石英相（主要成分为 SiO_2）。LF精炼时间约为 40min，精炼终渣成分如表 6-3 所示。精炼结束后，喂钙线约 100m，对钢液进行钙处理（钢液钙含量 0.0025%~0.0030%）。软吹约 15min 后，上机浇注。

表 6-2 引流砂主要化学成分　　　　　　　　　　　　（%）

Cr_2O_3	Fe_2O_3	Al_2O_3	MgO	SiO_2
30~35	18~23	8~12	7~11	18~23

表 6-3 精炼终渣成分 （%）

CaO	SiO₂	Al₂O₃	MgO	FeO	R
55~60	5~10	20~25	5~8	<1	7~10

实验过程在软吹结束后和中间包采用提桶式取样器取样。在每炉钢浇注中期（浇注约 50t 时），分别取对应的铸坯试样。试样的取样位置位于距铸坯内弧侧表面约 1/4 高度，试样重量约 2.3kg。实验在不同的浇次共取了三个试样。

采用扫描电子显微镜（SEM）和附带能谱仪（EDS）分析提桶试样中的显微夹杂物。在软吹结束后和中间包中，主要发现了五种类型的显微夹杂物，如图 6-6 所示。其中，类型 1 为铝酸钙夹杂物，其内嵌有尖晶石颗粒；类型 2 夹杂物则完全是铝酸钙夹杂物；类型 3 夹杂物是由硫化钙和铝酸钙两相组成；类型 4 则仅为硫化钙夹杂物。此外，还发现了少量的 TiN 夹杂物，将其归为类型 5。夹杂物类型 1 和类型 2 尺寸均较小（<10μm），且均呈现球状，由此可以推断这些夹杂物在钢液中为液态。夹杂物类型 3 和类型 4 多为近球状，由于含有硫化钙，依据硫化钙的熔点（2400℃），可以推断在炼钢温度下，含硫化钙较多的夹杂物应为固态。这两类夹杂物尺寸也比较细小，一般小于 10μm，也发现了一些超过 10μm 的夹杂物。类型 5 夹杂物呈尖棱状，尺寸也很细小。这五种夹杂物类型中，类型 2 和类型 3 的数量最多，类型 1 和类型 4 数量次之，而类型 5 的数量十分稀少。

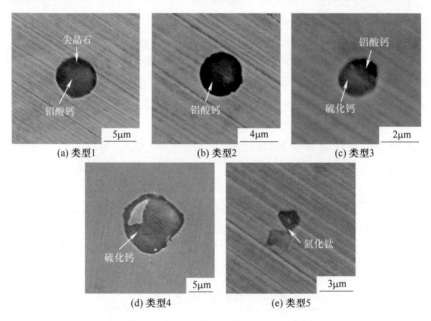

图 6-6 各类型典型夹杂物 SEM 照片

采用大样电解的方法电解试样，并获得铸坯中的大型夹杂物，再采用 SEM-

EDS 分析大型夹杂物的形貌和成分。大样电解得到的部分大型夹杂物如图 6-7 所示。图中所示的三张 SEM 照片分别来自三个试样。从图 6-7 中可以看出，不同试样中的夹杂物数量表现出较大的差异，有的试样中大型夹杂物明显偏多。此外，这些大型夹杂物的尺寸均超过了 $100\mu m$，部分夹杂物的尺寸甚至超过了 $300\mu m$。这些夹杂物形态也并不相同，部分为尖棱状，部分则呈现近球形（如图 6-7（c）所示）。

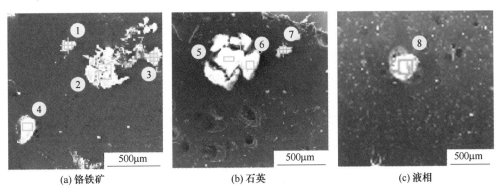

| (a) 铬铁矿 | (b) 石英 | (c) 液相 |

图 6-7　大样电解所得部分大型夹杂物照片

为了进一步验证分析这些大型夹杂物的类型，表 6-4 给出了各夹杂物的成分。从表 6-4 可以看出，这些夹杂物以 Cr_2O_3-FeO-MnO 系、SiO_2-FeO-Cr_2O_3 系和 SiO_2-Al_2O_3-MnO-FeO-Cr_2O_3 系为主。特别是图 6-7（a）中的夹杂物与引流砂中的铬铁矿类似，但含有一定的 MnO；图 6-7（b）中的夹杂物类似石英颗粒，却又含有少量的 Cr_2O_3 和 FeO；而图 6-7（c）是 SiO_2-Al_2O_3-MnO 系，含有少量 FeO 和 Cr_2O_3。对比图 6-5 和图 6-6 可知，钢中这些大型夹杂物与显微夹杂物有明显的不同。

表 6-4　图 6-7 中各点化学成分　　　　　　　　　　（%）

点序号	Al_2O_3	SiO_2	Cr_2O_3	MnO	FeO	对应图	物相
1			52	4	44		
2			53	5	42	图 6-7（a）	铬铁矿
3			54	3	43		
4			44		49		
5		88	8		4		
6		91	7		2	图 6-7（b）	石英
7		86	10		4		
8	27	51	2	17	3	图 6-7（c）	液相

　　由图 6-6 可知,在精炼结束后,钢中的夹杂物以液态铝酸钙夹杂物(类型 1 和类型 2)和固态硫化钙夹杂物(类型 3 和类型 4)为主,这些夹杂物的尺寸均比较细小,且并不含有 MnO 和 FeO。从图 6-7 和表 6-4 可知,钢中含 MnO/FeO 大型夹杂物与这些细小的夹杂物没有明显的关联。因此,可以确定这些大型夹杂物并不是由钢中细小夹杂物碰撞长大而形成的。那么,很有必要根据其化学成分追溯其来源。

　　依据表 6-4 中的化学成分 SiO_2、Cr_2O_3、FeO 和 MnO,一些学者认为这是二次氧化的证据[8]。本书作者认为,在铝镇静钢中直接生成 SiO_2、FeO 和 MnO 几乎是不可能的。这是因为,依据 [Al]-[O] 平衡热力学数据(详见第 2 章),当钢中 Al 含量为 0.02% ~ 0.04% 时,钢中的氧活度 $a_{[O]} < 5 \times 10^{-4}$(1% 为标准态)。同理,依据第 2 章的热力学数据,要使纯 SiO_2 生成,钢液中 $a_{[O]} \geq 0.009$;而要 FeO 和 MnO 生成则需要更高的氧活度。显然,这个值远高于钢液的实际氧活度。即使考虑钢液的二次氧化,铝镇静钢液中的实际氧活度也很难达到这个水平。因此,这些大型夹杂物并不会是二次氧化的产物。

　　注意到,除 Mn 元素以外,引流砂含有图 6-7 中大型夹杂物的所有元素。这就表明,很可能是引流砂进入钢液而形成了大型夹杂物。本书作者详细研究了引流砂的烧结机理[10-11],指出引流砂中的铬铁矿和石英反应生成液相是铬质引流砂烧结的主要机理,且初始的烧结液相为 SiO_2-FeO-MgO-Al_2O_3 系(Cr_2O_3 含量很低)。更重要的是,钢液可以加速引流砂的烧结,且钢液中的 Mn 元素和 Al 元素是严重影响引流砂烧结的主要元素,如图 6-8 所示。钢液与引流砂可以发生式(6-2)~式(6-5)的化学反应。通过反应(6-1),钢液中的 Mn 元素会进入烧结产物中,使液相中含有较高的 MnO 含量,甚至这些 MnO 会从液相扩散到铬铁矿相中。此外,钢液中的 Al 含量也会通过式(6-3)~式(6-5)对烧结产生重要影响,即还原液相中相对不稳定的 SiO_2、FeO 和 MnO,使液相中的 Al_2O_3 含量增加。同理,由于液相中的 Al_2O_3 增加,这些 Al_2O_3 也会从液相扩散到铬铁矿相中从而形成高铝铬铁矿,这也在文献 [10-11] 中进行了详细的报道。

$$FeO + [Mn] \Longrightarrow MnO + Fe \tag{6-2}$$

$$3SiO_2 + 4[Al] \Longrightarrow 2Al_2O_3 + 3[Si] \tag{6-3}$$

$$3FeO + 2[Al] \Longrightarrow Al_2O_3 + 3Fe \tag{6-4}$$

$$3MnO + 2[Al] \Longrightarrow Al_2O_3 + 3[Mn] \tag{6-5}$$

　　实验钢种含有约 0.75% 的 Mn 和约 0.03% 的 Al。尽管本节实验钢种成分与文献[10-11]中的钢种有一定的区别,但由于 Mn 和 Al 元素是影响严重烧结的主要元素,因此由文献[10-11]的研究结果可以断定,实验钢种对引流砂烧结也会有重要影响,即引流砂烧结相中也会体现 MnO 和 Al_2O_3 含量的明显变化。基于铬质引流砂烧结的研究结果,结合表 6-4 所示的化学成分,即可推断这些大型夹杂物为引

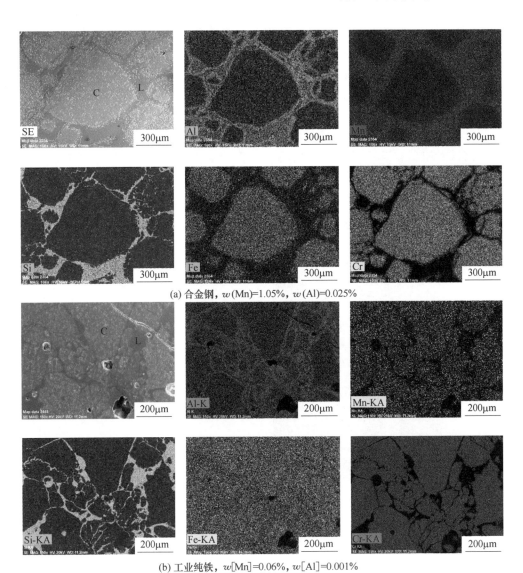

(a) 合金钢，w(Mn)=1.05%，w(Al)=0.025%

(b) 工业纯铁，w[Mn]=0.06%，w[Al]=0.001%

图 6-8 钢液作用下铬质引流砂烧结面扫描图片（C—铬铁矿；L—液相）[10]

流砂及其烧结产物。为了更清晰地了解夹杂物对应的烧结产物，表6-4中给出了各成分对应的物相。从表6-4可知，铬铁矿、石英和液相均可以在钢中发现，其中铬铁矿相和液相中已经含有一定的 MnO。从图6-7（c）可知，液相大型夹杂物呈现近球状，这与推断是相吻合的。

如表6-2所示，实验采用的铬质引流砂与文献［10-11］中的成分接近。可事实上，从表6-4中的大型夹杂物成分与文献中的结果仍然存在一定的差异。其实，这并不意味着前文的推断不合理。文献工作是在实验室等温条件下完成的，而本节是工业实验的结果，因此需要考虑引流砂在钢包座砖和水口中的分布情况。图 6-9 给出了铬质引流砂烧结的示意图，同时图中给出了引流砂随位置的温度分布示意图。依据实验室研究结果[10]，温度低于 1500℃ 时，在没有钢液的影响下，引流砂烧结就相对很弱。从图 6-9 中可以看出，钢包引流砂的烧结层实际上很薄，而且在烧结层内的温度下降十分迅速[12]，座砖和水口中的绝大多数引流砂呈现未烧结的情况。依据实验室结果推测，烧结层在与钢液接触的附近，主要有铬铁矿相和液相（石英相完全溶解），由于受钢液中 Mn 和 Al 的影响，部分铬铁矿相中也会含有一定的 MnO，液相中的 Al_2O_3 也会相应增加；在远离界面时，由于温度的迅速下降和远离钢液的作用，烧结层内仍会存在未完全溶解的石英相，即有铬铁矿相、液相和石英相。在未烧结层内，初始的铬铁矿相和石英相也得以保留。

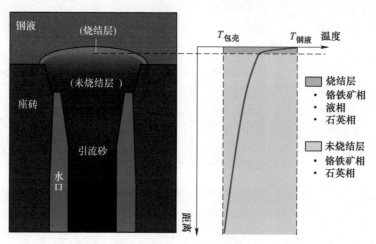

图 6-9 铬质引流砂烧结示意图

当钢包开浇时，如果没有特殊措施，引流砂（包括烧结层和未烧结层）就都会落入到中间包。部分引流砂会在中间包被去除，而有一部分则会残留在钢液中，并进入铸坯最终形成大型夹杂物。实际上，很难确定哪些引流砂及烧结产物会最终残留在钢液中。尽管如此，表 6-4 中的物相仍然可以断定引流砂和其烧结的产物是钢中大型夹杂物的重要来源。文献［8-9］也指出，石英相很可能源自引流砂。

引流砂和其烧结产物的尺寸很大（甚至超过 300μm），如果这些颗粒进入钢液中，将会对钢的疲劳寿命产生致命的影响。注意到，大样电解的试样是从浇注中期对应的铸坯上取得的。这就意味着，在浇注中期，这些大颗粒的夹杂物仍然残留在钢液中。可见，当引流砂进入钢液后，要在中间包内完全去除是十分困难的。

6.2.2.2 钢铁企业 B

不同钢厂之间的冶炼工艺、设备水平和操作水平等均存在较大差异，钢中大型夹杂物情况也存在差别。本书作者采用大样电解方法还分析了 GCr15 轴承钢中大型夹杂物，指出了浇注过程排除引流砂及其烧结产物的重要性。实验钢种生产工艺为中小型转炉→LF 精炼→VD 精炼→方坯连铸。生产过程采用铬质引流砂，其主要物相是铬铁矿和石英，同时含有少量其他物相。在生产浇次的中间炉次分别取开浇和浇注中期对应连铸坯大样电解试样（内弧 1/4 高度），试样质量约 3kg。

表 6-5 给出了铸坯试样大样电解后的大型夹杂物重量及分级情况。从表 6-5 可以看出，开浇时的铸坯大型夹杂物总量相比浇注中期明显偏高，这意味着不稳定浇注过程对钢中的大型夹杂物影响较大。从分级情况看，大型夹杂物的尺寸偏大，大于 80μm 的夹杂物占绝大多数。

表 6-5　钢中大型夹杂物分析结果

浇注时间	总量		尺寸分级/mg			
	mg	mg/10kg	<80μm	80~140μm	140~300μm	>300μm
开浇	1.10	4.52	0.10	0.30	0.50	0.20
中期	0.90	3.70	0.10	0.10	0.40	0.30

图 6-10 为电解后的大型夹杂物扫描电子显微照片。从图 6-9 也可以明显看到，与表 6-5 相对应，浇注初期（如图 6-10（a）所示）的大型夹杂物数量比浇注中期（见图 6-10（b））多，但在浇注中期仍能发现尺寸很大的夹杂物。从图中还可以看出，大型夹杂物的形状各异，既有近似球状，又有不规则形状，还有夹杂物呈现絮状。为了便于分析，将夹杂物标注了序号（图 6-10 中白色文字），用以区别 EDS 分析时留下的序号（图中蓝色框线和数字）。

表 6-6 列出了大型夹杂物的类型。从表 6-6 可以看出，总共发现 5 种类型大型夹杂物，即镁铝尖晶石、氧化铝、铝酸钙、氧化钙和 TiO_x-SiO_2-FeO-CaO-Al_2O_3 系复合夹杂物。其中，镁铝尖晶石、氧化铝和铝酸钙夹杂物各有 1 个，而氧化钙夹杂物和 TiO_x-SiO_2-FeO-CaO-Al_2O_3 系复合夹杂物数量较多。结合图 6-10 可以看出，氧化钙夹杂物主要呈现絮状（即小颗粒聚集），而 TiO_x-SiO_2-FeO-CaO-Al_2O_3 系复合夹杂物多呈现球状或近球状。镁铝尖晶石、氧化铝和铝酸钙夹杂物的尺寸均在 80~140μm 范围，而 TiO_x-SiO_2-FeO-CaO-Al_2O_3 系复合夹杂物的尺寸波动较大。氧化钙夹杂物由于呈絮状，尽管是由小颗粒聚集组成，但絮团的尺寸仍然很大，有的甚至超过 500μm。

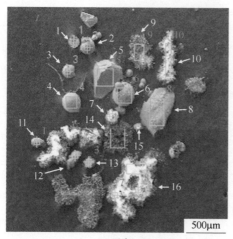

(a) 开浇   (b) 浇注中期

图 6-10 大型夹杂物 SEM 照片

表 6-6 大型夹杂物类型

类型	对应图 6-10 中点序号
镁铝尖晶石	1
氧化铝	7
铝酸钙	18
氧化钙	9，10，14~16，20，22，24，28
TiO_x-SiO_2-FeO-CaO-Al_2O_3	2~6，8，11~13，17，19，21，23，25~27，29

这 5 种典型大型夹杂物的 EDS 能谱图如图 6-11 所示。从图中可以看出，这些 EDS 能谱可以证明这些大型夹杂物的类型。特别是 TiO_x-SiO_2-FeO-CaO-Al_2O_3 系复合夹杂物还含有少量的 MnO，这类夹杂物绝大多数还含有微量的 K 元素。氧化钙类型夹杂物主要成分为 CaO，此外还含有微量的 SiO_2 和 MgO，单颗粒在显微镜条件下显现小棍状。

从图 6-10 和表 6-6 中可以看出，浇注中期的夹杂物绝大多数与开浇铸坯中类似，这表明这些大型夹杂物一旦残留在钢液中，在浇注过程中很难被去除。

由图 6-11 可知，铸坯中的铝酸钙大型夹杂物成分与钢中的夹杂物成分十分接近，这就意味着这类夹杂物很可能源自钢液中的大尺寸铝酸钙夹杂物。实际生产过程中，在 VD 处理结束后取样也发现了较大尺寸的铝酸钙夹杂物。这也证明这类夹杂物是来源于钢液中的夹杂物。要控制这种类型的夹杂物，需要对精炼过程采取有效措施。

由于精炼时间长，氧化铝和尖晶石夹杂物在精炼过程中并不稳定，因此这两类大型夹杂物源于钢液中的氧化铝和尖晶石夹杂物的可能性并不太大。如前文所

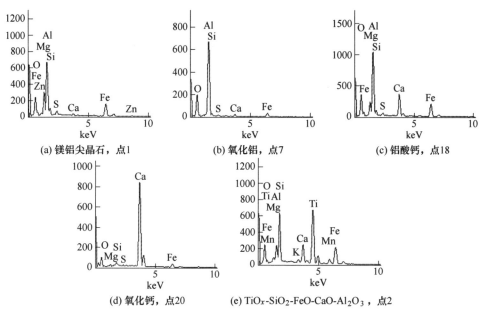

图 6-11 不同类型典型大型夹杂物 EDS 能谱图

述，引流砂很可能会残留在钢液中成为大型夹杂物。为了检验这种可能性，特别检验了轴承钢使用的引流砂。图 6-12 给出了部分引流砂检测结果，即引流砂中有可能成为表 6-6 中大型夹杂物的物相。从图 6-12 可以看出，引流砂中存在尖晶石、氧化铝和氧化钙颗粒，这些颗粒的尺寸均在 $100\mu m$ 左右，如图 6-12（a）~（c）所示；此外，部分石英颗粒并不纯，含有较多的杂质，在某些石英颗粒（SiO_2）里面发现了 TiO_x-SiO_2-Al_2O_3 基杂质物相，如图 6-12（d）所示，这个物相里面同样含有元素 K。对比图 6-10、图 6-11 和图 6-12，可以推断钢中的氧化铝、尖晶石和氧化钙大型夹杂物很可能来源于引流砂中的这些杂质颗粒。图 6-10中氧化钙呈絮状（在显微镜条件下单颗粒呈现细小棍状），经电解后仍然能稳定存在。实际上，考虑电解液的影响，这些颗粒也有可能是电解的产物，但由于暂时缺乏证据，在此并不能给出确切的结论。注意到引流砂中的 TiO_x-SiO_2-Al_2O_3 基杂质物相与大样电解所得的夹杂物成分有一定的差异，这种差异主要是 FeO、CaO 和 MnO。依据本书作者的研究结果[10-11]，铬质引流砂烧结过程 SiO_2 会与铬铁矿相发生反应，铬铁矿中的 FeO 会向 SiO_2 中扩散，因此烧结后的产物中会含有一定的 FeO；由于钢液的作用，MnO 最终也会进入烧结液相。因此，石英颗粒中含有 TiO_x-SiO_2-Al_2O_3 基的杂质在烧结过程中很可能会生成含 FeO 和 MnO 的物相。特别是引流砂中还有 CaO 颗粒，当 CaO 参与烧结时，物相中也应含有 CaO。基于这些推断，铸坯中 TiO_2-SiO_2-FeO-CaO-Al_2O_3 系复合夹杂物同样很可能源自引流砂。

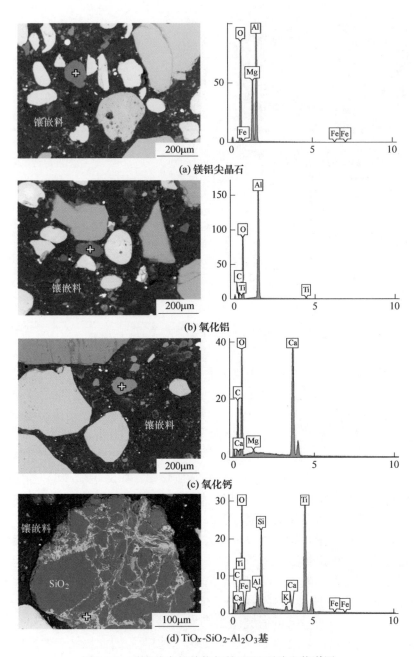

(a) 镁铝尖晶石

(b) 氧化铝

(c) 氧化钙

(d) TiO$_x$-SiO$_2$-Al$_2$O$_3$基

图 6-12 引流砂中相关物相的 SEM 照片和能谱图

　　需要特别说明的是，TiO$_x$-SiO$_2$-FeO-CaO-Al$_2$O$_3$ 系复合夹杂物中含有微量的 K 元素。由于 K 和 Na 元素通常作为结晶器保护渣的示踪元素，因此这种类型的大型夹杂物也有可能源自结晶器保护渣。实际上，实验使用的结晶器保护渣中

Na₂O 的含量要远大于 K₂O，如果在浇注过程中发生卷渣形成夹杂物，那么夹杂物中必然会发现 Na 元素和 K 元素。从图 6-11 中的 EDS 能谱图可知，铸坯中 TiO_x-SiO_2-FeO-CaO-Al_2O_3 系复合夹杂物并不含有 Na 元素，这意味着因卷渣而导致这类夹杂物形成的可能性极低。因此，本书作者认为铸坯中 TiO_x-SiO_2-FeO-CaO-Al_2O_3 系复合夹杂物更有可能来源于引流砂及烧结产物，后续还需进一步证实。

同时，由于大型夹杂物的数量较少，且实验取样具有一定的差异，故本次实验在大样电解所得夹杂物中并没有获得铬铁矿和石英相，但这并不意味着这些氧化物不会残留在钢液中。如前文所述，这两种物相可残留于钢液中。

6.2.2.3 钢铁企业 C

本书作者针对不同钢铁企业的不同钢种进行大样电解发现，绝大多数试样中含有球形 TiO_x-SiO_2-Al_2O_3 基大型夹杂物。图 6-13 为钢铁企业 C 生产 20CrMnTi 铸坯的大样电解夹杂物。图 6-13 中夹杂物 1、3~7 和 9~10 均为 TiO_x-SiO_2-Al_2O_3-CaO 系夹杂物。这类夹杂物成分主要以 SiO_2 和 TiO_x 为主，含有少量的 Al_2O_3、CaO、MgO、MnO、K_2O 和 Cr_2O_3。基于引流砂颗粒中 TiO_x-SiO_2-Al_2O_3 相，虽然可以推测这些夹杂物很可能与引流砂相关，但是这类特殊夹杂物的来源仍有待进一步研究。此外，如图 6-13 中夹杂物 8 为 SiO_2-MgO-Al_2O_3-CaO 夹杂物，其含有少量的 K_2O 和 TiO_x。图 6-14 为生产 20CrMnTi 使用的引流砂面扫图。从图中可以看出，引流砂石英颗粒中含有 SiO_2-MgO-Al_2O_3-CaO-K_2O 相，这即是此类夹杂物源自引流砂的很好证据。

图 6-13 钢厂 C 大型夹杂物 SEM 照片（20CrMnTi 铸坯）

综上，可以发现引流砂及其烧结产物在钢中大型夹杂物中占据了相当大的比例。这些颗粒的尺寸非常大（通常大于 100μm）。这些颗粒若进入钢液中，很难去除。即使是在浇注的中期，仍然发现这些大型夹杂物。因此，除了在精炼过程

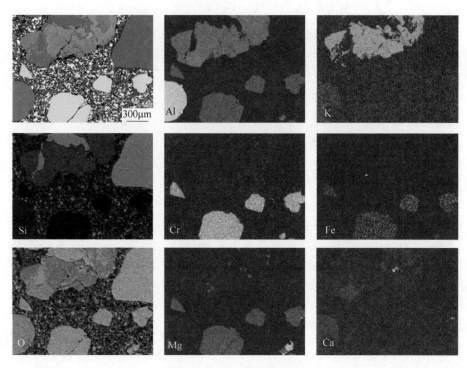

图 6-14 钢厂 C 引流砂面扫图

要尽可能地去除大尺寸的夹杂物，在连铸过程仍需采取有效措施，将引流砂及烧结产物排尽，才能有效提升产品质量。

6.2.3 钢中内生夹杂物

钢液脱氧后会产生大量夹杂物，这些脱氧夹杂物的尺寸通常较大。若精炼时间过短，这些夹杂物没有充足的时间去除，那么残留在钢中会形成大型夹杂物，如图 6-2 所示。此外，本书作者团队在电解不同铸坯试样时发现，铝镇静钢中还可能存在大型铝酸钙夹杂物，如图 6-15 所示。图 6-16 给出了这些大型夹杂物的 EDS 能谱图。从图 6-16 可知，除了夹杂物 5 为 TiO_x-SiO_2-Al_2O_3-CaO 系夹杂物外，其余大型夹杂物均为铝酸钙夹杂物。实际上，图 6-10 中夹杂物 18 以及图 6-13 中夹杂物 2 也是这种类型的夹杂物。

从图 6-10、图 6-13 和图 6-15 可知，该类夹杂物通常呈球状，电解获得的尺寸甚至超过 100μm。从图 6-11（c）和图 6-16 可以看出，该类 CaO-Al_2O_3 系夹杂物中通常还含有少量的 MgO 和 SiO_2 以及 TiO_x 和 CaS 等。

本书作者团队在 20CrMnTi 齿轮钢轧材金相检验时也发现了类似的球状铝酸钙夹杂物。图 6-17 给出了典型的 DS 类夹杂物面扫描图。从图中可以看出，该夹杂物内层为嵌有尖晶石相的铝酸钙，外层则被 CaS 包裹。此外，夹杂物中还含有

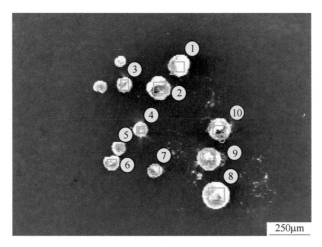

图 6-15 20CrMnTiH 齿轮钢中大型夹杂物 SEM 照片

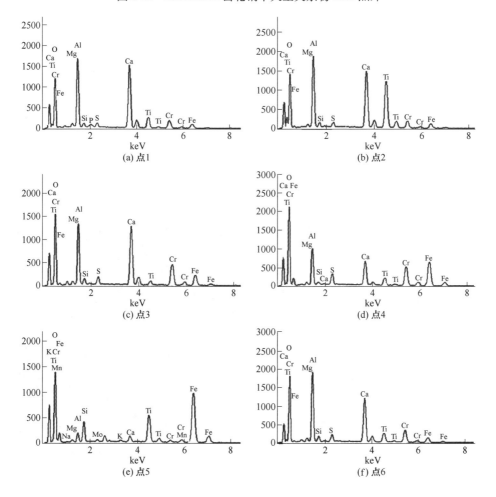

(a) 点1

(b) 点2

(c) 点3

(d) 点4

(e) 点5

(f) 点6

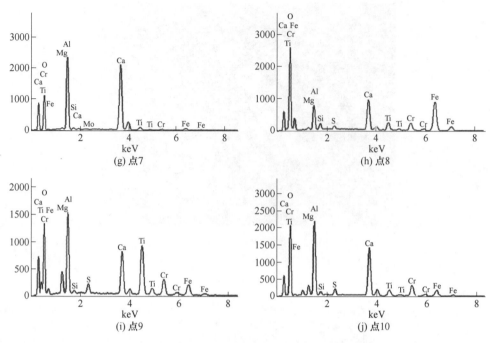

图 6-16　20CrMnTi 齿轮钢中大型夹杂物能谱图

一定的 TiO_x。依据本书 3.3 节的研究结果，这类夹杂物与精炼过程的夹杂物成分十分相似。此外，在精炼过程中也找到了类似的大尺寸夹杂物，如图 3-53、图 3-55 和图 5-44 所示。因此，有充足的理由判定这类夹杂物源自精炼过程的夹杂物。

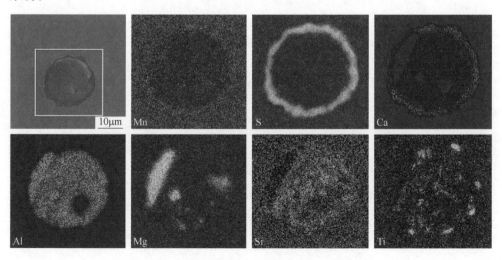

图 6-17　20CrMnTi 轧材 DS 类夹杂物面扫描图

秦正丰等[13]对 AH32 船板钢铸坯电解也发现了球状的铝酸钙夹杂物，如图 6-18 所示。从图 6-18 可以看出，该夹杂物直径约为 $100\mu m$。该球状夹杂物由尖晶石和铝酸钙两相组成。他们认为此类夹杂物起源于呈团簇状的铝脱氧产物：小颗粒 Al_2O_3 夹杂物在精炼过程形成球状团簇，并在钢液钙处理过程中与钢中的钙反应生成铝酸钙。虽然 Al_2O_3 形成球状团簇缺乏有效证据，但仍可以判定这类大型夹杂物来源于钢中已有的夹杂物。

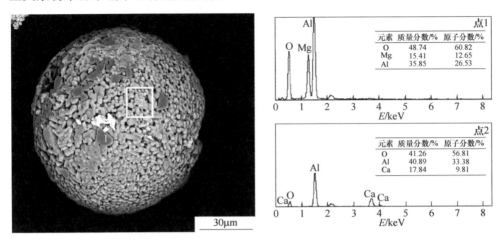

图 6-18　AH32 船板钢球状大型夹杂形貌及 EDS 能谱图[13]

王新华等[14]在高铁车轴钢铸坯中找到了大尺寸簇群状夹杂物和单颗粒球状铝酸钙夹杂物，分别如图 6-19 和图 6-20 所示。从图 6-19 可知，这些簇群状夹杂物是由许多微小夹杂物颗粒组成的，并且这些颗粒之间的成分明显不同。尽管如此，这些颗粒成分与中间包钢中微小夹杂物成分非常相似。因此，他们认为这些大型簇群状夹杂物是在连铸过程由微小夹杂物聚合而成的。单颗粒球状夹杂物主要为铝酸钙系夹杂物，有的是单一相，有的则是复合相，如图 6-20 所示。同样，他们认为这些夹杂物主要是由钢中细小夹杂物碰撞聚合形成的，且许多是在连铸过程形成的。

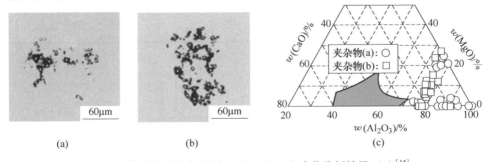

图 6-19　簇群状夹杂物形貌（a）、(b) 和成分分析结果（c）[14]

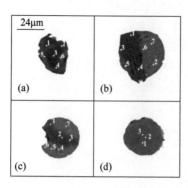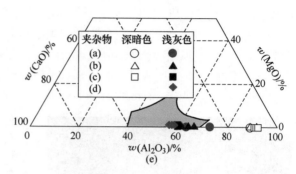

图 6-20　单颗粒球状夹杂物形貌 (a)~(d) 和成分分析结果 (e)[14]

6.2.4　耐火材料和钢包挂渣

　　董履仁等[3]将耐火材料型夹杂物大致分为两大类：一是耐火材料剥落颗粒被钢液直接卷入且来不及排出而形成的夹杂物；二是耐火材料与钢液或熔渣之间的反应产物，是在炼钢和浇注过程中形成的。第一类夹杂物的组成与耐火材料初始成分基本相似，可以通过其成分来判断其来源；而第二类夹杂物成分很可能与原耐火材料不同，其鉴别存在一定的难度。一般情况下，与耐火材料有关的夹杂物尺寸较大，对钢的性能危害也十分显著。

　　印传磊等[15]在 42CrMo 钢中发现了含 ZrO_2 的夹杂物。这些夹杂物的主要特点是夹杂物上有很多白色发亮的小斑点，夹杂形貌及能谱图如图 6-21 所示。他们对浸入式水口解剖分析，发现浸入式水口渣线主要由 C、Al_2O_3 和 ZrO_2 组成，

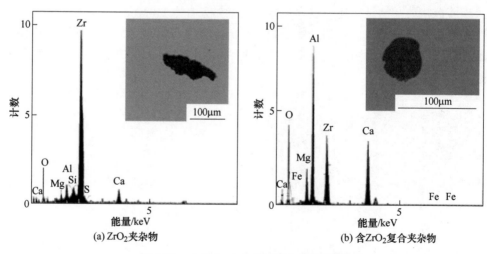

图 6-21　含 ZrO_2 夹杂物形貌与能谱图[15]

其形貌如图 6-22 所示，图中发亮处主要为 ZrO_2。他们发现对应炉次的水口渣线侵蚀严重（侵蚀速率约 2.5mm/h），甚至出现穿孔现象，因此认为含 ZrO_2 的大型夹杂物主要是因浸入式水口耐材侵蚀脱落引起的。

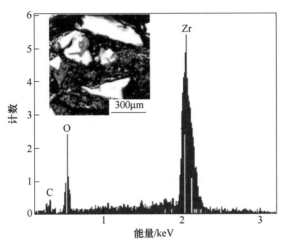

图 6-22　浸入式水口耐材形貌与能谱图[15]

此外，张立峰等[16] 在普碳钢中找到了大尺寸 Al_2O_3-ZrO_2 系夹杂物（Al_2O_3 94%～98%；ZrO_2 2%～6%），如图 6-23 所示。这些夹杂物的成分与钢包座砖水口成分十分相似。在该生产系统，座砖水口是唯一含 ZrO_2 的耐火材料，其主要成分为 Al_2O_3 94.00%、ZrO_2 2.50%、SiO_2 1.00% 和其他 2.50%。很明显，在浇注过程中，座砖水口被侵蚀冲刷进入钢液中变成了这些夹杂物。

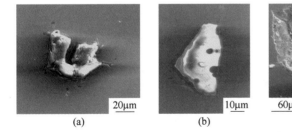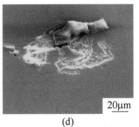

|(a)|(b)|(c)|(d)|

图 6-23　普碳钢中大尺寸 Al_2O_3-ZrO_2 系夹杂物[16]

连铸长水口内壁、塞棒头和浸入式水口内壁以及模铸汤道内壁等位置均可以黏附氧化物[17]。如本书 5.2 节所述，黏附在水口壁上的氧化物通常具有较大的尺寸。在钢液浇注过程中，钢液将这些黏附物冲刷进入钢液也会形成大型夹杂物。屈志东等[18] 利用水口中的 ZrO_2 作为示踪剂，证明了黏附在浸入式水口的液态夹杂物会侵蚀水口。这些侵蚀产物被冲刷进入钢液后形成了含 ZrO_2 大型夹杂物。

　　本书作者团队在 20CrMnTi 轧材中发现了超过 800μm 的细条状夹杂物, 其形貌和面扫图如图 6-24 所示。从图 6-24 可知, 该大型夹杂物中主要成分为铝酸钙。对比图 6-24 和图 6-17 发现, 尽管两个图中的夹杂物中间均有固体颗粒, 但图 6-24 中间为 MgO 颗粒, 与图 6-17 中的尖晶石明显不同。因此, 图 6-24 中的夹杂物并不来自钢中内生夹杂物。依据 MgO 物相, 可以推测这类夹杂物与耐火材料有关。

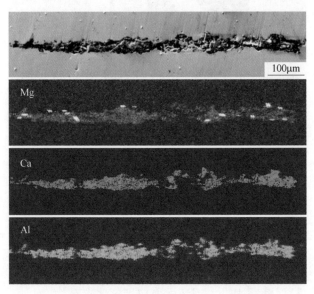

图 6-24　20CrMnTi 轧材中大型夹杂物面扫图

　　图 6-25 为本书作者团队获得的钢包挂渣微观形貌和元素面扫图。在图 6-25 中, 颜色较深的物相为 MgO 耐火材料, 颜色较浅的物相为渣相, 白色颗粒为钢。

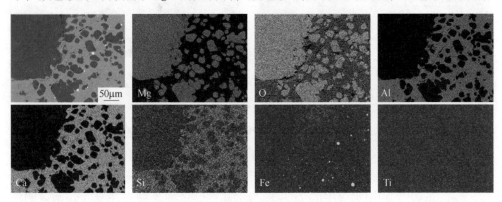

图 6-25　钢包挂渣形貌及元素分布

由面扫图可知，渣相主要成分为铝酸钙。从图 6-25 中可以明显看出，挂渣层已经渗透进入耐火砖中，而且 MgO 耐火材料颗粒已经剥落进入铝酸钙钢包挂渣中。在冶炼过程中，钢包挂渣被钢液冲刷进入钢液中则会形成含有 MgO 颗粒的大型夹杂物。因此，图 6-24 所示的大型夹杂物应该来自钢包挂渣的剥落。

Song 等[19] 在瑞典乌德霍姆钢厂（Uddeholm）采用示踪实验验证了钢包挂渣形成大型夹杂物的可能性。他们在工具钢生产某炉次的精炼渣中添加了 $BaCO_3$ 示踪剂，通过分析该炉次和后续炉次钢中夹杂物中的 BaO 含量来确定钢包挂渣与大型夹杂物的关系。图 6-26 是钢中一种典型的含 BaO 夹杂物。与图 6-24 类似，这类夹杂物中也有 MgO 颗粒分布。Song 等认为这些夹杂物源自钢包挂渣。他们在未添加示踪剂的后续炉次中也找到了此类夹杂物，这说明钢包挂渣的影响具有遗传性。此外，他们还统计了这些夹杂物的尺寸，如图 6-27 所示。从图可知，含 BaO 夹杂物的最大尺寸超过了 $100\mu m$，各工序夹杂物的平均直径约为 $20\mu m$。这些大尺寸夹杂物若不能有效去除，残留在钢液中即可形成大型夹杂物。本书作者团队通过实验室示踪实验也找到了类似现象，见 3.3 节。此外，姜敏等[20] 在轴承钢中也发现了内嵌 MgO 相的铝酸钙夹杂物。

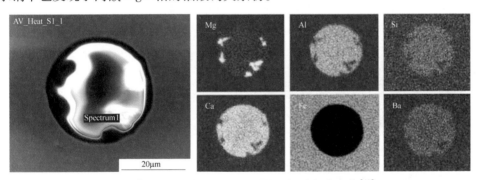

图 6-26 钢包中典型含 MgO 颗粒的铝酸钙夹杂物[19]

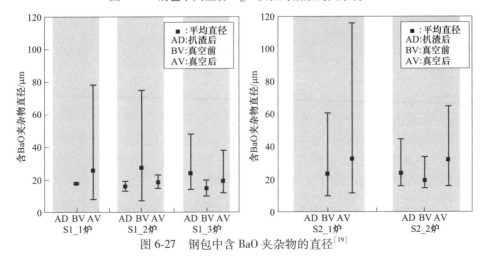

图 6-27 钢包中含 BaO 夹杂物的直径[19]

6.2.5 钢包或结晶器卷渣

由于结晶器保护渣一般含有 K 和 Na 元素，因此 K 和 Na 通常作为结晶器保护渣的特征示踪元素。很多学者认为含 K 和 Na 的大型夹杂物主要源自结晶器卷渣。比如，冯晓庭等[21]在 06Cr19Ni10 不锈钢中找到了 $CaO\text{-}SiO_2\text{-}Al_2O_3\text{-}MnO\text{-}MgO$ 系大型夹杂物，如图 6-28 所示。该大型夹杂物中还含有 5.08% 的 Na 元素，由于结晶品保护渣中含有 7.35% 的 Na_2O，因此推测其与结晶器保护渣有关。

尽管如此，本书作者检测了多家钢铁企业的冶炼原材料，发现这些原材料中并不只有结晶器保护渣含有 K 和 Na 元素。如前文所述，一些引流砂颗粒中也含有这些元素。此外，钢包覆盖剂和中间包覆盖剂，甚至一些耐火材料中也含有 K 和 Na 元素。此外，原材料中的 Na_2O 和 K_2O 等也有可能依据式（6-6）和式（6-7）使钢液局部生成溶解 Na 和 K，然后使钢中夹杂物中生成少量 Na_2O 和 K_2O。因此，并不能简单依据特征元素 K 和 Na 来判断大型夹杂物是否源自结晶器卷渣，而应该对比大型夹杂物与结晶器保护渣的具体成分。结晶器保护渣的碱度通常较低，且 K 和 Na 的含量也有明显区别。假如某个大型夹杂物与结晶器保护渣的化学成分偏差巨大，尽管其含有微量 K 或 Na 元素，其很可能并不是结晶器保护渣卷渣的结果。

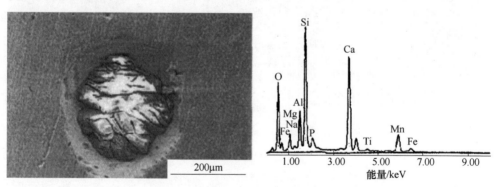

图 6-28   不锈钢中 $CaO\text{-}SiO_2\text{-}Al_2O_3\text{-}MnO\text{-}MgO$ 系夹杂物[21]

$$Na_2O = 2[Na] + [O] \tag{6-6}$$
$$K_2O = 2[K] + [O] \tag{6-7}$$

除了结晶器容易卷渣，在浇注过程中，钢包浇余时，部分顶渣也会随钢液一同卷入（即钢包下渣），形成大尺寸夹杂物。陈光友等[22]在硅锰脱氧的重轨钢中即发现了这类夹杂物，如图 6-29 所示。夹杂物中仅含有微量 K 元素，不含 Na 元素，因此这类夹杂物应该不是结晶器卷渣的结果。他们认为这是钢包卷渣的结果。

为了更清楚掌握浇铸过程钢包卷渣行为，夏兆东等[23]在 LF 精炼结束时，向

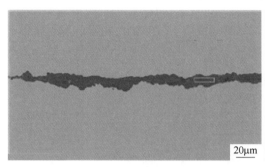

元素	质量分数/%	原子分数/%
O	38.99	56.38
Mg	6.18	5.88
Al	7.54	6.47
Si	17.47	14.39
K	0.39	0.23
Ca	27.31	15.77
Fe	2.11	0.88

图 6-29　重轨钢钢包下渣形成的大型夹杂物[22]

顶渣中加入了 5.3% 的 $BaCO_3$ 示踪剂，然后在中间包注流区取样观察钢中的夹杂物类型。典型的夹杂物形貌如图 6-30 所示。从图 6-30 中可以看出，一些夹杂物含有 BaO，其尺寸较大，而不含 BaO 的夹杂物尺寸明显更细小。他们认为这些含 BaO 的夹杂物是因钢包卷渣形成的，而不含 BaO 的细小夹杂物多数为脱氧演变产物。同时，他们发现在余钢量大于 15~18t 时，250t 钢包就大量卷渣形成大型夹杂物。

(a) 不含BaO	(b) 含BaO	(c) 含BaO
(d) 不含BaO	(e) 含BaO	(f) 含BaO

图 6-30　钢包加示踪剂后的典型夹杂物[23]

　　一些学者认为，转炉出钢过程的卷渣也是大型夹杂物的来源。成国光等[24]研究了轴承钢中大尺寸 $CaO\text{-}Al_2O_3\text{-}MgO\text{-}SiO_2$ 系夹杂物的形成机理。轴承钢在出钢过程中加入了石灰和含 SiO_2 60% 的低碱度精炼渣，而高碱度 $CaO\text{-}Al_2O_3$ 精炼合成渣则在 LF 精炼开始时加入。他们在精炼过程找到的典型大尺寸夹杂物如图 6-29 所示，这些夹杂物的成分如图 6-32 所示。从图 6-31 和图 6-32 可知，钢中典型的 CaO-Al$_2$O$_3$-MgO-SiO$_2$ 系夹杂物呈球状，在氩站发现的大尺寸夹杂物 SiO$_2$ 含

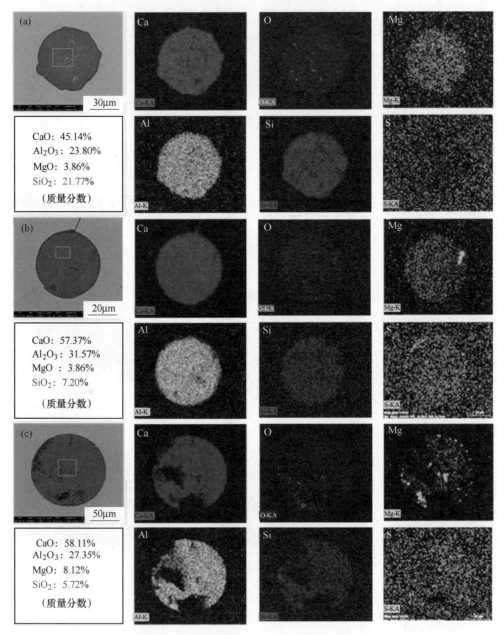

图 6-31　精炼过程典型大尺寸夹杂物面扫描图[24]

(a) 氩站；(b) LF；(c) RH

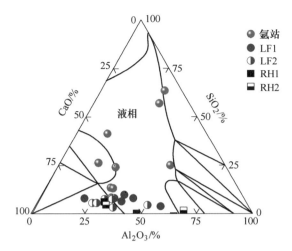

图 6-32 精炼各工位大尺寸夹杂物成分分布[24]

量比较高。随着精炼时间的延长，这些大尺寸夹杂物中的 SiO_2 含量不断降低。他们认为这些夹杂物是低碱度渣在转炉出钢过程被钢液卷入而形成的。在精炼过程中，卷入的夹杂物与钢液不断反应导致 SiO_2 含量不断降低。由于这些夹杂物与钢液的润湿性好，因此这些夹杂物有显著的遗传性，最终残留在成品钢中。王新华等[25-26]认为帘线钢中的 $CaO\text{-}SiO_2$ 系夹杂物也源自转炉出钢过程的卷渣，因而在帘线钢精炼过程中也能找到 $CaO\text{-}SiO_2$ 系大型夹杂物。

6.3 大型夹杂物控制

相比微观夹杂物，钢中的大型夹杂物虽然数量不多，但对钢种的性能影响更为显著。如上所述，大型夹杂物主要是外来夹杂物，而且具有一定的偶然性。因此，稳定控制大型夹杂物是比较困难的，需要在生产过程各个环节综合考虑。依据大型夹杂物的来源，本节将介绍大型夹杂物控制的部分方法。

6.3.1 排尽引流砂

从前文可知，部分大型夹杂物的成分与引流砂颗粒或烧结产物的成分十分接近。这表明钢包引流砂是大型夹杂物的重要来源。当钢包开浇时，如果没有特殊措施，引流砂就会直接落入中间包，而这些颗粒往往很难在中间包内完全去除。虽然很多企业在中间包采用了抑湍器和挡墙等控流装置，但仅靠控流难以获得理想的效果，因为在浇注的中期，通过大样电解仍然能发现与引流砂相关的大型夹杂物。

目前，仍有不少钢铁企业在浇注过程对引流砂不采取措施；部分企业在开浇钢液未流出之前，人工接走部分引流砂，取得了一定的效果，但存在可控性差和安全隐患等问题。因此,钢包开浇时,可以考虑在引流砂流出后排掉一部分钢液,之后再将长水口引入中间包,这样可以大量减少钢中因引流砂而形成的大型夹杂物。如何更有效地排尽引流砂仍将是需要解决的重点问题之一。

6.3.2 控制钢中钙含量

如第 5 章所述,钙处理后钢中大型 $CaO\text{-}Al_2O_3$ 系夹杂物出现的概率明显增加。此外,已有研究[13-14, 27]表明,钢中的 DS 类夹杂物与 $CaO\text{-}Al_2O_3$ 系夹杂物密切相关。目前,学术界对钙处理作用大型夹杂物的机制以及 $CaO\text{-}Al_2O_3$ 系夹杂物长大机制的认识仍不够全面,还需要进一步研究。尽管如此,依据 $CaO\text{-}Al_2O_3$ 系夹杂物的生成机理(详见第 3 章)可以推测,控制钢中的 Ca 含量对控制大型夹杂物也是有益的。因此,对于轴承钢等高端产品,精炼过程不适宜使用过高碱度的精炼渣[28],也不宜采用含 CaO 耐火材料以及 Ca 含量较高的合金。

6.3.3 采用优质耐火材料

为了改善耐火材料对大型夹杂物的影响,优质可靠的耐火材料是十分必要的。这不仅需要提升耐火材料的强度和抗热震性,还需要提高耐火材料抵御钢液和熔渣的化学侵蚀,减少耐火材料自身和反应产物的剥落。

印传磊等[15]采用了优质浸入式水口,使其侵蚀速率小于 1.5mm/h,避免了水口渣线严重侵蚀导致耐材脱落并进入钢液形成大型夹杂物。屈志东等[18]也采用优质浸入式水口材料控制钢中夹杂物对耐火材料的侵蚀,减少耐火材料的剥落。

从前文可知,钢包挂渣的剥落也会形成大型夹杂物,因此减少钢包挂渣剥落则可以减少这些夹杂物。Wang 等[29]尝试通过优化耐火材料来减少钢包挂渣的量,他们在 MgO 中添加 0~20% 的 Al_2O_3 胶体(Al_2O_3 平均粒径 45nm,含水量 50%)来改善耐火材料的抗渣侵能力。通过与工业镁碳砖对比,添加 Al_2O_3 胶体经压制烧结制作的耐火材料具有显著的抗渣侵能力,如图 6-33 所示。添加 0~20% 的 Al_2O_3 胶体后,MgO 耐火材料的表观密度由 2.343g/mm³ 增至 2.899g/mm³,孔隙率由 34.25% 降至 16.63%。他们认为尖晶石的形成有利于抑制渣的渗透,一方面是由于耐火材料变得更加致密,另一方面 Al_2O_3 可以导致固态 $CaO\text{-}Al_2O_3$ 系和 $CaO\text{-}MgO\text{-}Al_2O_3$ 系氧化物在渣-耐火材料颗粒边界生成,进一步阻碍渣向耐火材料浸透。由此可见,优质的耐火材料可以明显改善钢包挂渣的形成和剥落,从而减少含耐火材料大型夹杂物的形成。

6.3.4 优化过程操作

精炼及连铸过程的卷渣同样会生成大型夹杂物,转炉出钢和精炼吹氩搅拌优

(a) 工业镁碳砖 (脱碳后)

(b) MgO 100%

(c) MgO 90%, Al_2O_3 10%

(d) MgO 80%, Al_2O_3 20%

图 6-33　精炼渣在不同耐火材料的渗透情况[29]

化、连铸钢包下渣控制以及结晶器液面波动控制有助于减少其生成。

成国光等[24]为了控制轴承钢中的大尺寸 $CaO\text{-}Al_2O_3\text{-}MgO\text{-}SiO_2$ 系夹杂物，他们优化了转钢出钢工艺，如图 6-34 所示。原工艺在出钢时即加入低碱度精炼渣，在出钢和氩站吹氩强搅拌很容易导致卷渣。优化工艺在出钢时加入合金，之后再加入高碱度合成渣，同时采用弱搅拌防止卷渣，最终获得流动性良好的精炼渣。类似地，王新华等[25-26]优化了帘线钢的转炉出钢过程。在出钢时不加入精炼渣，待出钢完毕后再加入精炼渣，有效避免了出钢过程卷渣，减少了钢中 $CaO\text{-}SiO_2$ 系大型夹杂物。

在精炼过程中，同样需要控制钢包底吹氩气量，减少精炼渣在精炼过程（特别是精炼末期）发生卷渣。一些企业为了满足脱氢的要求，往往在 VD 真空精炼过程采用较高的底吹氩气量。实际上，这很容易导致 VD 过程发生卷渣，残留在钢中的渣滴很容易遗留在钢液中。这已被一些工业实践[28]所证明。一些企业在钢包软吹时也采用了较大的气量，增加了卷渣的风险。此外，钢包搅拌越剧烈，对耐火材料和钢包挂渣的冲刷也越厉害。可见过大的吹气量还增加耐火材料和钢包挂渣剥落的风险。因此，精炼过程必须采用合理的吹气量。

在连铸过程，当钢液从钢包浇注到中间包，旋涡是引起卷渣的主要因素。因此，钢包下渣控制尤为重要。在一些特殊钢种生产时，一般要求保证一定的钢包

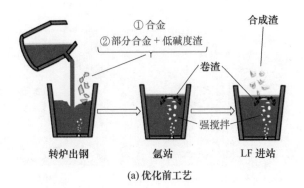

(a) 优化前工艺

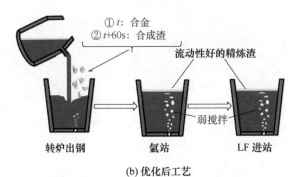

(b) 优化后工艺

图 6-34　轴承钢工艺优化前后对比[24]

浇余量。夏兆东等[23]发现 250t 钢包发生旋涡卷渣的临界余钢量至少大于 18t。为了提高金属收得率，他们提出一种改变水口结构抑制旋涡卷渣的方法，如图 6-35 所示。水模型模拟显示，其可有效地降低旋涡的起旋高度和贯通高度。此外，有学者提出在水口座砖周围吹氩也可以抑制旋涡产生，降低钢包的浇余量。值得注意的是，这些方法仍然没有大量工业应用，其效果有待进一步检验。

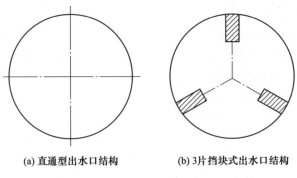

(a) 直通型出水口结构　　　　(b) 3片挡块式出水口结构

图 6-35　钢包出水口内型结构示意图[23]

结晶器防止卷渣主要是控制结晶器内的流场。浸入式水口的形状和浸入深度以及保护渣的物理性能对结晶器卷渣也有重要影响。在实际的连铸操作中，采用高黏度的保护渣可以有效降低冷轧钢板的表面缺陷[1]，然而增大保护渣黏度会降低其对坯壳的润滑作用。因此，开发高黏度低结晶温度的保护渣可明显减少由保护渣引起的铸坯夹杂物缺陷。

防止浸入式水口堵塞对控制结晶器流场也十分重要。水口堵塞不仅会改变结晶器内的流场和温度场，增加卷渣的风险，而且水口壁黏附的夹杂物很可能被冲刷进入钢液中形成大型夹杂物。因此，控制大型夹杂物也必须关注浸入式水口堵塞行为，防止夹杂物在浸入式水口黏附并聚集。

此外，如前文所述，钢液的二次氧化不仅会增加浸入式水口堵塞的概率（详见第5章），同时也是大型夹杂物的重要来源。因此，尽可能防止钢液发生二次氧化也是控制钢中大型夹杂物的重要方向之一。本书5.5.3节介绍了防止钢液二次氧化的一些方法。

6.4 本章小结

检测和评价大型夹杂物有多个方法，主要包括钢坯全截面法、发蓝断口法、塔形发纹酸浸法、硫印法、原位分析法、激光诱导击穿光谱法、超声波检测法、磁性检测法、涡流检测法以及大样电解法和统计方法等。目前，宏观洁净度还没有完整统一的评价标准。在科学研究和实际生产时，可以采用多种方法来综合评价夹杂物。

二次氧化生成的夹杂物与脱氧产物有较大的区别，其尺寸更大。铝镇静钢中出现的硅酸盐夹杂物有可能是二次氧化的产物，但并不是所有的硅酸盐夹杂物都是二次氧化的产物。同时，钢液发生二次氧化生成的夹杂物也不一定是硅酸盐夹杂物。在生产过程中应该结合实际情况分析夹杂物的来源。一般情况下，大型夹杂物主要是外来夹杂物，而且具有一定的偶然性。

钢包引流砂是钢中大型夹杂物的重要来源。SiO_2-Al_2O_3-MnO(-FeO) 基和 TiO_x-SiO_2-Al_2O_3 基大型夹杂物很可能源自钢包引流砂和其烧结产物。引流砂和其烧结产物进入钢液后，在中间包内很难被完全去除。在连铸过程采取有效措施将其排尽是大型夹杂物控制的重要方向之一。

钙处理钢通常更容易发现铝酸钙类大型夹杂物，控制钢中的 Ca 含量对控制大型夹杂物也是有益的。

耐火材料和钢包挂渣剥落以及钢包或结晶器卷渣也会导致钢中生成大型夹杂物。一般情况下，内嵌 MgO 相的铝酸钙夹杂物主要源自钢包挂渣，含 K 和 Na 的大型夹杂物主要来自结晶器卷渣。尽管如此，除了结晶器保护渣，其他冶金原料（钢包覆盖剂、中间包覆盖剂和耐火材料等）中也可能含有 K 和 Na 元素。因此，不能简单依据 K 和 Na 来判断大型夹杂物是否源自结晶器卷渣。为了控制大型夹杂物，优质可靠的耐火材料是十分必要的。同时，转炉出钢和精炼吹氩搅拌优化、连铸钢包下渣控制以及结晶器液面波动控制也有助于减少大型夹杂物的形成。此外，防止浸入式水口堵塞和钢液二次氧化也能起到积极的作用。

参 考 文 献

[1] 国际钢铁协会. 洁净钢——洁净钢生产工艺技术 [M]. 中国金属学会，译. 北京：冶金工业出版社，2006.

[2] 垣生泰弘. 造塊工程ならびに連鑄工程における鋼中大型非金属介在物の低減法に関する研究 [D]. 大阪：大阪大学，1977.

[3] 董履仁，刘新华. 钢中大型非金属夹杂物 [M]. 北京：冶金工业出版社，1991.

[4] 垣生泰弘，江見俊彦，比岡英就. Ca-Si-Al 基複合脱酸合金で処理したAlキルド厚板用鋼中の介在物の挙動 [J]. 鉄と鋼，1973，59（9）：A97-A100.

[5] Farrell J W, Bilek P J, Hilty D C. Inclusions originating from reoxidation of liquid steel [A]. Electric Furnace Proceedings [C]. Iron and Steel Society, 1970, 28: 64-88.

[6] Brabie V, Kawakami M, Eketorp S. Coal consumption in smelting reduction compared with blast furnace [J]. Scandinavian Journal of Metallurgy, 1975, 4（6）: 273-284.

[7] 邓志银，戈文英，胡博文，等. 合金化对铝镇静钢中夹杂物的影响研究 [J]. 钢铁，2019，54（10）：30-37.

[8] 刘建华，包燕平，张婕，等. 异型坯中大型夹杂物分析 [J]. 连铸，2011（s）：376-381.

[9] 杨鹤，王洋，崔衡. 非稳态浇铸条件下 IF 钢铸坯中大型夹杂物分析 [J]. 连铸，2017，42（2）：39-42.

[10] Deng Z Y, Glaser B, Bombeck M A, et al. Mechanism study of the blocking of ladle well due to sintering of filler sand [J]. Steel Research International, 2016, 87（4）: 484-493.

[11] Deng Z Y, Glaser B, Bombeck M A, et al. Effects of temperature and holding time on the sintering of ladle filler sand with liquid steel [J]. Steel Research International, 2016, 87（7）: 921-929.

[12] 邓志银，彭朋，朱苗勇. 钢包引流砂烧结与钢包自动开浇率提升研究进展 [J]. 钢铁，2022，57（1）：1-12.

[13] 秦正丰，薛正良，李金波，等. 钙处理钢中大型球状及棒状夹杂的成因 [J]. 钢铁，2020，55（5）：31-38.

[14] 王新华，李金柱，姜敏，等. 高端重要用途特殊钢非金属夹杂物控制技术研究 [J]. 炼钢，2017，33（2）：50-56.

[15] 印传磊，翟万里，蒋栋初，等. 42CrMo 钢大尺寸夹杂物的来源与控制 [J]. 中国冶金，2021，31（1）：36-41.

[16] Zhang L, Rietow B, Thomas B G, et al. Large inclusions in plain-carbon steel ingots cast by bottom teeming [J]. ISIJ International, 2006, 46（5）: 670-679.

[17] Karnasiewicz B, Zinngrebe E, Tiekink W. Post-mortem ladle shroud analysis from the casting of

Al-killed steel: microstructures and origin of alumina clogging deposits [J]. Metallurgical and Materials Transactions B, 2021, 52 (4): 2171-2185.

[18] Qu Z D, He J H, Tu X K, et al. The penetration of low melting point inclusions into SEN and its effect on the cleanliness of molten steel [A]. Proceedings of 2021 China Symposium on Sustainable Iron- and Steelmaking Technology [C]. Changsha: The Chinese Society for Metals, 2021: 91-94.

[19] Song M H, Nzotta M, Sichen D. Study of the formation of non-metallic inclusions by ladle glaze and the effect of slag on inclusion composition using tracer experiments [J]. Steel Research International, 2010, 80 (10): 753-760.

[20] 姜敏, 李凯轮, 王昆鹏, 等. 低氧高碳铬轴承钢 LF-VD 精炼时洁净度与夹杂物特征变化 [J]. 炼钢, 2021, 37 (1): 27-43.

[21] 冯晓庭, 张存信, 胡梅青, 等. 06Cr19Ni10 不锈钢中大型夹杂物的分析 [J]. 理化检验 (物理分册), 2011, 47 (6): 353-360.

[22] 陈光友, 杨文清, 占海涛. 重轨钢外来夹杂物的控制研究 [J]. 宝钢技术, 2019 (4): 20-25.

[23] 夏兆东, 邓丽琴, 王德永. 梅钢 250t 钢包浇铸过程旋涡卷渣行为研究 [J]. 炼钢, 2020, 36 (3): 44-50.

[24] Miao Z, Cheng G, Li S, et al. Formation mechanism of large-size $CaO-Al_2O_3-MgO-SiO_2$ inclusions in high carbon chromium bearing steel [J]. ISIJ International, 2021, 61 (7): 2083-2091.

[25] Wang K, Jiang M, Wang X, et al. Formation mechanism of $CaO-SiO_2-Al_2O_3-(MgO)$ inclusions in Si-Mn-killed steel with limited aluminum content during the low basicity slag refining [J]. Metallurgical and Materials Transactions B, 2016, 47 (1): 282-290.

[26] Jiang M, Liu J C, Li K L, et al. Formation mechanism of large $CaO-SiO_2-Al_2O_3$ inclusions in Si-deoxidized spring steel refined by low basicity slag [J]. Metallurgical and Materials Transactions B, 2021, 52 (4): 1950-1954.

[27] Wang X, Li X, Li Q, et al. Control of stringer shaped non-metallic inclusions of $CaO-Al_2O_3$ system in API X80 linepipe steel plates [J]. Steel Research International, 2014, 85 (2): 155-163.

[28] 李明, 王新成, 段加恒, 等. 轴承钢中 D 类夹杂物的形成与控制 [J]. 工程科学学报, 2018, 40 (S1): 31-35.

[29] Wang H, Glaser B, Sichen D. Improvement of resistance of MgO-based refractory to slag penetration by in situ spinel formation [J]. Metallurgical and Materials Transactions B, 2015, 46 (2): 749-757.

7　典型钢种夹杂物控制

按照脱氧方式分类，现有钢种主要有铝镇静钢和硅锰镇静钢两大类。在这些钢种中，轴承钢广泛应用于机械、军工、航天和交通等各个领域，对质量要求极其严格，号称"钢中之王"，是典型的铝镇静钢；而钢帘线作为典型的硅锰镇静钢，具有强度高和柔性好等优点，被誉为线材"皇冠上的明珠"。因此，轴承钢和帘线钢的生产能力往往代表了企业的技术水平，而夹杂物控制水平则是企业能力水平的具体体现。目前，尽管我国绝大部分钢铁材料可以实现自给，但有些高端产品（如航空航天、高速铁路和高速精密机床等高端轴承钢和超精细切割钢丝等）暂时不能满足用户的使用要求，仍主要依赖进口，重要原因之一是夹杂物控制水平尚未满足要求。这要求我国冶金工作者继续深入研发，尽快突破这些钢材的关键生产技术。

本章以作者的研究与实践为基础，结合国内外研究成果，围绕轴承钢和帘线钢的精炼渣和微量元素（如 Ti 和 Al 等）控制，阐述了这两个典型钢种的夹杂物控制手段。此外，还介绍了瑞典 OVAKO、日本山阳特殊钢和日本神户制钢等特钢企业的生产工艺。

7.1　轴承钢夹杂物控制

制造业的迅速发展对轴承钢的疲劳寿命提出了越来越严苛的要求。钢中夹杂物是影响轴承钢疲劳寿命的主要原因，因此夹杂物控制是轴承钢冶炼生产的关键。轴承钢通常需要控制大尺寸、多棱角的夹杂物，要求钢中极低的全氧含量和钛含量。目前，国家标准《超高洁净高碳铬轴承钢通用技术条件》（GB/T 38885—2020）要求轴承钢 B 类和 D 类细系夹杂物小于 1.0 级、粗系夹杂物小于 0.5 级，DS 夹杂物小于 0.5 级，全氧含量不大于 5×10^{-6}，钛含量不大于 10×10^{-6}。本节重点介绍轴承钢的精炼渣和钛含量控制，同时列举了国内外先进企业的典型生产工艺。

7.1.1　精炼渣控制

精炼渣是精炼过程控制夹杂物的核心手段之一。通常，精炼渣的碱度（即二元碱度 $R = w(CaO)/w(SiO_2)$）是各企业关注的重点。从热力学上讲，精炼渣碱度一方面会影响脱氧产物的活度，从而影响脱氧；另一方面，精炼渣碱度会影响钢中微量元素的生成，从而影响钢中夹杂物的生成和演变。

如第 3 章所述，精炼渣也会影响钢中的氧含量，要获得低氧的洁净钢，就需要选择合适的精炼渣。虽然在工业实际测量时，精炼渣的主要组元对钢中的溶解氧活度影响不明显，但是渣中的一些不稳定性氧化物，例如 FeO 也会成为供氧源，这也会最终影响到钢的洁净度。因此，对于铝镇静钢，稳定的精炼渣仍是需要强调的。除了式 (7-1) 所示的 Fe-[O] 平衡，其他的反应也需要关注。

$$[O] + Fe \rightleftharpoons (FeO) \tag{7-1}$$

通常，SiO_2 是铝镇静钢精炼的一个潜在供氧源。钢中的溶解 Al 会将 SiO_2 还原并生成 Al_2O_3，同时消耗钢中的 Al，即反应式 (7-2)。由式 (7-3) 可知，SiO_2 的活度越小，Al_2O_3 活度越大，越有利于抑制式 (7-2) 向右进行反应。

$$3(SiO_2) + 4[Al] \rightleftharpoons 2(Al_2O_3) + 3[Si] \tag{7-2}$$

$$K_{7-2} = \frac{a^2_{Al_2O_3} \cdot a^3_{[Si]}}{a^3_{SiO_2} \cdot a^4_{[Al]}} \tag{7-3}$$

从式 (7-2) 可知，渣中的 SiO_2 也是一种供氧源，因此要求渣中的 SiO_2 也是稳定的。根据本书提出的脱氧机理 (见 3.1.1 节)，SiO_2 供氧的实质是消耗了钢液熔池中的 Al，最终导致钢液中的溶解氧升高。因此，非常有必要讨论渣中 SiO_2 的稳定性。

由式 (7-2) 的平衡常数 K_{7-2} 可以得到式 (7-4)。在式 (7-4) 中，$(a^2_{Al_2O_3}/a^3_{SiO_2})$ 不仅是一个关于 SiO_2 和 Al_2O_3 活度的参数，更是一个可以控制式 (7-2) 反应的参数。对于一个特定的钢种，钢中的 Si 含量和 Al 含量也基本固定。$(a^2_{Al_2O_3}/a^3_{SiO_2})$ 值越大，越能阻止式 (7-2) 向右发生，即抑制渣中 SiO_2 被 Al 还原。

$$K_{7-2} = \left(\frac{a^2_{Al_2O_3}}{a^3_{SiO_2}}\right) \cdot \frac{a^3_{[Si]}}{a^4_{[Al]}} \tag{7-4}$$

由热力学计算软件 FactSage 可以计算得到碱度 R 与 $(a^2_{Al_2O_3}/a^3_{SiO_2})$ 值的关系，如图 7-1 所示。从图 7-1 中可以看出，随着 R 的增加，$(a^2_{Al_2O_3}/a^3_{SiO_2})$ 总体是不断增加的。当 $R \leqslant 3$ 时，$(a^2_{Al_2O_3}/a^3_{SiO_2})$ 增加非常迅速，而当 R>3 时，其值增加变得十分平缓。因此，铝镇静钢的精炼渣碱度通常应该大于 3。

对于反应式 (7-1)，尽管有学者[1]提到高碱度可以降低渣中 FeO 的活度系数，但这并不能轻易保证低 FeO 活度。由于 FeO 活度还与 FeO 含量有关，本书作者认为，降低渣中的 FeO 含量比高碱度更为有效。固然，精炼渣的碱度还会影响渣中 CaO 的活度。精炼渣的碱度越高，CaO 的活度越大。由反应式 (7-5) 和式 (7-6) 可知，越高碱度的精炼渣越有利于钢液中溶解 Ca 的生成，因而越有利于生成 CaO-Al_2O_3 系夹杂物。由第 4 章可知，相比 Al_2O_3 和 MgO·Al_2O_3 夹杂物，液态的 CaO-Al$_2$O$_3$ 系夹杂物更难以去除，并且易于成为 DS 类夹杂物，严重影响高品质特殊钢的疲劳使用性能。因此，铝镇静钢精炼渣的碱度并不是越高越好。

$$3CaO + 2[Al] \Longrightarrow Al_2O_3 + 3[Ca] \tag{7-5}$$

$$CaO + [C] \Longrightarrow CO(g) + [Ca] \tag{7-6}$$

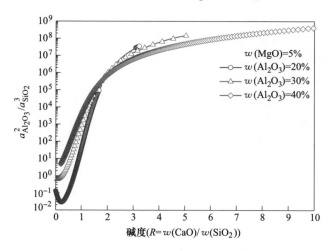

图 7-1 碱度对 ($a_{Al_2O_3}^2 / a_{SiO_2}^3$) 值的影响

众所周知，高碱度精炼渣通常具有较高的熔点，在精炼过程表现出较差的流动性。虽然萤石（CaF$_2$）可以改善高碱度精炼渣的流动性，但其对环境和操作工人的健康有害，通常被限制使用。CaO-SiO$_2$-MgO-Al$_2$O$_3$ 渣系的应用可以尽可能减少萤石的使用。早期部分学者担忧渣中添加较高含量的 Al$_2$O$_3$ 后会显著增加 Al$_2$O$_3$ 活度，从而影响渣系的脱氧效果。从 3.1.1 节可知，渣中的 Al$_2$O$_3$ 活度对铝脱氧反应影响并不大。因此，控制精炼渣中的 Al$_2$O$_3$ 含量主要是考虑精炼渣的熔化特性和流动性，而非脱氧反应。

本书作者团队分别考虑了化学试剂配制渣和工业高碱度精炼渣，通过测量精炼渣黏度来考察 Al$_2$O$_3$ 含量对精炼渣流动性的影响，测量结果如图 7-2 所示。从图 7-2 可以看出，工业精炼渣的黏度要略低于化学试剂配制渣，且渣中 Al$_2$O$_3$ 含量对两种渣黏度的影响趋势相似。尽管如此，Al$_2$O$_3$ 含量在 35% 附近时，化学试剂渣获得了最低黏度；而工业精炼渣由于含有其他杂质，渣黏度最低时渣中 Al$_2$O$_3$ 含量约为 30%。有文献[2]报道，渣中 Al$_2$O$_3$ 含量在 30%（质量分数）左右即可获得较好的熔化和流动效果。本书作者团队还采用了 FactSage 软件优化了精炼渣 MgO 含量，发现 4%~6% 的 MgO 最有利于改善铝镇静钢精炼渣的熔化特性。

瑞典 OVAKO、日本山阳特殊钢和我国兴澄特钢为国际知名的高端轴承钢生产企业。表 7-1 列出了文献中有关这些企业的精炼渣成分。需要注意的是，不同文献报道的精炼渣成分存在一定的差异。尽管如此，从表中仍可以看出这些企业冶炼轴承钢均采用了高碱度精炼渣，且精炼渣的 Al_2O_3 含量在30%附近，MgO含量在3%～12%之间。

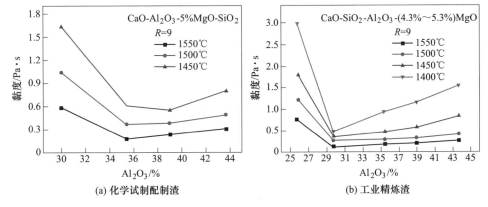

图 7-2　氧化铝含量对渣黏度的影响

表 7-1　先进企业轴承钢精炼渣成分　　（%）

钢铁企业		CaO	SiO₂	Al₂O₃	MgO	TFe	CaF₂	S	碱度 R (−)	文献
OVAKO	2013 年	55～62	2～6	31～38	3～9			1～2	10～27	3
		55.3	6.47	29.3	5.38			2.03	8.6	4
山阳特殊钢	2007 年	52	10	22	3.4	0.34	10	2.0	～5	5
兴澄特钢	2008 年	55～62	10～20	15～25	5～12					6

　　最近，山阳特殊钢开发了洁净钢 SURP 精炼工艺（Sanyo Ultra Refining Process），其核心是通过控制夹杂物的成分来控制大尺寸夹杂物出现的频率[7-9]。由于 CaO-Al₂O₃ 系液态夹杂物容易被钢液润湿，在 RH 处理过程很难被去除，因此 SURP 工艺通过调整精炼渣中 CaO 和 CaF₂ 的添加量和时机将 RH 精炼过程的主要夹杂物控制为 MgO-Al₂O₃ 系固态夹杂物，提升了 RH 处理过程的夹杂物去除效率，降低大尺寸 CaO-Al₂O₃ 系夹杂物出现的频率，从而显著提升钢液的洁净度。由于精炼渣碱度对夹杂物生成和演变行为具有显著影响（可参阅本书第 3 章内容），因此可以依据夹杂物的演变规律推测 SURP 精炼工艺的精炼渣碱度不会太高。

　　此外，Yu 等[10]也提出可以采用碱度为 4 左右的精炼渣来冶炼特殊钢，不仅可以获得较好的脱硫效果也可以获得较好的洁净度。综合考虑夹杂物控制以及渣流动性等性质，铝镇静钢精炼渣碱度应控制在合适的范围。工业实践表明，精炼渣碱度控制在 4～7，Al₂O₃ 含量约 30%，MgO 含量 5% 左右，尽可能降低渣中 FeO 含量，即可获得全氧含量约 5×10⁻⁶ 的轴承钢产品。

7.1.2　钛含量控制

　　20 世纪 90 年代，瑞典 OVAKO 公司[11]曾指出轴承钢中的 Ti 含量与铬铁合金的杂质 Ti 有密切关系，轴承钢中的 Cr 含量越高，钢中的 Ti 含量也越高，如图 7-3 所示。因此，控制轴承钢 Ti 含量需要选择适宜的合金。当时 OVAKO 轴承钢的 Ti 含量已经达到很高的水平，约为 10×10^{-6}，且稳定小于 15×10^{-6}，如图 7-4 所示。

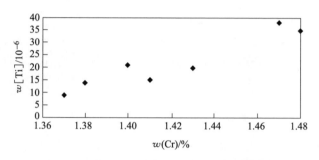

图 7-3　钢中 Ti 含量与 Cr 含量的关系[11]

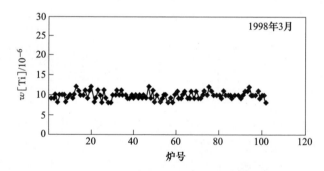

图 7-4　瑞典 OVAKO 轴承钢炉次 Ti 含量变化[11]

　　一般情况下，低 Ti 原料是控制钢中 Ti 含量的主要手段。禁止使用含 Ti 废钢，采用低 Ti 铁水、低 Ti 合金和低 Ti 渣料等可以有效降低钢中的 Ti 含量。河钢石钢[12]通过优化合金和渣料，有效控制了合金和渣料增 Ti。表 7-2 和表 7-3 分别列出了石钢轴承钢用合金 Ti 含量和渣料 TiO_2 含量。从表中可以看出，这些合金和渣料均为低钛原料，其中添加铬铁的增 Ti 量不足 2×10^{-6}。

　　在钢中 Ti 含量较高时，采用低钛原料可以获得显著效果。尽管如此，当钢液中的 Ti 含量低于 20×10^{-6} 时，要进一步降低 Ti 含量，仅采用低钛原料是不够的。此时，过程操作的影响也会凸显。

表 7-2 合金对钢液 Ti 含量的影响[12]

合金	合金 Ti 含量/10⁻⁶			加入量 /kg·t⁻¹	增 Ti 量/10⁻⁶
	最小	最大	平均		
低碳铬铁	10	100	65	28	1.8
低碳锰铁	10	210	42	3.1	0.1
低氮增碳剂	0	50	13	6	0.1

表 7-3 渣料中 TiO₂ 含量[12] (%)

渣料	最小含量	最大含量	平均含量
低钛预熔渣	0.01	0.02	0.02
钢包覆盖剂	0.13	0.35	0.23
精炼终渣	0.09	0.2	0.11

　　转炉或电炉下渣会使渣中的 TiO_x 氧化物带入渣中，给轴承钢的 Ti 含量控制带来了不利影响。河钢石钢[12]通过对比扒渣和未扒渣炉次的 Ti 含量发现，扒渣操作可以降低轴承钢的 Ti 含量约 5×10^{-6}，如图 7-5 所示。此外，由于转炉渣或电炉渣中还含有较高的 FeO 含量，出钢扒渣不仅有利于控制 Ti 含量，还有利于脱氧和提升合金收得率。瑞典 OVAKO 和日本山阳特殊钢以及我国的兴澄特钢和石钢等轴承钢生产企业均要求出钢扒渣操作。

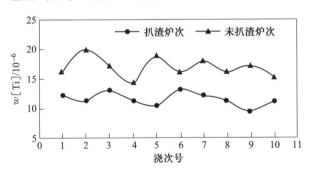

图 7-5　扒渣与未扒渣炉次的 Ti 含量对比[12]

　　同时，本书作者[13]研究发现，出钢弱脱氧（即硅锰脱氧）后扒渣对夹杂物没有明显影响。出钢时采用弱脱氧可以减少下渣中 TiO_x 氧化物的还原。出钢完毕，由于扒渣去除了大部分 TiO_x 氧化物，重新造渣之后即使强脱氧，也可避免这些 TiO_x 氧化物被还原成 Ti。因此，出钢弱脱氧结合扒渣制度可以降低钢中 Ti 含量。此外，弱脱氧使钢液氧含量较高，可以有效控制出钢过程钢液吸氮，也有利于成品氮含量控制。

近年来，本书作者团队还关注了钢包挂渣对钢液洁净度的影响，考察了钢包周转对轴承钢中 Ti 含量的影响。研究发现，在轴承钢生产过程中，同一钢包随着周转次数的增加，钢中的 Ti 含量呈下降趋势，如图 7-6 所示。若该钢包用于其他钢种生产再用回轴承钢生产时，钢中的 Ti 含量显著增加，如图 7-7 所示。这表明钢包挂渣对 Ti 含量的控制仍然非常重要。河钢石钢[12]的生产实践也表明，钢包的周转使用是控 Ti 的关键。若轴承钢生产钢包前序钢种的 Ti 含量不小于 0.005%，轴承钢精炼过程增 Ti 为 $(3 \sim 5) \times 10^{-6}$。本书作者团队与企业合作，采用低 Ti 原料，通过优化钢包周转制度，结合出钢扒渣等手段，可将轴承钢中的 Ti 含量控制小于 10×10^{-6} 的超低水平。

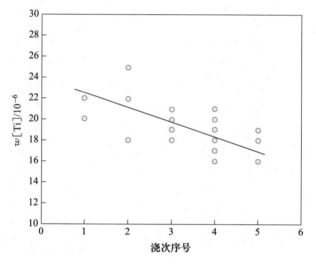

图 7-6 钛含量随着轴承钢浇次的变化

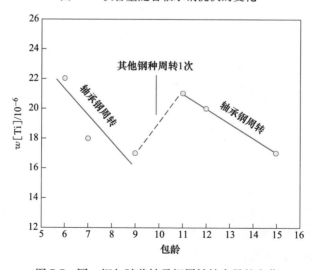

图 7-7 同一钢包随着轴承钢周转钛含量的变化

7.1.3 典型生产工艺

表7-4列出了国内外特钢企业的轴承钢生产工艺。从表中可以看出，瑞典OVAKO高端轴承钢主要基于电炉短流程，精炼设备为ASEA-SKF（类似LF和VD），并采用了模铸（IC）生产。日本山阳特殊钢生产轴承钢同样采用了电炉工艺，精炼设备为LF和RH，主要采用大断面立式连铸生产，少量采用模铸生产。我国钢铁企业生产轴承钢的工艺则相对多样。炼钢既有电炉工艺也有转炉工艺。精炼过程除了LF精炼炉，真空精炼采用VD或RH炉。早期VD炉在我国投产相对较多，而最近RH炉获得了新建钢铁企业的青睐。同时，轴承钢以弧形连铸机生产为主，铸坯不仅有大断面，也有小断面。近年来，立式连铸机也开始应用于轴承钢生产，比如石钢新区。

表7-4 特钢企业轴承钢生产工艺

企业	钢包容量/t	生产工艺	铸坯/锭尺寸	备注	文献
瑞典OVAKO	100	EAF→ASEA-SKF→IC	4.2t	Hofors工厂	4
日本山阳特殊钢	150	EAF→LF→RH→CC	380mm×530mm	立式连铸机	14
	60	EAF→LF→RH→CC			
		EAF→LF→RH→IC			
兴澄特钢	100	EAF→LF→VD→CC	300mm×300mm		
	120	BOF→LF→RH→CC	370mm×490mm		
宝钢	150	EAF→LF→VD→CC	320mm×425mm		15
	130	BOF→LF→RH→CC	320mm×425mm		
	40	EAF→LF→VD→IC	2.3t		
大冶特钢	120	BOF→LF→RH→CC	350mm×470mm		
	60	EAF→LF→VD/RH→IC	1.2t		
南京钢铁	100	EAF→LF→VD→CC	320mm×480mm		
	120	BOF→LF→RH→CC	320mm×480mm		
中天钢铁	120	BOF→LF→RH/VD→CC	280mm×320mm		
石家庄钢铁（石钢新区）	130	EAF→LF→RH→CC	460mm×610mm	立式连铸机	—
			410mm×530mm		
			300mm×340mm		
			200mm×200mm		

瑞典OVAKO Hofors工厂[3-4]轴承钢生产工艺流程如图7-8所示。电炉采用偏心底出钢。在出钢过程中，加入硅铁和铝铁等合金预脱氧。出钢结束再扒渣，然后钢包运送到ASEA-SKF炉内升温和精炼。精炼过程采用高碱度$CaO\text{-}Al_2O_3$系精

炼合成渣造渣、脱硫和脱氧，并采用底吹氩和电磁搅拌。待合金微调完成后，进行真空脱气。脱气后，如有需要还可以进行二次升温，待温度满足要求后再进行模铸。

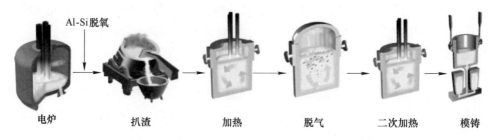

电炉   扒渣   加热   脱气   二次加热   模铸

图 7-8 瑞典 OVAKO Hofors 轴承钢冶炼示意图[4]

日本山阳特殊钢在 20 世纪 80 年代引入了"电炉→LF 精炼炉→RH 精炼炉→立式大方坯连铸"的工艺来生产轴承钢。20 世纪 90 年代，山阳特殊钢开发了 SNRP 精炼技术（Sanyo New Refining Process），实现了高品质超洁净轴承钢的规模生产。SNRP 技术通过创造稳定且最优的生产条件，提升钢液的精炼效果和防止钢液污染，降低了钢中夹杂物的数量和尺寸。据文献［5］报道，山阳特殊钢轴承钢生产电炉冶炼时间约 70min，渣的碱度约为 2.0，采用偏心底出钢。LF 精炼前完全扒渣，采用铝脱氧，精炼渣碱度 $R \approx 5$（见表 7-1），精炼时间约 50min。RH 真空精炼时间约为 20min。

2018 年，山阳特殊钢又在 SNRP 精炼工艺的基础上进一步开发了 SURP 精炼工艺（Sanyo Ultra Refining Process）。SURP 工艺通过控制夹杂物的成分来控制大尺寸 $CaO-Al_2O_3$ 系夹杂物出现的频率[8-9, 16]，其原理已在本书 7.1.1 节中进行了介绍。杉本晋一郎等[9]对山阳特殊钢轴承钢工艺进行了介绍，具体如下：

（1）出钢防污染技术。钢液出钢到钢包时，部分钢液会在钢包耐火砖缝隙内凝固。这些凝固的粗钢若在精炼结束时才熔化，就会污染钢包中的钢液。山阳特殊钢开发了一种钢包预热和周转方法，使这些粗钢在精炼初期即可熔化，其经过精炼后可以避免污染。

（2）精炼过程夹杂物去除技术：

1）LF 精炼脱硫控制。脱硫是 LF 精炼的重要指标。然而，硫是表面活性元素，在 RH 处理过程中，较高的硫含量对夹杂物的碰撞聚集和上浮是有利的。因此，LF 精炼过程需要保证一定的硫含量，从而促进后续工序去除夹杂物。

2）LF 精炼夹杂物成分控制。依据夹杂物的生成和演变规律，Al_2O_3 夹杂物会演变成 $MgO-Al_2O_3$ 系夹杂物和 $CaO-Al_2O_3$ 系夹杂物。由于液态 $CaO-Al_2O_3$ 系夹杂物很难在 RH 精炼过程去除，因此优化使 RH 精炼过程的夹杂物控制为固态 $MgO-Al_2O_3$ 系夹杂物，更有利于夹杂物去除。

（3）RH 精炼防止钢液污染技术。在 RH 浸渍管插入钢液时，应该避免将炉渣吸入到真空槽中，防止炉渣悬浮在钢液中而污染钢液。在浸渍管底部安装一个钢制盆形容器（如图 7-9 所示），然后将其插入钢包中，可以有效防止炉渣吸入到真空槽中。

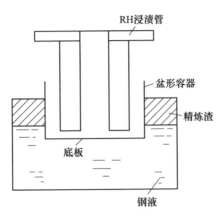

图 7-9　盆形容器示意图[9]

（4）连铸防止钢液污染技术：

1）防止钢包开浇污染钢液。钢包开浇时，引流砂会落入钢液中；若钢包烧氧开浇还会使钢液发生严重的二次氧化。为了避免引流砂和烧氧带来的污染，山阳特殊钢使用了一种新浇注方法。如图 7-10 所示，钢包开浇前，将钢包转至溢渣罐上方，完全打开滑动水口，引流砂即流入溢渣罐中。当钢液流入溢渣罐中时，调整滑动水口使其半打开，再将钢包转向中间包，之后完全打开滑动水口开始正常浇注。

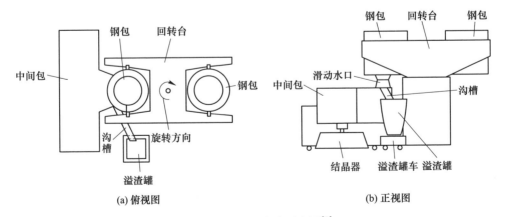

图 7-10　新浇注方法示意图[9]

2) 防止钢包下渣。钢包浇余时，钢液易产生涡流，从而使精炼渣卷入钢液中，污染钢液。山阳特殊钢推导了一个方程来确定钢包浇余量，如式（7-7）所示。通过式（7-7）即可以换算成钢包浇余重量。

$$h = 0.48Q^{0.4} \tag{7-7}$$

式中，h 为钢包浇余液面高度，m；Q 为浇注流量，m^3/s。

目前，OVAKO 和山阳特殊钢都已成为日本制铁公司旗下的子公司。OVAKO 严格控制轴承钢的洁净度，其生产的 BQ 钢（Bearing Quality）和 IQ 钢（Isotropic Quality）是轴承钢最高水平的典型代表。其中，IQ 钢是 OVAKO 的顶级超洁净轴承钢产品，具有各向均匀且优秀的使用性能，甚至超过真空自耗电弧炉（VAR）钢。山阳特殊钢通过控制轴承钢的全氧含量和最大夹杂物尺寸，也使轴承钢达到了超高洁净度。2015～2016 年山阳特殊钢的轴承钢全氧含量平均为 3.91×10^{-6}，采用极值法评价的最大夹杂物尺寸为 $20.6\mu m$，采用超声波探伤出的夹杂物数量仅为 0.43 个/10kg。山阳特殊钢的超洁净 SP 轴承钢广泛用于汽车、高铁和飞机等轴承核心部件。

从 OVAKO 和山阳特殊钢冶炼轴承钢的工艺技术可以看出，夹杂物生成与演变行为（第 3 章）以及夹杂物分离去除行为（第 4 章）等理论已在高端轴承钢生产中得到了应用。山阳特殊钢的 SURP 精炼工艺有机结合了夹杂物演变和去除行为，充分利用精炼过程夹杂物的演变规律，合理控制 LF 精炼工艺抑制 MgO-Al_2O_3 系夹杂物向 CaO-Al_2O_3 系夹杂物演变，使钢中生成更多的 MgO-Al_2O_3 系固态夹杂物，从而达到提升夹杂物去除效率、控制大尺寸 CaO-Al_2O_3 系夹杂物的目的。实际上，本书作者[17] 在 2013 年就提出，为了提升 RH 去除夹杂物的效率，铝镇静钢的夹杂物应该尽可能控制为 MgO-Al_2O_3 系夹杂物。SURP 精炼工艺的成功实践很好地证明该观点的可行性。此外，本书有关钢包挂渣（钢包周转）和大型夹杂物等基础研究内容也在特殊钢生产实践中得到了验证。

7.2　帘线钢夹杂物控制

钢帘线直径极其细小，具有强度高和柔性好等优点，常用作汽车轮胎的骨架材料。近年来，汽车工业迅速发展对钢帘线的安全性、舒适性和经济性等方面均提出了更高的要求。帘线钢是用来生产钢帘线的线材原料，是技术含量非常高的高附加值产品。在光伏产业，由帘线钢生产的超精细切割钢丝的直径更加细小，其生产难度更高，需要严格控制帘线钢盘条的成分、洁净度和组织均匀度。钢中大尺寸、硬脆不可变形的夹杂物（如 Al_2O_3 和 MgO-Al_2O_3 等夹杂物）是帘线钢发生断丝最主要的原因，故控制钢中夹杂物的尺寸、数量和塑性是生产帘线钢的关键。为了避免生成不变形的硬脆夹杂物，帘线钢不宜采用铝脱氧。在冶炼过程中，帘线钢要求钢中的夹杂物具有塑性，能在热轧和拉丝的过程中易发生变形或破碎。因此，帘线钢对夹杂物的成分范围有严格的要求，液态可塑的复合夹杂物（如 $MnO-SiO_2-Al_2O_3$ 和 $CaO-SiO_2-Al_2O_3$ 系，如图 7-11 所示）为其目标夹杂物类型[18]。

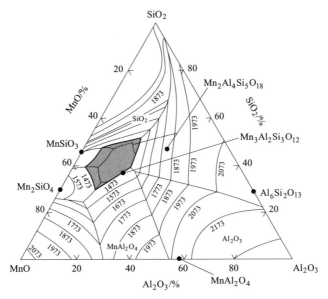

(a) $MnO-SiO_2-Al_2O_3$ 系1200℃低熔点区

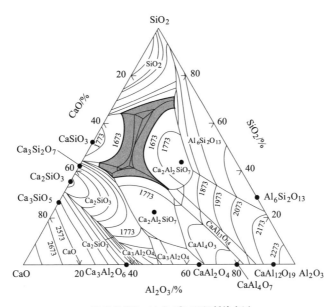

(b) $CaO-SiO_2-Al_2O_3$ 系1400℃低熔点区

图 7-11 帘线钢中夹杂物控制目标区域[18]

7.2.1 精炼渣控制

为了使夹杂物尽可能处于图 7-11 的低熔点区，学者们主要通过精炼渣系来调控夹杂物的成分。从图 7-11 （b）可以看出，低碱度（$R \leqslant 1$）和低 Al_2O_3 含量的精炼渣更有利于控制夹杂物进入低熔点区。

日本神户制钢[19]研究了帘线钢中夹杂物 Al_2O_3 含量与夹杂物变形能力的关系，如图 7-12 所示。从图中可以看出，夹杂物的 Al_2O_3 含量在 20% 左右时，夹杂物的变形能力最好。从图 7-11 （b）可以看出，Al_2O_3 含量为 20% 左右时，夹杂物的熔点最低，与 7-12 所示结果吻合。同时，神户制钢又考察了精炼渣中 Al_2O_3 含量与夹杂物 Al_2O_3 含量的关系，如图 7-13 所示。从图中可以看出，要控制帘线钢中夹杂物的 Al_2O_3 含量为 20%，精炼渣中的 Al_2O_3 含量应在 8% 左右。目前，国内外帘线钢生产企业的精炼渣均为 CaO-SiO_2 系（$R \approx 1$），渣中含有少量的 Al_2O_3 和 MgO。为了控制钢中的 Al 含量，部分钢铁企业帘线钢精炼渣中的 Al_2O_3 含量甚至低于 3%。

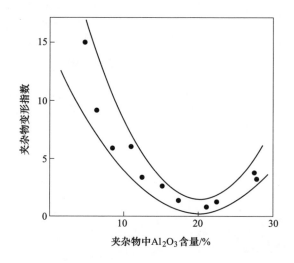

图 7-12 帘线钢中夹杂物中 Al_2O_3 含量与变形指数的关系[19]

对于硅锰镇静钢，当精炼渣的碱度十分低时（$R \approx 1$），精炼渣对钢中夹杂物的直接作用十分微弱。本书作者团队通过示踪的方法也证明了这一观点（详见本书 3.3.4 节）。另一方面，低碱度渣会导致渣线耐火材料严重侵蚀。为了延长耐火材料的使用寿命，一些钢铁企业开发了帘线钢精炼渣变碱度操作工艺。该工艺在精炼初期采用较高碱度精炼渣，中后期再添加石英（或其他 SiO_2 含量较高的氧化物）降低精炼渣的碱度。从热力学平衡的角度来看，该方法具有一定的合理

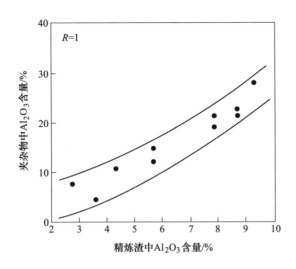

图 7-13　精炼渣和夹杂物中 Al_2O_3 含量的关系[19]

性。尽管如此，如本书 3.1.2 节所述，硅锰镇静钢中的氧活度与渣中的 SiO_2 活度密切相关。由帘线钢 $CaO\text{-}SiO_2\text{-}Al_2O_3\text{-}5\%MgO$ 渣系等氧活度曲线图（图 3-75）可以看出，精炼渣碱度的变化会明显影响帘线钢液中溶解氧活度。因钢中氧活度的变化，钢液与耐火材料以及夹杂物等的平衡关系将随之改变，从而间接影响钢中的夹杂物。依据本书作者团队的研究结果（详见 3.3.5.2 节），在帘线钢精炼过程采用精炼渣变碱度操作虽然并不影响夹杂物的总体演变规律，但是会引起夹杂物成分波动，并产生一些坚硬不变形的夹杂物，从而影响帘线钢的质量。此外，已有较多研究工作表明，硅锰镇静钢若采用较高碱度的精炼渣，钢中的硬脆夹杂物（如 Al_2O_3 和 $MgO\cdot Al_2O_3$ 夹杂物）出现的概率会明显增加。因此，稳定的低碱度精炼渣更有利于帘线钢夹杂物控制。具体应结合企业的实际情况，优化获得最佳的精炼渣成分。

此外，一些学者[20]还认为，适当提高精炼渣 FeO 含量有利于降低钢中铝含量。因此，帘线钢精炼造渣应与铝镇静钢有区别，不宜过度降低渣中 FeO 含量。

7.2.2　铝含量控制

对于帘线钢，钢中 Al 元素的控制是控制钢中硬脆 Al_2O_3 和 $MgO\cdot Al_2O_3$ 夹杂物的关键。有学者认为，帘线钢中铝含量应控制小于 $(4\sim6)\times10^{-6}$。

如前文所述，目前主要通过精炼渣系来调控夹杂物的成分。由帘线钢 $CaO\text{-}SiO_2\text{-}Al_2O_3\text{-}5\%MgO$ 渣系等铝活度曲线（图 3-78）可以看出，如果仅考虑钢-渣平衡，当渣中的 Al_2O_3 含量高达 20% 时，钢中的 Al 含量仍小于 5×10^{-6}，而实际帘线钢精炼渣的 Al_2O_3 含量远低于 20%，钢中铝含量通常高于 5×10^{-6}。导致这种现象主要原因是，合金和耐火材料等对钢中铝元素也有重要影响。为了获得更低铝含量，精炼过程应禁止使用含铝合金进行脱氧合金化。生产中常使用铝含量低于0.03%的硅铁和锰铁等合金。

耐火材料中的 Al_2O_3 杂质会影响帘线钢的铝含量。为了改善耐火材料的使用寿命，很多耐火材料企业在 MgO-C 质耐火材料中添加了 Al_2O_3，但并没有在质量报告中标出 Al_2O_3 含量。这给帘线钢生产企业选择耐火材料带来了一定的麻烦，影响了帘线钢铝含量的控制。

此外，刘宗辉等[21]指出耐火材料中添加的金属铝抗氧化剂也会显著影响帘线钢的铝含量。为了验证金属铝在钢包烘烤和周转过程仍然存在，他们对新MgO-C 砖和使用 9 次后的 MgO-C 砖进行了取样分析，具体情况如表 7-5 所示。从表 7-5 可以看出，旧砖在靠近工作面侧发生了明显氧化，碳含量和铝含量均明显降低，Al_2O_3 含量却有升高。尽管如此，砖中的金属铝并没有完全氧化，其含量仍有 0.35%左右。当其与帘线钢液接触，仍会导致钢液增铝。帘线钢的低碱度渣系对钢包的侵蚀较快，抗氧化剂金属铝更容易溶解到钢液中。即使铝抗氧化剂完全氧化成 Al_2O_3，其依然会对钢液铝含量产生较大的影响。

表 7-5 镁碳砖化学成分分析[21]　　　　　　　　（%）

材料	检测位置	C	SiO_2	CaO	Al_2O_3	Al	MgO	TiO_2
新砖	—	15.42	1.84	1.46	0.02	1.65	78.13	0.01
旧砖	距工作面30mm	14.86	4.25	1.81	1.75	0.41	77.91	0.04
旧砖	距工作面10mm	13.26	2.20	1.66	2.62	0.35	76.81	0.01

为了避免金属铝的危害，对帘线钢用耐火材料的抗氧化剂进行了优化，即用硅完全替代铝。经过优化后的耐火材料形貌和元素分布如图 7-14 所示。从图7-14 可以看出，优化后耐火材料中的铝含量大幅度降低，而 Si 含量明显增加。为了更精确地表示优化前后耐火材料的成分变化，表 7-6 给出了两种耐火材料的成分。从表 7-6 中可以看出，优化后耐火材料中金属铝的含量仅为 0.15%，远低于原来的 1.61%。工业应用实践表明，采用优化的耐火材料，在其他工艺不变的情况下，帘线钢中铝含量从 $8.8×10^{-6}$ 降低至 $6.1×10^{-6}$，控铝效果明显。

表 7-6 优化前后镁碳砖成分[21]　　　　　　　　（%）

项目	C	SiO_2	CaO	Al_2O_3	Al	Si	MgO	TiO_2
优化前	15.36	1.92	1.51	0.02	1.61	0.35	78.61	0.01
优化后	15.42	1.84	1.46	0.02	0.15	1.60	78.13	0.01

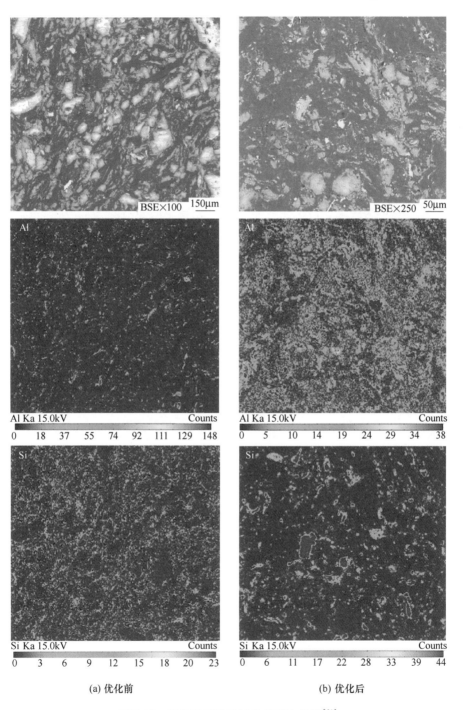

(a) 优化前　　　　　　　　　　　　　　(b) 优化后

图 7-14　优化前后镁碳衬砖 EPMA 分析[21]

7.2.3　典型生产工艺

日本神户制钢、韩国浦项和中国宝武等是先进的帘线钢生产企业，其中神户制钢的线材是王牌产品。这些企业帘线钢的传统冶炼工艺一般为"铁水预处理→转炉→LF 精炼→真空精炼（RH 或 VD）→连铸"。近年来，研究[18]发现真空处理后，帘线钢中铝含量会增加，从而导致帘线钢断丝率增加。因此，日本神户制钢、韩国浦项、兴澄特钢和鞍钢等企业均取消了真空处理。目前，帘线钢一般采用"铁水预处理→转炉→LF 精炼→软吹→连铸"工艺生产，其中 LF 精炼时间和软吹时间分别为 60min 左右。

日本神户制钢最初在神户工厂采用 100t ASEA-SKF 精炼炉和 2 机 2 流 300mm×430mm 立弯式连铸机生产帘线钢，连铸中间包容量为 20t 和 24t。2017 年，神户制钢关闭了神户工厂的连铸生产线，并在加古川工厂新建了 KR 脱硫、LF 精炼（250t）、RH 精炼和 5 机 5 流立弯式连铸生产线专供特殊钢棒线材生产[22-23]。新生产线 LF 精炼炉设有扒渣装置，连铸机断面与原神户工厂相同，中间包容量增大到了 63t。神户制钢控制帘线钢夹杂物主要从三个方面入手[19, 24-25]：

（1）严格控制钢液铝含量。生产过程使用极低铝合金，并结合低碱度精炼渣将钢中的铝含量控制在极低水平。

（2）控制精炼渣成分使夹杂物塑性化，精炼过程防止卷渣。神户制钢加古川新产线生产帘线钢需要扒渣，并采用低碱度精炼渣。为了防止卷渣形成大尺寸含 CaO 夹杂物，LF 精炼过程吹氩采用弱搅拌，以满足钢-渣界面流速 u_1 小于卷渣临界流速 v_{min}（=0.69m/s）。u_1 和 v_{min} 可以通过式（7-8）和式（7-9）计算。

$$u_1 = 1.54\ (\varepsilon \cdot r)^{0.43} \tag{7-8}$$

$$v_{min} = \sqrt[4]{\frac{48g(\rho_m - \rho_s)\sigma}{\rho_s^2}} \tag{7-9}$$

式中，ε 为搅拌功密度，W/t；r 为钢包半径，cm；ρ_m 和 ρ_s 分别为钢液和渣的密度，kg/m³；σ 为钢-渣界面表面张力；g 为重力加速度，m/s²。

王新华等[18, 26]在国内较早研究帘线钢，他们研究分析了神户帘线钢的夹杂物成分，指出钢帘线夹杂物塑性化并完全等同于低熔点化。SiO_2 含量高的 MnO-SiO_2-Al_2O_3 系夹杂物（甚至 SiO_2 夹杂物）仍为塑性夹杂物，其在轧制过程可以发生塑性变形。同时，他们认为，出钢过程加入渣料容易使 CaO-SiO_2 系精炼渣卷入钢液，从而形成尺寸较大的 CaO-SiO_2-Al_2O_3 系夹杂物，最终影响帘线钢的质量。因此，建议出钢完毕后再加入渣料，如图 7-15 所示。

（3）改进耐火材料，防止耐火材料污染。神户制钢特别研究了精炼和连铸用耐火材料对帘线钢夹杂物成分的影响，并针对各个工序选择合适的耐火材料，减少因耐火材料污染而产生的断丝。韩国浦项等企业同样认为，控制外来夹杂物的

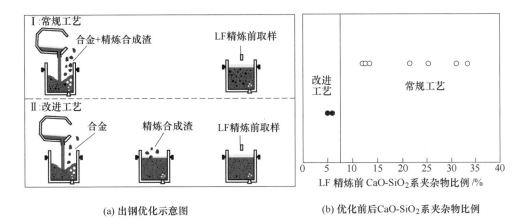

(a) 出钢优化示意图   (b) 优化前后CaO-SiO₂系夹杂物比例

图 7-15　帘线钢出钢优化及效果[26]

污染对帘线钢生产尤为重要，精炼和连铸应避免采用含 Al_2O_3 耐火材料。刘宗辉等[20]的实践表明，即使是 MgO-C 质耐火材料，也应控制耐火材料中的 Al 和 Al_2O_3 含量。本书作者也提出，含 CaO 耐火材料对帘线钢夹杂物演变有重要影响（详见 3.3.4 节），因此也不建议使用含 CaO 耐火材料。

　　需要特别指出，坚硬多棱角的 TiN 夹杂物对帘线钢也是非常有害的，因此帘线钢也需要控制钛含量和氮含量。帘线钢控制钛含量的方法可以参考轴承钢的控制方法（详见 7.1.2 节）。此外，钢包周转同样对帘线钢铝含量控制也有重要影响。因此，部分企业采用了专用钢包来生产高端帘线钢。

7.3　本章小结

　　轴承钢一般采用"电炉／转炉→LF 精炼→真空精炼（LF/VD）→方坯连铸"工艺生产。精炼渣碱度 R 控制在 $4\sim7$，Al_2O_3 含量约 30%，MgO 含量 5% 左右，尽可能降低渣中 FeO 含量，可以获得全氧含量约 5×10^{-6} 的产品。采用低 Ti 原料，通过优化钢包周转制度，结合出钢扒渣等手段，可将轴承钢中的 Ti 含量控制在小于 10×10^{-6} 的超低水平。

　　帘线钢一般采用"铁水预处理→转炉→LF 精炼→软吹→方坯连铸"工艺生产。帘线钢应该选择低碱度精炼渣（$R\approx1$），严格控制渣中的 Al_2O_3 含量。精炼过程须禁止使用含铝合金，保证精炼渣成分稳定，防止卷渣，同时避免采用含 Al 和 Al_2O_3 的耐火材料。

　　钢中夹杂物控制是一个系统工程。为了获得更高的钢液洁净度，除了重视精炼技术去除更多的夹杂物，还应关注冶炼各阶段的污染防治。当钢液洁净度达到一定的水平后，防污染技术显得更加重要。

参 考 文 献

［1］ Turkdogan E T. Equilibrium and non-equilibrium states of reactions in steelmaking ［A］. Proceedings of the Ethem T. Turkdogan Symposium: Fundamentals and Analysis of New and Emerging Steelmaking Technologies ［C］. Pittsburgh, PA: Iron and Steel Society, 1994: 253.

［2］ 王谦, 何生平. 低碳含铝钢 LF 炉精炼工艺及精炼渣的优化 ［J］. 北京科技大学学报, 2007, 29 (s1): 14-17.

［3］ Riyahimalayeri K, Ölund P, Selleby M. Oxygen activity calculations of molten steel: comparison with measured results ［J］. Steel Research International, 2013, 84 (2): 136-145.

［4］ Riyahimalayeri K, Ölund P, Selleby M. Effect of vacuum degassing on non-metallic inclusions in an ASEA-SKF ladle furnace ［J］. Ironmaking & Steelmaking, 2013, 40 (6): 470-477.

［5］ 川上潔, 谷口剛, 中島邦彦. 高清浄度鋼における介在物の生成起源 ［J］. 鉄と鋼, 2007, 93 (12): 743-752.

［6］ 刘兴洪, 许晓红, 张旭东, 等. GCr15 轴承钢的冶炼过程质量控制 ［J］. 江苏冶金, 2008 (4): 11-14.

［7］ Nurmi S, Louhenkilpi S, Holappa L. Optimization of intensified silicon deoxidation ［J］. Steel Research International, 2013, 84 (4): 323-327.

［8］ Kikuchi N. Development and prospects of refining techniques in steelmaking process ［J］. ISIJ International, 2020, 60 (2): 2731.

［9］ 杉本晋一郎, 大井茂博. 超高清浄度軸受鋼の高生産性プロセスの開発 ［J］. 山陽特殊製鋼技報, 2018, 25 (1): 50-54.

［10］ Yu H, Qiu G, Zhang J, et al. Effect of medium basicity refining slag on the cleanliness of Al-killed steel ［J］. ISIJ International, 2021, 61 (12): 2882-2888.

［11］ Lund T, Ölund L. Improving production, control and properties of bearing steels intended for demanding applications ［A］. Mahaney J. Advances in the Production and Use of Steel with Improved Internal Cleanliness ［C］. West Conshohocken, PA: ASTM International, 1999: 32

［12］ 高鹏, 丁志军, 高益芳, 等. 高品质轴承钢生产工艺研究 ［J］. 河北冶金, 2019 (10): 51-53.

［13］ 邓志银, 朱苗勇, 钟保军, 等. 不同脱氧方式对钢中夹杂物的影响 ［J］. 北京科技大学学报, 2012, 34 (11): 1256-1261.

［14］ 川上潔, 北出真一, 畑山俊明, 等. 第2号連続鋳造機 (60 t CC) の建設と稼動 ［J］. 山陽特殊製鋼技報, 2013, 20 (1): 51-59.

［15］ 杨欢. 国内轴承钢行业发展现状及趋势 ［J］. 中国钢铁业, 2019, (7): 32-36.

［16］ 吉岡孝宜, 松井隆助, 山田宗平, 等. 極超高清浄度鋼製造プロセス (SURP) ［J］. 山陽特殊製鋼技報, 2021, 28 (1): 60-61.

［17］ 邓志银, 朱苗勇, 钟保军, 等. 超低氧洁净钢的精炼渣碱度选择 ［A］. 第十七届全国炼钢学术会议论文集 ［C］. 杭州: 中国金属学会炼钢分会, 2013: 400.

［18］ 王昆鹏, 姜敏, 王新华, 等. 钢帘线和切割丝用钢夹杂物控制技术的进展 ［J］. 特殊钢, 2016, 37 (2): 26-31.

［19］南田高明，平賀範明，柴田隆雄. スチールコード用線材の歩み［J］. R&D 神戸製鋼技報，2000，50（3）：31-35.

［20］王勇，段宏韬，王立峰，等. LF 精炼渣成分对帘线钢中铝含量的影响［J］. 钢铁研究学报，2013，25（3）：18-22.

［21］刘宗辉，秦凤婷. 钢包 MgO-C 砖抗氧化剂对帘线钢酸溶铝的影响［J］. 炼钢，2020，36（5）：69-74.

［22］浜田努. 鋼材生産体制の概要［J］. R&D 神戸製鋼技報，2019，69（2）：3-8.

［23］吉田康将，岡田英也，酒井宏明. 加古川製鉄所における特殊鋼生産体制の確立［J］. R&D 神戸製鋼技報，2019，69（2）：26-31.

［24］木村世意，三村毅，星川郁生. スチールコードの介在物制御技術［J］. R&D 神戸製鋼技報，2004，54（3）：25-28.

［25］Kirihara K. Production technology of wire rod for high tensile strength steel cord［J］. Kobelco Technology Review，2011，（30）：62-65.

［26］Wang K，Jiang M，Wang X，et al. Formation mechanism of CaO-SiO$_2$-Al$_2$O$_3$-(MgO) inclusions in Si-Mn-killed steel with limited aluminum content during the low basicity slag refining［J］. Metallurgical and Materials Transactions B，2016，47（1）：282-290.

附录 1600℃铁液中元素相互作用系数（e_i^j）

i \ j	Ag	Al	As	Au	B	Be	C	Ca	Ce
Ag	-0.04^L	-0.08^M					0.22^L		
Al	-0.017^M	0.043					0.091^L	-0.047^M	
As							0.25^L		
Au									
B					0.038^L		0.22^L		
Be									
C	0.028^L	0.043^L	0.043^L		0.244^L		0.243	-0.097^L	-0.0026^L
Ca		-0.072^M					-0.34^L	-0.002^M	
Ce		-2.67^*					-0.077^L		0.0039
Co							0.02^M		
Cr	-0.0024^L						-0.114		
Cu							0.066^M		
Ge							0.03^L		
H		0.013			0.058		0.06		0^L
Hf									
La							0.03^L		
Mg		-0.12^*					0.15^L		
Mn		-0.012^*			-0.0236^L		-0.0538^M	-0.023^*	0.054^M
Mo							-0.14^M		
N		0.01^M	0.018^M		0.094^L		0.13		
Nb							-0.486^M		
Nd									
Ni							0.032	-0.066^M	
O	-0.011^L	-1.17		-0.007	-0.31^M	-2.4^L	-0.421	-515^M	-64^M
P		0.037			0.015^M		0.126	-3.1^*	
Pb		0.021^M					0.1^M		
Pd									
Pt									
Rh									
S		0.041	0.0041	0.0028	0.134		0.111	-110^M	-9.1
Sb							0.11^L		
Sc									
Se									
Si		0.058			0.2^L		0.18	-0.066	
Sn							0.18^M		
Ta							-3.5^L		
Te									
Ti		0.037^*							
U		0.059^L							
V							-0.14^M		
W							-0.15^M		
Y									
Zr									

说明：

1. 数据主要摘自 "Steelmaking Data Sourcebook"（Gordon and Breach Science Publishers，1988），部分数据（标注＊）源自 "Thermodynamic Data for Steelmaking"（Tohoku University Press，2010）；

2. M—中度可靠性；L—较低可靠性；未任何标注的数据具有较高可靠性；

3. e_O^{Ca} 和 e_{Ca}^O 更多数据参见本书表 2-4；e_O^{Mg} 和 e_{Mg}^O 更多数据参见本书表 2-6。

续附录

i \ j	Co	Cr	Cu	Ge	H	Hf	La	Mg	Mn
Ag		−0.0097^L							
Al		0.012*			0.24			−0.13*	−0.004*
As									
Au									
B					0.58				−0.00086^L
Be									
C	0.0075^M	−0.023	0.016^M	0.008^L	0.67		0.0066^L	0.07^L	−0.0084^M
Ca		0.014*	−0.023*						−0.007*
Ce					−0.6^L				0.13^M
Co	0.00509	−0.022^L			−0.14				−0.0042
Cr	−0.019^L	−0.0003	0.016^L		−0.34				0.0039
Cu		0.018^L	−0.02		−0.19				
Ge				0.007^L	0.41				
H	0.0018	−0.0024	0.0013	0.01	0		−0.027^L		−0.002
Hf						0.007^L			
La					−4.3^L		−0.0078^M		0.28^M
Mg								0*	
Mn	−0.0036	0.0039			−0.34	0.11^M			0
Mo		−0.0003^L			−0.13				0.0048
N	0.012	−0.046	0.009						−0.02
Nb					−0.7				0.0093^M
Nd					−6^L				
Ni		−0.0003^L			−0.36				−0.008
O	0.008^M	−0.055	−0.013		0.73^L	−0.28^L	−5^L	−1.98^L	−0.021
P	0.004	−0.018	−0.035^M		0.33				−0.032^M
Pb	0^M	0.02^L	−0.028^M						−0.023^M
Pd					−0.021				
Pt									
Rh					0.13				
S	0.0026	−0.105	−0.0084	0.014	0.41	−0.045^L	−18.3		−0.026
Sb									
Sc									
Se									
Si		−0.0003^M	0.0144^M		0.64				−0.0146
Sn		0.015^L	−0.024^L		0.16				
Ta					−0.47^M				0.0016^M
Te									
Ti		0.0158*			−1.1				−0.043^L
U									
V		0.0119^M			−0.59				0.0056
W					0.088				0.0136
Y									
Zr					−1.2				

i \ j	Mo	N	Nb	Nd	Ni	O	P	Pb
Ag						-0.099^L		
Al		0.015^M			-0.0173^*	-1.98	0.033	0.0065^M
As		0.077^M						
Au						-0.14		
B		0.073^L				-0.21^M	0.008^M	
Be						-1.3^L		
C	-0.0137^M	0.11	-0.059^M		0.01	-0.32	0.051	0.0099^M
Ca					-0.044^M	-580^M		
Ce						-560^L		
Co		0.037				0.018	0.0037	0.0031^M
Cr	0.0018^L	-0.182			0.0002^L	-0.16	-0.033	0.0083^L
Cu		0.025				-0.065	-0.076	-0.0056^M
Ge								
H	0.0029		-0.0033	-0.038	-0.0019	0.05^L	0.015	
Hf						-3.2^L		
La						-43^L		
Mg					-0.012^*	-3^L		
Mn	0.0046	-0.091	0.0073^M		-0.0072	-0.083	-0.06^M	-0.0029^M
Mo	0.0121^M	-0.1				0.0083	-0.006	0.0023^L
N	-0.011	0	-0.068^L		0.007	-0.12^M	0.059	
Nb		-0.475^L	0			-0.72	-0.045	
Nd						-94.7^*		
Ni		0.015			0.0007	0.01	0.0018	-0.0023
O	0.005	-0.14^M	-0.12	-10.5^*	0.006	-0.17	0.07^M	
P	0.001	0.13	-0.012		0.003	0.13^M	0.054	0.011^M
Pb	0^L				-0.019^M		0.048^M	
Pd						-0.084^M		
Pt						0.0063		
Rh						0.064^M		
S	0.0027	0.01^M	-0.013	-1.54^*	0	-0.27	0.035	-0.046^M
Sb		0.043^M				-0.2^M		
Sc						-3.7^L		
Se		0.014^M						
Si	2.36^L	0.092	0		0.005^M	-0.119	0.09	-0.01^M
Sn		0.027^M				-0.11^M	0.036^M	0.035^M
Ta		-0.685^L				-1.2		
Te		0.6^M						
Ti		-2.06^M			0.0105^*	-3.4	-0.06	
U						-6.6^L		
V		-0.455 $(w[\text{V}]_\% < 4.8)$ -0.4 $(4.8 < w[\text{V}]_\% < 17.9)$				-0.46	-0.042	
W		-0.079				0.052	-0.16^M	0.0005^M
Y						-2.6^L		
Zr		-4.13^L				-23^M		

$_i$＼^{j}	Pd	Pt	Rh	S	Sb	Sc	Se	Si	Sn
Ag									
Al				0.035				0.056	
As				0.0037					
Au				-0.0051					
B				0.048				0.078^L	
Be									
C				0.044	0.015^L			0.08	0.022^M
Ca				-140	-0.043*			-0.096	-0.026*
Ce				-40^M					
Co				0.0011					
Cr				-0.17				-0.004^M	0.009^L
Cu				-0.021				0.027^M	-0.011^M
Ge				0.026					
H	0.0041		0.0056	0.017				0.027	0.0057
Hf				-0.27^L					
La				-79					
Mg								-0.096*	
Mn				-0.048				-0.0327	
Mo				-0.0006				8.05^L	
N				0.007^M	0.0088^M		0.006^M	0.048	0.007^M
Nb				-0.046				-0.01^M	
Nd				-6.94*					
Ni				-0.0036				0.006^M	
O	-0.009^M	0.0045	0.0136^M	-0.133	-0.023^M	-1.3^L		-0.066	-0.0111^M
P				0.034				0.099	0.013^M
Pb				-0.32^M				0.048^M	0.057^M
Pd	0.002^L								
Pt				0.032					
Rh									
S		0.0089		-0.046	0.0037			0.075	-0.0044
Sb				0.0019					
Sc									
Se									
Si				0.066				0.103	0.017^M
Sn				-0.028				0.057^M	0.0017^L
Ta				-0.13^M				0.23^M	
Te									
Ti				-0.27^M				2.1^L	
U				-0.53^L					
V				-0.033				0.042	
W				0.043					
Y				-0.77^L					
Zr				-0.61^M					

i \ j	Ta	Te	Ti	U	V	W	Y	Zr
Ag								
Al			0.016*	0.011^L				
As								
Au								
B								
Be								
C	−0.23^L				−0.03^M	−0.0056^M		
Ca			−0.13*		−0.15*			
Ce								
Co								
Cr					0.012^M			
Cu								
Ge								
H	0.0017^M		−0.019		−0.0074	0.0048		−0.0088
Hf								
La								
Mg			−0.64*					
Mn	0.0035		−0.05^L		0.0057	0.0071		
Mo						−0.002		
N	−0.049^L ($w[\mathrm{Ta}]_\%<7.1$) −0.058^L ($7.1<w[\mathrm{Ta}]_\%<20$)	0.07^M	−0.6^M		−0.123 ($w[\mathrm{V}]_\%<4.8$) −0.111 ($4.8<w[\mathrm{V}]_\%<17.9$)			−0.63^L
Nb								
Nd								
Ni								
O	−0.1		−1.12	−0.44^L	−0.14	0.0085	−0.46^L	−4^M
P			−0.04		−0.024	−0.023^M		
Pb						0		
Pd								
Pt								
Rh								
S	−0.019^M		−0.18^M	−0.067^L	−0.019	0.011	−0.275^L	−0.21^M
Sb								
Sc								
Se								
Si	0.04^M		1.23^L		0.025			
Sn								
Ta	0.11							
Te								
Ti			0.042					
U				0.013^M				
V					0.0309			
W								
Y							0.03^L	
Zr								0.032^L

后　记

我们差不多花了一整年的时间完成了本书的撰写。尽管遇到了新型冠状病毒疫情的影响，我们仍然完成了计划。看到即将交付出版的书稿，内心无比的喜悦和感激。虽然本书成稿只用了一年，但书中内容包含了团队老师和同学们以及企业合作者们多年的心血与汗水，工作成果也得益于国内外同行前辈和专家的出色研究基础以及他们的指导和帮助。在此，我们再次由衷感谢为本书内容作出贡献的所有人！

研究无止境，钢中夹杂物的研究也是如此。在前人工作的基础上，我们通过不断的学习、研究和实践，对钢中的夹杂物行为有了一些新的发现、理解和认识。我们特别希望这些新观点能得到同行专家的关注和指导，以使我们今后的研究更加深入，为我国洁净钢冶炼理论和技术发展以及高端钢铁产品生产作出贡献。

本书以钢中夹杂物为研究对象，旨在阐述钢精炼和浇注过程的夹杂物行为及其控制的技术措施。本书的主要观点有如下十个方面：

（1）热力学分析有助于理解钢中夹杂物的生成和演变行为，但同时需要注意部分热力学数据（特别是活泼金属元素的数据）存在较大偏差，须谨慎使用这些热力学数据进行计算分析。目前仍有必要进一步研究夹杂物相关热力学数据。

（2）钢中夹杂物在钢液脱氧之前就已经存在，精炼过程钢中夹杂物会发生演变，其通常与最初的脱氧产物有较大的区别——与钢中元素（如 Ca 和 Mg 等）密切相关。仅用脱氧产物来确定钢中夹杂物类型（如铝脱氧即为 Al_2O_3）是不合适的。常规铝镇静钢夹杂物经过较长时间精炼后，Al_2O_3 夹杂物先演变成 $MgO\text{-}Al_2O_3$ 系夹杂物，然后再演变为最稳定的 $CaO\text{-}Al_2O_3(\text{-}MgO)$ 系夹杂物。因此，铝镇静钢要完全避免

$CaO-Al_2O_3$ 系夹杂物似乎是不现实的，控制 $CaO-Al_2O_3$ 系夹杂物的尺寸和分布异常重要。

（3）无论是铝镇静钢还是硅锰镇静钢，应考虑精炼渣和耐火材料对钢中微量元素和夹杂物的影响。精炼渣和耐火材料会促使铝镇静钢中夹杂物发生演变，精炼渣的碱度并不是越高越好，过高碱度容易导致生成大型 $CaO-Al_2O_3$ 系夹杂物，也易影响夹杂物去除效率；虽然低碱度精炼渣（$R \approx 1$）对硅锰镇静钢中夹杂物的直接作用十分微弱，但是精炼渣碱度的变化会显著影响钢液中氧活度，从而间接影响夹杂物的成分。耐火材料中 Al 抗氧化剂和 Al_2O_3 均会对硅锰镇静钢夹杂物成分产生较大影响。

（4）钢包挂渣（钢包釉）不仅影响钢中微量元素（如 Ti 和 Al）的控制和夹杂物的演变，其自身剥落也会形成大型夹杂物。因此，钢包周转使用对洁净钢生产非常重要。为了减弱钢包挂渣对洁净度的负面影响，建议一些高端钢种最好采用专用钢包制度。

（5）除了布朗碰撞、湍流剪切碰撞、层流剪切碰撞和斯托克斯碰撞等夹杂物聚合机制，以及夹杂物-气泡浮力碰撞黏附、夹杂物壁面吸附和自身斯托克斯上浮等夹杂物去除机制外，钢包内夹杂物传输行为还需要考虑复杂流场影响下的斯托克斯碰撞效率、夹杂物-夹杂物随机碰撞、夹杂物-气泡随机碰撞、顶部渣层附近的夹杂物随机上浮、气泡尾涡捕捉夹杂物及渣圈等多个因素对夹杂物聚合和去除的影响。

（6）固态夹杂物通常比液态夹杂物更容易去除。夹杂物在钢-渣界面的分离行为对其去除效率有显著影响。固态夹杂物在钢-渣界面的分离时间极短，很快进入渣层；而液态夹杂物在钢-渣界面的停留时间远大于固态夹杂物，在分离之前很有可能被再次带入钢液中。Al_2O_3 和 $MgO \cdot Al_2O_3$ 夹杂物相比液态的 $CaO-Al_2O_3$ 系夹杂物具有更高的去除效率。铝镇静钢采用"LF+真空精炼（RH 或 VD）"工艺时，真空精炼前最好将夹杂物控制为以 $MgO \cdot Al_2O_3$ 为主，这样可获得最佳的夹杂物去除效果。

（7）水口堵塞的机理十分复杂，水口黏附物有多种类型，除了固态夹杂物，液态铝酸钙夹杂物也有可能成为堵塞物来源。每一种黏附物的形成机理均有差异，即使黏附物具有相同的化学成分，其形成机理也可能不同；同一黏附物也有可能是多种机理共同作用的结果。优化炉外精炼，采用夹杂物变性技术，防止钢液二次氧化，优化水口结构和材质，以及浸入式水口吹氩等手段有助于避免水口堵塞。其中，提升钢液洁净度和控制连铸过程钢液二次氧化十分关键。

（8）应理性看待夹杂物变性技术。由于溶解 Ca 测量困难，热力学数据偏差大，钙处理目前难以实现精准控制。钙处理实质上污染了钢液：处理时钢液剧烈翻腾不仅导致钢液增氧吸氮，增加卷渣风险，还加剧了耐火材料侵蚀，同时会使大型 $CaO\text{-}Al_2O_3$ 系夹杂物出现的概率明显增加。如果钢液可浇性不存在问题，应尽可能不采用钙处理。如需钙处理，宜在精炼结束之后进行。相比原有钙铝比标准，采用 T.[Ca]/T.[O] 标准（即 T.[Ca]/T.[O]=0.91～1.25）控制 Ca 含量，Ca 添加量更低，不仅节约成本，还可提升钢液洁净度。

（9）钢中大型夹杂物主要是外来夹杂物。钢包引流砂是钢中大型夹杂物的重要来源，在连铸过程将其排尽是大型夹杂物控制的重要方向之一。采用优质可靠的耐火材料，优化转炉出钢和精炼吹氩搅拌，控制浇注钢包下渣，防止浸入式水口堵塞，以及控制结晶器液面波动等措施有助于减少大型夹杂物的形成。控制钢中 Ca 含量对控制大型夹杂物也是有益的，因此应谨慎使用含 CaO 耐火材料。

（10）钢中夹杂物控制是一个系统工程。为了获得更高的钢液洁净度，除了重视精炼技术去除更多的夹杂物，还应关注冶炼各阶段的污染防治。当钢液洁净度达到一定的水平后，防污染技术显得更加重要。

不得不指出，上述有些观点与传统观点是冲突的，但这些观点在生产实践中得到检验和验证。我们期待后续能在工业生产中进一步实践和检验。限于我们的水平，书中难免有错误和不足，十分欢迎同行们批评斧正。

　　钢中夹杂物控制仍将是冶金工作者的重要研究内容，本书的出版也是我们夹杂物研究工作的新起点。在同行们的支持和帮助下，我们会更加努力研究，争取出更多成果，为建设钢铁强国和制造业强国作出更大的贡献！

作　者